化学化工实验教学改革与创新

HUAXUE HUAGONG SHIYAN
JIAOXUE GAIGE YU CHUANGXIN

主编　艾 宁　强根荣　赵华绒　曾秀琼

图书在版编目(CIP)数据

化学化工实验教学改革与创新/ 艾宁等主编. —杭州：浙江大学出版社，2016.9

ISBN 978-7-308-16194-7

Ⅰ.①化… Ⅱ.①艾… Ⅲ.①化学实验—教学研究—高等学校②化学工业—化学实验—教学研究—高等学校 Ⅳ.①06-3②TQ016

中国版本图书馆 CIP 数据核字（2016）第 214569 号

化学化工实验教学改革与创新

艾宁 等 主编

责任编辑 季 峥(really@zju.edu.cn)
责任校对 张 鸽
封面设计 杭州林智广告有限公司
出版发行 浙江大学出版社
(杭州市天目山路 148 号 邮政编码 310007)
(网址：http://www.zjupress.com)
排 版 杭州林智广告有限公司
印 刷 杭州杭新印务有限公司
开 本 787mm×1092mm 1/16
印 张 21.5
字 数 483 千
版 印 次 2016 年 9 月第 1 版 2016 年 9 月第 1 次印刷
书 号 ISBN 978-7-308-16194-7
定 价 98.00 元

浙江大学出版社发行中心邮购电话：(0571) 88925591；http://zjdxcbs.tmall.com

前　言

实验课程不仅能传授知识、验证理论、培养技能，还能通过综合性、设计性、探究性的实验项目训练学生发现问题、提出问题、分析问题和解决问题，对培养学生的实践能力、创新意识、社会责任感和国际视野都具有重要作用。

浙江省高校化学化工类学科专业教师高度重视实验教学，以质量工程项目和本科教学工程项目为抓手，着力改善实验教学条件，优化教学资源配置，改革课程教学方法，丰富实验教学手段，取得了丰硕的成果。浙江大学化学实验教学中心、浙江大学化工类虚拟仿真实验教学中心、浙江工业大学化学化工实验教学中心和浙江工业大学化学化工虚拟仿真实验教学中心先后被评为国家级实验教学中心和国家级虚拟仿真实验教学中心，浙江大学“综合化学实验”、浙江工业大学“基础化学实验”先后被评为国家精品课程、国家精品资源共享课程，还有一批实验教学中心和课程被评为省级实验教学示范中心、省级精品课程、省级精品在线课程和校级精品课程等。实验中心建设和实验课程建设有力支撑了相关专业人才培养质量的稳步提升。

在浙江省教育厅、浙江省化学会和浙江省高校化学类与化工制药类专业教学指导委员会的支持下，由省内高校发起组织的浙江省化学化工实验教学中心主任联席会和浙江省大学生化学竞赛已经分别成功举办十二届和七届，成为省内高校相关专业实验教师和学生高度关注的品牌活动。2015 年，化学竞赛被批准列入浙江省大学生课外科技竞赛赛项，浙江省化学化工实验教学中心主任联席会和浙江省大学生化学竞赛的影响力进一步扩大。

中心主任联席会和学生竞赛同步举办的模式，在师生交流学习的基础上，有效促进了实验中心建设与课程建设的紧密结合、第一课程与第二课堂的融通互动，使实验教学改革创新落到了人才培养的“实处”。为了更好地总结浙江省高校化学化工类实验教学改革的成功经验，在成功举办第七届浙江省大学生化学竞赛和第十二届浙江省高校化学化工实验教学中心主任联席会议的基础上，组织编写本书。本书共分五个部分：第一部分回顾了浙江省大学生化学竞赛和化学化工实验教学中心联席会的发展历程，第二部分为第十二届浙江省高等学校化学化工实验教学示范中心主任联席会议论文，第三部分选刊了第七届浙江省大学生化学竞赛优秀作品，第四部分为国家和浙江省化学化工学科组实验教学中心建设情况介绍，第五部分则汇编了实验教学中心建设文件。希望本书的出版能够为提升浙江省化学化工类实验教学水平和相关专业人才培养质量提供有益帮助。

由于编者水平有限，加之时间仓促，书中一定存在不足之处，请读者不吝赐教。

编　者

2015 年 9 月于杭州

目 录

CONTENTS

浙江省大学生化学竞赛和化学化工实验教学中心联席会发展回顾

第十二届浙江省高等学校化学化工实验教学示范中心主任联席会议论文

第七届浙江省大学生化学竞赛优秀作品选刊

化学化工学科组实验教学中心建设情况

实验教学中心建设文件汇编

网络资源

高等学校实验教学示范中心工作网站：http://sfzx.pku.edu.cn

浙江省大学生化学竞赛官方网站：http://www.hxjs.zjut.edu.cn

第一部分 <<<

浙江省大学生化学竞赛和化学化工实验教学中心联席会发展回顾

以竞赛和“联席会”为平台促进创新人才培养和实验教学改革交流

——浙江省大学生化学竞赛暨浙江省高校化学化工实验教学中心主任联席会总结

强根荣*，赵华绒，艾宁，方文军

（浙江工业大学　浙江　杭州　310014；浙江大学　浙江　杭州　310058）

摘　要　回顾了举办浙江省大学生化学竞赛、成立浙江省高校化学化工实验教学中心联席会(以下简称“联席会”)的背景和发展情况。以竞赛和“联席会”为平台，建立了全省实验教学研究与改革的交流平台，扩大了实验教学示范中心的影响力和辐射面，推动了实验室建设、课程建设等各项教学工作，促进了创新人才培养，取得了丰硕的教学成果。

关键词　联席会；实验竞赛；实验教学；实验室建设

在传统化学实验教学中，全省各高校无论是实验室建设、课程建设，还是教学内容的更新、教材的编写、教学方法的改革等，彼此之间都缺乏合作交流。同时，传统实验教学都非常重视对学生实验基本技能的训练，但缺乏对学生创新能力的锻炼和培养。这两大问题显示，目前的教学理念显然已经不能适应“优质教育资源共享”和“创新型人才培养”的要求。建立一个各高校都能积极参与、和谐开放的公共交流平台，是解决这些问题的有效手段。

1　举办竞赛和成立“联席会”的背景、发展历程

本着“促进交流、共同提高”的宗旨，2004 年 5 月，由浙江工业大学发起并组织承办了“首届浙江省高校基础化学实验技能大赛”，比赛分为笔试、基础性实验操作、综合性实验操作以及分组公开答辩等环节。浙江省内 12 所高校参加了比赛，各校通力合作，派出教师共同组成命题小组、裁判小组、会务小组等，由浙江大学化学实验教学改革的老前辈宗汉兴教授任裁判小组组长，浙江大学与浙江工业大学的教师共同组成裁判小组。因此，首届竞赛既汇集了各校实验教学的内容和改革经验，又保持了实验竞赛的公正、公平性。之后，竞赛每两年举办一届，至 2014 年已连续举办了六届(见表 1)。前六届由浙江省高校化学类与化工制药

* 第一作者：强根荣，电子邮箱：qgr@zjut.edu.cn

类专业教学指导委员会、浙江省化学会主办。在前六届的基础上，从第七届（2015 年）开始，该竞赛被批准列入由浙江省教育厅组织的“浙江省大学生科技竞赛”项目，每年举办一届。

表 1 历届浙江省大学生化学竞赛情况

<table>
<tr><th>届别</th><th>时间</th><th>承办学校</th><th>竞赛名称</th><th>主办方</th></tr>
<tr><td>第一届</td><td>2004 年 5 月</td><td>浙江工业大学</td><td rowspan="4">浙江省高校基础化学实验技能大赛</td><td rowspan="6">浙江省高校化学类与化工制药类专业教学指导委员会、浙江省化学会</td></tr>
<tr><td>第二届</td><td>2006 年 5 月</td><td>浙江师范大学</td></tr>
<tr><td>第三届</td><td>2008 年 10 月</td><td>湖州师范学院</td></tr>
<tr><td>第四届</td><td>2010 年 10 月</td><td>杭州师范大学</td></tr>
<tr><td>第五届</td><td>2012 年 7—10 月</td><td>温州大学</td><td rowspan="2">浙江省大学生化学学科竞赛</td></tr>
<tr><td>第六届</td><td>2014 年 5—9 月</td><td>浙江大学、浙江大学城市学院</td></tr>
<tr><td>第七届</td><td>2015 年 5—9 月</td><td>浙江工业大学</td><td>浙江省大学生化学竞赛</td><td>浙江省教育厅、浙江省高校化学类与化工制药类专业教学指导委员会、浙江省化学会</td></tr>
</table>

首届实验竞赛结束后，浙江工业大学化学实验教学中心倡议成立实验教学中心（室）主任联谊会，得到了省内各高校的积极响应，并积极筹备，于当年年底在浙江大学成立了“浙江省高校化学实验教学中心（室）主任联谊会”（后来改为“联席会”），浙江大学为理事长单位，其他各高校均为理事单位。2011 年，“联席会”扩大为浙江省高校化学化工实验教学中心（室）主任联席会。“联席会”由省内高校轮流承办，每年举办一次，至 2015 年，已连续举办了十二届（见表 2）。

表 2 历届浙江省高校化学化工实验教学中心主任联席会情况

<table>
<tr><th>届别</th><th>时间</th><th>承办学校</th><th>“联席会”名称</th></tr>
<tr><td>第一届</td><td>2004 年 12 月</td><td>浙江大学、浙江工业大学</td><td rowspan="3">浙江省高校化学实验教学中心主任（室）联谊会</td></tr>
<tr><td>第二届</td><td>2005 年 10 月</td><td>浙江大学宁波理工学院</td></tr>
<tr><td>第三届</td><td>2006 年 5 月</td><td>浙江师范大学</td></tr>
<tr><td>第四届</td><td>2007 年 11 月</td><td>绍兴文理学院</td><td rowspan="4">浙江省高校化学实验教学中心主任联席会</td></tr>
<tr><td>第五届</td><td>2008 年 11 月</td><td>湖州师范学院</td></tr>
<tr><td>第六届</td><td>2009 年 12 月</td><td>浙江理工大学</td></tr>
<tr><td>第七届</td><td>2010 年 10 月</td><td>杭州师范大学</td></tr>
<tr><td>第八届</td><td>2011 年 10 月</td><td>浙江树人大学</td><td rowspan="5">浙江省高校化学化工实验教学中心主任联席会</td></tr>
<tr><td>第九届</td><td>2012 年 10 月</td><td>温州大学</td></tr>
<tr><td>第十届</td><td>2013 年 11 月</td><td>衢州学院</td></tr>
<tr><td>第十一届</td><td>2014 年 9 月</td><td>浙江大学</td></tr>
<tr><td>第十二届</td><td>2015 年 9 月</td><td>浙江工业大学</td></tr>
</table>

成立大会确定“联席会”的主题是：①化学实验中心(室)建设、管理及实验教学经验的交流和研讨；②实验教学改革课题的协作或合作申请；③新实验的协作开发、实验教材的合作编写和互通使用；④实验仪器、设备采购信息和使用情况的交流协作；⑤实验室、实验仪器设备的资源共享；⑥不定期举办实验技术人员的培训班；⑦指导全省高校化学实验竞赛；⑧向省和学校有关部门反映高校化学实验中心(室)建设、管理、教学的现状，实验教学改革的困难和问题。

十多年来，以“实验竞赛”和“联席会”为起点，全省高校化学实验教学走上了资源共享、信息互通的良性互动轨道。“联席会”对全省高校化学实验竞赛机制、竞赛内容、评委产生办法、命题、评分标准等进行深入细致的研究，从 2012 年开始，成功地将“浙江省高校基础化学实验技能竞赛”转型升级为“浙江省大学生化学竞赛”，增加了竞赛内容的综合性和创新性，以进一步促进各校实验教学方式的改变。

2015 年，第七届浙江省大学生化学竞赛分“化学知识测试”“创新项目研究”“答辩”“实践能力考核”四个环节，以利于全面考查学生的化学知识、化学基本能力、化学综合实践能力和创新意识、创新能力，检阅我省大学生化学学科水平，探索培养大学生实践创新能力的新思路和新途径，充分体现了化学竞赛的原则：①欲高教强省，首先人才培养必须是高水平的，必须具有开拓性、创新性。②浙江省大学生化学竞赛作为大学生课外科技活动的重要形式，必须充分注意与课堂教学的衔接，第二课堂建立在第一课堂的基础上。③化学竞赛在考查学生对基础知识的掌握情况的同时，在内容设计和评判时要突出高水平，知识交叉融合、创新。④化学竞赛要有广泛的基础，扩大覆盖面，让更多的学生参与进来，共同进步，使化学竞赛成为学生展示水平、能力的新平台。

在第七届浙江省大学生化学竞赛中，共有来自全省 31 所高校的 241 支队伍参加了“化学知识测试”的网上答题，最终有 172 支队伍提交了创新项目研究报告，参加“答辩”和“实践能力考核”的队伍有 49 支，评出一等奖 15 支队、二等奖 28 支队、三等奖 41 支队。省外的西南石油大学、安徽大学的老师观摩了第七届竞赛。

与“联席会”和化学竞赛相关的教学成果获 2014 年浙江省第七届高等教育教学成果奖二等奖。

2 “联席会”和竞赛取得的成效

2.1 三大原则

在举办“联席会”期间，各承办单位积极筹备，力求使会议内容新颖、扎实、有效。邀请省主管部门负责人作专题报告，或邀请行业内专家、名师介绍经验，指引实验教学改革、实验室建设和课程建设的方向，例如，已先后邀请了南京大学、复旦大学、大连理工大学、北京大学、华东理工大学、南京理工大学等省外高校的教授专家。以此为平台，积极向浙江省教育厅、浙江省化学类及化工制药类专业教指委、浙江省化学会等反映全省高校化学实验中心(室)

建设、管理、教学的现状，为相关政策的制定提供建议，推动了各高校之间实验教学的交流和实验教学中心（室）的协同发展，取得了明显的成效，主要有：

（1）实验教学改革体现了“整体性与系统性”原则。各校根据化学实验教学所覆盖专业的不同教学要求，对实验课程的体系、内容进行了整体和系统地规划与建设，并从实验条件、实验室开放及实验教学队伍建设等方面进行配套建设，形成了教学体系完整、知识结构合理、特色鲜明的实验教学新模式。

（2）实验示范中心建设体现了“先进性与创新性”原则。各校充分考虑建设内容的先进性，提升教学理念，在教学内容、实验方法与手段、教材的选用和编写、实验室管理等方面与时俱进，体现前瞻性、科学性。同时，在实验室装备水平、人员结构等方面有了整体提高，硬件建设达到了有利于学生创新能力培养的先进性要求，保障实验示范中心的可持续发展。

（3）教学改革成果体现了“开放性与共享性”原则。各校大力提倡并实施了在实验仪器设备、实验教学内容、实验时间等方面向学生开放，与学生的学科竞赛活动、课外科技活动等紧密结合起来，充分了发挥教学资源在提高学生基本技能和培养创新能力两方面中的作用，并可为地方经济、人员培训提供服务，扩大了受益面。

2.2 交流广泛，成果全方位辐射

教学改革的成果全方位、多层次地向国内外、行业内外、中小学开放，扩大了受益面。

（1）课程建设和实验室建设水平屡创新高

课程建设呈现出良好的发展势头。从 2007 年起，“综合化学实验”（浙江大学）、“基础化学实验”（浙江工业大学）课程先后被评为国家精品课程。2011 年，“基础化学实验”（浙江工业大学）课程作为浙江省精品课程，以“优秀”的成绩通过省教育厅验收，并于 2013 年成功转型升级为国家精品资源共享课。

实验室建设也得到长足的发展。继 2005 年浙江大学化学实验教学中心成为首批国家级实验教学示范中心后，2014 年，浙江工业大学化学化工实验教学中心被批准为国家级实验教学示范中心。浙江工业大学、浙江理工大学化学实验教学中心于 2006 年成为浙江省首批实验教学示范中心。2013 年，浙江大学、浙江工业大学化学化工实验教学中心分别列入全国 100 个国家级虚拟仿真实验教学中心。截至 2013 年年底，全省共有 9 个化学实验教学中心成为省级实验教学示范中心。

（2）教学改革成果显著

“联席会”成员承担实验教学研究与改革课题 30 多项。“基于拔尖学生能力提高的求是科学班基础化学实验多模式课堂教学探索与实践”“理论与实践贯通的专题式有机化学实验教学改革探索”“以有机化学实验教学为基础培养药学本科学生的科研素质”等教学改革项目被列入浙江省 2013 年高等教育课堂教学改革项目。2008 年以来，“联席会”成员先后获浙江省高等教育教学成果奖一等奖 1 项、二等奖 3 项，浙江省高校实验室工作研究成果奖一等奖 1 项，以及校级教学成果奖多项。

各校先后出版了《基础化学实验》《中级化学实验》《综合化学实验》《大学化学实验》《有机化学实验》《化学生物学实验》《化学实验室安全与环保手册》等实验教材15部，其中国家“十一五”规划教材3部、面向21世纪教材5部、浙江省高校“十一五”重点建设教材1部。在《高等工程教育研究》《大学教学》《高等理科教育》《实验室研究与探索》《实验技术与管理》《大学化学》《化工高等教育》等各类期刊上发表相关的教学论文50多篇。

(3) 学生创新能力稳步提高

实施开放运行和管理，使学有余力的学生做一些他自己想做的研究和实验。综合设计性实验、研究探索性实验的开设，使学生将各二级学科的实验知识和技术融会贯通，解决实际问题的方法和思维得到了切实训练。

自2004年以来，获得全国大学生化学实验邀请赛一等奖的大学生有4人，二等奖的有11人。“联席会”成员指导所在学校本科学生参加国家级“大学生创新性实验计划”项目和“浙江省大学生科技创新活动计划(新苗人才计划)项目”80多项，获“挑战杯”大学生课外科技作品竞赛全国一等奖及浙江省特等奖等奖项20多项次，发表高质量科研论文360余篇，申请专利50余件。

3 “联席会”和竞赛工作展望

当前，“联席会”和竞赛面临的主要问题有：

(1) 定位和可持续发展问题。希望进一步将“联席会”定位为教学研究组织，不能仅局限于采取“开会交流”的形式，要加强日常教学工作的协调、研究。同时，必须具有足够的运行经费，一方面是“联席会”的运行经费，另一方面是竞赛的经费。

(2) 实验竞赛的规模、形式问题。必须控制规模，提升内涵、质量，走特色发展之路。竞赛的形式有待于进一步探讨、改进。

为进一步完善“联席会”制度，进一步推动全省化学化工实验教学的改革，促进优质资源的深度共享，下一步我们应当着力做好以下一些工作：

(1) 建立开放的化学化工实验教学研究平台，深化实验教学研究与改革。

(2) 推动省内化学化工实验教学中心的教学学术交流和师资培养工作。

(3) 推动全省化学化工实验教学质量和水平的提高，强化我省化学化工实验教学在全国化学化工高等教育及化学化工行业的影响力。

主要举措包括：

(1) 继续在浙江省大学生化学竞赛等工作中发挥指导作用，包括竞赛内容的创新、竞赛形式的完善等。

(2) 主动承担教育部、省教育厅、学校、行业协会和高教研究会的各类教学研究与教学改革项目，并设立实验教学研究开放课题。

（3）设立实验教学开放基金，面向全省化学化工类实验教师开放。

历经十多年的探索，浙江省大学生化学竞赛在组织形式、内容创新等各个方面已经取得了丰富的经验和丰硕的成果。我们将一如既往地努力下去，一定会将浙江省大学生化学竞赛办出更高的水平，取得更大的成果，为全省高校化学化工教学和人才培养作出更大的贡献。

第七届浙江省大学生化学竞赛暨第十二届浙江省高校化学化工实验教学中心主任联席会议简介

2015年9月8日—9月10日，由浙江省教育厅指导，浙江省高等学校化学类与化工制药类专业教学指导委员会和浙江省化学会主办，浙江工业大学承办的第七届浙江省大学生化学竞赛总决赛暨第十二届浙江省高校化学化工实验教学中心主任联席会议在杭州举行。来自浙江省27所高校的200名参赛学生和150名教师代表参加会议。来自四川省和安徽省的2所高校代表观摩了会议和竞赛。

浙江省大学生化学竞赛以化学及其交叉学科的科学问题为选题，通过发现问题、提出问题、分析问题、解决问题和阐释结果的综合训练，培养大学生的创新精神和实践能力，提升大学生的国际视野和社会责任感。本届比赛包括化学知识测试、创新课题研究和实践能力考核等环节，共有242支队伍报名参赛，172支队伍完成创新课题研究报告，49支队伍进入总决赛，最终评出一等奖15个，二等奖28个。

浙江省高校化学化工实验教学中心主任联席会议通过交流研讨，推进实验室建设和实验教学改革。本届会议邀请了《实验室研究与探索》期刊主编夏有为、华东理工大学工科化学国家级实验教学示范中心副主任孙学芹、浙江工业大学实验室与资产管理处处长陈煜、浙江大学化学实验教学中心曾秀琼、杭州师范大学化学实验教学中心王园朝、浙江工业大学化学化工实验教学中心艾宁等专家做了6个会议报告，浙江工业大学化工实验教学中心屠美玲老师进行了实验教学说课展示，与会代表还就实验中心共建共享、师资队伍建设和实验室安全管理的问题进行了深入交流和讨论。

第五届浙江省大学生化学学科竞赛创新研究项目
《由锌灰泥制备七水硫酸锌》

1　基本要求

以工业锌灰泥(可能的成分有 ZnO、Fe_2O_3、Al_2O_3、NiO、CuO、MgO、SiO_2 等)为原料，通过设计，制备、提纯七水硫酸锌，并对产品的主要组成和杂质进行测定，完成一份完整的设计方案，同时提交测试和研究报告。

2　考评基本指标

(1) 原料基本组成分析测试及其报告。用竞赛专用纸记录，学生、导师签名后，于 2012 年 6 月 29 日前寄回(以邮戳为准)，主要实验过程和原始记录摄像。

(2) 根据原料组成的测试结果，设计一套合理的制备及除杂方案(可以在验证中修改)。内容包括可靠性(可操作性)、高效性、低成本、环保性。设计理念在答辩阶段将是重要的考评依据。设计过程摄像，方案用竞赛专用纸记录，学生、导师签名。

(3) 制备并纯化后得到 $ZnSO_4 \cdot 7H_2O$ 产品。实验数据用竞赛专用纸记录，学生、导师签名，主要实验过程和原始记录摄像。

(4) 产品质量、纯度、提取率和杂质含量的测试及报告。数据用竞赛专用纸记录，学生、导师签名后，于 2012 年 7 月 8 日前寄回(以邮戳为准)，主要实验过程和原始记录摄像。

(5) 实验研究报告。用竞赛专用纸记录，过程摄像，学生、导师签名后，于 2012 年 7 月 10 日前寄回(以邮戳为准)。

(6) 实验总录像和剩余样品。各过程录像不用寄，合成总录像，约 1 小时，刻成 DVD 光盘，和实验研究报告一起，于 2012 年 7 月 10 日前寄回(以邮戳为准)。

地址：温州大学(茶山)南校区化学与材料工程学院
收件人：陈素琴
邮编：325035
联系电话：15258625898

3 竞赛规则

(1) 体现以学生团队为主体，在方案设计方面，指导老师可以提供部分指导性意见；各种测试、阶段性实验、各种报告必须全部由学生独立完成。

(2) 各种参评材料原件按时间要求邮寄至温州大学化学与材料工程学院，2012 年 10 月参加答辩(时间另行通知)。

(3) 竞赛委员会根据学生的原始材料和答辩情况评定最后的成绩。

(4) 选取 5 支优秀的代表队再进行公开答辩。

第六届浙江省大学生化学学科竞赛创新研究项目《Hantzsch 反应的研究》

多组分反应采用三种或者更多的简单易得化合物作为原料，在“一锅煮”串联反应过程中一次形成多个化学键从而生成包含各组分主要片段的新化合物。通过变换反应底物的取代基团可以得到结构不同的目标化合物，构建结构多样的化合物库。与传统的双组分反应相比，多组分反应在构建分子骨架复杂性和多样性方面具有很大的优势。此外，多组分反应具有操作简单、无需分离反应中间体、原子经济性高等特点。近年来，多组分反应在目标分子的全合成和多样性导向合成中发挥了巨大优势。

Hantzsch 反应是多组分合成 1,4 -二氢吡啶衍生物的经典和有效的方法。随着 1,4 -二氢吡啶衍生物多种生物活性的发现及该类药物的不断问世，近年来，Hantzsch 反应已成为多组分反应研究的热点。

本研究课题拟以芳香醛、乙酰乙酸乙酯和乙酸铵等为原料合成 1,4 -二氢吡啶衍生物，考察不同催化剂、取代基和溶剂等因素对 Hantzsch 反应速率、收率的影响，在表征产物结构和纯度的基础上，归纳实验结果得出结论，并给出合理的解释。

Hantzsch 反应的方程式：

CHO
R
+
O O
H_3C OC_2H_5
+
$AcONH_4$
催化剂
溶剂
O O
C_2H_5O OC_2H_5
H_3C N CH_3
H

1 基本要求

(1) 建议至少选择以下 3 个研究方向中的一个方向，鼓励多方向研究。设计合理的实验方案开展研究，提交研究报告。

①选择 Lewis 酸(如 $FeCl_3 \cdot 6H_2O$ 等)或其他种类催化剂催化反应，考察和评价不同催化剂的对反应收率的影响。

②选择具有不同取代基的芳香醛作为底物，考察取代基电子效应对反应收率的影响。

③选择不同类型溶剂作为反应介质，考察溶剂效应对反应收率的影响，探索无溶剂合成反应方法。

(2) 要求采用薄层色谱(TLC)法跟踪反应进程，记录 TLC 结果。

(3) 摸索反应后处理和粗产物分离纯化方法，根据反应情况和目标产物的性质可以选择重结晶或柱色谱法。

(4) 要求先通过熔点测定和红外光谱分析表征所得产物是否为目标化合物。通过液相色谱法测定产物纯度，要求测定紫外光谱最强吸收波长，在此波长下检测液相色谱出峰组分，根据液相色谱纯度计算目标产物收率。

2 考评基本指标

(1) 实验方案设计：查阅文献后设计实验方案，并作为研究报告的一部分。

(2) 实验记录：要求使用竞赛专用记录纸。记录包括合成操作、跟踪反应、后处理纯化和表征实验结果等，要求学生、指导教师签名。对主要实验过程和原始记录摄像，剪辑成30～45分钟的录像，刻录成 DVD 光盘。

(3) 研究报告：完成研究报告，学生、指导教师签名后装订成册。

(4) 将装订成册的实验记录、所刻录的 DVD 光盘、研究报告 6 份以及装袋并贴好标签后的产品一同于 2014 年 7 月 15 日前寄回，以邮戳为准。

地址：杭州余杭塘路 688 号浙江大学紫金港校区化学实验中心 321

收件人：张嘉捷(13372516101)、陈时忠(13067903220)

邮编：310058

联系电话：0571-88206126-8000

第七届浙江省大学生化学竞赛创新研究项目《Salen 配合物的合成及其催化性能研究》

氧化反应作为最基本的单元反应在化学工业中占有非常重要的地位。为降低氧化过程给环境带来的危害，使用各类绿色的氧化剂如氧气、过氧化氢、臭氧等替代传统使用的各类计量氧化剂，已成为氧化反应研究的热点。但这些清洁氧化剂的使用亦存在一些不足，如氧化性不强、氧化性能不确定、反应条件复杂等。因此，选择高效、高选择性的催化剂是实现氧化反应绿色化的关键。Salen 催化剂因其制备方法相对简单、结构易修饰、选择性好等优点，在催化醇和烯烃的绿色氧化反应中得到了广泛的应用。

本研究课题要求以水杨醛及乙二胺为原料制得席夫碱配体，再经与金属离子配合制得 Salen 配合物。对制得的 Salen 配合物进行结构、性能分析，考察它们在安息香绿色催化氧化合成苯偶酰反应中的催化性能。

制备双水杨醛缩乙二胺合金属配合物 M(Salen)的反应方程式如下：

$$2\ \text{水杨醛} \xrightarrow{H_2NCH_2CH_2NH_2} \text{双水杨醛缩乙二胺} \xrightarrow{M^{2+}} M(\text{Salen})$$

M=Co，Cu，Zn，…

Salen 催化剂催化氧化安息香的反应方程式如下：

$$PhCH(OH)C(=O)Ph \xrightarrow[O_2]{M(Salen)} PhC(=O)C(=O)Ph$$

1　基本要求

（1）以水杨醛、乙二胺为起始原料，选择合适的方法合成双水杨醛缩乙二胺。

（2）选择合适的金属盐，与双水杨醛缩乙二胺配合制得三种不同金属的 Salen 配合物。

（3）建议以空气为氧源，考察 Co(Salen)在催化安息香绿色氧化合成苯偶酰反应中的性能，对反应条件进行较系统优化（包括催化剂用量、添加剂、溶剂、温度、时间等条件）。探索催化氧化反应产物的纯化方法，根据反应情况和目标产物的性质可以选择重结晶或柱色谱法。

(4) 在得到的优化条件下，考察其他不同金属配合的双水杨醛缩乙二胺合金属配合物对安息香氧化反应的催化性能。

(5) 探索Salen催化剂的回收方法，并对回收催化剂进行氧化性能测试。

(6) 分析表征要求如下：

①反应过程采用薄层色谱(TLC)法跟踪，记录TLC结果。

②通过熔点测定、红外光谱、核磁共振氢谱等手段表征所得席夫碱、氧化产物。

③对Salen配合物的结构及性质进行分析表征。

建议：如果能获得合适大小的单晶，采用X射线单晶衍射仪对晶体结构进行表征；如果只获得粉末样品，可以采用X射线粉末衍射(XRD)表征，获得实验谱图与理论谱图(见附图1)比对，以验证样品纯度及结构，并可辅以质谱测试分子离子峰，以及用元素分析仪测试C、H、N含量，同时确定样品结构和纯度。

④通过液相色谱法测定氧化产物纯度，要求先测定紫外光谱最强吸收波长，在此波长下检测液相色谱出峰组分，根据液相色谱纯度计算目标产物收率。

2 考评基本指标

(1) 文献综述：根据查阅的文献进行综述，学生、指导教师签名后，与参考文献原文一起装订成册。

(2) 实验方案设计：查阅文献后设计实验方案，作为研究报告的一部分。

(3) 实验记录：要求使用竞赛专用记录纸。记录包括合成操作、跟踪反应、后处理纯化和表征实验结果等，学生、指导教师签名后装订成册。

(4) 研究报告：完成研究报告，学生、指导教师签名后装订成册。

(5)《文献综述(仅附参考文献目录)》《研究报告》的电子稿转换成PDF格式于2015年7月31日前上传到浙江省大学生化学竞赛网(www.hxjs.zjut.edu.cn)。

(6) 将装订成册的《文献综述(参考文献原文附后)》《实验记录》《研究报告》(各6份)，以及装袋并贴好标签后的席夫碱配体(1份)、Salen配合物(3份)、氧化产品(1份)一同于决赛答辩时带给组委会。

联系人：强根荣

联系电话：0571-88320159;13957190468

附图

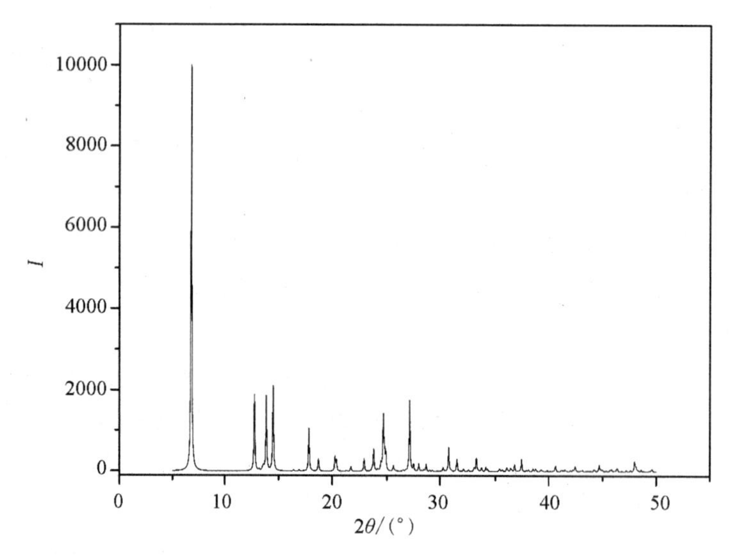

图 1　双水杨醛缩乙二胺合金属配合物 XRD 谱图(不含溶剂分子)

第二部分 ＜＜＜

第十二届浙江省高等学校化学化工实验教学示范中心主任联席会议论文

教改模式下基础化学实验课程的考评机制

赵华绒*，吴百乐，秦敏锐，蔡黄菊，方文军

（浙江大学　浙江　杭州　310058）

摘　要　近年来，我国高校的基础化学实验教学改革在实验内容、教学模式、教材建设等方面都取得了较大的成就，但相对应的课程考评机制的改革却相对滞后。本文是对教改模式下基础化学实验课程的考评机制的改革与创新作的初步探索的总结，对其他实验课程的考评机制的建立具有借鉴意义。

关键词　基础化学实验课程；考评机制；教改模式

1　考评机制创新与改革的必要性

近年来，我国高校的基础化学实验教学改革在实验内容、教学模式、教材建设等方面都取得了较大的成就，但是，相对应的课程考评机制的改革却相对滞后，许多基础实验课程成绩评价仍然实行传统的模式与制度。而学生的基础化学实验成绩该反映学生对化学知识、实验技能、学习能力、创新意识、创新能力、团队合作精神和综合能力等多方面的水平与能力，合理的考评机制是强化学生学习的动机、激励学生提高自身综合素质的有效手段，同时也是体现教师教学效果的一个重要途径，对于评价教学质量、反馈教学信息等方面重要作用[1,2]。因此，考评机制关系到教与学的多个方面，关系到我们基础化学实验课程的学风与教风。

传统的基础化学实验课程中，教师对学生的成绩评价通常由预习报告、实验操作、实验结果（产率与纯度）、实验报告、实验习惯等方面组成；在新形势下的教改模式中，如我们进行探究性的实验教学，倡导多种模式的课堂教学模式等，我们比以往更加强调重视每个学生的个性与特长，我们因材施教，激发学生学习的自觉性和主动性，培养学生独立学习的能力和创新意识、创新能力，更加强调对学生的理解能力、发现并解决问题能力、论辩与表达能力等的培养，同时也非常强调基础化学实验课程学习中学生的团队合作的精神的培养。因此，如

---

* 资助项目：2013 年浙江省高等教育课堂教学改革项目（项目编号：KG2013005）

2014 年浙江大学化学系教学改革研究项目（2014 年第 1 期）

通讯作者：赵华绒，电子邮箱：zhr0103@zju.edu.cn

果没有一套具有效激励功能、公平与合理的评价学生实验课程成绩的评价机制，将不利于高素质、综合型的优秀人才的培养。

我们在积累了多年实验教学改革的基础上，体会改革模式下的新的基础化学实验课程考评机制应具有激励功能，体现教育性功能，考评内容应强调学生的理解能力、发现并解决问题能力、论辩与表达能力，体现学生团队合作精神等，考评标准应是明确而细化的，学生课程成绩是多项指标累积的综合评定。浙江大学化学实验中心经过两年多的探索与实践，在基础化学实验课程考评机制方面取得了一定的经验与成效。

2 建立具有效激励功能的考评机制

激励包括正向激励和负向激励：正向激励可以促进学生学习的兴趣与热情；负向激励则是使得学生应付课程与实验，实验过程拖拉、不积极，甚至个体的负面情绪影响教学氛围。而良好的课程评价机制应具有正向激励的功能。

如我们倡导学生进行探究性的化学实验，其中涉及文献查阅、方案设计、团队合作、课堂与课后讨论、实验项目 PPT 展示与答辩等，如将探究性实验的综合分权重增加，将会引导学生注重广泛阅读、自主学习、团队合作、发现并解决问题、论辩与表达等方面的能力发展。

3 考评机制教育性功能的体现

通常，我们对学生的考评往往只注重考评本身和学生最终的考评成绩，而忽略对考评结果的信息反馈，失去考核评价的教育性功能。国外高校的课程考评将考核和评价当作手段，以促进学生全面发展作为目的。他们重视每个学生的个性和特长，因材施教，激发学生学习的自觉性和主动性，培养学生独立学习能力和创新意识、创新能力，以使其个性全面自由发展。同时，学生课程成绩也是体现教师教学效果的一个重要手段与途径，对于评价教学质量、反馈教学信息等有重要作用。因此，要充分体现考评机制的教育性功能，如改变“在期末集中考评，考完学期就结束了，给个分数递交教务处”等现状，我们可以多次、多角度、全方位考核与评价，及时、不断地将考核与评价结果反馈给学生，教师与学生及时总结教与学过程中存在的问题，并不断加以改进与提高。

4 目标明确、重点突出的考评机制

实验教学改革模式下的考评应更加注重学生综合素质的培养和提高，要有利于挖掘学生的潜在能力，形式可以多样化。重点考查学生的理解能力、发现并解决问题能力、论辩与表达能力等。可设置没有标准答案的问题，让学生尽量发挥其创造性思维，将有助于带动学生进行更深入的思考。

如台湾大学的有机化学实验课程成绩评价标准为：实验精神(态度)占40%，预习报告占10%，实验纪律占20%，实验结果报告占30%，其强调实验精神与态度的重要性。

5 明确而细化的考评标准，多项指标累积的综合评定

考评方式的不同将会导致课程成绩评定的不同。考核与评价方式都应有明确的考核标准并加以细化，采用分次累积的计分方法，避免单一指标评定的弊端，确保每个学生成绩的公平性。教师参考学生实验过程中的表现、实验结果、实验报告情况、平时在课堂上的讨论情况、实验项目答辩情况、各次测验成绩等多项指标，按照比例，对学生成绩进行综合评定。而且，课程考核的成绩评定，可与课程负责人、实验助教等共同完成，克服评定的主观性，保证成绩评定的客观性及公正性。

台湾大学的有机化学实验课程的评价细则中，细化扣分标准，同时强调安全与环保。如规定实验室为严肃工作之场所，为维护大家的安全，不得于实验室内嬉笑怒骂、抽烟、喝饮料、吃东西及嚼口香糖，手机应关机；实验课必须戴框式眼镜保护眼镜(戴安全眼镜、近视眼镜或平光眼镜均可，最好是安全眼镜，禁戴隐形眼镜)，实验中不可取下眼镜，每取下一次，扣总分5分。

美国伊利诺伊大学厄巴纳-香槟分校的“Advanced Organic Chemistry Lab”课程的考评标准是：实验预习占10%，产品占55%(其中，按时递交占15%，产量与纯度各占20%)，实验报告占35%。这要求实验的完成必须是“既快又好”的。

6 结 语

课程成绩评价机制是教育教学思路和人才评价标准的直接体现.是引导学生学习取向的重要手段。浙江大学化学实验教学中心利用成绩评价的导向作用，引导教与学全过程，改进“基础化学实验课程”教学，培养高素质创新人才。

参考文献

[1] 刘金石.公共基础课程大班教学中的学生考评机制创新探析——以微观经济学课程为例[J].中国大学教学.2013，6：81－83.

[2] 彭孝东，宋淑然，许利霞，等.工科电类基础课程考评机制改革的探讨[J].中国现代教育装备.2010，5：110－111.

基础化学实验教学内容开发

强根荣*，刘秋平，王红，梁秋霞，王海滨

（浙江工业大学 浙江 杭州 310014）

摘　要　立足于现有的基础化学实验教学内容，淘汰部分不适合现代社会发展、环境需求的实验，开发新型的实验内容，加强在化学一级学科内跨二级学科实验内容的综合。通过这些内容开发及后续的课程建设工作，充实基本技能实验，加强综合性实验，拓展系列性实验和研究探索性实验，为基础化学实验课程的进一步发展奠定基础，为人才质量的不断提升起好步、铺好路。

关键词　化学实验；教学改革；实验教学；课程建设

浙江工业大学化学化工实验教学中心是国家级实验教学示范中心，开设的基础化学实验课程面向全校 9 个学院（中心）、20 多个专业的本科学生，每届有 1100 多名学生，全学年实验教学人时数达到 19.9 万课时，基础化学实验教学的覆盖面非常宽广，因此，建设好基础化学实验课程，不断给课程注入新的活力，是造福于学生的善举，也是老师应负的责任。

1　研究开发思路

近年来，通过“精品课程”“示范中心”等一系列质量工程项目的建设，基础化学实验教学的成效非常显著，无论是课程建设、实验室建设，还是人才培养，都取得了可喜的成果，我们已经将“基础化学实验”课程建设成了国家精品课程、国家精品资源共享课程。但是，在日常的教学过程中，我们总感觉有些“美中不足”，主要是“精品课程”不够“精深”，学生基本技能不够“扎实”，综合能力不够“强劲”，创新意识不够“活跃”。这些问题的存在，需要我们去进一步思考。不言而喻，教学内容的研究开发和不断更新是第一位的。教学内容是教学的核心要素[1]，它是任何教学改革的基础，离开了教学内容，什么都变成了“无本之木”。因此，我们的做法是立足于现有的基础化学实验教学内容，淘汰部分不适合现代社会发展、环境需求的实验，开发、充实新型的实验内容，同时，进一步完善、补充国家精品资源共享课程的特色内容——基础化学系列性实验，加强在化学一级学科内跨二级学科实验内容的综合。通过

* 资助项目：2015 年浙江省高等教育课堂教学改革（项目编号：JG2015027）

通讯作者：强根荣，电子邮箱：qgr@zjut.edu.cn

这些内容开发及后续的课程建设工作，做“实”、做“全”基本技能实验，做“大”、做“精”系列性实验，做“深”、做“强”综合性实验，做“活”、做“新”研究探索性实验，为基础化学实验课程的进一步发展奠定基础，为人才质量的不断提升起好步、铺好路。

2 研究开发内容

2.1 做“实”、做“全”基本技能实验

浙江工业大学的基础化学实验教学大致分为基础化学实验(Ⅰ)、(Ⅱ)、(Ⅲ)三个阶段实施，对应于无机及分析化学实验模块(64 学时)、有机化学实验模块(64 学时)、物理化学实验模块(48 学时)，基本满足工科类学生化学实验基本技能训练的需要。要加强综合设计性实验、研究探索性实验的教学，很难通过增加教学时数的方式，只能通过选修课、课外科技活动等形式来补充。在这样紧张有限的教学时数内全面训练学生的基本实验技能，必须统筹考虑实验教学内容。

以基础化学实验(Ⅱ)—有机化学实验模块为例，其基本实验技能包括蒸馏、分馏、减压蒸馏、水蒸气蒸馏、重结晶、萃取洗涤、物质干燥、薄层色谱、柱色谱、机械搅拌、熔点测定、波谱鉴定等。在原有的教学中，由于教学时数的原因，没有安排“柱色谱”教学内容，而这一内容是现代有机合成分离中非常重要和常用的技术。另外，原来开设的“邻叔丁基对苯二酚的制备”实验，需用大量的二甲苯作溶剂，气味比较浓烈，实验环境较差。因此，我们在无法增加教学时数的前提下，研究开发了“乙酰二茂铁的制备与柱色谱分离”实验，替换原来的“邻叔丁基对苯二酚的制备”实验(见表 1)。

表 1 “邻叔丁基对苯二酚的制备”与“乙酰二茂铁的制备与柱色谱分离”实验比较

实验名称 操作技能与条件	邻叔丁基对苯二酚的制备	乙酰二茂铁的制备与柱色谱分离
机械搅拌 (反应装置)		
重结晶	√	×(在其他实验中安排)
薄层色谱	可根据情况安排	可根据情况安排
熔点测定	√	√
柱色谱	×	√
溶剂	二甲苯，气味浓烈	乙酸酐既是原料，又是溶剂
反应时间	2h	10min

从表1中看到，实验替换后，在原有的实验技能上增加了“柱色谱”操作，而且实验环境大大改善。通过实验内容的开发，学生的有机化学实验基本技能得到更加全面的训练。

2.2 做“深”、做“强”综合性实验

进一步研究开发跨二级学科实验内容的新型的综合性实验，将当今社会的热点问题及科研内容引入教学实验中，一方面可增强学生综合分析问题、解决问题的能力，另一方面，也可增强实验的趣味性[2]。

以拟开发的“汽车新能源的燃烧热测定综合性实验”为例，实验由两部分组成：

（1）汽油添加剂的合成

甲醇汽油添加剂可以让学生来合成。例如，汽车排放的尾气中含有对人体危害较大的铅尘污染物，为了减少大气中的铅尘污染，现用甲基叔丁基醚替代四乙基铅作为抗爆剂，生产无铅汽油。甲基叔丁基醚是一种高辛烷值汽油添加剂，具有优良的抗爆性，对环境无污染[3—6]。甲基叔丁基醚的实验室制备反应式如下：

$$H_3C-\underset{CH_3}{\overset{CH_3}{\underset{|}{\overset{|}{C}}}}-OH + HOCH_3 \xrightarrow{15\%H_2SO_4} H_3C-\underset{CH_3}{\overset{CH_3}{\underset{|}{\overset{|}{C}}}}-O-CH_3$$

（2）甲醇汽油燃烧热的测定

以氧弹式量热法测定甲醇汽油的燃烧热[7—9]。

实验可以将甲醇汽油中甲醇的添加比例、甲醇汽油添加剂种类等作为研究方向，通过对不同甲醇比例或添加不同添加剂的甲醇汽油的热值进行测定，以及对所得实验数据的分析，探讨甲醇汽油合适的配比或添加剂，分析发动机燃用时理论油耗与实际油耗存在差距的原因，为进一步提升甲醇汽油使用性能提供参考。

2.3 做“大”、做“精”系列性实验和研究探索性实验

（1）加深系列化、专题化实验教学，促进综合实践能力锻炼。我们在基础化学实验国家精品课程建设过程中，逐渐形成了基础化学实验教学的特色，研究开发了部分系列化实验（即在几个彼此独立的实验中，寻找它们之间的内在联系，插入新的内容将它们相互串联起来，构成一个有机整体，学生经过几步有机合成得到目标产物），并组织了教学实施，但研究的深度、广度、精度还不够，教学覆盖面还不够宽，改革的力度还不够大。我们将在此基础上，对基础化学系列化实验教学进行更为深入地研究，实验内容得到开发、更新，研究成果得到推广、应用，改革效益得到进一步显现。

以“苯甲醛—肉桂酸—肉桂酸酯的系列合成”实验为例，该实验既可以最大限度地减少实验产品（肉桂酸、苯甲醇、苯甲酸）的存放，又让学生充分应用了微波合成、离子液体等新型实验手段。

①利用 Perkin 反应合成肉桂酸。要求学生采用不同的实验条件，以苯甲醛和乙酸酐为原料合成肉桂酸。实验条件的区别有以下几点。a. 不同的催化剂：无水碳酸钾或无水乙酸

钾;b. 阻聚剂对苯二酚的加与不加;c. 不同的加热方式:常规电热套加热或微波辐射;d. 不同的反应介质:用与不用离子液体[bmim]BF_4 作介质(离子液体由实验室统一制备)。

②肉桂酸酯化反应。一方面向学生提供不同的醇,并采用微波辐射的方法,制备相应的肉桂酸酯。另一方面,在常规条件下,利用苯甲醛的 Cannizzaro 反应制得的苯甲醇与肉桂酸进行酯化反应,制备肉桂酸苄酯(苯甲醛的 Cannizzaro 反应制得的苯甲酸用于另一实验中制备苯甲酸乙酯)。

③利用 Knoevenagel 反应制备肉桂酸,在以前开设的"综合化学实验"课程中学生已做了仔细地研究[10]。下一步是将这一反应应用于本科基础教学中,让学生比较利用 Perkin 反应和 Knoevenagel 反应制备肉桂酸的不同方法,在比较中学习,在比较中提高。

(2) 进一步拓展研究探索性实验,活跃创新思维。围绕化学化工国家级实验教学示范中心建设过程中创建的"三阶段、四层次、一体化"教学体系,深入研究学科基础实验与专业基础、专业实验的相互关系,开发一些可以与化工实验紧密衔接的学科基础实验,为化学化工实验一体化教学打好基础,储备资源。一方面,将理科化学实验缜密的研究思路和严格的实验方法应用到工科实验中;另一方面,将工科化工实验强烈的工程意识和实际的应用能力融入到理科实验中,促进学科交叉、理工结合、协同提高。

以"无水乙醇的生产"实验为例(见图 1),在学科基础实验阶段,要求学生了解恒沸物的概念,掌握气液平衡数据的测定方法和相图的绘制,掌握蒸馏、分馏的基本操作和气相色谱条件的确定、检测方法等。在专业基础实验阶段,考察精馏操作的影响因素,如塔板数、进料状态、操作压强,以及恒沸精馏和萃取精馏的异同之处。在专业实验阶段,进行中试规模的生产操作,包括开停车、故障诊断等,进一步结合教师的科研成果,引入超重力旋转床精馏设备等新型过程强化设备,使学生实验与科学研究、工程训练和社会应用结合。

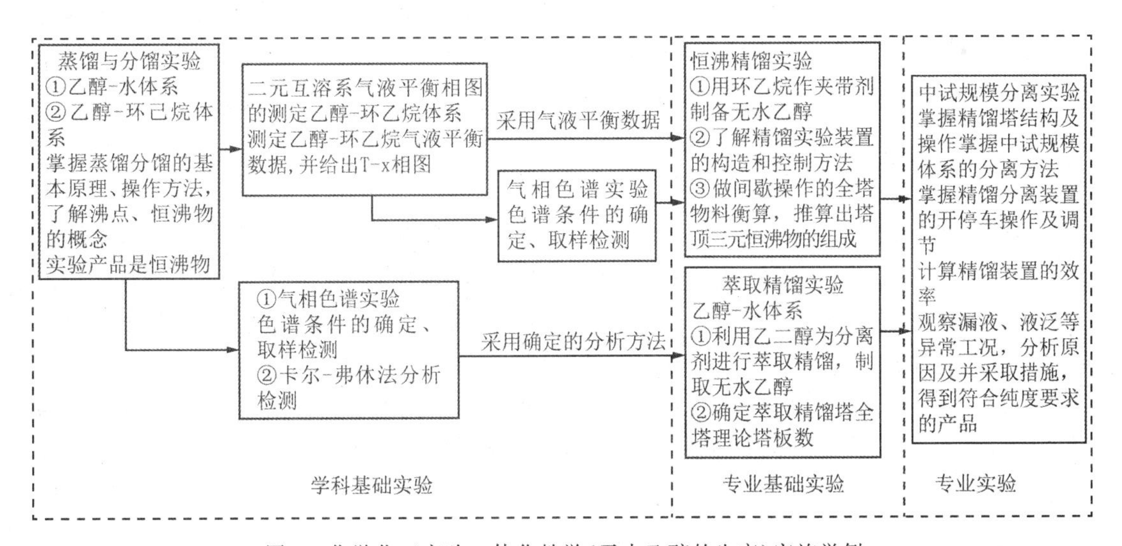

图 1 化学化工实验一体化教学(无水乙醇的生产)实施举例

3 研究开发效益

3.1 教学效益

经过近几年的改革,学生基本技能和综合创新能力得到明显提高。自2008年起,浙江工业大学受邀参加每两年一届的全国大学生化学实验邀请赛。在参赛学生大多是国内“985”高校化学专业学生的情况下,2010、2012、2014年浙江工业大学学生连续三届获得二等奖。除此之外,实验教学向第二课堂延伸,将新开发的综合性实验、研究探索性实验等应用到大学生课外科技活动中;实验中心向各级学生全面开放,让学生带着问题进入实验室,第二课堂与第一课堂齐头并进,有效地提高学生实践能力,促进学生多样化成才。2007年以来,化工学院本科生参与国家级大学生创新性实验计划项目和浙江省大学生科技创新活动计划项目22项,获“挑战杯”全国大学生课外学术科技作品竞赛一等奖及浙江省“挑战杯”大学生课外学术科技作品竞赛特等奖等奖项13项。这些成绩充分体现了化学实验教学改革的效益。

3.2 科研效益

(1) 教学内容的改革与开发,必然牵涉到教学仪器设备的自研、改制。根据实验教学的需要,中心教师可以自主研发、改制实验仪器设备,开发教学软件,丰富实验内容,既提高了实验教学水平,又促进了实验教师个人发展。

(2) 科研反哺教学,科技成果及时转化为教学内容。例如,将国家发明专利“4,6-二取代氨基-1,3,5-三嗪类衍生物的合成方法”转化为研究性实验项目:离子液体中4,6-二取代氨基-1,3,5-三嗪类衍生物的合成,并编入实验教材[11]。今后,通过这些新实验项目的开设,学生对化学化工学科的发展将会有更深的了解,学习积极性和主动性将会得到提高。

3.3 社会效益

(1) 将新开发的实验内容编入实验教材,逐步向校外推广。浙江工业大学编写的基础化学实验教材除供本校使用外,已被省内外6所高校选为教学用书,外校普遍反映教材在内容编排、教学时数安排等方面,完全适合供地方性工科院校化学、化工及相关专业作为教学用书。因此,将新开发的实验内容及时编入教材中,具有广泛的社会效益。

(2) 为地方经济和社会发展服务。近几年,我们已协助浙江省主管部门主办全省企业化学检验工技能大赛3届,涉及全省11个企业。今后,也可将新内容推广到此类竞赛中,充分发挥更大的社会效益。

4 结 语

实验教学内容的研究开发不同于其他课程教学内容的更新,它是一项艰巨复杂的工作,牵涉到各方面的因素，如学生的接受能力、自觉行为，教师的教学理念、工作精力，学校的教学条件、研究经费等；新内容的开设还需要开发者亲历而为，耗时耗钱耗精力。因此，要使这项工作真正有效开展起来，必须根据具体情况有针对性地进行，要有目的、有方向性地系统研究开发，要对学生的能力培养有促进作用，从基础教学的角度来讲，实验教学内容的开发要立足于现有的教学内容，是在传承基础上的研究创新，教学内容也并不是越精深、越前沿是最好的，要符合人才培养和教学循序渐进的规律。

参考文献

[1] 潘丽娜，蒋耀庭. 以科研为基础 革新大学物理教学内容[J]. 高等教育研究学报，2008，31(3)：76－78.

[2] 王广彦. 科研成果向教学内容的转化研究[J]. 理工高教研究，2009，28(4)：120－123.

[3] 沈杉松，杨怡生. 汽油辛烷值改进剂甲基叔丁基醚的应用研究[J]. 石油炼制，1984，12：50－62.

[4] 殷长龙，夏道宏. 汽油辛烷值改进剂研究进展[J]. 石油大学学报(自然科学版)，1998，22(6)：129－133.

[5] 冯湘生，杨怡生，王锡础. 含甲基叔丁基醚无铅汽油的应用[J]. 石油炼制，1988，5：6－13.

[6] 刘国兴. 高效汽油抗爆剂 MMT 的合成与应用[J]. 化学工程师，2006，4：41－43

[7] 薛丽丽，刘琼琼，李冬会，等. 甲醇汽油热值研究[J]. 内燃机，2011，5：33－36.

[8] 司原昌，栗智. 液体燃烧热的测定[J]. 光谱实验室，2013，30(6)：3240－3245.

[9] 闫学海，朱红. 液体试样燃烧热的测定方法[J]. 化学研究，2000，11(4)：50－51.

[10] 戚晶云，王红，陈洪峰，等. 肉桂酸的合成及其二聚反应的研究[J]. 浙江工业大学学报，2008，36(2)：155－157.

[11] 单尚，强根荣，金红卫. 新编基础化学实验Ⅱ—有机化学实验[M]. 2 版. 北京：化学工业出版社，2014.

探究性实验教学改革背景下高校实验技术人员的发展

秦敏锐，蔡黄菊，邵东贝，余利明，吴百乐，方文军，胡吉明，赵华绒*

（浙江大学　浙江　杭州　310058）

摘　要　浙江大学化学实验教学中心推行探究性实验教学改革两年之余，新教学模式已经渗透到全部实验课程中，实验技术人员的工作内容也随之发生变化，从单纯的实验准备转变为涉及实验教学、科研、仪器设备管理等多个方面。实验技术人员要抓住教学改革的机遇，通过不断学习来完善和发展自己的综合能力，在新的教学模式中实现自我价值。

关键词　实验技术人员；探究性实验教学改革；发展综合能力；自我价值

自 2013 年起，浙江大学在全校推行了“探究性实验计划”，旨在激发学生的实验兴趣、提高学生的创新思维能力、培养学生的独立探索能力[1]。浙江大学化学实验教学中心紧跟学校教学改革的步伐，引入探究性实验教学新模式。新教学模式的开展，不仅是对指导教师和学生提高了要求，更是对实验技术人员的工作能力提出了考验。作为基础有机化学实验室的实验技术人员，通过参与两年半的探究性实验教学改革，从实验选题、预做、实验准备、实验过程中突发情况的应对、大型仪器的使用、样品谱图的分析等各环节中都受益匪浅，从而意识到实验技术人员应该抓住这次教学改革的机遇，虚心学习教学方法和手段、锻炼科研技能、掌握实验室建设和管理方法等，以此不断地提高自身的综合能力，在探究性实验教学中高效配合指导教师的工作，在深化教学改革中贡献一份力量。

1　探究性实验教学改革在基础有机化学实验课程中的进展

浙江大学化学实验教学中心基础有机化学实验室根据学生群体不同，共开设四门课程：面向非化学系学生开设大类课程即大学化学实验（O），面向化学系学生开设基础化学实验Ⅱ课程，面向化学求是班和生物求是班学生分别开设基础化学实验Ⅱ（化学求是）课程和有机化学实验（生物求是）课程。从 2013 学年开始，基础化学实验Ⅱ和基础化学实验Ⅱ（化学

---

* 资助项目：2013 年浙江省高等教育课堂教学改革项目（项目编号：KG2013005）

2013 年浙江省高等教育教学改革项目（项目编号：JG2013018）

第一作者：秦敏锐，电子邮箱：qmr0906@163.com

通讯作者：赵华绒，电子邮箱：zhr0103@zju.edu.cn

求是)课程各引入1个探究性实验教学内容,教学效果良好,随后在大学化学实验(O)和有机化学实验(生物求是)课程也增加了探究性实验教学内容。到2015年学年,探究性实验教学模式覆盖全体实验教学中心选课学生。

2 探究性实验教学改革下实验技术人员自我发展的必要性

探究性实验教学增强了教学活动的复杂性,从而对实验教学质量的保障提出了更高的要求。实验技术人员作为实验教学队伍的重要组成部分,必须为改革中的实验教学质量提供保障。因此,探究性实验教学改革要求实验技术人员提高岗位意识,认识到教辅工作在实验教学中日益凸现的作用,通过参与实验教学讨论、探究性实验开发、样品测试分析、实验药品和仪器的准备、学生在探究性实验中突发性问题的解决等各环节的工作,在探究性实验教学实施过程中给出合理的意见和建议,发挥自己的作用。

3 探究性实验教学改革下实验技术人员的发展

3.1 关注科研前沿,更新知识体系,为新实验选题积累素材

探究性实验是一种基于"问题导向"的教学模式,主要有以下三个特点:一是新,与当下的前沿技术相结合;二是实,注重选题的实用性;三是宜,尽管选题要新颖,但要注重实验的可行性[1]。实验技术人员若要在实验选题中发挥自己的作用,要做到以下几点:一是实现知识体系的更新,提高自身定位,养成阅读国内外优秀教学、科研期刊的习惯。二是多关注当年本科生的科研训练项目、各种学科竞赛等内容,让探究性实验内容与具体的科研实践项目相结合,使得探究性实验内容的选题更适用于培养学生的实践能力。三要精通具体实验教学内容,了解每门课程的实验对象,在此基础上进行探究性实验选题,实验的可行性才会更高。因此,具有熟悉实验课程、充分了解实验对象、关注科研实践项目的最新进展,才能更好地配合指导教师做好探究性实验选题工作。

3.2 扎实理论基础,加强科研意识,明确新实验的探究方向

探究性实验的预做不是基础型实验的重复试做,而应该视为一个小的科研项目。实验技术人员只有以科研的态度进行实验预作,才能在实际过程中加深对实验的理解,从而做好实验准备工作和实验指导工作[2]。首先,理论知识要扎实:明确实验原理,熟悉实验过程中所涉及的理论知识点;其次,实验技术过关:掌握实验的每个细节,改变多种实验条件,跟踪实验结果,通过多次的重复,对实验结果进行验证,确保实验的重复性;最后,善于总结:结合课程情况,明确该实验值得探究的方向。

以"基于天然产物中有效成分高效分离的正、反相薄层色谱探究"探究性实验为例,该实验是由两个同类实验——"植物中天然产物提取""利用柳树、蒲公英(或其他绿色植物)等探

究正相和反相薄层色谱”合并而成；在对蒲公英叶进行正、反相色谱分析时，考虑到该实验的季节性问题，就以多种绿色植物为原材料进行分析，发现菠菜等绿色植物中天然色素的提取与蒲公英效果一致，因此可以用其他植物代替，实验课中允许学生对多种植物进行探究，由此激发学生的实验兴趣。

3.3 掌握仪器使用，提高资源利用率，增加实验样品分析的时效性

实验技术人员应掌握大型仪器的使用方法一直是实验教学中心强调的工作。随着探究性实验在实验教学中的比重增加，引出样品分析环节的问题——待分析样品数量增加、样品表征手段多样复杂、样品分析的时效性差。如果实验技术人员掌握大型仪器的使用方法便可以帮助解决这些问题。

首先，可以保证样品分析的时效性。以“酯类的合成”实验为例，该实验作为基础实验课程时，要求每个学生对1个产品进行气相色谱(GC)分析即可，但在变为探究性实验以后，产品分析可以多样化，根据学生要求，需要提供气相色谱和核磁共振(NMR)检测，导致样品量增加了5倍之多。样品数量的激增导致仪器平台的工作人员无法在有效时间内完成分析工作，失去了跟踪反应的意义。在实验技术人员熟练掌握仪器使用的情况下，多台仪器同时分析，就能保证样品分析的时效性。

其次，能够筛选待分析样品，提高仪器使用效率和样品测试的意义。开展探究性实验后，学生进行样品表征的手段增加，如实验样品可以先进行气相色谱分析，纯度较高的样品可进行后续核磁共振表征等。实验技术人员可以在气相色谱检测时帮助指导教师对样品进行筛选，对于纯度不够而有意向进行多种手段分析表征的同学，可以建议其再次进行柱色谱分离而达到所需标准，从而减少了指导教师筛选样品的时间，提高了样品测试的意义。

因此，实验技术人员根据课程的需要熟练掌握一两种常用大型仪器的使用方法是必要的，也是可行的，在此基础上可以更好地为探究性实验教学服务。

3.4 增强工作责任心，参与实验方案的确立，提高实验准备工作质量

自探究性实验教学在大学化学实验(O)课程中的全面开展后，实验准备的工作量大幅增加。该课程面向全校学生，每学期有学生600～800人不等，3～4人1组实验，共200多种实验方案，需要准备200多套不同的实验药品和设备。实验技术人员要先对学生的实验方案进行浏览，统计所需药品和仪器设备，再进行采购或在实验教学中心内调剂，尽量满足学生实验方案提出的要求。遇到实验室不能满足的实验条件，或有可替换的实验条件，尽快告知学生和指导教师，并协助他们进行实验方案的调整，使探究性实验在规定的学时内顺利完成。因此，实验技术人员对探究性实验的内容和实验室的情况应该有很深入的了解，才能提高工作效率，在最短的时间内反馈信息，给学生调整实验方案留出充足的时间。

3.5 学习实验教学方法，培养实验指导能力，应对新实验教学中出现的问题

在实验过程中，探究性实验比验证性实验出现异常实验现象的随机性大，指导教师资源

有限，需要实验技术人员加入到实验指导的队伍。例如，在大学化学实验(O)课程中，1名指导教师和6个研究生助教同时负责3个班级共90名学生的实验课程，研究生助教对实验室的整体情况熟悉程度有限，有时是不能完全应对探究性实验问题的多发性状况，需要实验技术人员的参与，来顺利完成实验教学。

实验技术人员参与实验选题、实验预作、掌握大型仪器的使用是指导学生探究性实验最基本的准备工作，除此之外实验技术人员还应该从综合能力上提高自己，为实验指导工作做好准备。一方面要积极参与探究性实验教学的备课、实验方案讨论和答辩各环节，与指导教师和学生多交流，以便更好地了解学生在实验设计和实验过程中出现的问题。另一方面要理解探究性实验的特点，把握学生方案设计的难度和可操作性，对学生提交的实验方案中研究内容和目标进行判断，保证学生在有限的时间内既能锻炼动手能力又能有时间思考和解决实验中遇到的问题，达到探究性实验的教学目标。再者，实验技术人员应该有兴趣和耐心陪学生完成实验。学生探究性实验时不可预知的问题较多，要根据询问学生和观察实验现象，再凭借自己的经验判断问题发生的原因，然后引导学生将复杂的大问题分解成若干简单的小问题，逐个解决[3]。因此，实验技术人员综合能力的提升是胜任指导学生实验工作的关键。

4 结 语

随着探究性实验教学改革的不断深化，未来的实验教学改革将会更注重学生综合实验能力的培养[1]，对实验室所提供的教学服务质量要求更高。因此，实验技术人员不仅要增强岗位意识、精湛的实验技术和强烈的责任感，还应该积极参与科研项目以了解专业发展动态、扩大知识面，掌握多种大型仪器的使用以提高实验室资源率，学习教学方法以培养实验指导能力，努力发展成为集教学、科研、实验室管理于一体的复合型人才，为探究性实验教学改革下的教学质量提供保障。

参考文献

[1] 陆国栋，李飞，赵津婷，等. 探究型实验的思路、模式与路径——基于浙江大学的探索与实践[J]. 高等工程教育研究，2015(3)：86－93.

[2] 孙喆，张莉，李庆章，等. 国家级精品资源共享课程“动物生物化学”实验教学准备工作[J]. 实验技术与管理，2015，32(6)：221－223.

[3] 金悦，陈晓南，杨培林. 综合创新性实验中的学习引导[J]. 高等工程教育研究，2012(2)：152－155.

PBS教学法在“中级化学实验(Ⅱ)”课堂教学中的实践

王国平*，王永尧，姚加，朱龙观，许新华，王晓岗
(浙江大学　浙江　杭州　310027；同济大学　上海　200092)

摘　要　PBL (problem-based learning，问题式学习) 教学法在国内外教学研究中较为盛行，本文针对化学实验课程的课堂教学提出PBS(problem-based study，问题式研究)教学法，提出了在课堂实践中实施PBS教学法需要转变四个观念：教师对实验教学的观念转变、学生学习观念的转变、对教学过程的再认识和教学效果考核方式的改变，并以中级化学实验(Ⅱ)课程中“阴离子表面活性剂临界胶束浓度测定”实验为例说明PBS教学法。结果初步表明，实施PBS教学方法能激发学生的研究兴趣，提升学生探索研究的水平。

关键词　PBS教学；课堂教学；中级化学实验

1 引　言

高校的课堂教学，尤其是实验课程的课堂教学愈发受到重视。无论是教育主管部门、院系教学负责人，还是实验课程的任课教师，都逐步从轻视或忽视实验课堂教学走向重视实验课堂教学。化学实验课堂历来教学风气良好，但教师对于如何提高课堂教学质量，发挥化学实验课程的作用普遍缺乏深入的认识。

鉴于化学学科的特点，化学实验教学在化学创新人才的培养中始终占据举足轻重的地位，如何提高实验课程教学质量也是国内外化学教学及教学改革中面临的一个重要问题。实验课程区别于理论课程，有其自身的特点，正因如此，化学实验教学应该有与其相适应的教学方法。选择什么样的教学方法，取决于任课教师对实验课程的认识，不同的认识决定不同的教学目标与教学方法。

---

* 资助项目：2015年浙江省教育厅高等教育改革项目(项目编号：KG2015028)
2015年浙江大学本科教学方法改革研究项目(项目编号：SY-2)
2015年浙江大学化学系第二期教学改革项目
2015年同济大学实验教改基金项目(项目编号：1380104081)

第一作者：王国平，电子邮箱：chewanggp@zju.edu.cn
通讯作者：王晓岗，电子邮箱：xgwang@tongji.edu.cn

就目前而言，对实验课程的认识一般有三个层次。第一个层次认为，实验课程是为了培养学生的动手操作能力，使其掌握实验技能；第二个层次认为，实验课程除了培养学生的实验技能外，还应该具备验证理论、帮助加深对理论课程理解的功能；第三个层次认为，实验课程主要是为了培养学生的科学研究能力，加强对其科学思维的训练，动手能力的培养等只是实现课程目标必经的过程。实现第一个层次的教学方法，通常注重实验演示，学生主要采取模仿的方式完成实验项目；实现第二个层次的目标，通常采用照方抓药的方法，老师通常很注重学生实验操作的规范性和实验结果的准确性；实现第三个层次则要艰难许多。

我们在“中级化学实验（Ⅱ）”的课堂教学中采用 PBS（problem-based study，问题式研究）教学方法，此方法有别于国际上通用的 PBL（problem-based learning，问题式学习）。PBS 教学法着重“study”，而非“learning”，突出学生的主观能动性，激发学生的学习和研究兴趣。本文中我们首先讨论 PBS 的相关问题，其次以“表面活性剂的临界胶束浓度测定”实验为例，阐述 PBS 教学的过程和效果。

2　实施 PBS 教学方法的观念转变

采用 PBS 教学方法，首先要解决以下四个问题。

2.1　教师教学观念的转变

正如上述，不同的教学观念决定不同的教学方法。PBS 与 PBL 的区别在于：PBS 是需要老师和学生都采取主动的方式去研究实验项目或科学问题，而 PBL 则仅仅是通过问题来引导学生完成实验课程。当教师认识到只有学生和老师都采用积极主动的方式研究实验问题时，采用科学研究的方式来完成实验项目，实验课程才会变得如同科学研究一般，逐步培养学生的创新思维。

2.2　学生学习观念的转变

教师对课程的认识决定学生的学习效果，学生的学习观念也随着教师的观念而转变。普遍存在的实验课程学习观念并不乐观，甚至与广大教师所期望的相去甚远。如何转变学生的学习观念，尤其是对实验课程的学习观念？绪论课，是每门实验课程的第一课，也是决定实验课程教学效果的最重要的一课。学生的学习态度、对课程的认识等基本上取决于这一个环节，所以，如何上好这一课至关重要。当学生满怀信心要学好实验课程，期望从实验课程中学会科学研究时，就应该是达到了绪论课程的要求。当然，后续的每一实验课堂都是这种教学方法的教学实践，是实现教学思想的具体过程，也不能放松。

2.3　对教学过程的再认识

许多教师对实验课程的教学过程的体会和认识是：实验教学无外乎实验讲解、学生动手实验，剩下的就是学生完成实验报告，教师批改实验报告。实施 PBS 教学法的教学过程与通常的教学过程有一定的区别。

我们认为，PBS教学法需要将通常的教学过程进行扩展，从课堂内扩展到课堂外，并且每个课堂过程的内涵也有一定的改变。学生的预习过程在PBS教学中显得相当重要，学生要将需要完成的实验项目当作是“科学研究的课题”，其预习要从查阅文献资料开始，做好实验方案等；实验讲解时，教师需要从科学研究的角度出发，不仅要和学生讨论实验中可能的问题，完成实验教学的一般任务，还要进行科学研究的方法和思维的引导与总结等。在实验过程中，教师需要引导学生解决实验中的问题，而非简单地回答问题；当学生课堂实验后，教学过程还需要继续延伸。如何完成一份科学实验报告，是实验教学中重要的一环；学生如何写出一份科学实验报告，则是一个学习、提高和不断体会的过程。实验前、实验中和实验后三个过程是组成PBS教学的主要过程，实验前和实验后两个过程的含义有别于其他，当然“实验中”这个过程也有不小的区别。

2.4 教学效果考核方式的改变

按照PBS教学法完成一个实验项目，对学生和老师而言，都不是一件轻松的事情。如何考核实验教学效果？我们在实验教学中做了一些尝试，取得不错的效果，在此略作介绍。

对于一个具体的实验，按照实验预习（课前考核或提问）、实验过程的合理性与规范程度、实验结果、实验报告等几个部分，学生在按时递交实验报告的基础上，可以按照自己的想法或者针对老师批改过的意见修改自己的实验报告，或者重做实验再写报告，直到学生认为满意为止，老师对学生最后的实验报告进行评分。

3 PBS教学应用举例——以表面活性剂临界胶束浓度测定实验为例

3.1 实验背景简介

表面活性剂的表面吸附和胶束形成是两个重要的物理化学性质，临界胶束浓度（CMC）常作为表面活性剂表面活性的量度。CMC越小，形成胶束所需的浓度越低，达到表面饱和吸附的浓度越低，起乳化、润湿、去污、分散、增溶等作用所需要的量越少。在形成临界胶束前后，溶液的表面张力、电导率、渗透压、蒸气压、光学性质、去污能力及增溶作用等都发生很大变化，CMC是表面活性剂溶液性质发生显著变化的一个“分水岭”。测定CMC的方法有电导率法、表面张力法等。表面张力法是通过测定不同浓度溶液的表面张力，在CMC处表面张力降低变缓，在表面张力-浓度（或浓度的倍数）图上有明显的转折点（即CMC），该方法的标准偏差为2%～3%。电导率法简单可靠，测量偏差约为2%，但仅适用于离子型表面活性剂，在极稀的浓度范围内，与一般的无机强电解质一样，溶液电导率随浓度增大而直线上升。但达到一定浓度后，由于缔合形成胶束。胶束带有很高的电荷，由于静电引力的作用，在胶束周围将吸引一些带相反电荷的小离子，相当于一部分正、负电荷相互抵消。另外，反离子形成的离子氛的阻滞作用也大大增强。因此，溶液的导电能力减弱，电导率增大，斜率变小，出现一转折点。根据转折点的浓度即可确定CMC。

3.2 PBS 教学过程

在讲解电导率法测定阴离子表面活性剂十二烷基硫酸钠(SDS)的 CMC 测定原理后，给学生一定的时间提出实验中的问题。由于前一阶段的引导，学生首先从实验方法上提出问题：该实验可以用电导率法是因为测定对象是阴离子的表面活性剂，如果从表面活性剂的角度看，是否可以采用相应的测定表面张力的方法呢？然后从影响 CMC 的几个因素提出问题：实验中测定某一温度下的 CMC，是否还研究其他温度下的 CMC，利用相关热力学公式进行热力学量的测定和讨论呢？如果讨论了温度的影响，那是否还有其他因素影响 CMC，比如无机盐、不同价态的无机盐，甚至非水溶剂？再从实验方案的细节上提出问题：如果用电导率法测定了不同浓度下的电导率，初步确定 CMC 的范围，在后面的精确测定中，补测的数据点是应该在 CMC 范围附近插入数据点，还是往高浓度和低浓度两端插入数据点？

学生提出上述问题，并开展讨论。结合预习和此前“最大气泡法测定表面张力实验”的基础，学生主动分成不同的研究小组，就上述问题分工合作。老师在基本肯定学生的实验方案后，学生便开始“自己的研究”。值得注意的是，在采用 PBS 教学方法时，即便学生的实验方案中存在问题，老师也不必直接指出来，学生在实践中遇到问题，会回头思考问题并解决问题，这一点涉及本课程中采用的另一种教学方法——预期失败教学法——将另文介绍。

3.3 学生实验数据与结果举例

因篇幅所限，在此仅举例学生采用不同实验方法——最大气泡法测定表面张力方法和电导率法测定 SDS 的 CMC 数据和结果。

(1) 最大气泡法测定 SDS 的 CMC

35℃时，水的表面张力文献值为 $\gamma_{H_2O}=7.042\times10^{-2}\,N\cdot m^{-1}$[1]。

①仪器常数 K 的计算：测得 $p_{H_2O}=548.7$Pa，则仪器 $K=\dfrac{\gamma_{H_2O}}{\Delta p_{H_2O,m}}=0.12833\times10^{-3}$m

②求出各浓度 SDS 水溶液的表面张力(见表 1)。

表 1　35℃时 SDS 水溶液表面张力测定数据及计算结果

$c/(mol\cdot m^{-3})$	p_m/Pa	$\gamma/(\times10^{-2}N\cdot m^{-1})$
0.00	548.7	7.042
2.00	265.0	3.401
4.00	244.8	3.142
6.00	225.0	2.888
7.00	213.2	2.736
7.50	215.4	2.764
8.00	220.0	2.823
8.50	215.0	2.759
9.00	220.0	2.823

用 origin 拟合作 $\gamma - c$ 图(见图 1)。从 $\gamma - c$ 图可以看出,CMC 约为 7.00mol・ m^{-3}。

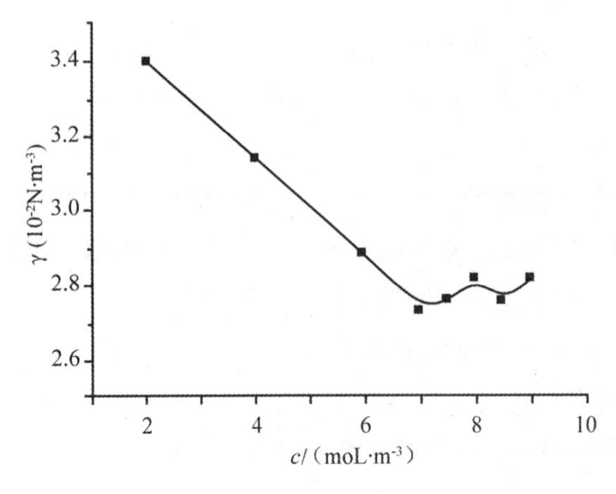

图 1　35℃时 SDS 水溶液表面张力 γ 和浓度 c 关系

(2) 电导率法测定 SDS 的 CMC

测定 25、30、35℃时的 CMC 值。25℃时 SDS 电导率测定的实验数据见表 2。

表 2　25℃时 SDS 电导率测定的实验数据

c/(mol・m^{-3})	κ/(S・m^{-1})	κ_c/(S・m^{-1})	Λ_m/(×10^3 S・m^2・mol^{-1})
2.00	0.0130	0.0127	6.325
4.00	0.0239	0.0236	5.888
6.00	0.0322	0.0319	5.308
7.00	0.0361	0.0358	5.107
7.50	0.0362	0.0359	4.780
8.00	0.0418	0.0415	5.181
8.50	0.0418	0.0415	4.876
9.00	0.0431	0.0428	4.750
9.50	0.0448	0.0445	4.679
10.00	0.0462	0.0459	4.585
12.00	0.0520	0.0517	4.304

注:κ_c为 κ 的校正值

以电导率 κ 对浓度 c 作图(见图 2)。由图 2 可得,25℃时 SDS 的 CMC=8.60mol・ m^{-3}。

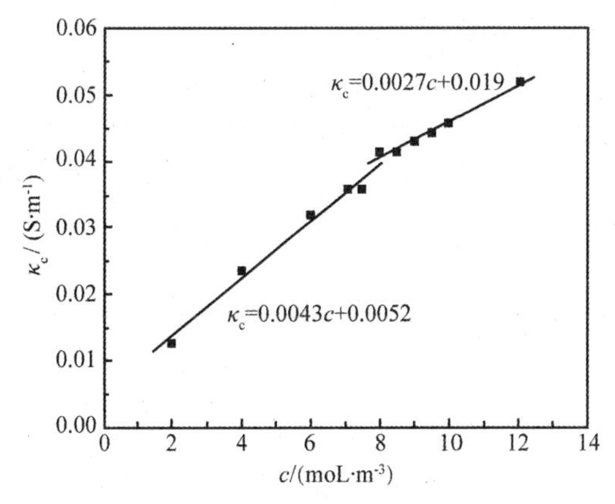

图 2　25℃时电导率 κ 与浓度 c 关系图

30℃时 SDS 电导率测定的实验数据见表 3。

表 3　30℃时 SDS 电导率测定的实验数据

$c/(\mathrm{mol\cdot m^{-3}})$	$\kappa/(\mathrm{S\cdot m^{-1}})$	$\kappa_c/(\mathrm{S\cdot m^{-1}})$	$\Lambda_m/(\times10^3\mathrm{S\cdot m^2\cdot mol^{-1}})$
2.00	0.0124	0.0121	6.065
4.00	0.0231	0.0228	5.708
6.00	0.0307	0.0304	5.072
7.00	0.0344	0.0341	4.876
7.50	0.0344	0.0341	4.551
8.00	0.0398	0.0395	4.941
8.50	0.0399	0.0396	4.662
9.00	0.0410	0.0407	4.526
9.50	0.0428	0.0425	4.477
10.00	0.0442	0.0439	4.393
12.00	0.0500	0.0497	4.144

注：κ_c 为 κ 的校正值

以电导率 κ 对浓度 c 作图(见图 3)。由图 3 可得，30℃时 SDS 的 CMC=8.50mol・$\mathrm{m^{-3}}$。

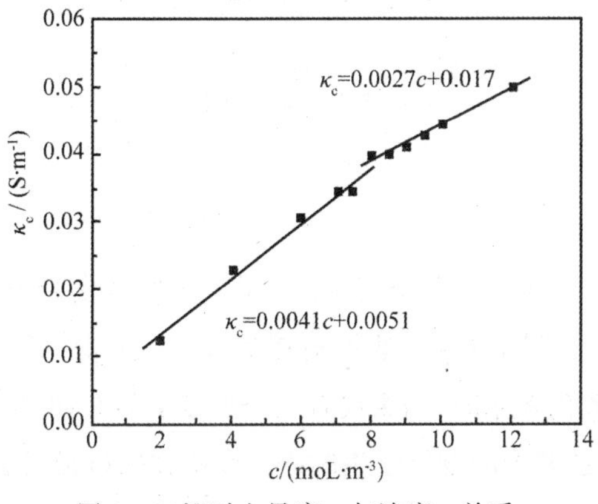

图 3　30℃时电导率 κ 与浓度 c 关系

35℃时 SDS 电导率测定的实验数据见表 4。

表 4 35℃时 SDS 电导率测定的实验数据

$c/(\mathrm{mol}\cdot\mathrm{m}^{-3})$	$\kappa/(\mathrm{S}\cdot\mathrm{m}^{-1})$	$\kappa_c/(\mathrm{S}\cdot\mathrm{m}^{-1})$	$\Lambda_m/(\times10^3\,\mathrm{S}\cdot\mathrm{m}^2\cdot\mathrm{mol}^{-1})$
2.00	0.0130	0.0127	6.368
4.00	0.0240	0.0237	5.934
6.00	0.0338	0.0335	5.589
7.00	0.0370	0.0367	5.248
7.50	0.0375	0.0372	4.965
8.00	0.0420	0.0417	5.217
8.50	0.0422	0.0419	4.934
9.00	0.0436	0.0433	4.815
9.50	0.0450	0.0447	4.709
10.00	0.0475	0.0472	4.724
12.00	0.0530	0.0527	4.395

注：κ_c为 κ 的校正值

以电导率 κ 对浓度 c 作图(见图 4)。由图 4 可得,35℃时 SDS 的 CMC=7.59mol·m^{-3}。

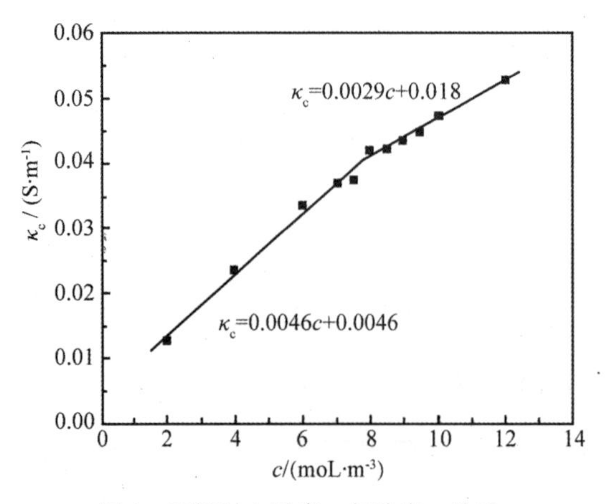

图 4 35℃时电导率 κ 与浓度 c 关系

3.4 结果与讨论

通过上述探究性研究,学生发现两个问题:①采用不同的实验方法,得到的实验结果有一定的差异。采用电导率方法测定 CMC 数据更接近文献值(35.0℃时为 8.20mol·m^{-3})[2]。②在讨论温度与 CMC 之间的关系时,因为仅有三个温度下的 CMC 数据,学生由此发现在设计实验方案时就存在缺陷。这两个问题给学生的进一步研究探讨指明了方向。

针对阴离子表面活性剂 SDS 的临界胶束浓度测定实验,通过 PBS 教学法,不仅从研究方法上提出问题，更从影响 CMC 数据的相关因素方面提出问题，通过详细和合理的实验方案进行了研究，学生通过分工合作及集体总结结论，并做了相互交流，深化了实验内容。

4 结 语

对教师而言，实施 PBS 教学法需要做好大量的课前准备和知识储备，并且需要奉献精神，才能和学生合作达到预期的教学效果。通过近年的教学实践，PBS 教学法在实验课程中取得了良好的教学效果。在未来的教学实践中，我们将尝试把 PBS 教学法与其他教学方法配合使用，以求取得更佳的教学效果。

参考文献

[1] 雷群芳. 中级化学实验[M]. 北京：科学出版社，2005.

[2] ROSEN M J，KUNJAPPU J T. Surfactants and interfacial phenomena[M]. 3rd ed. New Jersey：Wiley，2004.

基于网络资源的PBL教学法在有机化学实验教学中的应用

王红，卢传君*，王海滨，孙莉，强根荣

（浙江工业大学　浙江　杭州　300014）

摘　要　基于网络资源的PBL教学法是一种以“问题为中心的”又充分利用现代化多媒体教学手段的新的教学方法。实践结果表明，将这种教学方法应用到有机化学实验教学中，可以激发学生学习的兴趣，提高学生自主学习、分析问题和解决问题的能力，拓展学生的知识面，是一种可以推广实施的教学方法。

关键词　PBL教学法；网络资源；有机化学实验；教学改革

1　引　言

有机化学实验是有机化学教学的一个重要组成部分，是培养学生实践能力的重要的教学环节。传统的有机化学实验教学中存在着实验内容陈旧、实验预习流于形式和教学方法陈旧的问题。学生仅仅是为了完成任务而进行实验，学习的过程显得十分被动。这种传统的教学方法完全忽视了学生在学习中的主体地位和对学生自主学习能力的培养，完全不能适应现代社会创新型人才培养所具备的基础扎实、知识面广、有创新能力的要求。因此，深化改革现行的有机化学实验教学方法势在必行。

我们对有机化学实验的教学方法进行了一系列的改革，先后采用了专题实验教学法[1]，翻转课堂的教学模式[2]和PBL教学法[3]等。其中PBL教学法是以问题为中心的教学方法，它改变了传统的实验教学中以教师为主的“填鸭式”的教学模式，使教师由过去的“教给”学生做实验转变为“引导”学生做实验，把实验教学变成学生发现问题、研究问题、解决问题、增长知识的过程。学生在分析问题能力、动手操作能力和自主学习能力等方面都有了明显的提高。随着PBL教学法在有机化学实验教学中的实施，我们也发现了一些问题：

（1）由于学生没有很好地利用文献资料、网络学习资源等，只是依赖于书本进行预习，懒于查阅资料和思考，使得学生的课前预习缺乏主动性，流于形式，很难发现问题。

---

* 资助项目：2015年浙江省高等教育课堂教学改革项目（项目编号：JG2015027）

第一作者：王红，电子邮箱：chem.hong@163.com

通讯作者：卢传君，电子邮箱：luchuanjun@zjuct.edu.cn

(2) 学生课前预习不充分，再加上课堂教学环节缺乏生动、形象的教学课件，使得教师教学缺乏针对性和目的性，讲解时间长，学生参与程度低，学生缺乏独立思考及和教师进行面对面的交流、探讨的时间，学生的系统思维能力和统筹安排能力在实验过程中得不到有效的锻炼和提高。

(3) 由于缺乏师生课下的交流平台和丰富的课外学习资源，使部分学生的课下总结和拓展学习达不到理想的效果。

现代化信息技术的不断发展，使多媒体计算机辅助教学成为可能[4—5]。教学资源的多媒体化，使教学内容更形象化，增加了教学内容知识点的表现力；教学资源的网络化，使学习资源得以不断的扩充、更新，学生的学习地点和学习时间更加灵活，学生辅助性的自主学习和协作学习成为可能。教学更具有个性化和人性化、教学平台的网络化，也为学生与学生之间、学生与教师之间的课下交流提供了可能。网络教学的这些特点[6—9]，为我们解决现行的PBL教学法存在的问题提供了可能性。

鉴于以上的考虑，我们尝试将现行的有机化学实验中的PBL教学手段与现代化的信息技术和教育技术相结合，建立一种基于网络资源的新的PBL有机化学实验教学新模式。实践证明，这种新的教学方法在有机化学实验中的实施，有效地解决了我们原有的PBL教学方法在实施过程中遇到的问题，激发了学生自主学习的兴趣，取得了比较好的教学效果。

2 基于网络资源的PBL教学法在有机化学实验教学中的应用

2.1 基于网络资源的PBL教学法的特点

基于网络资源的PBL教学法，保持了传统的PBL教学法中以“问题为中心的”的本质特点，既兼顾了有机化学实验教学的特点，又充分利用了现代化的多媒体教学手段，具有鲜明的特色。现代化的教育技术，特别是网络与多媒体技术的引入，为师生提供了丰富的教学资源，使PBL教学内容更形象，教学更具有针对性，学生的自主学习更为个性化，真正实现有效的教师与学生、学生与学生之间的学习交流，使PBL教学法的各个环节变得生动起来。基于网络资源的PBL教学法在有机化学实验教学中的实施，营造出一个“针对性强的知识讲解，形象生动的教学课件，互动良好，气氛活跃”的理想的有机化学实验课堂，在一定程度上激发了学生学习的兴趣，培养了学生的动手能力和自主学习能力。

2.2 基于网络资源的PBL教学法在有机化学实验教学中的实施

本文以“2-甲基-2-丁醇的制备”为例来说明如何将基于网络资源的PBL教学法灵活应用于有机化学的实验教学中。具体的实施主要通过以下三个环节来完成：

(1) 设计问题，引导学生进行预习。教师根据教学内容设置题目，引出与实验相关的理论知识，实验原理、实验的基本过程和注意事项，并制作完成与实验内容相关的视频和教学课件；学生通过课外自主、协作学习，回答预习问题，反馈预习结果。这一步实施的关键是教学资源的丰富和学生预习积极性的调动。

“2-甲基-2-丁醇的制备”是一个综合性较高的实验，实验内容涉及格氏试剂的制备和格氏试剂与醛酮的亲核加成反应，实验内容繁杂。而且作为一个综合性实验，此实验还涉及很多单元操作，如加热回流、搅拌滴加、洗涤、萃取、干燥和蒸馏等。深刻理解实验的机理，弄清楚每步操作的目的和意义，熟练、正确完成这些单元操作是实验成功的关键。因此，实验前有效预习十分重要。为了督促学生认真、有效地进行预习，教师针对实验的基本原理、单元操作的特点及学生在实验过程中容易出错或忽略的问题，提出以下的预习问题和要求：

问题1：格氏试剂的制备需要无水、无氧的环境，在实验中，我们是如何创建无水、无氧的实验条件的？

问题2：制备格氏试剂时，在确定镁带和溴乙烷反应被真正引发后，才能开始慢慢滴加剩余的溴乙烷的，为什么？如果不是这样操作的，对反应有什么影响？会有什么副反应发生？

问题3：格氏试剂与丙酮的加成反应，我们强调要缓慢滴加丙酮，为什么？

问题4：粗产物2-甲基-2-丁醇在蒸馏提纯前要干燥彻底，为什么？

问题5：能用无水氯化钙来干燥2-甲基-2-丁醇吗？为什么？

并要求熟悉以下操作：①干燥管和恒压滴液漏斗的使用；②液体化合物的萃取和分液操作；③液体化合物的干燥操作；④简单蒸馏操作。

让学生从反应机理、主反应和副反应的竞争、实验装置的设计与安装、实验操作、产品的分离和纯化等各个方面进行预习。教师还会把相关的课程录像、教学课件和仿真模拟实验，借助于网络平台共享给学生，让学生能直观、形象、生动地观摩和熟悉实验涉及的单元操作，使学生在掌握实验机理的基础上，对整个实验有个直观的认识，对实验进程做到心中有数。要求学生不仅要熟悉每一步实验做什么，而且要思考为什么这样做。

预习环节的问题提出和丰富的网络学习资源，使得学生的课前预习更具有主动性和针对性，也更形象化，在一定程度上提高了预习的效率。学生可根据自己的时间规划、认知风格和学习习惯自主安排学习的进度，激发了学生学习的热情和积极性，培养学生自主学习的能力。为了使课前预习环节不再走过场，增加学生参与的热情和积极性，教师还会在实验课前要求学生在规定期限内在线提交课前预习作业，对完成情况进行记录，计入实验总成绩，并在课堂上进行点评。在这个过程中，教师也从学生反馈的预习情况，发现学生在预习环节共性的问题，重新对课堂教学内容进行调整和设计，提高课堂教学的针对性。

(2) 课堂互动，答疑解惑。教师优化教学内容，构建生动形象的新型课堂；学生积极参与教学，通过师生、生生的互动，提升学习能力。这一步实施的关键是形象生动的多媒体课件的应用、课堂知识的重新构建和学生对课堂的参与。

教师先根据学生预习暴露出的共性问题，依据学情和经验，借助于形象、生动的多媒体课件，优化课堂的讲解内容，缩短讲解时间，把更多的时间留给学生参与课堂讨论。“2-甲基-2-丁醇的制备”关键是学习无水、无氧体系的构建和反应速率的控制，教师会在学生预习的基础上，以问题的形式引导学生一步一步设计出包括加热回流、干燥、滴加和搅拌的实验装置，再通过仿真实验给学生形象演示装置的安装，培养学生设计实验的能力。这个实验另外一个特点就是后处理步骤很繁杂，学生很容易混淆。教师会把这些知识点细化成一个个小问题(如实验后处理操作的顺序、分步提纯过程每一步除杂的目的和注意事项、低沸点溶剂的蒸馏等)，组织和鼓励学生进行针对性地讨论，引导学生对问题进行思考。学生会在不断发言、讨论中找到正确的答案，真正理解每步操作的意义，减少实验失误，取得好的实验结果。在学生充分讨论的基础上，教师会进行针对性的总结，给出学生正确的答案，向学生强调容易忽略和出错的地方，使学生不仅知其然，而且知其所以然。这样的教学模式，发挥了学生的主观能动性，培养了学生分析问题和解决问题的能力，实现了师生、生生之间的有效互动，活跃了课堂的气氛，增强了学生的自信心。

针对有机化学实验反应时间长的特点，在学生等待反应的间隙，教师会在实验室巡查，并和学生进行面对面的交流，根据学生的预习情况和具体实验操作中出现的问题对学生进行一对一的辅导和答疑，纠正学生不正确的操作，从细节上严格要求学生。对于学生在实验过程中存在的特殊性的问题，教师会和学生进行讨论，帮助学生找出原因并提出解决方案，在此过程中，教师也会对学生的实验组织的条理性、合理性及实验的习惯提出建议，使学生在完成实验的同时，实验技能和解决问题的能力都得到提升，培养学生良好的实验习惯。实验过程中学生还可以再次有针对性地随时学习网络平台上的相关微视频等课程资源，对后面的操作做到心中有数，增强直观印象。通过这样的互动式教学，把有机化学实验由过去的照本宣科的简单复制变成现在的带着问题做实验，思考在前，动手在后。学生既学会了有机合成的基本操作，更重要的是学会了实验设计的思维方法，培养了严谨的工作作风，对科学研究的思路和方法有所了解。

(3) 课后设计问题，实现能力提升。这一步是基于网络资源 PBL 教学模式的延续，教师总结教学，拓展问题；学生完成实验报告，实现知识的固化和提升。这一步实施的关键是借助于网络交流平台，实现课下师生广泛、深入地交流，并利用网络资源，培养学生自主学习的能力。

实验结束后，教师会对学生提交的实验报告进行批改，利用网络交流平台，通过讨论的方式和学生就实验报告中存在的问题进行一对一的沟通和辅导，帮助学生总结经验，查缺补漏。针对在实验过程中未解决的问题和学生在实验过程中发现的新问题，教师也会针对性地设计一些问题。例如，在“2-甲基-2-丁醇的制备”实验中，部分学生在用稀硫酸水解格氏试剂与丙酮的加成产物这一步，滴加完稀酸后反应瓶中仍有部分沉淀，影响到下一步的分液和萃取操作。就此现象，我们提出问题，请同学推测这沉淀是什么？什么原因造成的？应如何处理？引导学生通过交流平台，展开讨论，分析原因，提出措施。学生通过对这些问题的思考和回答，会加深对实验过程的理解和记忆。教师也会把学生对实验的感悟、收获、经验总结分享到交流平台，促进学生之间的相互学习，共同提高。

另外，在完成实验的基础上，教师会根据学生的实际水平，提出一些拓展性的问题。“2-甲基-2-丁醇的制备”是一个典型的由格氏试剂和醛酮的反应来制备醇类化合物的合成实验，具有一定的广谱性。反应底物的改变会对反应条件和后处理过程产生一定的影响。教师提出的问题是：

问题1：2-甲基-4-戊烯-2-醇可通过烯丙基格氏试剂与相应醛酮的反应来完成，请写出相关的方程式。

问题2：和“2-甲基-2-丁醇的制备”实验相比，2-甲基-4-戊烯-2-醇的制备在反应条件和后处理过程中有哪些改变？为什么？

督促学生通过上网查阅文献，并通过师生、生生之间的交流和讨论，积极思考，寻求答案，扩大学生的知识面，开阔学生的思路。这是知识提升的过程，学生的知识和能力也会达到新的高度。

最后，教师会对教学进行全面的总结和反思，对实验教学内容进行优化和补充，提升教学水平，为以后的实验教学积累经验。

3 教学效果分析

为了对项目的实施效果进行考查和评定，我们在2011、2012和2013级的卓越工程师等班级的有机化学实验教学中采用了基于网络资源的PBL教学法。通过对教学活动过程的记录、学生学习情况的调查、实验记录、实验报告和考试成绩等实证素材的分析，我们发现实验班的同学对基于网络资源的PBL教学法在有机化学实验教学中的实施适应良好，兴趣浓厚。

实验课上同学的思维活跃，他们更善于发现问题，提出问题，并能主动地通过与教师讨论或查阅文献来解决问题，在整个学习过程表现出较强的自主学习的能力。这种学习能力的提升，使实验班的同学受益匪浅，主要表现在：①通过对有机化学实验理论考试试卷的分析，我们发现实验班的平均成绩和普通班持平，但高分段比例稍高。实验班的同学在综合题目上的得分普遍高于平行班级。在题目的解答过程中，他们表现出更强的独立分析问题，灵活运用知识的能力，思维也更活跃，考卷答案也更具多样性。②学生学习的独立性有所增强，对课前的预习也更为主动和深入。表现在实验过程中就是学生的自主性和整个实验过程的条理性增强，前后衔接紧密，有条不紊，实验的效率有所提高。③项目的实施使学生受益匪浅，实验班的同学多次代表学校在国家级和省级的化学学科实验竞赛中取得了良好的成绩。

4 结 语

基于网络资源的PBL教学法，既保持了传统的PBL教学法中以“问题为中心的”的本质特点，又兼顾了有机化学实验教学的特点，充分利用了现代化的多媒体教学手段，具有鲜明的特色。PBL教学法激发了学生主动探索、发现问题和解决问题的热情和能力，网络平台为学生提供了丰富的教学资源，使学生的个性化自主学习成为可能，实现了有效的师生、生生之间的学习交流和有效互动，使PBL教学法的各个环节变得生动起来。两者的结合解决了目前有机化学实验教学中存在的一些问题，使学生慢慢成为了学习的主体，充分调动学生学习的主动性和学习兴趣，拓展了学生的视野，在一定程度上提升了学生自主学习和自主实验的能力，让学生学会了分享知识，相互学习，培养学生合作发展的能力，使有机化学实验教学的效果得到提升。我们将不断探讨，使这种新的教学模式能更好地为有机化学实验的教学服务。

参考文献

[1] 强根荣，孙莉，王海滨，等. 理论与实践贯通专题式有机化学实验教学改革[J]. 实验室研究与探索，2013，32(11)：180－182.

[2] 王红，曾秀琼，刘秋平，等. 基础化学实验翻转课堂教学模式的研究和实践[J]. 实验室技术与管理，2015，32(5)：196－199.

[3] 王红，许孝良，杨振平，等. PBL 教学法在工科有机化学教学中的实施初探[J]. 广东化工，2012(1)：225－226.

[4] 钟双玲，刘文丛，罗云靖. 多媒体在有机化学双语中的应用[J]. 中国科技创新导刊，2013(1)：173－174.

[5] 孙培冬，刘士荣. 计算机技术在有机化学中的应用[J]. 化工高等教育，2002，47－49.

[6] 于丽梅，高占先，娄文凤. 有机化学网络教学平台的建设与应用[J]. 大学化学，2008，23(6)：15－18.

[7] 邵文革. 网络教学平台在高校教学中的应用与意义[J]. 开封大学学报，2006，20(3)：55－56.

[8] 汪琼，费龙. 网上教学支撑平台现状分析[J]. 电化教学研究，2000(8)：36－40.

[9] 林清强，黄宇星. 浅析公共交流平台在教学中的应用[J]. 教学传播与技术，2010(66)：50－51.

协同式教学模式在有机化学实验教学中的研究与探索

杨振平，盛卫坚，王海滨，孙莉，强根荣*

（长三角绿色制药协同创新中心　浙江　杭州　310014）

摘　要　在有机化学实验教学中，贯彻“学生为主体，教师为主导”的教学理念，研究探索协同式教学模式，实验教学任务由教师指导、团队合作、学生完成。研究表明，协同式教学模式，可以激发学生做实验的积极性，培养学生自主学习能力、自主实验能力、团队合作能力、创新思维能力，提高学生的综合素质。

关键词　协同式；实验教学；教学模式

实验教学作为高等教育中的重要实践教学环节，是培养学生实践能力和综合素质的重要教学手段。国内许多高校在实验教学中开展了大量的教学方法、教学模式的改革[1—6]。但就实验教学模式来说，教师的主导作用仍占有很大比例，学生被动学习的方式未完全改变。面对新形势下对人才培养的要求，我们提出了协同式教学模式，并进行了深入研究与探索，取得了良好的教学效果，促进了高素质人才培养。

1　协同式教学模式的意义

“协同”一词其字面意思是各方相互配合，协同式教学是将学生分成若干个团队，在教学活动中，学生、团队、教师相互合作，教学任务由学生完成[7]。这种教学模式以学习者为中心，通过师生间的交流、合作，在平等、和谐的教学环境中完成知识的建构与能力的提高。这种教学模式充分体现了“教师为主导，学生为主体”的教学理念，其意义表现在以下几方面：

1.1　有利于培养学生自主学习能力

有机化学实验开设的时间多数是在大学一、二年级。传统的实验教学方法通常是教师讲，学生听，尽管教学中鼓励学生参与，但学生参与意识薄弱，由此造成学生的实验预习不深入，操作不规范，常常只会“照方抓药”，久而久之，学生养成了依赖教师，遇到问题不深入思

*　资助项目：2014年浙江工业大学教学改革项目（项目编号：JGZ1401）

第一作者：杨振平，电子邮箱：yzhp@zjut.edu.cn

通讯作者：强根荣，电子邮箱：qgr@zjut.edu.cn

考的不良习惯。协同式教学模式，是以学生作为教学的主体，全程参与到实验教学的各个环节[8,9]。尤其是实验课堂上由学生讲解，可以有效激发学生的学习热情。实验前，学生会主动查文献、找资料，向老师请教，同学之间展开讨论，有利于培养学生自主学习能力，实验预习质量会大幅提高，为学生创新思维的发展奠定基础。

1.2 有利于培养学生团队合作的能力

美国学者大卫与罗格教授曾表示："不论个人的知识与技能如何全面，如果人与人之间不通过合作来共同达成目标，效率便无法得到真正的提升。"[10]这意味着为达到同一目标而采取协同式的办法常常会创造更佳的业绩。在当今日益激烈的社会竞争中，团队合作成为社会经济发展的一种必然，培养大学生团队合作能力具有重要的现实意义。协同式教学模式为学生搭建了师生之间、学生之间的合作平台，在实验前、实验中、实验后三个阶段，通过QQ、Blog 等电子网络工具[11]，实现师生交互、生生交互，在师生之间、生生之间、群体之间的合作中，内化知识，培养能力，增强学生团队合作意识。

1.3 有利于培养学生自主实验及综合创新能力

在有机化学实验教学中，经常会发现，一些学生实验操作不规范，甚至是错误操作。究其原因是一些学生不重视实验课，实验中不习惯动脑，做实验只是为了完成任务，实验操作变成了"模仿式"的过程，虽然实验做了不少，但给学生留下的印象不深，很难达到培养综合型人才的目的。采用协同式教学模式，学生经过实验前的充分准备，在实验课堂上为老师和同学讲解；在实验操作中，学生会更加仔细地观察实验现象，注重实验细节，及时发现问题、提出问题、解决问题，以科学探究的方法去做每一个实验；实验结束后，进行自我反思，查找问题，展开讨论，自主解决。通过这种能动的化学实验实践活动形式[12]，培养学生敢质疑、勤思考、善发现的科学研究的素养，提高学生自主实验及综合创新能力。

2 协同式教学模式方案设计思路

协同式教学模式的核心思想是在教学活动中，学生作为教学的主体，教师是教学的指导者，学生通过团队合作来完成教学任务。在有机化学实验教学中采用协同式教学模式，其方案设计思路是以学生的能力和素质协调发展为目标，通过实验前准备、实验中实施、实验后反馈三个阶段展开，实验教学过程由教师、学生、团队相互合作。其思维导图（见图 1）如下：

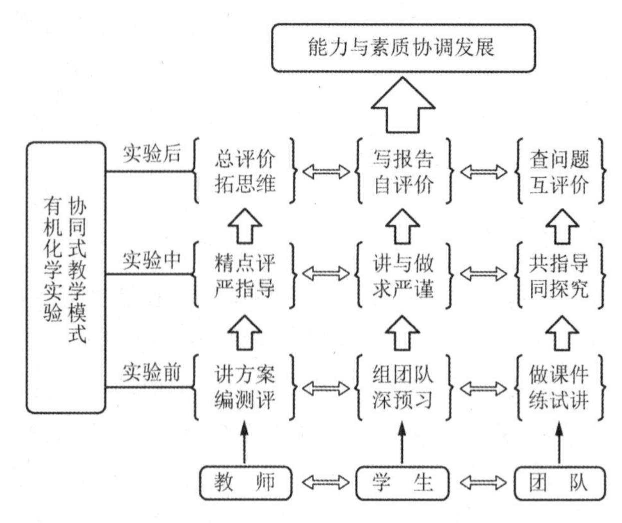

图 1　有机化学实验协同式教学模式思维导图

3　协同式教学模式的实施

在有机化学实验教学中，我们以 1 个 30 人的班级为例，说明协同式教学模式的应用。

3.1　实验前准备阶段

在学期初，教师要把实施协同式教学模式的实验方案向学生公布，让学生全面了解教学改革的内容，对实施的计划、达到的目标、采用的方法有所认识，从思想上给予重视。

(1) 组建“协同式”教学团队

协同式教学模式的实施，是以团队的方式进行，根据实验课的学时数和班级人数的多少，协调学生的学习基础、能力、性格等因素，一般在实验课前两周进行组建。每个团队 5 人，形成 6 个团队，推选 1 名学生负责人。

(2) 搭建“协同式”教学平台

伴随着网络技术的快速发展，在线沟通也成为学生之间、师生之间沟通的一个重要渠道。Blog 与 QQ 都是网络交流工具，有着各自的特点。构建 Blog 与 QQ 相结合的交流平台，通过 Blog、QQ 群、QQ 会话及写邮件等方式，为教师和学生提供互动空间，实现师生之间、学生之间的灵活、快速、系统、全面的互动交流，及时解决学生在学习中遇到的问题，促进协同式教学模式的开展。

(3) 分解“协同式”教学任务

每次实验提前两周把实验任务分解给每个团队，学生自主查阅文献、资料，以团队的形式设计制作实验 PPT，推选课前讲解人选；并要求每个团队准备问题，最大限度地发挥学生的主观能动性。同时，教师将编好的有机化学实验问题分析测评发放给学生，及时与学生沟通，解答学生提出的问题。

3.2 实施阶段

在协同式教学模式的实施过程中，以学生能力培养为主线，贯穿于实验教学的各个环节。

(1) 实验预习："学中导""互帮助"，培养学生自主学习能力与团队合作能力

有机化学实验的教学目标是培养学生的观察能力、思维能力、动手能力、自主分析问题和解决问题的能力，提高学生的综合创新能力。实验前的预习深入与否，直接关系到实验的成败及实验目标的达成。在协同式教学模式中，利用有机化学实验问题分析测评，引导学生深入预习，即"学中导"；组织团队讨论，对实验中的重点、难点及实验中可能出现的问题，通过查阅资料、文献的方式，将相关知识加以延伸，培养学生自主学习能力。团队成员互相帮助，共同合作，制作实验课件、练习试讲，并要求提前一周把课件发给老师，通过 Blog、QQ 群、QQ 会话，随时交流、磋商，确定最终的教学方案。这大大增加了师生之间、学生之间的沟通与交流，培养学生团队合作能力。

(2) 实验讲解："互讨论""讲中评"，增强学生团队责任感，提升学生认知高度

在协同式教学模式中，实验前，由一个团队派出一名学生讲解实验内容，以团队的方式补充，各团队要提出问题，讨论问题，并回答问题，每个学生的努力都会为自己的团队赢得加分，这一过程增强了学生的团队责任感。最后是教师点评，点评的过程是学生学习升华的过程，由教师对讲课内容的准确性、知识范围的把握程度，以及实验中的关键点等进行总结与评价，加深学生对实验内容的理解，提升学生做实验的成功率。

(3) 实验操作："手脑并用""观中探"，培养学生科研素养，增强创新意识

在高中阶段，学生做化学实验的机会不多，实验动手能力比较弱。在协同式教学模式实验教学中，学生经过深入预习，可以养成"先动脑，后动手"，即"手脑并用"的良好实验习惯；教师在巡视中，注意观察学生操作中的每一个细节，严格纠正学生实验中的不规范操作，培养学生严肃认真的科学态度，同时鼓励学生细心观察，发现问题，解决问题，即"观中探"。例如，与教材或文献中出现的现象不一致、数据有偏差乃至实验失败，教师适时地引导、启发学生，找出问题的原因，发散思维，培养学生的科学研究素养，增强其创新意识，提高其综合能力。

(4) 实验记录与报告："记要真""写要全"，培养学生严谨求实的研究作风

实验记录是科学研究的第一手资料，记录的好坏直接影响对实验结果的分析。在协同式教学模式中，要求学生必须对实验的全过程仔细观察、翔实记录，特别强调实验结果的真实性，培养学生实事求是的研究作风。实验报告是以实验记录为依据，是对所做实验进行全面分析、比较、概括、归纳、总结、讨论的一项综合性任务，是学生实验成果的展示。因此，要求学生注重报告的规范性与完整性，即"写要全"。同时，实验报告也是师生交流的一种方式，教师批阅实验报告时，应用心感受学生做实验的态度，分析学生对实验理解的深度，了解学生的学习基础、学习能力，关注学生的个性发展。

3.3 反馈阶段

在协同式教学模式中，要求实验结束后，每个团队集中讨论与反思，重点讨论实验过程对实验结果的影响因素，提出整改建议，把科学研究的理念融入其中，培养学生分析问题、解决问题的能力，令学生思维得以拓展，创新能力得到提高。在评价与考核方法上，采用多元化评价考核方法，注重平时，注重过程，具体方法如下：期末成绩＝平时成绩＋操作考试成绩＋笔试成绩。平时成绩包括：预习、讲解、操作、讨论、实验报告、评价（个人、团队、教师）。平时成绩占50％，期末实验操作考试成绩占30％，笔试成绩占20％。

4 协同式教学模式的实践体会

我们应用协同式教学模式，在绿色制药协同创新2012、2013级有机化学实验课程中实践了两年，取得了良好的教学效果，深受学生好评。

4.1 提高了学生的主动性

在协同式教学模式中，学生参与讲课，极大地激发了积极性，学生为在讲台上把自己最光彩的一面展示给老师和同学，课下可谓做足了功课；在实验操作中，观察更细致，提出问题的学生明显增多，错误率下降；在实验后的讨论中，学生积极发言，分析实验中的异常现象，查原因、提建议，课堂气氛非常活跃，学生学习的主动性明显提高。

4.2 促进了生生之间、师生之间的交流

在协同式教学模式中，学生要讲解、操作未曾接触过的新实验，为了快速、准确地理解掌握这些新知识，需要学生之间、师生之间相互配合。团队成员分工明确，制作课件，练习试讲，查阅资料，提出问题；教师负责指导、答疑解惑、总结点评。这极大地促进了学生之间、师生之间的沟通与交流，为实现实验教学目标奠定了基础。

4.3 增强了学生的自信心

在协同式教学模式中，学生要讲课，而且还要讲得好，不是一件容易的事情，教师的指导与鼓励非常重要。学生通过自己的努力，自主学习新知识，自主讲解，自主实验，同步获得知识与技能，就会感受到一种实现感和成就感，这无疑增强了他们的自信心。

4.4 对教师提出了更高的要求

在协同式教学模式中，教学任务是由学生来完成，学生查阅的资料比较广泛，很有可能会提出一些教师不一定很熟悉的问题。因此，教师一定要精通教学内容，注意提高自身的专业水平。同时，在实施协同式教学模式过程中，教师需要付出比平时多的时间和精力，工作量明显加大，这就需要教师克服困难，勇于奉献。由此可见，协同式教学模式对教师提出了更高的要求。

5 结 语

教学实践表明：协同式教学模式，能够充分发挥教师的“主导”与学生的“主体”作用，学生的学习方式由“被动”学习转为“主动”探索；实验过程由“模仿式”转为“探究式”，可以极大地激发学生的学习积极性，增强学生的自信心，促进师生之间、学生之间的交流，培养学生自主学习能力、自主实验能力、团队合作能力、创新思维能力，提高了学生综合素质。

参考文献

[1] 孟祥福，郑婷婷，郭长彬，等. 有机化学实验改革与实践[J]. 高等理科教育，2014(6)：60－63.

[2] 邵晓玲，陈永泰，杜建国，等. 实验教学与创新人才培养[J]. 实验科学与技术，2011，9(1)：169－172.

[3] 李慧中. 高校实验教学与创新人才的培养模式[J]. 湖南医科大学学报(社会科学版)，2009，11(5)：159－161.

[4] 杨期勇. 新建本科院校化学实验室建设的探索与实践[J]. 实验技术与管理，2013，29(10)：193－196.

[5] 李和平，龚波林，刘万毅. 深化实验教学改革强化技能型人才培养[J]. 实验技术与管理，2013，30(2)：159－161.

[6] 王丽梅. 基于创新性应用型人才培养的高分子化学实验教学体系建设[J]. 高分子通报，2012(9)：97－100.

[7] 张俊文，李玉琳，陈海波. 协同式任务导向教学模式中教师及学生角色研究[J]. 黑龙江教育，2013(3)：32－34.

[8] 黄友泉，谢美华. 大学生学习主动性因子结构探索及现状调查[J]. 高等理科教育，2013(4)：76－81.

[9] 过增元. 倡导参与式教学法，培养创新型人才[J]. 中国高等教育，2003(20)：25－26.

[10] JOHNSON D W，JOHNSON R T. Cooperation and competition：theory and research[M]. Edina MN：Interaction Book Company，1991.

[11] 刘建伟，李忠康. 基于Blog与QQ相结合的教学平台设计与应用[J]. 中国电化教育，2011(5)：133－136.

[12] 张广兵. 教学设计范式重构：客观主义与建构主义的融合[J]. 教学研究，2010，2：41－43.

OBE 理念下工科专业实验研究生助教参与式教学模式探索

李雁，林春绵*，潘志彦，沈元
（浙江工业大学　浙江　杭州　310032）

摘　要　随着工程教育专业认证的发展，以学生学习产出导向教育(outcome-based education，OBE)成为本科教育的一大趋势。但是，我国高校生师比高，教师教学工作任务繁重，在实验教学中这种现象尤为突出，对于实施 OBE 教育理念不利。研究生对于专业实验较为熟悉，且有一定的助教能力，因此研究生助教参与本科实验教学不失为一种好的方法。本文以浙江工业大学环境工程专业为例，探讨了研究生助教参与本科专业实验教学的必要性和可行性，分析了存在的问题并提出相应的解决方法。

关键词　OBE；研究生助教；本科；实验教学；改革

研究生助教制度最早创立于 19 世纪末[1]，当时的哈佛大学规定研究生除了要跟随导师做相应的学术外，还应协助导师做好相应的教学工作[2−5]。目前，在美国等国家，高校的研究生助教制度已相对成熟，在学校教学活动中发挥着重要的作用[2]。研究生助教制度在我国推行始于 20 世纪 80 年代末，为了加强研究生实际工作能力的培养和综合素质的提高，1988 年国家教委办公厅颁发了《高等学校聘用研究生担任助教工作试行办法》[6]，研究生助教工作才在我国许多高校渐渐开始发展起来。但到目前为止，我国高校研究生助教工作发展比较缓慢，与国外高校相比有一定的差距[7]。

OBE(outcome-based education，产出导向教育)基于学习产出的教育模式，最早被应用于 20 世纪 80 年代到 90 年代早期美国和澳大利亚的基础教育中[8−9]。目前，OBE 被美国、澳大利亚、英国、新西兰和新加坡等一些国家实施，取得了较好的效果。美国学者 Spady 在其撰写的 *Outcome-based education：critical issues and answers*[10] 著作中深入阐述了 OBE 的核心理论：与传统教育模式相比，OBE 教育模式将研究重点从教育的投入转向学生的产出，即从教师教转向学生学[11]，关注和侧重学习成果，其强调所有学生应该了解、理解、掌握和运用的知识，而不单单是教师教什么知识，实现由“教师中心”向“学生中心”的转换[8]。

目前，随着工程教育专业认证不断推进，本科教育越来越强调以学生学习产出为导向。但

---

*　资助项目：2004 年浙江工业大学生物与环境工程实验室教改项目
第一作者：李雁，电子邮箱：liyan84@zjut.edu.cn
通讯作者：林春绵，电子邮箱：lcm@zjut.edu.cn

是，贯彻 OBE 理念与较高的生师比现状形成了巨大矛盾，研究生助教的实施变得非常必要。

1 OBE 理念下研究生助教参与本科实验教学的必要性

1.1 OBE 理念下实验小组化

工程教育认证对实验分组人数有明确要求，要求实验小组化；但是由于环境工程实验设备体积大、价格昂贵，实验经费和实验用房有限，设备台套数有限，环境专业实验要分批开课，给实验教学带来了沉重的负担。

1.2 工程教育专业认证，OBE 理念提高教学要求

实验课程要求培养学生的动手能力和创新能力，以达成实验教学的目标。随着工程教育专业认证在本专业的开展，OBE 理念更加深入课程教育体系。这就对实验教学提出了更高的要求，需要教师投入更多的精力研究教学目标、课程设计和教学方法，还要在课程中间动态地评估学生发展的水平，并根据评估的反馈信息及时对学生开展个性化辅导，最终实现 OBE 理念。这造成实验教师的工作量成几倍增长的趋势。

1.3 高校实验教师人员短缺，难以达成工程教育专业认证相关毕业要求

目前，本专业开设的实验课程包括环境化学实验、环境监测实验、环境毒理学实验、仪器分析实验和环境专业实验。每年实验人时数高达 2 万多，实验教学工作量非常艰巨，对实验教师的需求量很大，仅靠现有的实验教师和实验技术人员无法满足实验教学的要求；同时，受实际情况的限制，学校也无法大量招聘实验教师；再者，高校教师在专业教学中教学、科研任务都非常繁重，实验课堂中学生人数多，教师人数少，教师没有更多的时间和学生进行问与答的交流，无法全面了解学生对知识的掌握程度，难以针对不同学生的情况进行有针对性的教学。这种情况往往会影响教学效果，难以实现工程教育专业认证相关毕业要求。

为了充分利用实验课有效地训练学生各方面的技能，达到工程教育专业认证相关毕业要求，在本科生专业实验中引入研究生助教无疑是一个明智的选择。在高校教学和科研中，研究生队伍都是一支不可缺少的生力军。研究生刚刚完成了本科阶段的学习，对本科实验内容及要点也较为熟悉，在本科和研究生就读期间又参与了一定的教学、科研和管理工作，经过一定的培训，基本能胜任在相关实验教学中协助教师的工作，解决当前实验教学中存在的一些困难。所以在 OBE 理念下引入研究生助教参与本科实验教学是十分必要的。

2 OBE 理念下研究生助教参与本科实验教学的可行性

2.1 促进本科实验教学效果，有效实现工程教育专业认证相关毕业要求

研究生助教在年龄上与参与实验的本科生相近，他们之间有更多的共同语言，很容易建立

亦师亦友的融洽关系，对营造轻松活跃的学习气氛十分有利；研究生助教能够更细致、更具体、更有针对性地解答本科生在实验中遇到的难题，特别是对于基础较差的学生，会进行小范围甚至个别辅导[12]，起到“助教”又“助学”的功效。

因此，研究生助教参与本科实验教学不仅有利于提高参与实验的本科生的学习兴趣、动手能力、探索意识和创造性，而且研究生助教更了解本科生的想法和具体问题，以及实验教师与本科生沟通中存在的问题，从而成为实验教师与本科生之间沟通的桥梁[13]，更好地促进实验课师生间的相互交流，使本科生更好更深刻地理解和掌握实验内容，获得更好的实验教学效果，无形之中有效实现工程教育专业认证相关毕业要求。

2.2 提高研究生本人综合能力，提升工作竞争力

研究生助教在服务实验教师和参与实验的本科生的同时，巩固了以前所学的知识，并能将书本知识应用到实验教学中，实现学以致用；在实践中学习和借鉴实验教师的教学经验，锻炼自己的表达能力、应变能力和控制能力等，培养自己良好的工作态度，增强人际交往能力。这样，不管将来从事什么工作，研究生助教经历提升了自身教学思维、逻辑思维、表达能力、人际交往能力等各方面综合能力，会对今后的工作和生活产生深远的影响。

2.3 减轻实验教师教学压力，加强 OBE 理念

研究生助教帮助实验教师承担部分辅导、答疑和协助指导等工作，大大减轻了实验教师的工作量，解决了实验教师资源不足与实验教学工作量大之间的矛盾，让实验教师能有时间依照 OBE 理念对实验教学的内容、方法进行改进，甚至更加深入地研究开展多时段、多批次、多层次、自由预约等新型教学模式。

3 OBE 理念下研究生助教参与本科实验教学存在的问题

3.1 研究生助教缺少实践教学经验

研究生助教虽然经历了本科实验的学习，但是阅历比较浅，经验较少；研究生助教在一部分本科生心目中的威信较低，难以胜任“准教师”的角色；研究生助教由于所学知识的限制，对实验的认识也还停留在学生的层面，在某种程度上不能很好地把握助教的内容，不利于指导完成实验教学。

3.2 研究生助教缺乏系统的选拔机制和助教培训体系

在实际选拔研究生助教时，一般都是由实验教师指定研究生为助教，缺乏系统的研究生助教选拔机制。来自不同学校的研究生的基础理论和实验技能参差不齐，责任心及认识高度也各不相同。因此，没有系统的选拔机制就不能挑选出合适的研究生助教人员，也就无法实现研究生助教的作用。

由于时间紧，任务重，很多研究生助教未进行培训就直接上岗，缺乏系统培训[14—15]，缺乏对研究生助教如何有效地指导本科生实验、如何激发本科生的兴趣和如何有效地与本科生交流等内容的培训。

4 完善研究生助教参与本科实验教学的对策

4.1 重视岗前培训制度和聘任制度

编写岗前培训手册，明确培训考核细则。通过开设研讨班、在线课程、集体备课、实习讲课等多种形式的培训课，提高研究生助教的教学素养。聘请以前的优秀研究生助教或实验教师作为指导教师，对岗前培训成效进行考评，重点考查研究生助教对实验教学理论、实验教学方法、实验教学技巧和实验教学仪器等专业知识的掌握程度，同时现场考查实际教学效果，综合考查其是否具备助教能力，考核合格则给予助教资格。具备助教资格的研究生可以申请与其所修专业的助教岗位。

研究生助教上岗采用聘任制度，采取选拔的方式竞争聘任上岗，通过个人申报、审核、面试及操作等程序，最终择优确定助教人选；通过这个过程，增加研究生助教自身的荣誉感和自信性，更好地发挥研究生助教的作用。

4.2 建立良好的助教文化和传统

建立良好的研究生助教文化和传统，可从不同层面和角度对优秀研究生助教的工作给予认可和表扬，或设立奖学金鼓励教学辅导工作突出的研究生助教，从而将研究生这一庞大的新生力量补充到有限的教师队伍中，发挥其积极作用，为学校本科育人工作贡献力量。

5 结 语

随着工程教育专业认证的发展，OBE 理念下研究生助教在本科实验教学中具有十分重要的潜在作用。但对于在本专业如何有效地发挥研究生助教的作用，目前还有大量的工作要做，如规范研究生助教的选拔、聘用制度，建立合理和健全的培训制度等。充分调动研究生助教的积极性，发挥其特点和优势，为本科生创新能力的培养、本科实验教学质量的提高、后备教学人才的培养，发挥积极有效的作用。

参考文献

[1] 李海波，张桂荣. 哈佛大学研究生助教制度分析[J]. 世界教育信息，2008(9)：20－22.

[2] 李鹏，张淑平，麻彩萍，等. 研究生助教在提高生命科学实验教学效果中的有益尝试[J]. 高校生物学教学研究(电子版)，2014，4(1)：51－53.

[3] 刘慧丛,朱立群,李卫平. 发挥研究生助教作用、提高实验教学质量[J]. 广州化工, 2012, 40(9): 255 - 256.

[4] 卢丽琼. 浅析美国高校研究生助教制度及启示[J]. 复旦教育论坛, 2005, 3(1): 62 - 65.

[5] 卫欢欢, 樊永辉. 中美高校研究生助教制度的比较[J]. 中国电子教育,2014(2): 7 - 10.

[6] 黄明堦, 游秀花. 推行研究生助教助管制度, 提高中心教学与管理质量[J]. 长春理工大学学报, 2011, 24(3): 125 - 127.

[7] 肖永华, 赵进喜, 吴文静, 等. 研究生助教参与中医内科学见习课程的研究与实践[J]. 中医教育 ECM, 2014, 33(3): 53 - 55.

[8] 顾佩华, 胡文龙, 林鹏, 等. 基于“学习产出”(OBE)的工程教育模式——汕头大学的实践与探索[J]. 高等工程教育研究, 2014(1): 27 - 37.

[9] 姜波. OBE: 以结果为基础的教育[J]. 外国教育研究, 2003,30(3): 35 - 37.

[10] SPADY W G. Outcome-based education: critical issues and answers[M]. Arlington VA: American Association of School Administrators, 1994.

[11] 任晓莉, 佟春生, 赵金安, 等. 基于 OBE 的发酵工程实验教学改革探索[J]. 化工高等教育, 2014(2): 65 - 67.

[12] 蔡志平, 徐明, 曹介南, 等. 从北美大学助教制度看研究生助教培养[J]. 计算机工程与科学, 2014, 36(Al): 79 - 82.

[13] 杨正亮, 黄森,杨淑英, 等. 研究生助教在“无机及分析化学”实验教学中的作用[J]. 长春理工大学学报, 2011, 6(8): 183 - 184.

[14] 樊宪伟, 李有志. 研究生助教在本科实验教学中的作用与实践[J]. 实验科学与技术, 2014, 12(2): 134 - 136.

[15] 陈杨, 周琪, 王晶, 等. 研究生助教参与基础医学实验课教学的管理模式探讨[J]. 教育教学论坛, 2014(3), 11 - 13.

基于OBE理念的“化学原理”课程教学改革

夏盛杰，薛继龙，倪哲明*

（浙江工业大学　浙江　杭州　310014）

摘　要　本文基于以出口为导向的工程教育理念，围绕培养人才与学生是为了学以致用这个教学目标，从教学内容建设、教学理念、教学设计、教学方法和手段、建立科学的教学评价和考核方法等多个角度从发，提出了基于学习产出的教育模式(outcomes-based education，OBE)理念的“化学原理”课程的教学改革思路。

关键词　OBE理念；化学原理；教学改革

基于学习产出的教育模式(outcomes-based education，OBE)最早出现于美国和澳大利亚[1—4]。在理念上，OBE是一种“以学生为本”的教育哲学；在实践上，OBE是一种聚焦于学生受教育后获得什么能力和能够做什么的培养模式；在方法上，OBE要求一切教育活动、教育过程和课程设计都是围绕实现预期的学习结果来开展。实现OBE的关键一是确定培养目标，即学生毕业后达到的水平和特征；二是构建培养体系，展示培养结果反映学生的进步，实现培养目标；三是明确教学活动，界定学生要学什么，达到怎样的学习结果；四是提供各种教学评估策略，保证达到培养结果，满足学生的需要。其根本目标是建立以OBE为中心的学习路径，解决学习效率及实际应用能力低下的问题[5—7]。

“化学原理”课程的内容一方面涉及无机化学和分析化学中的一些重要的知识，另一方面更加强调对于化学基础知识的了解、把握及运用。其主旨在于利用化学的一般原理及方法，站在化学的角度去认识或处理一些社会问题。因此，“化学原理”课程体系既包含对理论知识的理解与掌握，也包括对相关实验技巧及思路方法的掌握与运用，其应用领域非常广泛，如生命科学、材料科学、信息科学、环境科学、资源科学、能源科学等[8—9]。“化学原理”课程面向化学化工类本科生，强调学生对化学类基本理论、基本知识和基本操作技术的了解与掌握，以培养学生实事求是的科学态度和严谨认真的工作作风，注重学生实践能力、创新意识、创新思维和创新能力的培养，为学生进一步的深造及未来的社会实践打下坚实的基础为教学目标。因此，对“化学原理”课程进行相关的教学改革，在课程的教学和实验中引入OBE

---

* 资助项目：2014年浙江大学优秀课程(群)建设项目(项目编号：YX1412)

2015年浙江工业大学课堂教学改改项目(项目编号：KG201506)

第一作者：夏盛杰，电子邮箱：xsj63531100@163.com

通讯作者：倪哲明，电子邮箱：jchx@zjut.edu.cn

教学理念，可以更加充分地培养学生兴趣及专业知识，增强学生分析问题、解决实际问题的能力。

1　教学内容和体系的梳理和优选

教学内容是课程建设的重要环节，改革教学内容能充分体现“化学原理”课程的特点并有效提高教学效果。针对化学化工类本科学生不同的教学需求，基于 OBE 理念以学生为本的教育哲学，合理安排教学内容，引入更多的实践环节，培养人才与学生是让其更加学以致用，从书本到实践，给予学生更多自主设计及讨论的机会。具体内容如下：

1.1　合理安排教学内容

实现 OBE 教学理念的关键之一是确定培养目标，即学生毕业后达到的水平和特征，因此有必要基于此对“化学原理”课程的教学内容进行合理安排。“化学原理”课程涉及的教学内容繁多，为了确保教学质量，本着学时少而教学内容要比较全面的特点，就要充分利用相关化学知识的交叉，对教学内容进行精选和整合，合理安排教学内容。这就要求在教学中老师对教学内容进行取舍，对于关键知识点进行精讲，对于一般的知识点需要适当安排学生自学。

同时，化学是一门强调动手能力的学科，而当前的实验设计均为照搬书本上的教科知识，学生基本是照着大纲进行重复实验，这不利于培养学生的动手能力。化学也是一门强调国际合作交流、互动结合的学科，对前沿科学知识的了解是至关重要的，而当前的课程设置均为纯中文教学，因此，在课堂教学时适度教授一些重要的英文专业词汇及表达是非常重要的，还可以在讲课过程中适时适度地穿插与讲课内容相关的研究前沿及科学研究背景知识。

1.2　基础知识和前言知识相结合

实现 OBE 教学理念的关键之二是构建培养体系，展示培养结果，实现培养目标，因此，在授课时可适度穿插前沿新知识、新理论、新成果、新技术等，这有助于激发学生获取新知识、新成果的热情，可以调动学生的学习积极性。近年来，化学科学发展极快，新的科学成就不断涌现。教师应不断地汲取化学领域的新知识、新理论，并将其融入教学内容中。比如，在学习配合物时，可以介绍一些配合物有光、电、磁等性能，可以作为功能材料。再比如，学习键长、键角等参数及氢键时，可以给出一些实际的例子，让抽象的概念更形象，也使学生更容易理解。在教学中，要加强课程与现代前沿科技的联系，不断地把学科最前沿知识和最新研究方法介绍给学生，注重知识面的补充和延伸，使学生感受到科技的日新月异，同时拓宽学生的知识面，培养其创新能力。

2　课堂教学方法改革

实现 OBE 教学理念的关键之三是明确教学活动，界定学生要学什么，达到怎样的学习

结果，基于此，在教学方法的改革上要做到教学方式灵活多样，将课堂教学与生产、生活相结合。

2.1 教学方式灵活多样

在优化教学内容之后，探讨灵活多样的教学方式，也是提高教学效率的有效途径。一方面，要善于运用多媒体辅助教学以节省板书时间，给学生提供更多的知识信息，从而扩展课时容量。同时，运用多媒体还可以向学生展示许多书本以外的教学素材，扩大学生的知识面，培养学生的求知欲，加深和巩固教学内容。例如杂化轨道理论，不同杂化类型轨道的空间结构不相同，对其形成过程变化规律的描述方法也是学生所陌生的，因此这部分内容一直是无机化学中的难点，并对学生的学习积极性产生明显的负面影响。针对这种情况，我们结合教材内容，以形象、生动的三维动画和可交互的立体模型全方位描述了各种类型杂化轨道的空间构型、形成过程及化合物分子的杂化形成过程，所有演示过程流畅，将难以理解和认识的知识直观形象化，降低了理解难度，大大提高了学生的学习兴趣，取得了良好的教学效果。另一方面，也要认识到多媒体教学的弊端。比如，学生不知如何做笔记，不能及时消化吸收，视觉容易疲劳等。因此，要做到合理运用多媒体教学手段，发挥其优势，就应该扬长避短。在讲解过程中，必要的时候也可辅以传统教学中的粉笔板书，详细讲解。在讲完一个中心主题后，可以穿插问题讨论，或者课堂习题，让学生动手动脑；或者让学生提出问题，教师进行解答。要做到不使整个教学过程变成满堂灌，要设法让学生做到听、看、想、讲、写等动作都能轮换使用，充分发挥学生参与学习探讨的主体作用。

更重要的是，要培养学生的自主学习能力，加强其课堂参与度。在理论课的教学上，引入课程体系设计环节，要求学生完成相关课题的项目调研、实验方案设计及实施、撰写总结报告和参与项目答辩等环节；在实验教学上，增加自主设计实验课题的内容，要求学生根据给定的题目，自己设计实验方案，包括仪器、药品、操作流程等，最后给出实验报告并进行答辩说明，以此加强学生的自主学习能力及更多的课程参与度。为加强学生的自主学习能力，可采取如图1所示的教学模式。

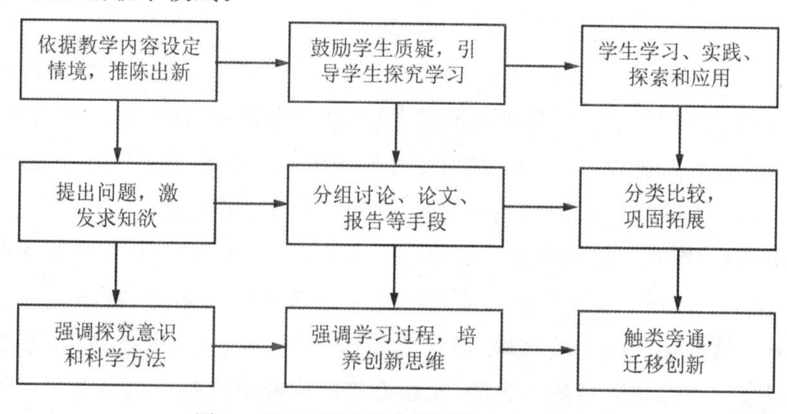

图1　基于OBE理念的教学方式示意图

上述教学模式是以学生为中心，强调以能力为基础，培养学生自主学习能力，提高学生的学习兴趣和学习的主动性。无论是课堂教学还是实验教学，都倡导学生自己浏览教材和参考书，查阅相关文献，掌握学科前言的新知识和新方法，然后进行课堂讨论，同学们可以自由发言，教师引导学生对涉及的相关问题和难点进行讨论，启发学生开动脑筋，自己分析问题和解决问题，最后再归纳总结出本章节的重点，从而强化了学生自学的意识，完成了“学会”到“会学”的转变。

2.2 课堂教学与生产生活相结合

“化学原理”这门课程的开设对象是理工类专业的学生，他们将来要到实际生产第一线，因此要注重实验环节，增强学生学习兴趣，培养高技能、高水平的应用性人才。课堂教学除了要注重课堂设疑，调动学生积极参与教学活动之外，教师还应注重理论与实际的联系。例如，在讲渗透压时，可以提一个问题让学生思考：为什么施肥浓度过高，植物会焉？这是学生比较熟悉的生活中的例子，学生可以根据所学的渗透压的知识来解释这个现象，可以提高学生学习的积极性。在讲解化学热力学和动力学时，也可以举实际生产中的例子。比如，理论上，氮气和氢气在常温常压下可以生成氨气，但是实际上看不到这个反应的发生，工业上合成氨必须在高温高压催化剂存在的条件下进行，这样学生就容易理解热力学是讨论反应的可能性，而动力学是研究反应的快慢，即现实性。同时在讲化学反应速率时，结合工业合成氨的具体状况，引导学生探讨如何提高反应速率，增加氨的产量等。通过联系生产、生活，让学生感觉到通过该课程的学习可以揭示生产和生活中许多所以然，从而激发他们的学习热情，有效地培养他们的创新思维及灵活应用所学基本理论知识分析、解决实际问题的能力。同时，通过大量的与其专业密切相关的实例教学，大大提高了该专业学生学习化学的兴趣，让其学习化学对于本专业的必要性和重要性。

3 优化考核方法

实现 OBE 教学理念的关键之四是提供各种教学评估策略，保证达到培养结果，满足学生的需要，因此，考核方法的优化也是至关重要的。

考核是检查教师教学效果和评价学生学习效果的有效方法，是教学的重要环节。为了客观评价学生的学习情况，理论课程采用平时考核、课题设计及答辩、期末考试三方结合，实验课程采用平时成绩、自主设计应用型实验、期末考核及动手能力测试多方结合的考核方式，改变以往只以卷面分数定成绩的单一考核方式。平时考核包括 3 个方面：出勤率及课堂表现、随堂小测验、作业。目前考核采取的是期末考试占 100%，今后会增加平时考核及中间自主环节的比例，各占 1/3，这样可以促使学生更注重平时的学习，而不是只到期末才学习。同时，期末考试的题型要灵活多样，不仅要有选择题、判断题、填空题、计算题这样的客观题，还要有考查学生综合素质的主观题（比如简答题或者论述题），以考查学生综合运用所学知识、原理来分析和解决实际问题的能力，以真正达到通过考试来检查教学效果的目的。

上述方法经过一学期的试用，在学生中收获了良好的反响，正如健行学院2014级理工班陈同学所说："化学原理"这门课程所采用的新的教学和考核方法，让同学们更多地参与到课堂教学中，使整个教学过程都能融入其中，对于化学知识的实际掌握和运用比以往的常规课程有了实质性的提高。

4 结 语

"化学原理"作为化学化工类专业的基础课程，对学生以后可能从事的化工类、应用化学、生物类和环境制药类等专业工作具有重要的指导意义。但是由于受教学计划的限制，如何才能在有限的学时数内把主要的知识内容介绍给学生，同时把现代化学中最新的内容渗透到教学过程之中，以及把素质教育和创新教育的思想融入教学各个环节之中，教学方法和教学理念的改革才能从根本上解决问题。本课程教学内容改革的中心思路为基于OBE理念的以出口为导向的工程教育，围绕培养人才与学生是为了学以致用，同时强调适当加强实践环节，增强学生自主设计、讨论、实践等环节，以求能提高教学质量，达到教学改革的目的。

参考文献

[1] 伍维克. 创新从头开始——成果导向式创新法[M]. 洪懿妍，译. 北京：中国财政经济出版社，2007.

[2] 李晓川. OBE理念下高职动态课程教学模式改革研究[J]. 教育与职业，2013，36：125-127.

[3] 任晓莉，佟春生，赵金安，等. 基于OBE的发酵工程实验教学改革探索[J]. 化工高等教育，2014，2：65-67.

[4] 赵卫红，王彦斌. 基于"OBE"理念的精细化工专业实验课程建设[J]. 高等教育，2015，3：85.

[5] 海莺. 基于OBE模式的地方工科院校课程改革探析[J]. 当代教育理论与实践，2015，7(4)：37-39.

[6] 邱剑锋，朱二周，周勇，等. OBE教育模式下的操作系统课程教学改革[J]. 计算机教育，2015，12：28-31.

[7] 田君，钟守炎，孙振忠. 基于卓越工程师培养目标和"学习产出"(OBE)教学模式的机械设计课程群的建设与改革[J]. 教育教学论坛，2015，31：118-120.

[8] 解从霞，傅洵，魏庆莉，等. 基础化学原理课程系列教材的构建与实践[J]. 化工高等教育，2011，4：100-108.

[9] 陈五花. 提高化学原理课堂教学效果的建议[J]. 教育教学论坛，2013，44：128-129.

化工原理实验四层次递进式教学体系的探索与实践

应惠娟，姬登祥，计伟荣*

（浙江工业大学　浙江　杭州　310014）

摘　要　本文介绍了构建“基础规范性实验—综合设计性实验—研究探索性实验—工程训练实验”四层次递进式化工原理实验教学新体系的实践过程。该体系以培养“立足工程实践，突出创新能力培养，注重知识、能力、素质协调发展的创新型工程科技人才”为目标，采用传统技术与现代技术相结合的教学方式，充分强化了实验教学与理论教学、工程训练、科学研究和计算机模拟教学的协同教学效果，大大提高了实验教学质量，促进了大学生创新思维、工程设计和实践能力的培养。

关键词　化工原理实验；实验教学体系；多层次

实验教学是有效培养学生工程实践能力、全面提高学生综合素质的重要实践环节，是工科类本科人才工程实践能力培养不可或缺的重要组成部分。化工原理实验是高校化工及相关专业学生必修的一门工程实践性极强的专业基础实验课，是主干课程化工原理的有效补充，可以有效加强对理论知识的理解与运用能力，提高分析和解决工程实际问题的能力，进一步培养学生工程创新设计能力[1-4]。但随着现代化工行业的发展，新理论、新技术不断涌现，化工原理实验课程原有的教学内容、教学方法和教学模式已经不能满足当今化工高等教育和人才培养的需要。多年来，立足工程实践，在教学内容、教学手段、教学管理及教学模式等方面进行了一系列的探索，并取得了一定的成绩。

1　化工原理实验教学的现状

我国的传统教育偏重于知识的传授，缺乏培养工程实践创新能力的实验教学。化工原理实验作为一门工程实践性极强的专业基础实验课程，近几年来，各校纷纷对该实验课程建设和教学改革进行了研究与探索，并取得了一定的成绩。但现阶段，化工原理实验课程的教学过程中仍存在一些问题，导致教学效果不理想，主要体现在：

---

*　资助项目：2013年浙江工业大学学校教学改革项目（编号：JG1308）

第一作者：应惠娟，电子邮箱：yinghuijuan@zjut.edu.cn

通讯作者：计伟荣，电子邮箱：weirong.ji@zjut.edu.cn

(1)“综合性、设计性、探索研究性”的“三性”实验比例不高，内容单薄。目前《化工原理实验》课程主要以验证性实验为主，“三性”实验比例较低，不能很好地激发学生的实验创新思维，也不能体现现代化工工程化的教学特色。

(2)传统的教学模式对提高学生创新实践能力的作用不明显。传统的教学模式往往是教师在课前调试好设备，在学生预习实验的基础上讲解实验原理、实验设备结构，并指导学生如何正确地进行实验，学生在教师的指导下测量并记录相应数据，课后进行数据处理，计算出实验结果并进行分析，最后完成实验报告。在这种教学模式下，学生通常只是被动地接受，容易养成依赖心理，不能很好地体现学生在实验中的主动性与创造性[5]。

(3)现有的教学内容更新较少，与社会发展存在一定程度上的脱节。目前部分高校的化工原理实验装置建于建校初期，受到场地、经费等各方面因素的影响，与快速发展的工业化生产实际联系不够紧密，不能让学生接触到较新的化工设备，从而使人才培养与社会需求的适应性不够。

(4)教师的工程实践能力有待提高。部分化工原理实验课的授课老师是从高校毕业后直接从事化工原理实验课程教学，对化工工业的前沿领域了解不多，对生产实际也缺乏锻炼，因而往往容易导致教师在授课过程中缺乏实际生产过程的灵动性和主动性，这不利于对学生创造性思维的培养。

基于上述原因，改革迫在眉睫。近几年来，我们依托浙江省化工实验教学示范中心这一平台，一直致力于深化化工原理实验教学改革，以厚基础、强实践、重创新为指导思想，以培养知识、能力、素质协调发展的创新型工程科技人才为目标，以工程实践和创新能力培养为重点，构建了四层次递进式的化工原理实践教学新体系。

2 四层次递进式化工原理实验教学体系的构建

2.1 四层次递进式化工原理实验教学体系的内涵与特征

针对化工原理实验教学课程，我们从人才成长与培养的规律出发，采用传统技术与现代技术相结合的教学方式，以学生为主体，以教师为主导，以工程实践和创新能力培养为着力点，科学设计实验内容，合理设置实验项目，构建了“基础规范性实验—综合设计性实验—研究探索性实验—工程训练实验”四层次递进式的化工原理实验教学新体系，强化了实验教学与理论教学、工程训练、科学研究和计算机模拟的协同教学效果，进一步培养大学生的创新思维、工程设计和实践能力。

四层次递进式的化工原理实验教学新体系主要内容如下：第一层次为基础规范性实验，主要为演示实验与验证性实验，教学目标在于让学生加强对理论知识的理解，熟悉各种单元设备的结构与性能，初步掌握各类化工测量仪表的正确操作方法；第二层次为综合设计性实验，主要任务是引导学生根据化工生产过程的不同要求，将现有实验装置进行重新设计，如将 2 个或 2 个以上的化工单元设备组合起来进行实验，以了解化工生产的工艺流程，同时可以根据实验项目的不同要求并结合化工设计竞赛指导学生设计新型结构的实验设备，加强学生综合知识的运用，充分培养学生的工程设计能力，开发学生的创新精神；第三层次为自主研究探索性实验，主要结合教师科研课题，鼓励学生参与科学研究，为高层次的精英学生搭建科研训练平台，可有效激发学生的求知欲，增强学生的科学研究水平和工程实践创新能力；第四层次为工程训练实验，主要结合工厂实际生产，坚持“大工程”教学理念，充分运用化工原理实验课中可进行实际生产的装置及接近工厂的中试装置，培养学生的工程实践能力，拓宽学生的视野，夯实学生的专业基础，以进一步提高学生的创新精神。

四层次递进式的教学体系建设，既涵盖了流体流动、干燥、传热、过滤、吸收、精馏等主要化工单元操作过程，又包含了分子蒸馏、膜分离、变压吸附、生物大分子层析和萃取等综合提高探索性实验，实现了由简单到复杂、由基础到创新设计、由低要求到高难度自主研究探索实验和工程训练实验的培养跨度，可有效改变原有实验教学全程“手把手式”的教学观念，实现实验教学特有的实践教学功能，使实验教学的目标更加明确，也可促使实验教师在不同阶段面对不同的实验对象采用不同的教学方法，充分体现了因材施教的教学原则；对学生来讲，他们经历了四层次递进式的教学，可树立良好的工程实践观念，熟悉并掌握基本实验操作技能，充分激发了学生的学习兴趣，很好地锻炼了他们理论联系实践和分析、解决实际问题的能力，促进了学生专业综合知识的应用能力，从而实现对学生工程实践创新能力、科研开发设计能力的强化培训，最终实现实验教学质量的提高。

2.2 四层次递进式化工原理实验教学的具体实施

浙江工业大学自1953年建校以来，一直致力于实验教学的投入与改革，提高和改善实验教学环境和条件。近几年，在“省部共建”和“2011计划”的背景下，学校进一步加大实验室建设，规范实验教学，制订了一系列的教学文件和教学规范来指导全校的实验教学。化工原理实验课程同其他课程一样，始终强调知识、能力、素质协调发展，强化“以学生为主体，以教师为主导”的教学理念，四层次递进式教学新体系初显成效。具体的实施过程主要有以下几方面：

(1) 明确教学目标，实现分类教学

化工原理实验课的学生涉及化学工程、精细化工、能源化工、环境工程、化学制药、生物工程、高分子材料和海洋技术等多个专业，我们紧密结合专业培养目标和不同的专业特色，对各类实验项目进行调整与开发，合理制定教学大纲，把实验内容融合到相应的学科体系中，对不同专业的学生提出不同的教学重点，并设置不同的考核要求，逐步构建了A、B、C、D四层分类教学：第一类对化学工程与工艺专业(除化工外贸、能源化工专业外)的学生，紧密结合化工原理与化工设计理论课，实验教学内容涵盖所有基础、综合设计、自主研究探索型和工程训练实验等所有四层次递进式实验项目，既定学时为48学时，贯穿2个学期完成教学任务；第二类对能源化工、化工外贸与环境工程、制药工程等相关专业的学生，涵盖了基础实验和综合设计性实验2个实验层次的教学内容，既定课时为32个学时，按照培养计划的不同，实验课程可分为1～2个学期完成；第三类对材料、应用化学、药学类等专业的学生，教学内容主要为验证性实验和综合设计性，既定学时为16个学时；第四类对工业设计等相关专业的学生，教学内容仅包含部分验证性实验内容，既定学时为8个学时。

(2) 改进教学内容，完善实验项目的开发

通过广泛调研与学习，浙江工业大学精心制定教学大纲和培养方案，合理设置实验内容，对验证性实验进行筛选，并增加综合性、设计性和自主探索研究性实验：一方面将本校教师的科研成果应用于实验教学。例如"超重力场旋转床"，由我校计建炳教授创新团队研发，主要用来分离回收有机溶剂，1.2m高的超重力床对甲醇、乙醇等组分的分离效果相当于15m高的常用精馏塔，大大地提高了传质效率，减小了设备体积，且停留时间短，持液量小，抗堵能力强，操作维护方便，安全可靠，是对传统的板式塔、填料塔等分离设备的重大改进[6]。通过对"超重力旋转床"的学习，利用学生熟悉的教师的科研成果对学生进行化工原理实验教学，这样可以让学生更贴近化工技术的开发，进一步激发学生的实验创造性，提高学生的工程设计和实践创新能力。另一方面，通过引进近年来化工行业的新技术成果，如"分子蒸馏实验""膜分离实验""生物大分子层析"等，通过改造已有的实验设备并引进新的实验设备，改革实验教学方式，提高教师指导水平，倡导部分学生可以申请参加科研项目进行自主研究和探索实验，而实验指导老师也可转化为导师的身份进行辅助教学，这样可以更好地适应实验综合性、设计性和自主研究性的要求，让学生在充分了解化工原理单元操作的基础上，给学生独立思考与创新的空间，培养学生提出问题、分析问题和解决问题的能力。

(3) 改革教学手段，加强虚拟仿真实验教学

化工原理实验室要建成一套比较正规的实验装置往往投资太大，对于许多学校来说还存在一定的困难[7]。为了降低经费投入，同时又能让学生对化工过程进行全面的了解，除了现有的实验现场教学、演示教学以外，我校充分依托多媒体和网络教学手段，在教学过程引入工业和工程实践中已经采用或将要采用的先进技术内容，通过计算机PPT图片演示和3D视频演示，丰富教学手段，实现教学形式多样化，进一步加强学生对现代化工工业的新技术、新设备的认识，体现实验教学的工程特色。学校还不断开发并引进新的虚拟仿真实验教学软件，让学生能更加直观地了解具体实验操作过程与步骤，有效培养学生的实践能力，让学生从感官上和视觉上更形象、更清晰地了解并掌握化工及其相关领域的前沿科技。此外，结合化工原理课程设计和化工设计竞赛，在实验教学过程中充分强化化工常用软件运用，倡导学生在实验设计中引入化工软件的设计与运用，从最基础的化工实验数据处理软件Origin、Matlab等的熟练运用开始，分阶段培养学生对Auto CAD绘图软件、Aspen流程模拟系统的过程模拟软件及3D化工软件(如PDMS管道设计软件和Sketch Up等三维设计软件)的综合运用能力。

(4) 规范教学管理，实现实验室的开放与共享

实验室开放是为开放式的实验教学和开放式的学习提供一种开放的实验教学环境和条件，是以学生发展为最终目标，通过学生主动参与、自主探索，鼓励学生在汲取知识的同时，让他们体验实验的魅力[8]。结合学校中长期发展规划，浙江工业大学化工原理实验教研室

充分依托浙江省化工实验教学示范中心,认真统筹规划实验室的建设和管理,始终坚持贯彻开放共享机制,积极优化实验室教学资源,合理安排实验教学经费,制定并完善了一系列实验室管理制度和安全防范管理条例,以保障实验室正常有序地运行,目前已实现实验室时间开放、空间开放、设备开放、实验内容开放。学生可通过实验中心教学平台进行实验预约,申请在实验室进行研究探索性实验,开展课外科技创新研究,同时充分运用计算机模拟基地,通过预约在计算机模拟实验室学习使用各种化工常用软件,进行化工仿真操作、过程模拟及化工设计。这不仅可以充分提高实验设备和仪器的使用效率,还可以充分发挥教学资源在学生培养中的积极作用,拓宽拔尖学生的学习深化渠道。

(5) 提升教学水平,强化青年教师的工程实践能力

实验教学质量的提高关键在实验指导教师,要开展新型的高水平的实验教学最重要的是提高实验指导教师的整体素质与爱岗敬业的责任心[9—11]。浙江工业大学在理顺实验中心与各学院之间的关系、实验中心与各课程实验室关系的基础上,根据“按需设岗,按量定编”的原则,确定了实验人员的教学目标与职责,制订了青年导师制、青年教师春晖计划,鼓励以老带新,提倡青年教师下基层下企业实践学习,不断加强对青年教师的培训和考核力度,在教学改革项目的立项、经费支持及教学成果的评选上也给予实验教学教师很多优惠政策。学校还改革教学工作量计算办法,鼓励教师编写实验教材、指导开放性实验和学科竞赛等。通过这些举措,不仅提高了实验指导教师自身的综合素质,还能增强实验指导教师的工作自信心和责任心,有利于增强实验教学团队的凝聚力,发挥良好的教学平台作用,进一步搞好实验室建设,提高实验教学的质量。

3 结 语

在工程实践和创新能力的培养方面,不同的国家有不同的培养方式,不同的高校也有不同的培养模式。目前,大学生的创新实践能力有待提高。化工原理实验教学就是培养化工类专业学生运用理论知识分析和解决工程问题的能力,最终为国家和社会培养高层次的创新型工程科技人才。浙江工业大学经过多年的探索和实践,合理定位培养目标,精心制定培养方案,不断提升实验教学水平,切实提高了化工类及其相关专业学生的工程实践能力。但如何进一步做好化工原理实验教学工作,激发学生的专业热情,提高学生的综合实验技能、创新实践能力,仍然需要广大高等教育工作者更深入的探索和完善。

参考文献

[1] 徐宁,牟建明,郑学伦. 在化工原理实验教学中建立工程概念[J]. 实验室研究与探索,2005,24(7):93-94.

[2] 李微. 化工原理实验教学的认识过程及其手段[J]. 福州大学高等教育研究,2003(2):35-38.

[3] 刘永忠，薛宇红，刘飞清. 化工类专业教学改革的现状分析与对策——创新教育途径与方法的换位思考[J] . 化工高等教育，2005(1) ：13 - 19.

[4] 杨明平，黄念东，罗娟. 化工原理实验教学中的创新教育[J]. 实验室研究与探索，2008，27(8) ：10 - 13.

[5] 梁红，宋国利. 改革实验教学模式注重大学生创新能力的培养[J]. 黑龙江高教研究，2010(10)：177 - 178.

[6] 计建炳，王良华，徐之超，等. 折流式超重力场旋转床装置[P]. 2004.

[7] 鲍晓军，周青. 化工原理实验教学浅探[J]. 中国高等工程教育，1992(3)：42 - 43.

[8] 盖功琪，宋国利. 开放式实验教学管理模式的研究与实践[J]. 黑龙江高教研究，2009(5)：162 - 164.

[9] 韩雅静，原续波，李宝银，等. 材料科学与工程专业教学平台实验室综合实验课改革初探[J]. 高等工程教育研究，2005：55 - 57.

[10] 张文桂，李晓宇，郭剑. 采取有效措施，加强实验队伍建设[J]. 实验技术与管理，2006，23(1)：1 - 2.

[11] 陈晶，肖洪彬，刘价，等. 注重内涵建设打造优秀实验技术人员队伍[J]. 实验室研究与探索，2011，30(10)：176 - 178.

化学反应工程实验教学改革探索

屠美玲,杨阿三*,张建庭,许轶,贾继宁,张云,李琰君
(浙江工业大学　浙江　杭州　310014)

摘　要　化学反应工程主要解决化学工业过程中反应器选型、设计、放大和最佳化控制等生产问题。化学反应工程课程实践性强,开展实验教学有利于深化理论知识。针对化学反应工程的这些特点,本文从实验选课、实验预习、实验过程等方面进行探索,提出以实验选课自主化、实验预习仿真化、实验授课小班化等教学改革思路,在激发学生学习热情的同时,有效强化了学生工程实践能力的培养。

关键词　化学反应工程;自主选课;仿真实验;小班化

化学反应工程是化学工程与工艺专业的核心课程,也是其他相关专业的重要课程之一。该课程涉及高等数学、化工原理、化工热力学、化工传递过程、化学动力学、优化与控制等多学科领域。从实验室研究到工业化生产、反应器的设计、传质传热的计算等一系列重要的化学工程问题都离不开它的指导[1]。在教学实践中发现,学生普遍认为化学反应工程是所有专业基础课程中最难学习的课程之一[2]。该课程内容涉及许多日常生活中很难直接观察到的现象,包括流体流动、热量传递、质量传递,以及一些文字描述比较麻烦的反应器型式。教学中还发现,学生普遍认为该课程理论抽象、计算繁琐[2]。若仅仅依靠讲授书本知识,学生难以理解和掌握许多基本原理及数学模型。而且化学反应工程是以反应器设计为主的课程,需要采用数学模型法来解决反应器的设计问题,而绝大部分数学模型源于实验。针对化学反应工程实验课如何进行教学、让学生真正将学到的理论知识应用于实际而不仅仅是为了应付考试,建立以学生为中心的实验教学模式,形成以自主式、合作式、研究式为主的学习模式,进行了积极的探索[3—5]。

1　目前存在的主要问题及改革理念

实验教学是深化理论知识、获取感性认识、掌握实验技能、培养创新意识的重要环节,在整个教学体系中有着不可替代的作用,对更好地培养知识—能力—素质一体的创新型人才

* 第一作者:屠美玲,电子邮箱:tu_ml@126.com
通讯作者:杨阿三,电子邮箱:yang104502@163.com

起到了点石成金的作用[6—7]。化学反应工程学是以研究反应器设计、放大和过程最佳化为主要内容的学科，主要解决工业化过程中反应器的正确选型、合理设计、有效放大和最佳化控制等生产问题[8]。化学反应工程也是一门以实验为基础的学科，其设计中所采用的数学模型源于大量的实验数据。目前化学反应工程实验教学过程中制约人才培养的问题有：①反应工程知识晦涩难懂，学生缺乏直观的获取知识能力，对实验课程缺乏学习兴趣与热情。②反应工程实验成本过高，实验场地与资金缺乏，实验课程设置比较少。③化学反应工程课程的实验教学过程中以教师为主体的教学模式缺乏互动性，学生缺乏学习的主动性，专业领域视野不开阔。

针对上述问题，本文从实验选课、实验预习、实验过程对反应工程实验提出了积极的改革。

2 化学反应工程实验教学探索思路

2.1 学生选课自主化

传统实验教学中，从实验内容到实验模式、实验时间到实验地点都是由学校统一安排，学生自主选择的余地非常小。教学过程千篇一律、枯燥繁琐，很难引起学生的兴趣，更谈不上发挥学生的主观能动性和创造性。通常经过一个学期的实验学习，学生能真正掌握的实验技能非常少，这对学生毕业后走上工作岗位极为不利。

自主选课系统在传统教学模式的基础上，把“要本文学”转变成“本文要学”，尝试将基础的、公共的实验课程作为必修课，同时开放一些自主的、创新的、兴趣型的实验，允许学生根据自身爱好、能力、知识掌握程度及对知识的需求等，把握自己学什么的自主权，使学生享有“自主选择课程内容，自主选择合作同学，自主选择上课时间”的自由度。学生登录网上选课系统后，可以通过网络平台上的课件展示和实验视频进行预习，对实验有了初步了解的基础上选择实验时间，选择同组实验人员，选择感兴趣的实验课程。学生自主选课流程如图1所示。

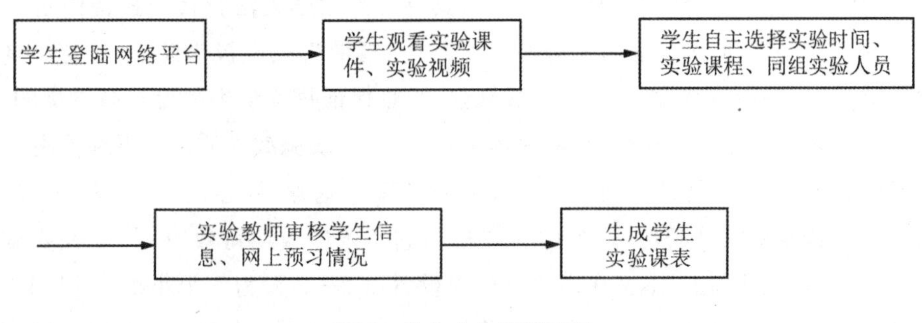

图1 学生自主选课流程

2.2 实验预习仿真化

本文在学生选课过程中发现自主选课具有倾向性、盲目性[9]。学生对自己有一定直观了解或者从字面上较为容易理解的实验选择得多,对缺乏直观想象的实验选择得少。而这些缺乏直观想象的实验往往对于提高学生对化学反应过程课程理解有着极为重要的作用。因此,为了克服学生选课的盲目性,真正实现学为所用的目的,本文建立了实验预习仿真系统。该系统以化学、化工专业基础理论为背景,通过建立数学模型,利用计算机技术实现的虚拟实验平台[10]。化工仿真所建立虚拟的操作环境,控制原理、手段、界面和操作场景都和现代化工生产实时控制极为相似。在计算机上再现管路、仪表、输送、换热、分离、塔、釜等设备,模拟生产中流量、温度、压力、液位、组分等数据的生成及其变化[11]。学生通过模拟操作开车、运行、停车及事故处理等单元操作,了解了工艺生产和控制系统的动态组合,提高理论水平和工程实验能力。

以本实验室所开实验课程为例,在采用实验预习仿真系统以后,学生选课时更加理性,选课分布情况也更加均匀。本实验室一共开设液相反应器中返混状况测定实验、结晶动力学研究实验、气固相催化反应实验、气升式环流反应器流体力学及传质性能的测定、流化床实验等五门反应工程实验课。在未采用实验预习仿真系统前,学生选课时主要凭借对实验名称的直观理解,选修实验集中在结晶、催化等比较直观明了的课程上,对返混、流化床、流体力学等看起来比较生涩的实验置之不理,而这些实验往往教授的是化学反应工程中的核心基础知识。选课的盲目性导致了学生知识结构的偏缺,非常不利于学生的全面发展。通过采用实验预习仿真系统,学生在选课阶段可以花非常少的时间把所有实验都在计算机上操作一遍。通过这样的可视化预习,可以极大地调动学生的积极性,从而使选课更加理性。而在实验过程中,由于大家已经在计算机上操作过一遍实验,确认了该实验是自己所感兴趣的,所以对实验内容更加熟悉,记忆也更加深刻,因此教学目的也能得到更好的实现。

2.3 实验课程小班化

化学反应工程作为一门实践性很强的工程学科[12],实验是学生获取实践知识的必备过程,在直观性、启发性、综合性和创新性等方面具有理论教学无法替代的独特作用[13]。在传统大班课程中,一名实验老师通常指导数十名学生,授课模式也极为简单,通常是老师示范一遍然后由学生自行实验。由于实验人数众多,很难保证每位学生都得到高质量的指导,导致有些学生缺乏积极性和主动性,或者根本不动手实验,实验教学质量得不到提高[14]。

小班化教学,有其独特的心理学理论和教育学理论基础,从心理上讲,学生在越受老师关注的条件下越容易取得成功(这被称为皮格马利翁效应或期待效应)[15]。在实施学生自主选课、仿真实验的基础上,本文在实验课程中设置以 2～3 人为 1 个小组,1 组同学 1 台实验设备。同时由于化学反应工程实验设备价格贵、占地面积大、台套数少、实验耗时长,一个指导教师 1 天只带 1 组学生,真正实现了小班化课堂教学,增进了师生之间的互动。教师及时批阅学生的预习报告,了解学生的知识掌握程度,在实验过程中加以针对性的指导,让学生明白自己想要学什么,带着问题来实验。同时在实验过程中鼓励学生对自己感兴趣的部分进行探索,教师在一旁协助指导,全面培养学生的实验思维和系统组合能力,同时也对教师提出了更高要求,促进了教师行为的积极转变。

课程教学团队曾针对液相反应器中返混状况测定实验进行测定。本研究将所有学生分为两组:一组采用传统方式教学;一组采用小班化教学。通过一个学期的实验,采用小班化教学的学生无论是在课堂积极性上还是在课后复习、考试成绩上都远远优于传统方式教学。通过访问小班化教学的学生得知,在小班化课堂上,学生感觉自己受到重点关注,因此更加积极主动,对实验过程中碰到的问题能第一时间与老师沟通并在老师的指导下解决问题。这种方式极大地调动了学生的积极性,充分发挥了学生的主观能动性,变"让本文学"为"本文要学",该项探索取得了非常优异的成果,目前本教研组所有实验研究全部采用小班化教学方式。

3 结 语

化学反应工程是一门工程实践课程,学生很难通过直观的想象理解。本文利用实验教学直观性、实践性、综合性、探索性和启发性的特点,对化学反应工程实验教学进行了探索。赋予学生自主选课的权利,使学生享有"自主选择课程内容,自主选择合作同学,自主选择上课时间"的自由度,有效调动学生的学习热情,极大发挥了学生的学习能力。同时利用仿真实验教学,使反应工程的理论知识能够更加直观地被学生理解和吸收,也为学生工程实践打下扎实的理论基础。在实验过程中,一个指导教师一次只带两三个学生,加强了师生互动,真正实现小班化教学,全面培养学生的实践思维和工程实践能力。

参考文献

[1] 周国权,洪晓波,邵丹凤,等.化学反应工程教学改革与实践[J].宁波工程学院院报,2009,21(3):100-102.

[2] 丁一刚,刘生鹏,吴元欣,等.改革化学反应工程实践教学模式,培养创新人[J].化工高等教育,2009(4):47-49.

[3] 魏伟,魏岚婕.加强实验教学示范中心建设培养创新型人才[J].实验室研究与探索,2007,26(8):69-71.

[4] 华志明.改革化工实验教学方法,全面提高实验教学质量[J].实验技术与管理,2006,23(5):107-111.

[5] 柳乐仙,柳海兰,张南哲.化工实验教学改革的实践与探索[J].广州化工,2010,38(12):292-293.

[6] 周乃新,姚郁,杨桅,等.深化实验教学改革,创建特色实验教学体系[J].实验技术与管理,2009,26(4):138-140.

[7] 付又香. 探讨高校实验教学改革和发展趋势[J]. 大家,2010(10):115.

[8] 周永文. 化学反应工程学在实验改进中的应用[J]. 柳州师专学报,2000,15(2):93-96.

[9] 孟国荣,司海清. 高校教学改革与学生自主选课的研究[J]. 教育与职业,2008,(32):107-109.

[10] 汪广恒,任秀彬,章结兵. 化工仿真训练辅助生产实习的实践[J]. 科技创新导报,2012,14:140.

[11] 周爱东,杨红晓,赵蕾,等. 大工程背景下开放型化工仿真实验的教学实践[J]. 实验室研究与探索,2010,29(1):101-103.

[12] 赵启文,张兴儒. 化学反应工程研究方法探析与教学实践[J]. 化工高等教育,2013(2):37-38.

[13] 钱洁,费俭. 生物技术专业小班化实验教学[J]. 实验室研究与探索,2013,32(3):175-178.

[14] 方苗利. 高职高专医用化学实验课小班化教学的改革与实践[J]. 教育教学论坛,2012,138-139.

[15] 龚汉雨,程旺元,徐鑫等.《细胞生物学》小班化实验教学的探索和实践[J]. 实验科学与技术,2013,11(3):58-61.

化工实验室开放管理系统的设计与实施

李琰君，许轶，杨阿三*，贾继宁，张云
（浙江工业大学　浙江　杭州　310014）

摘　要　化工实验室管理系统的设计与应用是实验教学改革和创新。本文基于浙江工业大学化工实验教学中心的实际情况，设计了化工实验室管理系统，借助嵌入式系统、数据库及物联网技术，使设计方案得以实现。化工实验室管理系统基于以人为本的理念，在保证实验环境安全的前提下，通过智能化设计减轻实验室管理人员的工作难度。该系统的应用为实验试剂管理、实验室开放及学生自主实验教学提供了技术支持。

关键词　安全管理；嵌入式系统；物联网；数据库；开放式实验室

实验教学是人才培养的重要手段之一。传统的课堂实验教学在培养学生基础科研能力上有着不可替代的作用。但是随着国家对创新性人才需求的增加，传统的实验教学模式已经不能满足人才培养的需求。实验教学在培养学生科学素养之外，还需要提供自主发展空间和创新科研实践机会。实验室开放作为一种可行的手段，其目的是为学生在课余时间从事实验研究和创新提供了一个良好的平台，但是对实验室管理提出了更高的要求。旧有的管理模式和管理方法已经阻碍了实验教学的革新[1—2]。

良好的信息沟通、合理的管理制度和高效的管理方式是开放实验室建立和运行的保障。针对浙江工业大学化工实验教学中心的实际情况，设计了化工实验管理系统。该实验室管理系统在以人为本的指导思想下，采用了模块化、面向对象技术的方法，利用 AVR 或 ARM 芯片的嵌入式系统、物联网和数据库技术，设计并实现了实验室开放、实际管理和自主实验管理的功能。

实验室管理系统采用前台信息发布、后台信息处理的方式强化信息沟通，实验室开放信息能够及时快速地被使用者和管理者知晓；模块化设计实现管理系统具体功能；使用面向对象的设计方式，使得实验室使用者和管理者能够方便地使用管理系统。通过系统的使用，加深了实验室管理人员对于实验教学信息化管理的理解，促进实验资源的充分利用，提高了实验教学质量[3—4]。

* 第一作者：李琰君，电子邮箱：liyanjun@zjut.edu.cn
通讯作者：杨阿三，电子邮箱：yang104502@163.com

1 需求分析

实验室开放的目的是为学生自主实验提供便利,使得实验室资源能够被充分利用[5]。实验室管理系统设计需要考虑实验室开放中所要面临的一些问题,主要包括实验安全、实验申请及准入、实验过程控制和实验数据分析等方面。

化工实验不可避免会涉及化学试剂和实验设备的使用[6-7]。实验设备和实验试剂不适当使用及处理都可能会导致污染和意外的发生。从安全角度出发,实验室使用人员使用前要了解实验设备安全操作规范、所用实验试剂的性质、使用注意事项和安全处理方法。为此,需要建立实验室准入机制,以确保实验室使用人员在掌握必需的实验试剂和设备使用技能后才可进入实验室。实验过程中,可能会有机械、电气伤害,需要做好安全预警及伤害防护处理。

化工实验过程中会使用或产生带有安全隐患的气体。有机溶剂挥发产生的 VOC 气体会对实验操作人员的身体健康造成影响;氢气、烃类气体等易燃易爆气体是化工实验室主要的火险隐患;氮气和二氧化碳等气体浓度过高会引起人员窒息。为确保实验室安全,需要实现实验室气体实时检测及处理。

在实验室开放过程中,需要实验人员在岗[8]。特别是使用危险药品和危险气体的实验过程中,实验人员离岗有可能造成实验失控,引发安全责任事故。对于这样的问题,实验室管理系统需要配备一定的报警和补救措施。同时实验室开放过程中,需要有非实验人员进入报警系统。

2 系统设计

根据化工开放式实验室运行需要,实验室管理系统需要以下功能[9-10]:

2.1 实验室预约准入功能

前台显示实验室课表及空闲时间信息,学生可以根据自己的时间预约实验。在学生进入实验室进行实验之前,必须完成个人信息录入、实验技能考核及安全知识测试。在完成这些步骤之后,管理系统将信息存入数据库中。实验室管理人员则通过后台界面,完成人员和实验室预约信息审核工作。在预约审核步骤完成后,安全管理系统会自动将实验室开放时间安排传送给开放实验室内的嵌入式系统;学生能够在预约时间段内通过门禁系统使用开放实验室。

2.2 实验室环境信息采集及危险处理功能

能够实时采集实验室内温度、湿度、危险气体含量、火险隐患等环境信息。在实验室开放时间段,实验人员进入实验室之前,嵌入式系统自动打开通风系统完成空气置换工作,进行实验室安全自检，确保实验环境安全。实验人员使用实验室过程中，嵌入式系统实时检测实验环境，当实验环境发生异常变化之后，开启实验室通风并自动切断实验用电，同时启动现场报警和远程报警信息推送。现场报警的目的是告知在现场的实验人员及实验室管理人员及时处理危险源或者赶快撤离事故现场；远程报警信息推送是通知非现场的管理人员能够通过物联网平台对开放实验室进行远程干预。

2.3 实验室远程管理功能

实验管理人员能够远程察看实验室运行情况。在非实验人员进入实验室、开放时间段内发生实验人员离岗及实验室环境突变时能够远程察看实验室情况并采取一定的手段进行干预。

2.4 实验室运行信息存储

能够查看实验室开放时间、预约情况及使用信息存储情况，实验室环境信息及嵌入式系统运行日志信息存储，实验设备使用情况及实验试剂库存信息存储，实验数据采集、存储及其在物联网平台发布情况。

在系统设计时，化工开放实验室管理系统由实验室模块和远程模块两部分组成。实验模块和远程模块通过网络连接达到数据传输、信息共享和安全管理的目的。实验室模块安装在各个实验室内，由传感器单元、嵌入式系统和信息反馈控制单元三部分组成。远程模块主要由物联网平台和数据库两个部分组成。主要功能及相互间联系如图1所示。

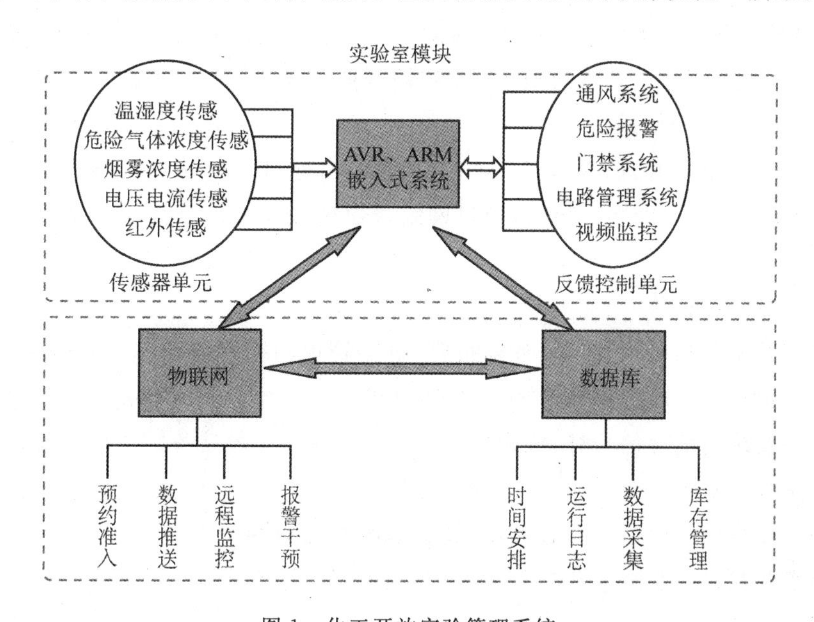

图1 化工开放实验管理系统

实验室模块安装在各个实验室内，由传感器单元、嵌入式系统和信息反馈控制单元三部分组成。其核心为AVR或ARM芯片的嵌入式系统，该系统主要负责收集实验室内传感器接收到的数据，根据实验室安全要求控制反馈控制单元进行工作，以及和远程控制模块进行数据交互。传感器单元包含实验室温湿度、危险气体浓度、烟雾浓度、电压电流、红外传感等传感器。反馈控制单元包括实验室通风系统、门禁系统、电路管理系统、危险报警和视频监控。

远程模块中的物联网平台是实验室管理系统的对外窗口，用户根据权限的不同，可以访问管理系统中不同的资源。对于普通用户，物联网平台是其预约使用实验室、实验室准入考核及实验数据下载的平台。对于实验室管理人员，物联网平台是设备管理、实验试剂库存管理、实验室远程安全干预的平台。远程模块中的数据库是一个信息存储、分类处理、保证管理系统正常运行的内部平台。

3 系统实施

3.1 硬件设计

(1) 环境传感器

实验室环境传感器包括温湿度传感器、气体传感器、烟雾传感器、电流电压传感器和红外传感器。温湿度传感器采用 I2C 或 SPI 接口的数字式传感器，该类传感器的优点是精度高，能够以并联的方式接入嵌入式系统，使得单个实验室内可以分散布点、准确采集实验室温湿度变化。气体传感器包括对氢气等可燃气体敏感的传感器、VOC 气体传感器及二氧化碳传感器等。可以根据不同实验室使用或产生气体的不同，有针对性地选择气体传感器。烟雾传感器主要用于实验室火险感知。电流电压传感器是针对实验室设备运行情况、实验室用电安全、检测实验室漏电和触电情况。红外检测器则是用来感知实验室内人员活动情况。

(2) 嵌入式系统硬件

嵌入式系统采用使用 AVR 或 ARM 芯片的系统，通过 I/O 接口接收传感器数据、控制继电器开关、完成视频拍摄装置控制，通过网络接口完成外来信息接收处理，以及实验室数据网络推送。

(3) 反馈控制系统

反馈控制系统包括通风、门禁、危险报警、电路管理和视频监控等。实验室门禁系统由刷卡机和电磁锁组成。通风系统由继电器和风机组成。电路管理由继电器和安全开关组成。危险报警系统由危险信号灯、危险报警铃组成。视频监控设备主要是摄像头。

(4) 远程模块硬件

远程模块需要的硬件是一台服务器，其基本配置为双核 CPU(主频≥1.7GHZ)、4G 内存、500G 硬盘及双口千兆网卡等。

3.2 软件设计

(1) 实验室门禁系统

实验室使用前需要预约，预约时必须输入使用人员信息(身份信息、门禁卡号)，完成实

验准入考核。实验人员在预约时间段内，在刷卡机上刷卡，系统采集到刷卡信息后打开电磁锁，实验人员可以进入实验室。实验结束实验人员刷卡，系统采集实验室环境数据，确认实验室设备正常关闭后，实验人员方可离开。

(2) 实验室环境及安全控制系统

嵌入式系统通过 I/O 接口采集传感器数据，判断实验室环境是否符合安全要求。当实验室温度高于环境温度或者实验室内危险气体浓度大于设定值时，改变实验室通风强度，加快空气循环；强化通风时间超过 1h，实验室不能达到安全要求时，启动现场提醒，促使实验人员采取必要处理措施；强化通风时间超过 2h，实验室还是不能达到安全要求时，启动安全报警，联系实验室管理人员。

当烟雾传感器数据异常，开启现场报警和远程干预。现场人员根据现场情况、远程人员通过视频设备察看实验室运行情况，对现场进行处理。如果 2min 内传感器数据没有恢复正常值，嵌入式系统没有收到干预信息，系统控制继电器关闭实验用电，并报告火警。

红外感应用于感应实验室内人员活动情况。预约实验时间内实验人员离岗、非实验时间实验室有人员活动情况的，系统向管理人员报警。如果报警 15min 内系统没有收到反馈信息，视频系统开始采集实验室信息，实验室自动关闭方案启动。

(3) 实验室数据系统

实验室数据系统包括使用信息系统、库存信息系统和实验数据采集系统。

实验室使用信息系统主要包括实验室课表、开放式实验室预约及实验室实际使用信息等。实验室课表、开放式实验室预约需要在物联网平台展示，并且能够完成数据交互和更新功能。实验室实际使用信息则针对实验室管理人员开放，为以后开放式实验室管理提供数据支持。

实验室库存信息系统包括实验设备管理、实验耗材管理和实验试剂库存管理等。在实验人员预约实验时可以看到实验设备和试剂是否能够满足其实验要求，如果所需的设备仪器不足，可以及时和实验管理人员联系，确保实验顺利进行。实验人员亦可以方便地对实验室情况进行管理。

实验数据采集系统包括实验数据采集和发布。为确保实验室设备正常运行，实验人员不能在实验室使用 U 盘、移动硬盘等可移动存储。对于需要记录大量实验数据的情况，嵌入式系统会将实验数据传送到数据库，通过数据库将数据推送到物联网平台。这样减少了外来病毒感染实验装置的可能，同时也方便实验人员对实验室的维护。

4 系统应用

实验室管理系统的实施完成了以下功能：

(1) 开放实验室使用管理。利用前台信息和实验预约，学生能够根据自己的时间安排自主实验；有门禁系统和后台审核机制，实验室管理人员能够有效地完成实验开放管理。这样使得化工实验中心的实验资源能够被有效使用，增加了学生自主创新的机会，为学生能力的发展提供了良好的平台。

(2) 实验室安全管理。以模块化的理念,使用单片机、物联网技术,实现了实验室安全及环境信息的采集,使得实验室安全信息能以数据形式被采集记录,实验管理人员能够通过现场或者远程的方式对实验室安全环境进行监控和干预,为实验安全提供了有效的保障。

(3) 实验室后勤保障。利用数据库技术,实验室管理人员能够方便地察看、核对及更新实验室库存信息,为实验室运行提供了有效信息。

5 结 语

高等教育必需面向社会,培养满足社会需求的创新性人才。本系统通过利用物联网和嵌入式系统,能够低成本地完成实验室安全管理、数据采集工作,在不加大实验室管理人员工作量的同时,充分利用了学校现有的资源实现了实验室开放,为实验教学改进提供了必要的后勤支持。学生通过使用实验管理系统,能够根据自己的时间安排自主性实验,增加了创新实践的机会;教师探索了新的教学方法,积累了创新人才培养的教学经验,自身的创新能力也在实践中有所提高;实验室管理人员通过使用管理系统,加深了对于信息化管理的理解,为后续实验教学革新提供了支持。

参考文献

[1] 崔贯勋.基于物联网技术的实验室安全管理系统的设计[J].实验室研究与探索,2015,34(3):287-290.

[2] 朱育红,周健,叶肇敏,等.高校化工实验室安全与环保管理措施[J].实验技术与管理,2009,26:6-8.

[3] 庄杏宜.中职学校精细化工实验室安全管理初探[J].广东化工,2014,41:197.

[4] 李云飞,陈良,王树青.物联网的内涵与应用及其对过程自动化的启示[J].石油化工自动化,2011,47:1-4.

[5] 修延生.浅议物理实验室开放与人才的培养[J].黑龙江教育学院学报,2012(3):9-10.

[6] 郭新荣.加强实验室开放 培养创新人才[J].技术与创新管理,2007:52-54.

[7] 冯伟,王华.利用开放性实验室培养创新人才的探索与实践[J].实验室科学,2009(3):179-181.

[8] 张艳芬,刘中成,耿强,等.新形势下高校实验室开放管理与运行机制的研究[J].实验技术与管理,2013(3):180-183.

[9] 王攀,陈少平,王晶,等.基于Web的实验室开放管理系统的设计与实现[J].现代教育技术,2008,18(10):101-104.

[10] 赵亚红,赵舒.实验室开放管理是提高贵重仪器设备利用率的有效途径[J].陕西师范大学学报(哲学社会科学版),2006(S2):50-51.

化学实验教学中开放式教学模式探讨

王志坤*，吕健全，胡智燕，刘力

（浙江农林大学　浙江　杭州　311300）

摘　要　针对当今社会的人才要求、我们在反思传统化学实验课程教学的基础上，提出了开放式实验教学的新模式。其目的是培养具备创新意识，勇于独立思考，真正解决教学、科研、生产中各种疑难问题的复合型人才。在多年的无机及分析化学、有机化学、分析化学和物理化学实验教学中，我们根据教学大纲的基本要求，创新化学实验教学，尝试进行开放式化学实验教学，培育适合新形势下的实验教师队伍等。实验教学取得了一定的成效，促进了学校化学实验教学工作的全面展开。

关键词　实验室；开放式实验教学；教学管理

实验教学是高等教育中的一个重要组成部分，在培养学生的创新能力和综合素质中起着举足轻重的作用[1—3]。开放性实验教学的目标是：通过为学生提供创造研究性、设计性实验活动的环境，调动和激发学生学习的主动性和创造性，从而提高学生独立思考的能力和自主学习的积极性，而不是仅仅停留在学科知识体系的形成和基本操作技能的学习上[4—5]。实践证明，化学实验教学水平的高低、质量的好坏直接影响到这些专业的学生培养是否成功。我校化学实验教学中心自2005年成立以来，立足于为化学学科服务，改革和创新化学实验教学，将基本课堂实验教学与开放式实验教学相结合，解决了实验教学课时数不足和实验教学内容单一的弊端，以此激发学生的学习主动性、积极性和求知欲，使之积极到实验教学中去学习知识、掌握知识、应用知识，并取得了较好的成效。

1　实验室开放模式

实验室开放式教学是提高高等教育质量的重要手段，对提高学生的实验操作技能、科研能力和创新精神，切实开展综合性或设计性实验项目有着十分重要的作用[6]。目前实验室开放模式可以说是多种多样的，我校实验室采用的模式是围绕时间、内容和空间等要素的开

---

* 资助项目：2012年浙江农林大学教学改革项目（项目编号：ZC1223）

2013年农林大学教学改革项目（项目编号：ZC1338）

第一作者：王志坤，电子邮箱：wangzk@zafu.edu.cn

放。以上三种形式的开放均在学校各有关专业的课程实验教学中运行,并取得了一定的成效。实验室开放要结合教学条件和学生特点:对于低年级学生,主要训练其基本技能和实践能力;对于高年级学生,重点培养其工程意识和科研能力。由于生源不同,学生水平参差不齐,要注重实效,分层次教学,学生可根据自身特点选择做基础实验,进行基本技能训练;也可选做设计性、综合性实验,提高分析问题、解决问题的能力;研究性实验是为部分优秀学生开放的,使他们尽早接触与社会需求相关的实验,加强创新思维和能力的培养。开放项目可以是教学计划中要求的课内实验,也可以是课外内容,以满足不同层次学生的要求。学生可以根据自己的专业和兴趣,选择自己喜欢的实验,但要与教学活动相结合,与个人特长、兴趣爱好相结合,与教师科研、学术研究相结合,与生产实际、择业相结合。例如,初级爱好者群体,他们有强烈的动手欲望,为满足他们的好奇心和动手欲,开放项目应该简单而容易操作,更加容易贴近生活,从而强化他们的好奇心理。中级专业群体:他们学习了相关理论,掌握了一定的专业知识,希望能够验证理论,应用这些知识,则应能提供必要的研究条件。高级专业研究的群体:要为他们提供一个和谐的、不受干扰的工作环境,同时应尽量合理科学地引导他们开展与科研有关的研究性活动,提供必要的指导,督促他们取得好的效果。

2 以学生为主体的开放模式

实验室的开放建设目标,应该是体现学生在实验室中的主体地位。学生是学习的主体,在实验室,学生是主人,他们拥有学习、使用和支配的权利,提倡学生在具体的动手、动脑的实验过程中学习知识,增加创新意识,提高思维能力,通过学习与观察进一步提高发现问题、分析问题和解决问题的能力。这种以学生为主体的开放目标,实质上就是全面构建以学生为中心,构架时间、空间、教学内容与人之间的关系问题,从而达到资源最优化、效益最大化的教学目标。以学生为主体的新型实验室开放教学形式要想得到充分的实施和运行,应全面加大开放时间、空间,增加硬件投入,同时也要求学校领导、理论教师、实验教师提高服务意识,增强个人的职业道德、责任感和使命感,坚持做好本职工作,尽职尽责地为学生服务,为实验室开放教学创造一个安静的环境。学生根据教学内容的要求结合教学活动、个人特长、兴趣爱好,选择适合自己的实验项目进行学习。

3 开放式实验教学管理

3.1 实验时间的开放

打破过去只在星期一到星期五下午开放、其他时间关闭的管理模式,改为全天开放,尤其是星期六和星期日开放。学生、教师可以在任何时间到实验室做实验,使师生可以充分利用实验室设施。

3.2 空间范围的开放

除教学计划内安排的课堂实验教学外，还应鼓励学生根据自己的兴趣、爱好和实际情况，自由选择实验。采用预约的方式，允许不同专业的学生，利用课余时间进入实验室，增强他们的实验兴趣和实践动手能力。

3.3 管理的开放

变单一管理模式为综合性管理模式，根据现状，结合人性化教育模式的具体要求，建立和健全各项管理制度，全面树立了以学生为主体、以思想教育和素质教育为基础、坚持以人为本的教学观念，加强了广大教师的服务意识和责任感。即便开放式教学改革任务繁重，学生情况复杂，管理较难，全体教师仍在各自的工作岗位兢兢业业为学生工作，不言放弃。

3.4 教学方式开放

经过几年的实践教学，开放式实验教学取得了一定的成效，收到了较好的效果。我们结合化学课程教学改革，将一些较好的方法和经验在学校其他课程教学中加以巩固和提高，充分利用现有的网络教学服务平台和技术，在开放式教学中开设了大量的仿真、虚拟实验，提供网络辅助学习资料，学生选择相关内容，进行自我学习和探索。学生可以在网上递交实验报告，提出问题；教师在网上批改报告和答疑，较好地实现了网上交流和互动，充分利用了教学资源。同时，对于不同专业、不同年级、不同基础的学生来说，这种教学方法有利于学生根据个性特点、兴趣特长学习，激发对化学实验的兴趣，从而更好地学习和掌握化学知识，为以后的专业课程学习打下良好的基础。

3.5 教学效果和评价开放

开展严格的教学质量评估与考核，要求教师对学生的实验进行全方位指导，包括实验前检查学生的预习报告，实验结束后当场批改学生的实验报告，及时对实验报告进行讲评，预习报告、实验操作、实验记录和实验结果、实验报告及课堂表现情况均作为评价内容及考核依据，评定出学生的实验成绩。同时，让学生对教师的教学水平进行简单评价，促使教师对教学内容、方式方法进行改进，促进了师生关系。

4 结 语

总之，化学实验的开放式教学模式在我校受到了学生的普遍欢迎，教学质量明显提高，师生关系更加和谐，学生的学习积极性更高，参与人员更多，这对于进一步提高教学质量，加强素质教育，培养创新型人才，提高学生分析问题、解决问题的能力有很大的促进作用。开放式实验教学有待于进一步实践，不断总结和提高。

参考文献

[1] 左铁镛.充分发挥实验教学在创新人才培养中的作用[J].中国高等教育,2007,23:18-19,30.

[2] 李光提,李汝莘.发挥实验教学中心作用,提高实验教学质量[J].实验室研究与探索,2009,28(3):77-79.

[3] 李春香,孟慧,黄玉东.化工实验教学在学生工程能力培养中的作用[J].黑龙江高教研究,2014,244(8):146-148.

[4] 韩云海,李海岭,吴焕周,等.开放性实验教学模式的分析与实践[J].实验室研究与探索,2008,27(9):163-165.

[5] 宋国利,盖功琪,苏冬妹.开放式实验教学模式的研究与实践[J].实验室研究与探索,2010,29(2):91-93,132.

[6] 邓群,王莉,饶建华.培养学生创新能力的实验室开放模式[J].实验技术与管理,2009,26(11):17-19.

分离分析实验教学的绿色化探索与实践

倪婉敏*，杨彤

（浙江外国语学院　浙江　杭州　310012）

摘　要　基于以往不注重环境保护的粗放型实验教学模式，根据绿色化学“十二原则”，结合分离分析实验的特点，在实验教学中应用绿色化学原则对传统实验进行改革，在保证教学效果的同时，采用安全的溶剂和助剂，从源头上防止实验室污染，减少了有毒废弃物的排放，更重要的是对学生进行了有效的环境保护教育。

关键词　分离分析实验；实验教学改革；绿色化；环境友好

分离分析实验是应用化学专业的专业必修课，与分离分析理论课程相辅相成，相互促进，同时在教学内容上与分析化学和仪器分析课程有一定程度的交叉。分离分析实验的样品提取过程中，需要消耗大量的溶剂，实验中化学药品的大量使用和纯消耗导致实验室“三废”的产生，对环境的污染不容小觑。美国于20世纪90年代就提出了“绿色化学”的口号，各个国家也逐渐意识到从大学的化学实验教学开始着手是绿色化学发展的坚实基础[1—2]。绿色化学是应用现代化学的原理和方法，在源头实现污染预防的科学手段[3]。绿色化学以实现环境、经济和社会的和谐发展为宗旨，受到了学术界的高度重视，也对化学实验教学提出了新要求[4]。

高校化学实验室是大学生在学习化学理论知识的基础上掌握实验技能的场所，同时也是提高自身科学素养、接触前沿知识及化学发展动态的平台。在化学实验教学中加强绿色化学教育，使绿色化学成为化学教育的重要组成部分，可以增强广大师生的环保意识，从而培养能适应未来社会发展的复合型人才[2,4]。

1　优先选择环境友好的实验项目

在分离分析实验教学内容的选择上，优选环境友好的实验项目可显著降低实验室的环境污染。针对最近几年的热点——“雾霾”问题，选用“大气悬浮颗粒物的分离和 PM_{10} 的测

*　资助项目：2015年浙江外国语学院科技学院精品课程项目

2015年浙江外国语学院大学生创新训练计划项目

通讯作者：倪婉敏，电子邮箱：nwm1225@gmail.com

定”实验，采用中流量($0.1m^3 \cdot min^{-1}$)采样—重量法，以恒速抽取定量体积的空气，使其通过具有 PM_{10} 切割特性的采样器，PM_{10} 被收集在已经恒重的滤膜上。

“大气悬浮颗粒物的分离和 PM_{10} 的测定”实验结果如表 1 所示。从楼层分布来看，一楼的寝室和教室 PM_{10} 浓度均高于四楼的寝室和教室。从采样地点看，人群相对集中的教室 PM_{10} 浓度高于相应楼层的寝室，可能与地面的扬尘有一定的关系。而从室内和室外的角度看，受室外自然风等影响，操场上 PM_{10} 浓度相对教室和寝室较高。学校属于文教区，应该执行二类标准[《环境空气质量标准》(GB 3095－2012)]，PM_{10} 的浓度标准限值为 $0.150mg \cdot m^{-3}$，因此一楼教室的 PM_{10} 浓度超标 11.3%，而操场上的 PM_{10} 浓度超标 50%。虽然实验采集的瞬时浓度数据只能作为参考，但从一定程度上能帮助学生更好地理解 PM_{10} 浓度的影响因素，从而关注自身的身体健康。为了客观地分析学校不同场所的空气质量，我们可以进行长期的空气监测，使实验结果更具有科学性和说服力[5]。

表 1　校园 PM_{10} 浓度分布情况

采样地点	采样时间/min	采样温度/℃	PM_{10} 浓度/($mg \cdot m^{-3}$)
一楼教室	60	26.2	0.167
四楼教室	60	26.7	0.104
一楼寝室	60	26.0	0.063
四楼寝室	60	26.5	0.021
操场	60	27.2	0.225

PM_{10} 测定实验的地点可以选择在操场、教室或寝室等典型的校园场所中，通过实验的分析测定，学生不仅可以掌握相应的实验技能，还能了解校园不同场所大气悬浮颗粒物的浓度范围，提高学习热情和兴趣。PM_{10} 测定实验没有使用任何化学试剂，在源头上防止污染的产生。此外，我们还可以选择其他环境友好的实验项目，采用绿色化的途径提取样品，如柱层析法分离菠菜中的色素[6]。

2　优先选择环境友好的实验方案

针对同样的实验项目，会有多种可行的实验方案存在，因此选用环境友好的实验方案也是实现实验绿色化的重要途径之一。以“浮游植物中叶绿素 a 含量的测定”为例，分光光度计法是最常用的测定方法，色素的萃取溶剂可以是丙酮、甲醇和乙醇。由于丙酮研磨法萃取效率差，甲醇对人体毒害性比较大，因此“热乙醇法”成为目前国际上广泛应用的叶绿素 a 测定方法[7]。叶绿素的结构如图 1 所示。在酸性的环境中，卟啉环中的镁可被氢取代，成为褐色的去镁叶绿素。当铜或锌取代氢，其颜色又变为绿色，此种色素非常稳定，且不受光和酸等因素的影响。在叶绿素 a 测定的实验教学中引入前沿的实验方案，使用安全的溶剂，能有效实现实验的绿色化。

实验中所需的水样可以就近在校园内的景观水体中取得，这样可以减少样品在运输过程中的能源消耗。一般富营养化水体需要250ml水样,由于校园景观水体富营养化程度较高,一般只需取100ml水样来过滤分析。水样的"减量"不会减少溶剂的使用,但是可以减少真空泵的使用时间,可以节约一定的能源消耗,体现"减量"(reduction)的绿色化原则。另外,因为使用的萃取剂是90%的乙醇,所以不会在实验过程中产生吸附,实验完毕后,去除过滤膜后,分析测定中用到的5ml离心管经过清洗可以重复利用,体现了"回收"(recycling)的绿色化原则。同时学生实验中多余的萃取剂可以回收,在相关教师科研项目中加以应用,减少了实验试剂过量配制产生的浪费和污染。因此,实验教学和科研结合也是降低实验试剂污染的有效手段之一。

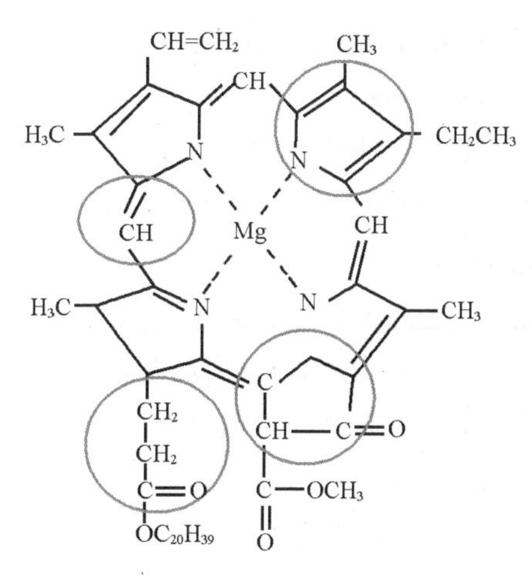

图1 叶绿素的结构示意图

部分学生测得的叶绿素浓度如表2所示。根据测得的叶绿素浓度,经过下列公式的换算,还可以求得综合营养状态指数(TLI,trophic level index):

$$TLI=10\times(2.5+1.086\ln Chl\text{-}a)$$

式中:Chl-a为叶绿素a(chlorophyll-a)浓度,mg·m^{-3}。

TLI指标还可以用来辅助判断水体富营养化程度:TLI<30为贫营养;30≤TLI≤50为中营养;TLI>50为富营养化。富营养化又细分为几个水平:50<TLI≤60为轻度富营养化;60<TLI≤70为中度富营养化;TLI>70为重度富营养化。

表2 校园景观水体叶绿素浓度分析

采样地点	采样温度/℃	采样体积/ml	叶绿素浓度/(mg·m^{-3})	TLI
校内采样点1#	28.2	250	10.60	51
校内采样点2#	28.7	250	11.16	51
校内采样点3#	28.3	250	10.04	50
校内采样点4#	28.5	250	10.60	51
校内采样点5#	28.2	250	8.95	49
校内采样点6#	28.6	250	5.58	44

由表2可知,6组同学中,3组同学的测定结果显示校园景观水体处于轻度富营养化水平,而另外3组同学的测定结果显示学校景观水体处于中度富营养化水平。

3 优先选择环境友好的实验手段

在保证实验效果的前提下,尽量选择环境友好的实验手段。例如,以超声清洗等环保方法对实验仪器进行洗涤;用酒精温度计和仪表温度计代替水银温度计来避免可能产生的Hg

污染；采用微波反应器来提取有效组分以及合成制备[8]；用虚拟仿真实验替代一些有毒有害、易燃易爆、不易控制操作的危险性实验等[9]。

以空气中甲醛含量的分析为例，传统的实验手段以酚试剂为吸收原液采集空气中的甲醛，再通过甲醛标准曲线的绘制，用分光光度法来分析空气中甲醛的含量《工作场所空气有毒物质测定　脂肪族醛类化合物》(GBZ/T 160.54—2004)。甲醛作为一种挥发性原生质毒物[10]，具有潜在的致癌性，同时也是室内空气重要污染物之一[11]，因此，选用便携式甲醛分析仪来开展分析，更加环境友好。便携式甲醛分析仪由抽气泵、电池和电化学传感器组成，通过抽气泵的工作将被测气体抽入仪器内部，甲醛气体经扩散和吸收进入传感器，在适当的电极电位下发生氧化反应，产生的扩散电极电流与空气中的甲醛浓度成正比[12—13]，监测限为 $0.01mg \cdot m^{-3}$。研究表明，甲醛分析仪测得的结果与传统的酚试剂比色法[12]和乙酰丙酮法分光光度法[13]的结果均无显著性差异。

4　减少实验室“三废”排放

采取减少化学实验室污染的措施后，虽然可以降低试剂浪费和实验室污染，但仍避免不了固体、液体和气体废弃物(即“三废”)的产生。同时，化学实验室产生的废弃物具有品种多、数量少和不确定性等特点，不适于集中处理，因此可以采取以下措施进行安全化处理。

废气主要通过通风橱、换气扇等排放到大气中，通过浓度的稀释来降低危害程度。废液一般先分类收集，再分别集中处理。以富营养化指标分析实验中的标准溶液为例，其多为含氮磷的营养液，直接排放会加剧水体的富营养化程度，可以经过稀释用于一些景观植物的营养液。废渣，尤其是无法回收利用的有毒废渣，必须放入指定的回收瓶，随意丢弃可能会危及清洁人员的人身安全。盛放过有机溶剂的空试剂瓶，同样需要集中处理，避免不必要的意外产生。

高校的化学试剂、玻璃仪器也是高消耗、高污染和高隐患的部分[14]。实验室药品存放不统一、剩余资源多是化学实验室常见的问题之一。实验室储藏柜中的部分药品用量极少，在采购的环节应尽量选购较小规格的，比如以 50g 代替 500g，从源头上减少闲置引起的浪费。因学生操作不当引起的玻璃仪器损耗也是实验室固体废弃物的主要来源，如烧杯受热不均破裂，玻璃棒操作不当引起断裂，试管、锥形瓶等不及时清洗导致无法正常使用等。因此，在基础实验课的教学中加强教育，可以有效减少固体废弃物的产生。

实验中用到的有机试剂受到环境条件的影响，会挥发、变质、腐蚀，因此在存放过程中如果处理不当会对环境造成不同程度的污染[15]，长期在实验室工作的实验员和教师可能会因吸入过多的挥发性有机溶剂而影响身体健康，势必影响教学和科研工作的顺利进行。一些易燃易爆的药品，若存放不当，可能还会引起火灾等化学事故。对于一些已知毒性较大或潜在毒性大的药品，比如 As、Cd、Hg、Cr 和 Pb 等重金属，最好是选用可替代的低毒药品，尽量绿色化地开展实验，减少有毒有害废弃物的排放。

此外，加强实验室安全教育也是减少实验室“三废”排放的必要途径。部分学生对实验室安全总有一种“事不关己，高高挂起”的侥幸心理，认为实验室安全事故离自身很遥远[16]。我们需要在授课过程中采用图片和视频结合的方式，吸引学生的注意力。当学生亲眼见到一些惨烈的实验室事故场景后，情感上的震撼会使学生更加关注自身和他人的安全。还可以通过展示一系列不当操作的示意图，让学生找出相应的安全隐患来巩固实验室安全知识。

5 强化培养绿色化的可持续发展理念

“5R”理论是绿色化学的核心内容，其中，“减量”(reduction)是从省资源和少污染的角度提出的；“重复利用”(reuse)是出于降低成本和减少废物排放的需要；“回收”(recycling)主要包括回收未反应的原料、副产物、助溶剂、催化剂等非反应试剂；“再生”(regeneration)是变废为宝，节省资源、能源，减少污染的有效途径；“拒用”(rejection)是杜绝污染的最根本办法，拒绝使用无法替代、无法回收再生和重复利用的污染或毒副作用明显的原料[4]。

总之，在分离分析实验教学过程中，教师需结合实验内容的实际情况，适时渗透绿色化学思想，做到实验药品的减量化，选择装置简单和产物易分离的实验方法，采取有效的降低危害的处理措施。通过绿色化学的教育，让学生充分理解和接纳绿色化学知识，引导学生理解生活、生产中的绿色化学现象，强化绿色化的可持续发展理念[17]。

参考文献

[1] GROSS E M. Green chemistry and sustainability: an undergraduate course for science and nonscience majors [J]. Journal of Chemical Education, 2013, 90(4): 429 - 431.

[2] COLLINS T J, Introducing green chemistry in teaching and research [J]. Journal of Chemical Education, 1995, 72(11): 965 - 966.

[3] MULHOLLAND K L, SYLVESTER R W, DYER J A. Sustainability: waste minimization, green chemistry and inherently safer processing [J]. Environmental Progress, 2000, 19(4): 260 - 268.

[4] GRANT S, FREER A A, WINFIELD J M, et al. Introducing undergraduates to green chemistry: an interactive teaching exercise [J]. Green Chemistry, 2005, 7(3): 121 - 128.

[5] 蒋小飞. 在化学实验教学中培养学生的科学素养[J]. 教学与管理, 2011, 1: 147 - 148.

[6] JOHNSTON A, SCAGGS J, MALLORY C, et al. A green approach to separate spinach pigments by column chromatography [J]. Journal of Chemical Education, 2013, 90(6): 796 - 798.

[7] JESPERSEN A M, CHRISTOFFERSEN K. Measurement of chlorophyll-a from phytoplankton using ethanol as extraction solvent[J]. Arch Hydrobioloy, 1987, 109: 445 - 454.

[8] FERHAT M A, MEKLATI B Y, VISINONI F, et al. Solvent free microwave extraction of essential oils-green chemistry in the teaching laboratory [J]. Chimica

Oggi-Chemistry Today, 2008, 26(2): 48 - 50.

[9] 陈敏，卢其明，罗志刚. 化学开放实验教学绿色化的探索与实践[J]. 实验室研究与探索，2013, 32(4): 135 - 139.

[10] 郑鹏然，周树南. 食品卫生全书[M]. 北京: 红旗出版社，1996.

[11] 满一晓. 醛的环境污染、监测和控制[J]. 环境与健康，1992，9(2): 95 - 97.

[12] 李凤霞，刘文杰，李莉，等. 4160 型甲醛分析仪与酚试剂法测定空气中甲醛浓度的对比研究[J]. 环境与健康杂志，2003，20(2): 112 - 113.

[13] 张海荣，王梅. 甲醛分析仪测定空气中甲醛的方法研究[J]. 环境工程，2003，21(2): 58 - 59.

[14] 唐清华，姜华. 化学实验室材料、低值易耗品实行精益管理的可行性探讨[J]. 实验室研究与探索，2012, 31(5): 203 - 205.

[15] 袁兆玲. 化学实验室需要强化的几个问题[J]. 实验室研究与探索，2005, 24(10): 104 - 106.

[16] 邓留，张翼，罗一鸣，等. 化学实验室安全教育和管理教育改革的尝试[J]. 西南师范大学学报，2014, 39(9): 195 - 199.

[17] 王保强. 化学教学中融入社会事件的思考[J]. 教学与管理，2013, 9(1): 58 - 59.

加大实验室开放力度　推进大学生科技活动

乔军，沈超，王艳花，黄向红*

（浙江树人大学　浙江　杭州　310015）

摘　要　实验室开放是目前国内高校实验室改革和发展的大趋势，是衡量高校办学水平的主要指标，是高校培养创新人才、实现素质教育的客观要求。根据实验室教学改革的基本思路，结合大学生科研创新和大学生学科竞赛，讨论了实验室开放的形式和主要内容，阐述了组织实施以及奖励办法。

关键词　科研竞赛；实验室开放；实验教学改革

诺贝尔物理学奖获得者丁肇中在2006中国科协年会开幕式后所作报告中谈到："实验是自然科学的基础，理论如果没有实验的证明，是没有意义的。当实验推翻了理论以后，才可能创建新的理论，理论是不可能推翻实验的。"随着时代的发展和科技的不断进步，实验在高素质人才培养中发挥巨大的作用[1]，因此，实验室开放是目前国内外各高校实验室改革和发展的大方向，是提高高校办学水平的重要措施，是高校培养创新人才、实现素质教育的客观要求。实验室开放不仅可以提高仪器设备的利用率，实现资源共享，也可为学有余力、有个性和特长的学生提供一个施展聪明智慧的平台，更好地培养学生的实践能力、创新能力、科研能力和自我管理能力，同时，还可以锻炼和提高实验教学队伍的业务水平，教学相长，促进实验室建设和课程教学改革。目前，针对各高校实验室开放程度的调查并不尽如人意，根据我校实验室开放的实际情况，经过前期的调研、实践、总结，对高校实验室尤其是化学实验室开放有了初步的认识。

1　实验室开放的条件

1.1　实验室基本情况

实验室的开放需要实验室的管理制度、师资配备、实验经费的投入及实验设备的保障等

---

*　资助项目：2013年浙江工业大学教学改革项目（项目编号：JG1308）

第一作者：乔军，电子邮箱：workherd84@126.com

通讯作者：黄向红，电子邮箱：hbeilei@126.com

方面充足完备，尤其是化学实验室大型仪器的开放使用及实验药品的配置方面更成为制约普通高校实验室开放的“瓶颈”。目前，学校拥有11个建制实验室(中心)，基础公共实验室6个，院级专业实验室5个，其中4个为省级实验教学示范中心。截至2015年3月，学校共计拥有教学科研仪器设备18926台，各类教学仪器设备总值达15485万元，实验室使用面积达2.23万平方米。我校通过几年发展已经建成了浙江省化学实验教学示范中心、浙江省唯一的全国分析检测人员能力培训委员会(NTC)高校培训点和考核点、浙江树人大学超微量研究中心等三大实验平台。经过多年实践，探索形成了大学生科研创新能力培养双向模式，使得实验室的实验条件、师资配备等得到了很大的改善。

1.2 实验室开放途径

第一，“双向模式”是建设和利用创新平台，为大学生创新能力培养拓宽了途径。学校开放三大实验平台，深入挖掘学校内部创新能力培养的动力；积极拓展培养途径，整合和优化校内外优势资源，与省内外知名企业建立产学研合作关系，同时学院大力开展院级学生课题项目及实验室开放项目，鼓励学生参与各类课题，提高学生科研创新能力，同时学院近三年也组织和指导了校级竞赛，为学生更好地从课堂走向实践提供了保障。第二，建立和完善创新制度，为大学生科研创新能力培养提供保障。学校制定了一系列规章制度，修订了本科培养方案，实行科学研究贯穿于大学生学习始终的创新培养模式，改革了人才评价体系，设立了大学生科研专项经费、大学生科技竞赛基金、大学生科研成果奖励基金，组建了一支高水平的辅导教师队伍，建立了系统的训练和竞赛体系。我校每年获得国家和省级资助项目10余项，校级资助项目不低于20项，每项不少于3000元，且每年都有递增的趋势，再加上学院立项资助的项目，足以满足同学们科研创新的需求。这在一定程度上促进和保障实验室开放工作的实施，激发了同学们的科研热情，提高了同学们的科研素养。

2 实验室开放的组织实施和奖励办法

2.1 组织实施

学校从以下几方面积极采取措施，保障了实验室开放。

(1) 组织保障。学校成立实验室工作领导小组，各学院成立相应的领导小组，由分管实验室和教学的负责人直接指导。各学院充分利用本单位的仪器设备及实验条件，组织做好实验室开放工作，提高实验室资源的利用率，学校定期组织人员检查评比。

(2) 平台经费支撑。充分利用省级实验教学示范中心、大仪平台、超微量研究中心平台，设立实验开放专项资金，对于入选国家和校级大学生创新创业计划项目给予1∶1的配套资助，鼓励扶持各学院设立学院大学生科研项目，在竞赛方面也给予了大量的经费支持。如此一来，师生的积极性普遍提高，获得了多项荣誉，如浙江省大学生化工设计竞赛一等奖一项、二等奖四项、三等奖若干项，全国大学生化工设计竞赛二等奖三项。

(3) 师资队伍稳定。实验教学必须要有稳定的教师队伍,需要提高实验人员的福利待遇。就目前的情况看,在许多学校,实验人员的待遇问题仍然没有得到很好的解决。这不利于实验教学队伍的稳定,必须认真对待,妥善解决[2]。如果能够通过一定的努力,吸收一部分项目资金充裕的教师参与进来也是一条很好的途径。

2.2 奖励办法

在实验室开放的过程中,应将开放实验纳入学生实践教学环节,鼓励学生用课余时间参加开放活动。对有突出或独立创造成果的学生给予奖励,并在同等条件下优先考虑评优评先[3]。学校结合实际情况,根据实验室开放的工作量及成果对指导教师给予相应的工作量补贴,并在教师评优评先、职称评定时予以引用。

3 实验室开放的主要形式和内容

3.1 实验室开放的主要形式

我校在实验教学及实验室开放过程中主要采用学生为主、教师指导的模式。学校组织各学院结合实际提供相应的实验条件,配备一定的指导教师,学生通过参加教师的研究课题、参与科技活动、及组成创新小组自选实验课题等形式进行。

3.2 实验室开放的主要内容

(1) 学生自选课题。各学院每年根据学校计划组织学生进行大学生科研创新培养活动,及时选拔指导教师并公开其研究题目,组织吸收有兴趣的学生进入实验室参与教师的科学研究活动,鼓励学生组成兴趣小组,在指导教师的指导下自选实验课题,学院组成项目评定小组进行把关,向学校推荐优秀项目并组织学生做好答辩准备。学校抽调有经验的教师组成评定专家组进行审核评定,划拨项目经费,并把科研项目取得的成果和指导教师的考核评价、学生的评优评先等相挂钩。

(2) 科技竞赛内容。学校每年组织学生参加国家、省、市级科研竞赛活动,要求各学院积极为实验室开放提供保障,并组织专家进行期中项目检查和期末项目验收。

(3) 教学内容的开放。传统意义的实验教学,内容固定,往往都是任课老师按部就班讲授,学院规定在各门实验课程所包含的基础性实验完成之后,设置 2 个开放性实验项目,由班级成员分组独立完成,在实验实施过程中全院实验室都要统筹安排,为实验顺利完成提供便利。

(4) 科研仪器设备开放。针对老师指导的科研项目及学生项目,对学院的科研仪器实行申请使用制度,学生如果需要使用科研仪器设备,需向管理科研仪器的专项老师提出书面申请,待老师同意并经过培训后,方可进入实验室使用该科研仪器,并做好使用记录。统计显示,每年科研仪器的使用效率较过去大幅度提高。

4 结 语

通过高校实验室开放,学生创新精神和实践能力都得到了提高。但是实验室开放涉及实验室资源配置、实验队伍建设、管理制度建设,同时必须与实验教学体系、教学内容、教学方法、教学手段等的改革相结合,与各高校基本条件相适应。大学生科研创新活动在一定程度上促进了同学们追求科学真理、培养创新能力的热情,夯实了同学们的专业基础,充分利用了实验室的资源,提高实验室的综合效益和投资效益[4—5]。

尽管目前还有很多因素影响和制约实验室开放,但通过大家的共同努力,相信实验室的开放力度将更大,将会有更多的学生参加和受益。高校实验室开放是一项系统工程,要实现实验室在实验内容、时间和空间的全方位开放,需要科学规范的开放管理机制,它应包括科学的管理制度、可操作的实施方案、有效的激励政策、充分的保障措施及严谨的质量监控体系[6—7]。要通过优秀教学实验室、实验教学示范中心及重点实验室的建设,促进实验室开放机制的形成。高校实验室开放管理是培养创新型人才的重要保障。通过提高开放管理水平,为实验室开放提供经费、设备和人员保障,既能提高教学资源和设备的利用率,又能够保障高校实验室开放管理的顺利运行,促进创新型人才的培养。实验室开放为学生自我完善、自我发展而创造了一个宽松的学习环境,是一种全新的人才培养模式[8—9]。

参考文献

[1] 王少刚,刘仁培,封小松.开放综合性实验培养创新能力[J].实验室研究与探索,2009,28(9):58-60.

[2] 张伟,郭顺京.开放式实验教学网络建设的研究[J].实验室科学,2011,14(1):109-112.

[3] 高云鹏,滕召胜.开放实验室与学科竞赛平台相结合的创新人才培养模式[J].实验技术与管理,2012,29(4):360-362.

[4] 伍扬.高校实验室开放管理机制的研究[J].实验技术与管理,2012,29(8):178-181.

[5] 张晓东,李秀娟.开放实验室在促进学生科技竞赛中的作用[J].实验科学与技术,2010,8(4):134-135,160.

[6] 许芳,杨明.化工专业实验开放式教学模式研究与实践[J].湖北经济学院学报,2015,12(8):201-202.

[7] 汤芳,倪静.开放性实验室管理研究与实践[J].西北医学教育,2009,17(5):891,947.

[8] 邹龙江,史淑艳.大型贵重仪器开放式实验教学研究与实践[J].实验室科学,2013,16(3):196-198.

[9] 杨宇科,杨开明.加强高校实验室建设与管理的思考[J].实验技术与管理,2012,29(10):204-206.

化学化工类专业学生安全教育方法探讨

羊海棠*，王园朝，尹守春，陈国建，宋艳江

（杭州师范大学　浙江　杭州　310036）

摘　要　本文介绍了杭州师范大学化学实验教学示范中心所采用的化学安全教育模式和实施方法。在一贯式的安全教育基础上，确立知识与意识并重的立场，一方面，通过强制学习与自主学习相结合的方式，完善学生安全知识体系；另一方面，通过线上线下配合化教育，拓宽安全教育视野，从而使化学化工类专业学生增强安全意识，培养能在未来从事化学品全链条行业时践行责任关怀的专业人才。

关键词　安全管理；安全防范；责任关怀；一贯式

实验室作为现代化大学的心脏[1]，其安全工作备受各学校的关注。由于化学实验室的特殊性，几乎每一年都会有高校化学实验室出现小事故，甚至每隔几年就会出现比较大的安全事故[2-3]，尤其是 2015 年天津港"8·12"特大危化品安全事故，进一步警示了化学品安全意识的培养应该是化学化工类人才培养过程中非常重要的一个方面。事实上，当今社会每个人均被化学品所包围，如果每个公民对化学品有更深入的了解，能有效掌握相应的安全防范知识，应该能有效降低化学品事故的发生率。天津港"8·12"特大事故刚刚好发生在 2015 年"东华科技—三井化学"杯第九届全国大学生化工设计竞赛全国总决赛的前夕，而 2016 年全国总决赛的承办单位又是天津大学，我们作为化工设计竞赛的指导教师，恰好在浙江省化工设计竞赛和全国竞赛华东赛区竞赛过程中评阅过学生们设计出来的各个化工厂的布局，评判着厂区的安全规范性，因此对这一特大安全事故感触更深，也借此机会重新思索化学实验室的安全管理与日常防范的措施，总结杭州师范大学化学实验教学中心关于安全教育的方法，期望通过实施更加规范的管理措施[4]，实现"零事故"的安全目标。

1　一贯式安全教育，时刻警示不放松

杭州师范大学省级化学实验教学示范中心于 2014 年 12 月通过浙江省教育厅验收，作

---

* 资助项目：杭州师范大学"本科创一流"攀登工程项目（项目编号：PD2015）

通讯作者：羊海棠，电子邮箱：yhaitang@126.com

为消防重点单位，一直以来认真履行安全责任，采取多方面的措施来保障化学实验室的安全。

对于安全教育，从学生入校开始到就业，教育是一贯式的，不敢有一丝松懈。在新生入学后，就会由实验室负责人进行实验室安全教育，从化学基础课程教学、化学实验课程教学，到毕业论文实验以及就业教育，实验安全教育是必备的内容。

但这种在日常生活中时常强调的安全教育，从学生的反馈来看，效果仍然是不够理想的。究其原因，虽然这些安全教育从教育设计上是一贯式的，但填鸭式的安全教育未必能到学生的心坎中。因此，我校化学实验教学中心在日常的安全教育基础上，进一步采用了知识与意识并重、强制学习与自主学习相结合、线上安全测试与线下教育相配合等方式，强化安全教育。

2 知识与意识并重的安全教育，树立学生责任意识

在通过传统安全教育体系传输给学生相当多的化学实验安全知识的基础上，近年来更加注重安全意识的教育与培养，主要体现在每年学院都会组织本科生、研究生和新进教师进行消防安全培训与演习，如图1所示。在安全方面教师要以身作则，持续学习，保持实践，掌握一般安全事故初期的应急处理方法。

图1 材化学院师生进行消防培训与演练

另外，在学院层面，安排教师（涵盖全体学院领导）和研究生对各个实验室进行值班巡查，通过巡查发现实验室存在的安全隐患，督促相关实验室整改，并在此过程中进一步树立学生的安全责任意识。

3 强制学习与自主学习相结合，完善学生安全知识体系

对于化学化工类学生而言，危险的不是化学品本身，真正的危险在于使用和操控化学品的人不知道其中的危险所在。比如说，油漆在日常生活中随处可见，却鲜有人知道该如何防范油漆在使用过程中的危险，而学了化学后就会掌握相应防护知识，有针对性地进行

自我保护。因此，在化学教育中，教师也总能通过化学专业课程强制学生掌握学生相应的安全知识。

在此基础上，实验中心通过开展化学兴趣实验项目、开放实验项目等使学生有效开展化学实验安全的自主化学习，尽可能使更多的学生能自主地完善自身的安全知识体系。比如通过如图2所示的每年度举行的“华宇杯”趣味化学实验技能大赛，既使学生掌握相应的安全知识，也提升其对化学实验的兴趣。

图2　杭州师范大学“华宇杯”第八届化学实验技能竞赛

4　线上安全测试与线下教育相配合，多方位进行安全知识灌输

在上述教育的基础上，还在所有实验室明显位置进行化学安全防范标志的规范化提示，时刻提醒学生重视实验安全。在多个公共区域设置了洗眼器、紧急喷淋装置等，确保事故应急处理。同时也在实验室入口处公示实验室应急预案，使全体学生了解应急处理方式和流程。

结合当代学生离不开手机、离不开多媒体的特质，实验中心在进行线下安全教育的基础上，也结合化学实验教学示范中心网站，开发了一个线上实时开放的安全准入测试平台(见图3)进行配套教育。要求所有化学化工类新生必须在网站上自主学习和进行安全准入测试，测试合格后方有资格进入实验室进行实践操作。通过这样的形式，有效提升学生对安全知识的兴趣，并能多媒体、多渠道、多方位地提供各种安全知识，提升学生的安全知识和安全事故处理能力。

图3　化学实验教学中心安全准入测试平台

5　将安全管理纳入考核体系，强化实验管理人员的安全教育意识

在对学生进行多方位教育之外，也将安全管理直接纳入实验管理人员的考核体系。实验管理人员的工作地点是实验室，在实验过程中与学生的接触时间长，通过考核引导，可促使相应人员的安全教育意识得到强化。

6　总结与展望

上述这些措施在一定程度上强化了化学实验室的安全管理，努力提升学生的安全意识，但总的来看，安全教育仍然任重道远。虽然从本质上来讲，实验室安全的实现是人的安全意识的提高，但缺乏硬件和软件的保障也会导致事倍功半，甚至于在关键时刻功亏一篑。因此，为更有效保障化学实验室的安全，目前我校化学实验教学中心在强化上述安全教育的各项工作外，正在进行规划实施的措施还有：①应用物联网意识与技术强化实验药品管理，争取做到准确定位，药品流通路径可查；②理顺实验仪器与耗材的管理流程，建立电子信息管理系统[5]，硬件与软件结合，提升实验室安全性。

相信通过上述的多方面措施和大家的共同努力，能让化学实验室驶入安全的港湾，即使有小的隐患，也能及时被发现和阻止，更为重要的是，通过上述措施，培养更有责任、有担当的化学化工类人才，使整个社会更加安全！

参考文献

[1] 冯端. 实验室是现代化大学的心脏[J]. 实验室研究与探索，2000，19(5)：1－4.

[2] 李志红. 100起实验室安全事故统计分析及对策研究[J]. 实验技术与管理，2014，31(4)：210－213.

[3] 曾路生，周震峰，李俊良，等. 高校实验室的安全教育与管理措施[J]. 实验技术与管理，2014，31(5)：243－245.

[4] 叶秉良，汪进前，李五一，等. 高校实验室安全管理体系构建与实践[J]. 实验室研究与探索，2011，30(8)：419－422.

[5] 羊海棠，彭采宇，王园朝，等. 实验教学示范中心仪器管理信息系统的设计与实现[J]. 实验技术与管理，2015，32(7)：148－151.

留学生全英文实验教学与管理工作初探

郑哈哈，艾宁*

（浙江工业大学　浙江　杭州　310014）

摘　要　随着近年来我校留学生招生规模的不断扩大，留学生全英文课程设置更加全面，留学生全英文实验教学也受到了广泛关注。本文针对留学生教育的现状及特点，分析了留学生全英文实验教学与管理的难点，探讨了全英文教学模式下，进一步加强教学和规范管理，提高留学生教学质量，深化国际化教育的方法。

关键词　留学生；全英文授课；实验教学；管理工作

近年来，随着我国经济的快速发展和国际影响力的提升，留学生人数迅猛增长，对我国的高等教育国际化提出了更高的要求[1—4]。为了顺应这种大趋势，提高学校办学层次，浙江工业大学于1993年开始正式招收留学生，并利用国家和省级各类留学生奖学金政策吸引优质生源，扩大留学生教育规模，提高留学生学历教育比例。

为了满足留学生教育的需求，学校开设了若干个全英文授课专业，并于2013年、2014年分批立项建设了8个国际化专业。化学工程学院不仅承担着化学工程与工艺和应用化学两个专业的全英文教学任务，还承担着全校近化类专业大类基础课程的全英文教学任务。与理论课相比，实验课程的全英文教学与管理难度更大，存在着留学生专业基础知识薄弱、文化差异大、适合留学生的教学资源有限、实验课单独编班存在封闭性等难点。本文从学院留学生教学管理的视角出发，对留学生全英文实验教学与管理工作进行了分析。

1　留学生的现状及特点

教师和学生是教学过程中的两大主体。在针对国内学生的教育中，教师和学生的教学互动较容易形成，相对平衡。但是留学生有其自身特点，这就需在实际教学中针对留学生教学主体的不同特点，找出有针对性的应对措施。

截至2015年9月，化学工程学院共招收留学生53名，其中2015级新生28名，2014级13名，2013级9名，2012级3名。这些来华留学生大多来自印度、巴基斯坦、坦桑尼亚、埃塞

* 第一作者：郑哈哈，电子邮箱：zhenghaha@zjut.edu.cn

通讯作者：艾宁，电子邮箱：aining@zjut.edu.cn

俄比亚等南亚、东南亚、东非国家，他们在社会风俗方面各有特点。

留学生的官方语言均为英语，但发音大多不是很标准，语速较快，并具有较重的地方口音。大部分留学生汉语基础薄弱，少数会使用汉语的留学生的汉语水平也较差，这样给留学生与教师、管理人员之间的交流带来较大不便。

与国内学生相比，留学生性情耿直，感情丰富，自由开放。首先，由于受本国文化的影响，他们大都具有较强的表现欲，敢说敢做，喜欢开玩笑，无论在课堂上还是在生活中，他们总是会表现出强烈的参与意识，主动性较强，喜欢随时提问，喜欢实践类课程等[1]。其次，留学生活泼好动，擅长歌舞，极具舞蹈、唱歌和运动天赋，在学校的运动会、各类校园文化活动中总能见到他们的身影。再者，留学生的自尊心强，重感情，群体意识强，乐于和群体成员分享，经常一起行动，一起外出购物、逛街、学习等。

然而，留学生作为一个特殊的受教育群体，由于他们留学目的和家庭背景各不相同，因而也会在受教育的过程中出现这样或者那样的问题[2]。比如有些留学生的时间观念差，经常迟到；有些留学生上课时爱交头接耳，自由散漫。

2　留学生全英文实验教学与管理的难点

2.1　专业基础知识薄弱

目前，我校留学生招生门槛较低，他们的基础知识普遍较薄弱，很难达到国内本科生人才培养的教学计划和教学大纲中的最低要求，给教学带来了一定的难度。尤其是实践性较强的实验课程，由于汉语和专业课基础差，他们对教师讲授的内容接受能力较弱，外加许多教师的英语表达能力一般，师生之间的沟通存在一定的阻碍，导致部分留学生的学习积极性很难提高，上课迟到、早退、缺勤的现象时有发生，这样给教学和管理造成了极大的不便。

2.2　文化差异大

不同国家的留学生有着不同的民族习俗和宗教信仰[3]，部分留学生有定期参加宗教聚会活动的习俗，而实验课程一般会安排连续上半天或一天，上课时间安排等教学与管理困难。另外，与理论课不同，实验课因不同实验的设备、装置等不同，上课教室也不固定，需任课教师、实验中心、留学生管理人员及时通知每个留学生，这也给实验教学管理带来一定的不便。

另外，我校留学生管理构架较为特殊，教学教务管理职能与学生事务管理职能分属专业学院和国际学院，既造成一定程度的职责交叉，又存在一些管理真空，导致对留学生的服务和管理不是很到位。一般而言，留学生尤其是新生会遇到许多学习和生活中的问题，很多时候，留学生前来专业学院办理相关事情，但从职责上所涉事情又非归属于专业学院，学院留学生管理人员无法给予准确、全面的回答，一些留学生表示不太能适应学校的这一管理模式，他们反映在校内办理相关事务的程序较为繁琐。

2.3 适合留学生使用的教学资源比较有限

目前，我校原创教务系统功能较为强大，但只有中文版本，没有英文版本，留学生特别是留学生新生使用起来十分不便，尤其是在选课、课表、成绩单、补考、重修等环节尤为突出。留学生无法从原创系统上获知相关信息，因而只能从专业学院的教学管理人员或留学生管理人员处寻找帮忙，这样也加重了管理人员的工作负担。另外，学校拥有大量优质课程资源，大部分课程建有网上学堂，但也只有中文版本，不利于留学生使用。学校为学生提供了丰富多彩的课外活动，但相关活动组织和宣传多以中文形式进行，令留学生望而却步。

2.4 实验课单独编班带来一定的封闭性

化学工程学院留学生均单独编班，班级里只有本专业或者相近专业(近化类专业)留学生，他们没有与中国学生交流的机会，不仅汉语无法得到有效的提高，而且上课时没有听懂的专业课也不能得到及时有效的讲解与巩固，容易出现作业拖拉、旷课等情况。

3 留学生全英文实验教学与管理的探索和实践

3.1 师资队伍建设

同时具有较高专业水平和英语水平尤其是英语表述能力的师资队伍是长期稳定地开展全英文教学的基础，所以建设一支优秀的全英文教学师资队伍是全英文教学的首要任务[4]。化学工程学院为了进一步加强留学生人才培养，提升教师整体素质，一直注重教师引进与培养两手抓。

(1) 注重选拔教师

化学工程学院从2013年开始尝试推行面向全校或全院公开招聘留学生全英文教学任课教师，除了要求应聘教师需具有高级职称或博士学位、较高的学术水平外，主要优先考虑任课教师是否具有海外留学或双语教学经历。通过试讲环节，应聘教师介绍了各自对课堂教学形式、教学方法运用、教学课件制作、英语口语表达等的想法和做法，促使大家相互交流如何上好留学生全英文教学课程的经验。

针对部分留学生课程，化学工程学院充分调动了双语教学经验丰富、专业学术水平高的教师的积极性，跨学院、跨学科组建了教学团队，促进团队教师之间更好地开展留学生教学改革研讨和教学经验交流，推进教学工作的“传、帮、带”。

(2) 重视引进教师

引进教师是解决当前高校师资总量不足、改善教师结构的重要途径，也是师资队伍建设的重要方式。为了进一步改善学院师资队伍，推进学院国际化工作，化学工程学院加大宣传力度，通过学校人事及外事部门、学院教师及校友等搭桥牵线，全方位引进具有出国留学经历、海外访学经历的高层次优秀人才，合理调整学院教师队伍结构、提升队伍素质，为留学生的全英文授课工作提供了师资保障。

(3) 重在培养教师

学院除了重视引进海外归来教师资源外，同时也注重培养后备师资力量，如邀请暂时不能独立开设全英文教学课程的教师作为助教协助教学，以锻炼教学能力，增长其教学经验，使其最终能够独立承担全英文教学工作。另外，在留学生全英文课程教学工作量计算方面，学校和学院也相应地给予一定的政策倾斜，以鼓励更多优秀教师投身留学生教育。

这几年来，为了落实学校国际化战略，提升教师综合素质，提高双语(全英文)课程教学质量，学校教师教学发展中心与外国语学院联合举办了多期双语授课能力提高班，邀请有丰富教学经验的外籍教师和资深中籍英语教师教学，同时配备中籍英语教师作为教学助手，辅助课堂教学和管理。化学工程学院动员、组织教师尤其是承担留学生全英文教学任务的教师积极报名参加提高班，提升教师的英文授课能力。

此外，为发挥优秀教师的教学示范作用，促进教学经验的交流，提升课堂教学质量，学校教师教学发展中心每学期从各学院中遴选 30 门左右课程作为课堂教学示范课供全校教师观摩，并在此基础上就其中 6～7 门课各进行一次课例研讨，这其中也包括一些双语或全英文授课的优秀课程。化学工程学院积极组织青年教师参加了示范课观摩、课例研讨等活动。

3.2 课堂教学改革

(1) 实验教学前的准备

教材是学生学习和教师教学的基本工具，好的教材对于教学工作起着事半功倍的作用。目前国内高校编撰的《基础化学实验》《化工原理实验》等教材很多，但没有非常适合留学生使用的全英文实验教材。尽管国内高校开设的化学化工实验课程原理相同，实验内容也较接近，但实验装置和体系差异较大，所以实验教材并不像理论教材那样通用性那么强，国内现有的一些为数不多的双语实验教材并不适合我校实验教学实际。

化学工程学院基础化学实验中心、化工原理实验室教师根据留学生的特点，结合多年的实践经验，编写了全英文版实验指导书，其内容参考了目前我校国内本科生正在使用的实验教材，并对中文教材的内容进行了大量补充，尤其是实验的细节问题，对设备和仪器等尽可能用图片展示，并配以英文注解。全英文版实验指导书内容丰富，系统性和实用性相对较好，有利于留学生实验前预习、实验中学习及课后思考。

除了编写实验指导书外，化学工程学院实验室教师还编写和制作了全英文实验讲义、全英文实验教学幻灯片，内容覆盖实际实验课堂的全部过程。

(2) 实验教学方法的探索

留学生通常接受的是较为开放的教学，所以教师需要从思想上确立留学生教育的新观念，而非照搬照抄以往的教育教学模式。留学生的实验教学可以采用提问为主的引导式教学、讨论互动式的教学模式。

提问为主的引导式教学。实验课教师在给留学生上课时可以采用以提问为主的方式进行讲解，通过提问了解留学生对已学知识的掌握程度[5]。提问的问题不仅包含实验课和理论课之间的相关内容，还涉及一定的扩展内容，让留学生积极主动地思考，提高留学生的主动性。根据提问的内容，再引发新的问题，使得留学生在所学知识的深度和广度方面都有所提高。也许是这种教学方式和国外的教学方式比较接近，留学生们才会比较敢于主动提问，踊跃发言，使得每个留学生能较好地掌握教学实验内容。

讨论互动式教学模式。课上，首先是实验课教师带领学生复习相关理论知识，并在此期间通过提问引导留学生积极思考，掌握有关知识点。然后，实验课教师提出实验任务，留学生分组讨论实验方法、设计线路图、确立实验方案，实验课教师参与讨论并给予指导[6]。对于比较复杂的设计系统，实验课教师可以给出适当的参考方案，使留学生能在此基础上修改。最后，每位留学生进行实际操作，观察实验现象，验证实验方案。通常，实验课教师可以在前一次课上给出下次课的任务，让留学生事先查找相关资料，认真预习，这样课堂上教学效果会更好。

(3) 实验课堂后的沟通

注重与留学生的交流和沟通是搞好留学生实验教学的前提条件。实验课结束后，除了留学生要认真撰写实验报告外，实验课教师也要认真总结、积累教学经验，调整和改进教学进程，为下次教学做好准备[7]。另外，留学生在非母语环境下学习，能够查阅资料和请教问题的途径是局限的。实验课教师课后最好能做到及时回顾授课过程中留学生的学习情况，做好答疑解惑的准备。此外，实验课教师可通过 QQ、微信和邮件布置实验任务，通过网络或面对面与留学生讨论和交流问题。

3.3 教学管理改革

(1) 提升全英文服务与管理水平

加强全英文教学是提升留学生教育的有效保障。目前，学校原创教务系统只有中文版本，没有英文版本，在系统中只能查询中文版本的学期课表、成绩单等。化学工程学院留学生管理人员每学期初都会提前将留学生课表做好中英对照翻译，按照留学生人数打印课表，分发给每个留学生；对于本学期将涉及的常规教学教务工作，制定一份英文版本的文字说明或办事流程图，提前对每个时期的重要事项做出具体安排，这样留学生看起来一目了然，也可以节省管理人员向留学生一一作解释的时间。

在留学生教育管理中，也常常会碰到留学生来办理补考、重考、重修、休学等教务管理工作。因目前学校涉及的申请表、规章制度均为中文版本，学院留学生管理人员耐心一一予以翻译、解答，帮助留学生共同填写表格、办理手续等。

针对留学生实验课程，学院相关实验室对每个实验的授课计划、实验运行明细等均做了较为详细的英文翻译，便于留学生更好地掌握相关实验操作知识。

(2) 鼓励留学生参与日常管理

留学生由于汉语基础差，这就需要留学生管理人员付出更艰辛的劳动，帮助他们处理繁杂的基本日常事务。学院尝试了根据性别、国籍、家庭背景、性格等因素将每个年级留学生分成若干小组，并以小组为单位进行日常管理事务。另外，在每个年级中选拔了 1～2 名有责任心、有号召力、善于沟通的留学生担任年级代表，共同帮助完成学院留学生教学日常管理工作。

另外，学院也在考虑聘请英语较好的中国学生以勤工俭学的方式做留学生助管。许多中国学生很愿意担任留学生助管工作，他们渴望和国际上的学生接触，这给留学生和国内学生提供相互学习交流的机会。

(3) 加强日常沟通与反馈

学院定期举办留学生教学与管理座谈会，为留学生任课教师、留学生管理人员、留学生之间提供一个沟通交流的平台[8]，通过交流教学与管理经验、反馈意见和建议，并集中讨论留学生教育存在的问题，群策群力，在沟通交流中寻找提高教学质量、服务留学生人才培养的方法。另外，学院也鼓励留学生任课教师、留学生管理人员多参加留学生的节日聚会、校园文体活动等[9]，以加强与留学生的相互交流、切磋，帮助留学生尽快适应教学，提高教育质量和效率。

4 结　语

留学生全英文实验教学与管理工作是一项富有挑战和机遇的工作，也是任课教师、留学生管理人员等发展现代教学和现代管理理念的良好契机。化学工程学院承担着全校近化类专业大类基础课程的全英文教学任务，通过对留学生全英文实验教学与管理工作的探索与实践，希望能及时总结留学生教学管理经验，不断创新留学生全英文实验教学工作，切实有效地提高留学生教学质量，深化国际化教育，为兄弟学院的留学生教学与管理工作提供借鉴。

参考文献

[1] 刘阳春.我校全英文授课本科专业非洲留学生管理问题探析[J].教育教学论坛，2015,2：123－124.

[2] 刘培峰，李军.高等学校来华留学生教育管理中的问题与对策[J].管理观察，2009,9：179－180.

[3] 张宇丹，肖强.关于来华留学生管理心得[J].语文学刊，2014,9：98－99.

[4] 卢秀娟.关于留学生教育全英文教学的探讨[J].中国科教创新导刊，2010,14：42－43.

[5] 黄亚玲，唐瑶，吴星明，等.留学生电气技术实验全英文授课的教学实践[J].实验技术与管理，2012,29：43－44.

[6] 李孝茹，朱坚民，刘建国.留学生实验教学探索与实践[J].科教文汇，2014,11：50－51.

[7] 解敏，张瑾，王烈成，等.留学生机能实验教学与管理工作初探[J].教学管理，2012,27：51－53.

[8] 何旭东，卢正.中来华留学生安全稳定管理体系模式探索——以浙江大学来华留学生管理为例[J].学园，2014,17：11－12.

[9] 张继桥.刍议留学生管理工作[J].工会论坛，2005,11：91－92.

留学生化工原理实验全英文教学实践

姬登祥，应惠娟，张云，艾宁，计建炳*
（浙江工业大学　浙江　杭州　310014）

摘　要　开展留学生实验课程全英文教学是国内高等教育国际化和高层次化的迫切需要，是高等教育的重要组成部分。化工原理实验是一门工程实践性极强的实践课程，本文根据对留学生化工原理实验全英文教学实践情况，分析了实验教学的现状和难点，并从撰写教材、提升教师自身水平、选择合适的教学方法、加强学生课堂管理、改革考核评价方式等方面进行总结，以改善留学生实验教学效果，提高教学质量。

关键词　留学生；化工原理实验；全英文教学；体会

目前，随着经济全球化和教育国际化，中外教育领域交流活动日趋活跃和频繁，来中国学习的留学生日益增多[1]。留学生教育是国内教育的一种新层次，是反映高校教育水平的重要标志之一[2]，是国内高等教育向国际化等高层次发展的迫切需要；同时成为国内高校提升在国际上的学术地位和影响力，探索多元化和多层次办学模式，提高办学质量等的一项重大举措[3]。而培养高质量且符合留学生国家国情所需的学生对于建设一流的综合研究型大学，培养优秀的双语及全英文教学人才，促进高校师资队伍建设和教学改革，以及化学工程与工艺等专业教育的国际化都具有重要意义[4]。由于留学生不熟悉汉语，对其进行全英文授课尤为重要。对化学工程与工艺及相关专业学生而言，化工原理实验是一门重要的工程性极强的专业基础课，与化工原理理论课相辅相成，在帮助学生加深理解基本原理的同时，进行工程实践训练，使学生树立工程实践观念，培养敏锐的观察力，锻炼和提高获取正确实验数据、分析归纳实验数据和现象并由此提出个人观点、分析和解决工程实际问题的多项能力[5—6]。目前，我校对选修和必修化工原理实验的留学生进行了全英文教学，本文对全英文教学的实践与体会进行了总结，以期不断改进和探索适合我校留学生特点的教学方法，提高教学水平和质量。

---

* 资助项目：2013 年浙江工业大学教学改革项目（项目编号：JG1308）
第一作者：姬登祥，电子邮箱：13515712562@163.com
计建炳，电子邮箱：jjb@zjut.edu.cn

1　全英文教学的现状和难点

1.1　留学生的专业组成

2014—2015学年，我校选修化工原理实验课的留学生共有18名，其中化学工程与工艺专业10名，生物工程专业2名，化学制药专业2名，环境工程专业4名。再将这些留学生根据所选专业的不同，分成A、B和C三个层次，每个层次的学时和实验内容存在一定的差异，授课时要考虑他们的专业特色和深度，要求有针对性地制订授课计划和教学大纲。

1.2　英语交流及授课

这些留学生来自韩国、尼日利亚、坦桑尼亚、津巴布韦、喀麦隆和布隆迪等国家。虽然这些国家的官方语言是英语，但他们的口音带有浓厚的地域特色，与标准的英语发音之间存在明显的差异，同时国内部分教师的英语听说能力相对较弱，导致“教师讲的留学生听不懂，留学生讲的教师听不懂”的现象时有发生[7]，致使师生之间的交流和沟通存在障碍，在某种程度上影响了实验教学效果和质量[2]。

1.3　留学生背景及专业基础

来自不同国家的留学生的素质、水平和专业基础参差不齐，还有各自的文化背景和风俗习惯迥然不同，导致留学生在学习态度和方法等多方面存在差异。部分留学生的纪律观念相对较差，留学生上课迟到和旷课的现象时有发生，有时实验课都进行了10～20分钟后还有留学生陆续进入实验室，有些甚至因对所操作的实验不感兴趣而早退，严重打乱了其他学生的学习进度[3]；由于留学生国家的经济水平和教育程度之间存在差异，导致部分留学生的专业基础差异明显，但他们的思维比较活跃，课堂上表现欲较强，对不懂的授课内容当场提问[8]，所以教师需要对某个操作或步骤多次重复讲解和指导，致使教师不能严格控制教学进度和保证教学效果。

1.4　全英文实验教材

教材是知识和方法的载体，是学生学习和教师教学的基本工具[2]，也是重要的教学活动组成部分，是教学进行的蓝本和依据[9]，是教学质量的一种基本保障。目前国内高校编撰的化工原理实验教材非常多，并没有适合留学生使用的化工原理实验教材，王存文主编的《化工原理实验》是目前国内可参考的为数不多的正式出版的双语实验教材。尽管由于实验装置和体系差异较大，所以，现有的双语实验教材并不适合我校化工原理实验的实际情况，需要选择或者编撰符合我校教学实际的教材或指导书是留学生实验教学的关键。

2 全英文教学的实践及体会

2.1 编撰符合教学实际的指导书

本实验室教师根据留学生的特点，结合多年的教学实践经验，借鉴 *Unit Operations of Chemical Engineering*，参与编写了全英文版实验指导书 *The Chemical Engineering Principle Experiments*，其内容参考了目前本校国内本科生正在使用的实验教材，包含了 Introduction、Experimental Data Processing、Measurement of Characteristic Curve of Centrifugal Pump、Measurement of Fluid Flow Residence、Filtration of Plate-and-Frame Filter Press、Heat Transfer、Absorption and Desorption、Total Reflux Distillation of Plate Column、Partial Reflux Distillation of Plate Column、Drying 和 Installation and Test of Equipment 等经典实验内容，每个实验均包括 objectives and requirements、experimental principles、apparatus、experimental procedure、cautions、experimental data record、data processing requirements、result and discussion、questions 和 data processing 等项目。指导书对中文教材的内容进行了大量补充，尽可能用图片展示设备和仪器等，内容丰富详尽，系统性和实用性相对较好，有利于留学生实验前预习、实验中学习及课后思考[9]。

2.2 提升教师水平，做好备课和答疑

全英文教学对于实验课教师是一个非常大的挑战，除了要求教师本身具有丰富的教学经验外，还要求教师具有扎实的专业基础，以及相对较强的公共英语和专业英语的应用能力[9]。教师要不断阅读国外原版教材和查阅相关文献，丰富个人专业知识，拓宽自身发展空间；还要通过观摩化工原理全英文授课，学习教学经验及技巧；参加学校组织的教学论坛，多与学校的外籍教师交流，提高自己的英语沟通能力，尤其是课余时间多与留学生交流，关心留学生生活和学习，不仅能增进师生感情，还能增强教师的英语应用能力，对于提高教学质量具有重要的意义[11]。

教师在提高自身英语水平的同时，还要在课前做好充分的备课和课后答疑工作。教师全英文备课所耗费的时间约是中文备课所需时间的 4～5 倍，在备课过程中熟记与教学内容相关的专业英语词汇，查阅相关资料，及时补充相关的新概念和新进展知识，对留学生可能有疑惑的内容做重点准备。实验结束后，留学生在撰写实验报告的过程中会不断遇到问题，有可能随时会找教师答疑，教师应做好相应的答疑安排，避免让留学生扫兴而归。

2.3 采取多种教学方法，提高教学效果

相对于国内的本科生，留学生的专业基础较弱，针对此特点，需因材施教，采用多种适宜的教学方法，激发留学生的学习兴趣，提高实验教学的效果。

板书与多媒体融合教学。板书是在国内使用最早且广泛的一种教学手段，随着多媒体

技术的发展,多媒体教学成为必然趋势,各有特色,在实验教学中两种方法有机融合,将发挥重要的作用。板书相对较慢,条理清楚,在一步步的演化和推导过程可以协助留学生厘清解决问题的思路。同时,实验中包含许多设备和仪器的内部构造、使用方法介绍等,相对抽象,可采用图片、视频、动画、声音等方式使教学内容生动化,做到图文并茂,言简意赅,增加视觉记忆和立体感、现场感,使教学工作达到事半功倍的效果[12]。

示范教学。示范教学是实验类课程全英文教学最基本的方法。对于对设备和内容相对陌生的留学生而言,示范教学能比较直观、具体地展现和传授教学内容,在语言简练易懂、语速适中、边做边讲的情况下,留学生比较容易接受,也可以充分调动留学生的学习兴趣。

互动教学。对教师和留学生而言,实验课的全英文教学都是新挑战,都涉及教和学的过程。留学生在课堂上积极思考,踊跃发言,遇到不懂的操作会随时提问,教师给予必要的启发和交流,这样可在很大程度上弥补灌输式教学方式单调的缺点,激发师生的主观能动性,调动留学生学习的积极性[9—11],从而提高实验课的教学效果。

基于问题学习的教学(PBL)。PBL 教学方法在 20 世纪 90 年代在医学教学中被广泛采用[12],也是目前国内一种比较流行的教学方法。在化工原理实验全英文教学过程中,教师提出与实验内容相关的问题,让学生自己去查阅相关的资料,寻找解决问题的办法,在实验课上让学生提出自己的观点和解决办法,并与其他组的同学所提办法进行比较,教师给予点评和总结[13],并结合实验内容给出实际解决办法,促进留学生主动学习,积极思考和解决问题。

2.4 严格考勤登记,做好课程管理

为保障实验教学秩序稳定,每次实验课开始之初进行点名考勤,在实验操作完成后,每组留学生在各组的原始数据记录上都签上自己的名字,教师在审核原始数据记录时重新核对每组的留学生名单。将出勤率纳入平时成绩考核,规定在一学年内迟到或者早退四次,或者旷课两次,不能参加实验考核,还将在总成绩里扣除相应的分数,这样对留学生也起一定的敦促作用[14]。

2.5 改革考核方式,有效评价留学生

由于国外的教育在组织体系、教学理念、教学方式等多方面区别于国内的教育[15],显然采用国内传统的考核方式并不适宜。教师针对留学生的每个实验建立运行记录,包含留学生考勤情况、课堂提问与回答问题情况、实验报告撰写情况和实验操作情况等,针对每个实验中不同的操作点,对不同分组的留学生进行操作考核,按照一定的比例折算为成绩,综合评价留学生的实验成绩。

3 结 语

化工专业及相关专业实验的全英文教学是我国化工高等教育的新课题和新任务。我校

实验室刚承担化工原理实验全英文教学任务，通过对该实验全英文教学的探索，教师逐渐意识到在英语口语流利程度、专业词汇的丰富程度、教学手段的灵活多样性和课堂秩序等多个方面需要改进和加强。各位教师将不断加强自身学习，提升个人业务水平，探索更加适合留学生特点的教学途径和方法，逐渐总结和积累好的教学经验，为我国的化工高等教育的国际化作出贡献。

参考文献

[1] 王艳，随力，蔡文杰，等. 工科留学生人体解剖学课程的全英语教学研究[J]. 中国医药导报，2013，10(27)：130－133.

[2] 吴红艳，宋利琼，张昌菊，等. 西医院校留学生全英文教学体会[J]. 山西医科大学学报(基础医学教育版)，2008，10(2)：214－216.

[3] 孙静，陈浩，朱雪琼，等. 关于妇产科学留学生全英语教学的探讨[J]. 卫生职业教育，2010，28(4)：83－85.

[4] 王军，朱晓晖，崔世维. 面向南亚留学生的医学全英语教学方法初探[J]. 南通大学学报(教育科学版)，2009，25(4)：91－93.

[5] 姚克俭. 化工原理实验立体教材[M]. 杭州：浙江大学出版社，2009.

[6] 王存文. 化工原理实验[M]. 北京：化学工业出版社，2014.

[7] 汪洪涛，钱中清，李柏青. 留学生医学免疫学教学实践及探索[J]. 山西医科大学学报(基础医学教育版)，2009，11(4)：476－477.

[8] 卢秀娟. 关于留学生教育全英文教学的探讨[J]. 中国科教创新导刊，2010，(14)：42－43.

[9] 谢先飞，乐江，汪晖，等. 留学生药理学全英文教学的实践与体会[J]. 基础医学教育，2013，15(7)：726－728.

[10] 王俊艳，李金茹，梁玉，等. 留学生组织学与胚胎学全英文教学体会[J]. 基础医学教育，2011，13(1)：80－82.

[11] 申燕，钟秋玲，李雁，等. 临床医学留学生诊断学教学实践与体会[J]. 中国医学教育技术，2015，29(3)：333－335.

[12] 武峰，赵秀丽. 留学生临床药理学全英文教学实践的经验与体会[J]. 药事管理，2015，12(12)：41－44.

[13] 徐鋆耀，李春海，罗兴喜，等. 留学生外科见习全英语教学方法探讨[J]. 南方医学教育，2011，(2)：42－43.

[14] 付承英，魏霞，黄文峰. 留学生组织学与胚胎学全英文教学的实践与体会[J]. 山西医科大学学报(基础医学教育版)，2009，11(4)：474－476.

[15] 张颖，姜秀娟，曹华，等. 因材施教实现有效教学——留学生病理学全英文教学体会[J]. 中国高等医学教育，2013(1)：5－7.

气液两相流观测装置

谢亚杰，胡万鹏*

（嘉兴学院　浙江　嘉兴　314001）

摘　要　使用简单的玻璃管制作气液两相流的实验装置，探讨了观测两相流流型的实验方法，有助于加深学生对反应器传质机理的认识。

关键词　装置；实验；传质

实验仪器设备是增进学生理解、消化所学的专业知识，培养学生科研创新能力的工具和载体，实验设备的研发是实验教学创新的重要内容之一[1—3]。高校的专业教学，除了教授给学生相关学科的基本知识外，还应将学科的最新发展情况介绍给学生。课程内容体系是不断创新发展的[4]。对传质行为细节的认识有助于学生深入理解化工过程强化的本质，但是，现有的化学工程与工艺专业实验教材中涉及反应器传质行为的实验项目却不多。目前，国内只有少数几所高校的化工专业实验中开设了反应器传质系数测定的实验项目。

对于气-液-固三相反应器而言，其中的流型至关重要，它影响到反应器的传质效果。大多数的反应体系以气-液相反应居多，相际传质最终影响反应的选择性和收率，甚至产量。化学工程的理论教学希望有直观的装置帮助学生理解反应器的传质行为，观测反应器中气液两相流的流型，研究流型转变发生的条件，绘制管式通道内气液两相流的流型图。通过流型观测，掌握反应器内部流体流动的研究方法。

1　装置制作与实验

1.1　实验器材

采用透明玻璃管制作气液两相流的观测装置，该装置满足下列技术指标：

（1）采用内径为5～8mm的玻璃圆管，取材方便，该装置易复制、易批量加工。

（2）观测段可以加装光电检测装置来测量气泡流速；可以加装数字相机、摄像机观测、

---

* 资助项目：2015年嘉兴学院教学改革重点项目（项目编号：85151414）

第一作者：谢亚杰，电子邮箱：xieyajie64@163.com

通讯作者：胡万鹏，邮子邮箱：huwanpeng2002@163.com

记录两相流的流型。

(3) 气体流量在 0～120ml · min^{-1}内精确可调,数字显示;液体流量在 0～20ml · min^{-1}内精确可调,数字显示。形成的 Taylor 流气泡均匀,长度为 20～50mm。

(4) 有助于深化学生对化学反应工程中反应器基本知识的理解。

1.2 实验装置图

实验装置如图 1 所示。

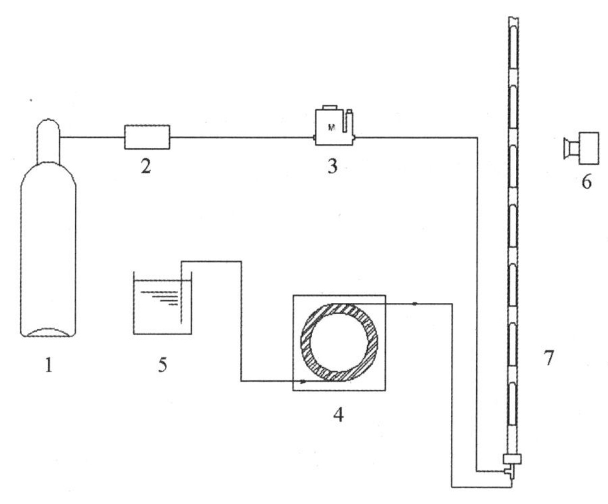

1 -气体钢瓶;2 -减压阀;3 -气体质量流量计;4 -液体恒流泵;5 -液体储槽;6 -数字相机;7 -两相流通道

图 1 实验装置示意图

1.3 实验流程

为了获得较为清晰的气泡流的流型照片,采用普通数码照相机,照片像素设定为 1280×960,曝光时间(快门速度)设定为 1/1000～1/200s,感光度 ISO 设定为 200。

或者采用数码摄像机设置像素 720P,可以连续拍摄气泡流的影像。

实验过程中,玻璃管竖直安装,固定,必要时可以使用铅垂线进行垂直度校准。气相流体采用纯氮(99.9%)或者空气,气体由气瓶放出,经减压阀减压稳流至 0.2～0.4MPa,流至气体质量流量控制器,气体体积流量通过数显控制仪面板上的可调旋钮进行连续调节。液体选用去离子水,由恒流泵(型号 P1000,0～7.0MPa)输送,流量在 0～1000ml · min^{-1}连续可调,精度为 0.1ml。气液两相物料均从玻璃管底部输入管道内,形成气泡流。

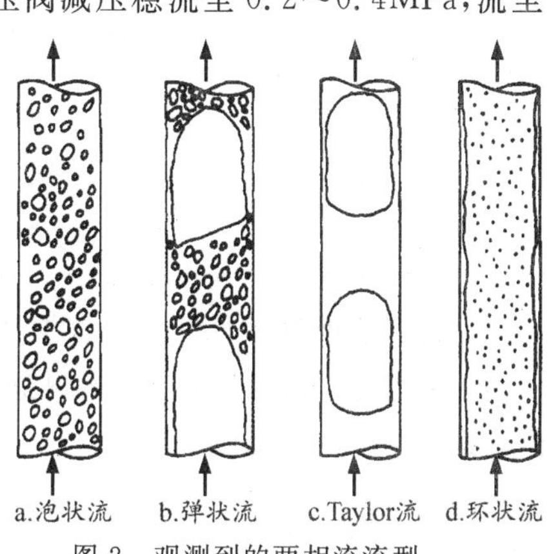

图 2 观测到的两相流流型

实验过程中,先投入液相流体,再通入气相流体,气相流速逐渐增大,玻璃管内依次出现泡状流、弹状流、环状流和搅拌流,其中没有夹带小气泡的弹状流又称作 Taylor 流(见图 2)。无法分清楚气液界面的是搅拌流[5]。

1.4 流型

在弹状流状态下，气泡与管壁之间存在一层液膜，该液膜的厚度在毫米级。实验过程中，可以看到在气泡上升的同时，这层液膜向下快速流动。液膜贴近管壁的部分由于摩擦力的作用，流动滞缓，综合作用的结果是液膜内形成一个相对闭合的循环流，该循环流的产生为气相物料向液相溶解、扩散，最后通过环流运输创造了条件，揭示了气液两相间的传递行为。因此，实验的重点是在对快速向下流动的液膜的观测上。

1.5 实验目的和作用

选取本实验项目的意义在于帮助学生认识气液两相流的传质行为。反应器中存在的气液两相流可以根据本实验装置抽象地想象出来，气泡与其接触的液体通过接触液膜的流动实现物料的热量和质量传递。通过对规整催化剂的研究，本项目可以更真实地描述其物料通道内的流型。

实验过程中，观测的重点是气泡流流型随气、液两相流速变化的规律，对气泡流演变规律的认识有助于理解反应器、精馏塔等传质设备中操作弹性的由来。

未来的化工过程是高效、清洁生产的过程。而提高效率的手段之一就是开发新型反应器和分离设备。只有在充分认识化工过程原理的基础上，基于对传质、传热行为的理解，才能进行新技术和新设备的研发。

1.6 装置造价核算

器材的市场价格见表1(选取2015年8月份数据，仅供参考)。

表1 器材的市场价格

序号	器材名称	单价/元
1	水泵(扬程2～3m，流量1.0L·min^{-1})	150
2	气体流量计(玻璃)	200
3	液体流量计(玻璃)	200
4	水管、阀门等辅料	50
5	数字照相机	1500
	合计	2100

上述装置既能够保障实验教学质量和实验技术水平，又能节约大量设备购置经费。虽然设备看起来简陋，却有助于深刻剖析工程技术概念，同时增强学生动手解决工程问题的信心。

2 结 语

针对市场上缺少适用于本科实验教学的气液两相流观测装置的问题，我们自制了流型观测装置，具有制造成本低廉、材料简单易得和操作简便等优点。教学实践表明，本套自制装置更新了实验教学手段，丰富了实验教学内容，能够方便地展示流体流动和传递过程的实验现象，有助于学生掌握反应器和精馏塔等化工设备中物料的相际传质机理，对培养学生追踪化学工程领域的研究热点，进而发现问题、提出问题和解决问题的能力具有积极意义。

参考文献

[1] 郭翠梨，胡瑞杰. 自主研发实验设备，创建高水平的示范实验室[J]. 化工高等教育，2010，5：47－50.

[2] 杨宏，李国辉. 走自制实验设备之路 促进实验教学改革[J]. 实验技术与管理，2013，30(1)：225－228.

[3] 曹勇锋，张可方. 自制设备在专业实验教学中的应用[J]. 实验科学与技术，2009，7(3)：135－137.

[4] 潘正官，谢佑国. 自行研制实验设备 创建高水平示范性实验室[J]. 实验室研究与探索，2006，25：1152－1153.

[5] IRANDOUST S，ANDERSSON B. Liquid film in Taylor flow through a capillary [J]. Industrial and Engineering Chemistry Research，1989，28(11)：1684－1688.

虚拟仿真实验教学资源建设的探索与实践

刘华彦*，许轶，王祁宁，强根荣，艾宁

（浙江工业大学　浙江　杭州　310014）

摘　要　教育信息化是提高教学质量和水平的有效手段，虚拟仿真教学资源建设是教育信息化的重要内容。虚拟仿真实验教学资源建设应发挥建设高校的学科专业优势，与真实实验教学资源互补，通过校企合作共建共享共赢，有利于高校学生的实践能力和创新能力的培养，从而保证人才培养目标的达成。本文以浙江工业大学国家级化学化工虚拟仿真实验教学中心的教学资源建设为例，探讨了适应于省属高校对接区域地方经济发展需求特点的化学化工虚拟仿真实验教学资源建设的思路和途径，近几年取得的成效间接验证了这一建设方案的可行性和合理性。

关键词　教育信息化；虚拟仿真实验；校企合作；化学化工；教学资源

1　引　言

《国家中长期教育改革和发展规划纲要（2010—2020年）》指出："信息技术对教育发展具有革命性影响"[1]。刘延东副总理指出，教育信息化是改革教育理念和模式的深刻革命，是促进教育公平、提高质量的有效手段，是建设学习型社会的必由之路。《教育部关于全面提高高等教育质量的若干意见》（教高〔2012〕4号）明确提出：要强化实践育人环节，提升实验教学水平[2]。2012年3月，教育部印发《教育信息化十年发展规划（2011—2020年）》，推动信息技术与高等教育深度融合，创新人才培养模式，提出要利用先进网络和信息技术，整合资源，构建先进、高效、实用的高等教育信息基础设施，开发整合各类优质教育教学资源，建立高等教育资源共建共享机制，推进高等教育精品课程、图书文献共享、教学平台等信息化建设[3]。

在此背景下，教育部于2013年启动了国家级虚拟仿真实验教学中心建设工作[4,5]，并在2013年和2014年分两批立项了200个国家级虚拟仿真实验教学中心；其中，化学化工学科组共立项19个。

---

*　资助项目：2013年浙江省高等教育教学改革项目（项目编号：jg2013025）

通讯作者：刘华彦，电子邮箱：hyliu@zjut.edu.cn

虚拟仿真实验教学资源是国家级虚拟仿真实验教学中心建设的重要内容，是提高实验教学水平和提升人才培养质量的关键环节。

2 虚拟仿真实验教学资源建设指导思想

教育部高教司在《关于开展国家级虚拟仿真实验教学中心建设工作的通知》（教高司函〔2013〕94 号）中针对“虚拟仿真实验教学资源”建设内容明确指出，“发挥学校学科专业优势，积极利用企业的开发实力和支持服务能力，充分整合学校信息化实验教学资源，以培养学生综合设计和创新能力为出发点，创造性地建设与应用高水平软件共享虚拟实验、仪器共享虚拟实验和远程控制虚拟实验等教学资源，提高教学能力，拓展实践领域，丰富教学内容，降低成本和风险，开展绿色实验教学。”[5]

根据上述建设思想，我们认为在教学资源建设中必须注重以下几个方面：

（1）应体现专业特点，特别是本专业人才培养的目标和要求，强调培养学生的综合设计和创新能力，针对工科学生，应有助于学生的工程实践能力和工程创新能力培养。

（2）应与学校信息化资源、学科专业优势结合，学校的信息化教学资源可为虚拟仿真实验教学提供基本的管理平台和软硬件保障，学科专业优势为教学资源建设提供了丰富的实验项目素材，实现科研反哺教学。

（3）强调校企合作，共同开发，共同建设，共享共赢。企业优势体现在拥有高水平的软件和信息化技术人才，强的研发能力，雄厚的资金，良好的市场观念、经营及市场开拓能力、支持服务能力；而学校教师具有高的专业技术水平，理解专业教学和学生培养要求，熟知教学规律和教育特点。将资源的开发、维护、更新，将教学活动的管理、评价和支持服务合理地交给企业承担，将企业的效益观念与高校的教学需要结合起来，两者结合，能充分发挥各自的优势和特长，不断研发和向市场推出满足专业教学的虚拟仿真教学软件，为培养高校学生的创新精神和实践能力提供保障。同时，通过校企合作，实现虚拟仿真教学实验中心自身的造血功能，实现可持续发展。

（4）在选取教学实验项目时，应注意到虚拟仿真实验教学仅仅是实现专业教学目标的手段之一，因此，遵从“虚实结合、相互补充和能实不虚”的原则，以实现真实实验不具备或难以完成的教学功能。在涉及高危或极端的环境、不可及或不可逆的操作，高成本、高消耗、大型或综合训练等情况时，提供可靠、安全和经济的实验项目。

3 虚拟仿真实验教学资源建设的探索与实践

浙江工业大学是一所省属重点大学，2009 年进入省部共建高校行列，2013 年入选国家 2011 计划，2015 年成为首批浙江省重点建设高校。浙江工业大学化学化工虚拟仿真实验教学中心隶属于国家级化学化工实验教学中心，是首批国家级虚拟仿真实验教学中心。以下根据教育部关于“虚拟仿真实验教学资源”建设的相关文件精神，结合学校人才培养目标，介绍我们在化学化工虚拟仿真实验教学资源的建设方面的一些想法和做法。

3.1 化学化工实验教学体系与专业人才培养目标的适应

浙江工业大学为适应浙江省经济社会发展需要，满足化工和制药两大主导产业，以及新能源、新材料和海洋三大战略性新兴产业的人才需求，着力培养富有社会责任感、创新精神和实践能力，知识、能力、素质协调发展的创新型工程科技人才。

化学化工虚拟仿真实验教学中心遵循“多元融合、创新主导、寓教于研、协同育人”的建设理念，紧紧围绕我校人才培养目标进行建设。为促进学生了解化学化工之间的内在联系，培养学生从“科研”到“工程”综合分析问题的习惯和能力，将创新教育理念融入实验教学全过程，中心对实验教学体系进行顶层设计，强化课内与课外、教学与科研、学校与社会的协同，在强化“五基”(基本知识、基本方法、基本技能、基本思维和基本能力)培养的同时，兼顾学科共性和专业个性，突出创新意识、知识综合应用和工程实践能力，使教学内容向综合应用、研究探索和创新实践延伸，构建一个理工融合、基础与专业有机衔接、有利于创新教育的“三阶段、四层次、一体化”的递进式化学化工开放创新的实验教学体系，如图 1和图 2 所示。

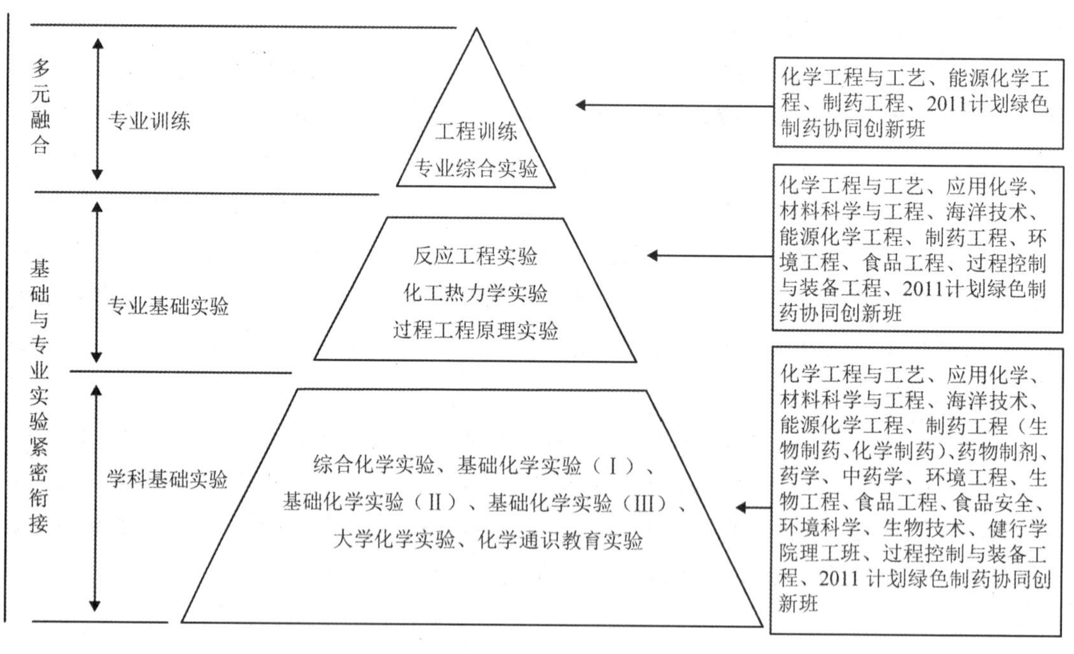

图 1　化学化工实验教学体系分阶段示意图

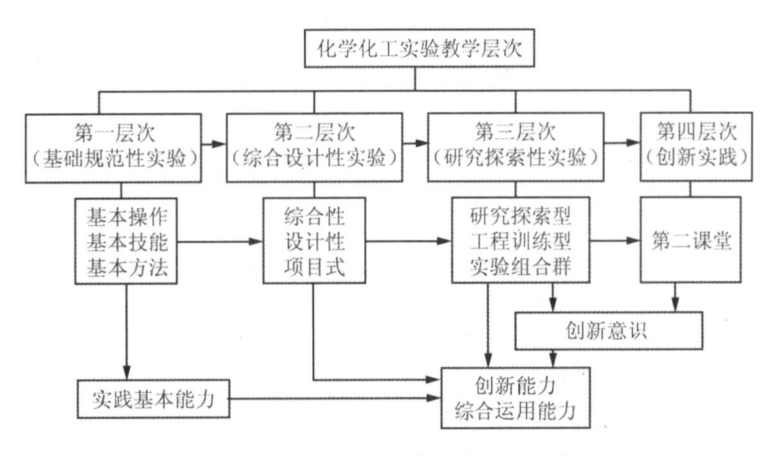

图 2 递进式实验教学体系分层次示意图

3.2 虚拟仿真实验教学资源与实验教学体系的适应

根据“三阶段、四层次、一体化”递进式实验教学体系的总体规划，化学化工虚拟仿真实验教学中心建设了与真实实验互补的虚拟仿真实验教学资源，并结合各阶段的教学要求和特点，在虚拟仿真实验教学资源建设的系统性和典型性方面各有侧重。

（1）三阶段

第一阶段，即学科基础实验教学阶段，面向全校学生开设基础化学实验和化学通识教育实验。针对这一阶段强调基础的教学目标，重点建设网络化虚拟三维化学实验室和大型分析仪器仿真实验室。

第二阶段，即专业基础实验教学阶段。面向化工类相关专业开设“过程工程原理实验”“化工热力学实验”和“化学反应工程实验”等课程，强调单元操作的通用性、工程性和基础性，培养学生的工程意识、工程实践和科研能力，并将系统操作优化、过程敏感因素分析、事故判断与控制，以及过程强化与节能意识的培养融入教学。为此，建设化工单元操作实验仿真资源、化工单元设备仿真操作与设计资源，仿真资源涵盖各种典型化工单元操作，并注重吸纳教师科研成果。

第三阶段，即专业实验和工程实训教学阶段，面向化工与制药类专业开设“化工专业实验”和“工程实训”课程，以工艺优化为主，强调项目的流程化、连续化和准工业化，适当采取“模拟车间生产班组”的教学形式，不同角色分工协作，培养学生工程经济、责任意识、安全意识和协作精神。针对这一阶段的教学目标，建设化工工艺仿真实训、化工厂虚拟仿真实训和化学化工安全实训等资源。

（2）四层次

遵循循序渐进的原则，形成“基础规范性—综合设计性—研究探索性—创新实践”递进式教学主线。在虚拟仿真实验教学资源建设方面，主要体现在实验项目的类型和内容选择上。对于基础规范性层次，重在补充和扩展实验教学资源，打破课内学时和实验室空间的限制，学生通过虚拟仿真实验教学平台进行更多的操作训练；对于综合设计性层次，强调虚拟仿真实验教学资源的模块化和可拼拆性，使学生能够“化整为零”和“合零为整”；对于研究探索性层次，将高危险或极端环境、高成本、高消耗的实验内容转换为虚拟仿真实验，为学生的研究探索活动打开方便之门；对于创新实践层次，以创新实验教学内容为桥梁，重点吸纳各类课外科技活动和学科竞赛作品，充实教学资源库，课外科技活动源于课程，反哺课程，实现虚拟仿真实验教学资源建设与大学生创新实践的相互支撑。

(3) 一体化

强调理工结合一体化、软硬平台一体化，以某一“产品”或“任务”为纽带，构建化学化工一体化实验项目组群。在学科基础实验中，考虑“产品”或“任务”的特殊性，采用真实化学基础实验装置研究；在专业实验和工程实训阶段，考虑虚实结合方式，先将学科基础实验阶段获得的结果作为虚拟仿真实验的参数输入控制系统，然后通过虚拟仿真实验获得优化的规模级装置操作条件，据此设计真实专业实验装置操作方案，完成真实装置上的实验实训。这种“理工融合、化学化工一体化”实验模式可以让学生建立起化学与化工、科学与技术之间的联系；而引入虚拟仿真实验技术，又可以最大限度地减少实验药品消耗量及实验结束后产生的废物量，实现实验的绿色化。

3.3 相对独立完善的虚拟仿真实验教学资源体系

根据上述虚拟仿真教学实验体系的设想，化学化工虚拟仿真实验教学中心已建成包括化学化工虚拟仿真实验、化工工艺虚拟仿真实训、化工厂虚拟仿真实训和化学化工安全虚拟仿真实训等四大主要模块的教学资源，如图 3 所示。

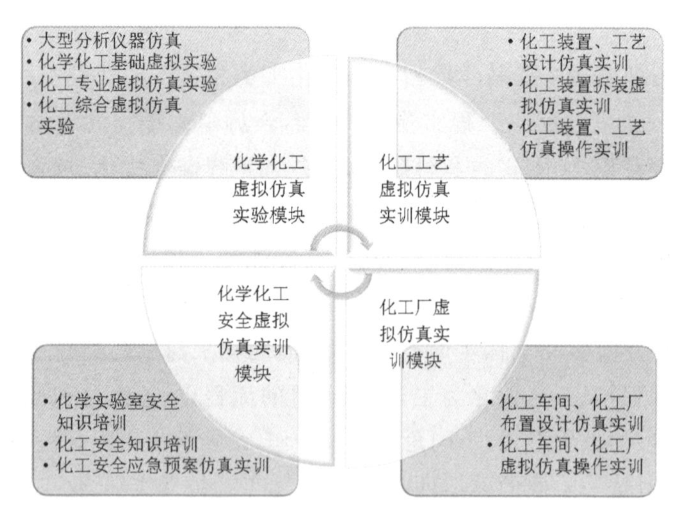

图 3 虚拟仿真实验教学资源框架示意图

(1) 化学化工虚拟仿真实验模块

网络化虚拟三维化学实验室和大型分析仪器仿真实验室通过虚拟现实的方式呈现内容丰富的实验项目，不仅生动形象，还辅以实验操作质量评判系统，及时校正实验操作错误，调动学生的学习热情，提高学习效率。

(2) 化工工艺虚拟仿真实训模块

借助化工专业软件(如 Aspen、ChemCAD 等)、自主研发的换热器设计软件和塔器设计软件等,实现化工单元设备和化工工艺流程设计;借助虚拟现实技术,实现化工单元装置的拆装实训;借助实习类仿真软件,实现化工单元装置、化工车间的开停车、故障处理等操作实训;并可作为真实化工装置实训的预演或后期提高的补充。

(3) 化工厂虚拟仿真实训模块

借助化工专业软件(如 Piping、PDMS、3D Plant、Sketchup 等)实现化工车间和化工厂的总体布置、管道布置等设计;借助动态模拟虚拟仿真技术,与化工车间、工厂模型(包括半实物车间)结合,装置内使用无毒无害的介质、常温常压操作,装置上的仪表、阀门和执行机构均正常运行,不会产生安全和污染问题,而控制台仪表等显示的相关操作数据通过动态流程仿真软件产生实际现象,学生根据控制台操作半实物车间或工厂,完成工厂操作的实训。

(4) 化学化工安全虚拟仿真实训模块

包括化学实验室安全知识培训、化工厂安全知识培训和化工厂安全应急预案仿真实训(包括安全应急预案三维仿真系统、多媒体培训课件和基于网络游戏技术的安全培训软件)。学生通过化学实验室、化工厂安全知识培训后,掌握化工厂及化学化工实验室安全操作规范,获得培训合格证书,具备进入学校实验室进行实验、进入化工厂进行认识与生产实习的资格;以化工厂的罐区或车间发生火灾或其他安全事故为例,训练实训学生处置安全事故的基本能力。以此培养健康、安全和环保(HSE)的理念,掌握基本的安全规范和紧急事故处理方法。

3.4 校企合作共建虚拟仿真实验教学资源

化学化工虚拟仿真实验教学中心通过三种模式与企业合作,即校企联合虚拟仿真实验室、校外实践教学基地和教学软件供应商,形成学校与社会协同育人的有效机制,校企各自发挥专业优势,实现优势互补。

中心与国内多家化学化工仿真实验技术开发商建成联合虚拟仿真实验室,及时追踪虚拟仿真技术在化学化工等专业实验教学领域的最新发展方向,共同开发虚拟仿真实验。研发成果试运行正常后,由联合实验室共同向院校或企业推广,共同受益。

中心与生产制造、工程设计型企业共建校外实践教学基地,形成虚实结合、虚实互补的实习实训教学资源。企业为高校大学生提供工业级规模的生产实训场所,使学生完成从实验室—小试—中试—工业化生产的完整、系统的工程训练;同时,企业先进的生产、控制、管理技术也为校内实验实训教学提供了丰富的素材资源。

此外,中心还与国内外的虚拟仿真实验教学软件(资源)供应商保持密切联系,及时获取先进的教学资源,并适时提出教学资源定制开发需求。

3.5 虚实结合完成实习实践教学的建设实例

实习实践是工科类专业最为重要的实践教学环节之一,是培养学生工程实践能力和创新意识的重要途径。浙江工业大学经过多年的探索和实践,建成了“化工过程计算机模拟实习基地”，构建了计算机仿真（模拟）实习、沙盘仿真模型实习、工厂实习、过程模拟与优化等四位一体的实习实践教学体系，如图4和图5所示。

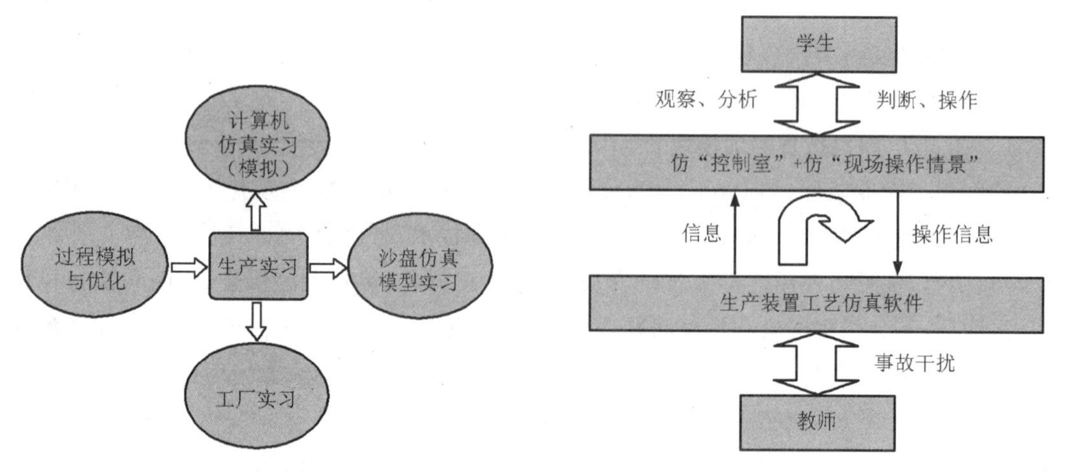

图4 实习实践教学体系

图5 计算机仿真实习过程

实习实践教学环节分成四个阶段：①学生研究与工厂实际装置等比例缩小的仿真模型，形成对生产工艺、生产流程和车间布置等的感性认识；②利用化工过程仿真软件，让学生进行开停车操作和故障诊断等实习；③到企业现场有针对性地学习和实践；④利用工艺过程模拟软件，结合现场实习获得的数据信息，对工艺过程进行模拟优化，并提出改进意见，最后形成实习报告。

按照这一思路，虚拟仿真实验教学中心建设了虚实结合的实训教学资源，如“乙烯装置沙盘模型—镇海炼化乙烯装置—乙烯装置仿真软件—工艺过程模拟与优化”“合成氨厂沙盘模型—巨化集团合成氨装置—合成氨装置仿真软件—工艺过程模拟与优化”等。还探索了“化工单元装置拆装的多媒体演示—学生实际动手拆装—化工单元装置设计”的化工原理课程授课模式，学生通过多媒体演示，初步掌握化工单元装置的内部结构，通过动手拆装，加深对装置结构的理解，在此基础上利用Aspen、ChemCAD等流程模拟软件完成工艺计算，利用自主开发的换热器优化设计导师系统、精馏塔课程设计导师系统，完成装置结构设计，利用AutoCAD软件完成装置的装配图，从而完成化工原理课程设计。这种“认识—实践—再认识—再实践”的实习教学模式有助于提高学生工程创新、知识综合应用、分析问题和解决问题的能力。

3.6 建设成效

目前，浙江工业大学化学化工虚拟仿真实验教学中心已拥有课程试题库、多媒体课件素材库、仿真实验、仿真实训和课程设计软件等虚拟仿真教学资源共52套，其中，11套由中心教师自主开发，5套由校企合作开发，面向全校22个专业开设近百个虚拟仿真实验项目，支撑19门课程教学和化学实验竞赛、化工设计竞赛、节能减排竞赛、“挑战杯”大学生课外科技学术作品竞赛、大学生创业计划竞赛等十余类学生课外科技活动。

这些教学资源在人才培养中的作用逐步体现。以化学工程学院本科人才培养情况为例，学生课外科技活动的覆盖率逐年提高，超过90%；在大学生化工设计竞赛多次获得全国特等奖，并累计获得省级以上奖励60余项，位于全国高校前列和地方院校首位；连续两届获得全国大学生化学实验邀请赛二等奖各1项，三等奖各2项，竞赛成绩居地方院校首位。学生实践能力和创新能力受到社会用人单位的普遍认可，学生的就业率始终保持稳定，维持在95%。学生的考研和出国率呈现逐年增长趋势，已达到30%。化学工程与工艺专业于2011年通过全国工程教育专业认证，认证结果对包括虚拟仿真实验在内的化学化工实验教学水平、融通第一课堂与第二课堂的实验（实践）教学模式给予了充分的肯定。

4 结 语

国家级虚拟仿真实验教学中心建设工作是高校信息化建设的重要内容，是国家级实验教学示范中心建设的重要组成部分。虚拟仿真教学资源建设是教育信息化的重要内容之一。虚拟仿真实验教学资源建设应发挥建设高校的学科专业优势，与真实实验教学资源互补，通过校企合作共建共享共赢，有利于高校学生的实践能力和创新能力的培养，从而保证人才培养目标的达成。

浙江工业大学国家级化学化工虚拟仿真实验教学中心在虚拟仿真实验教学资源建设中，结合满足区域地方主导产业和新兴产业人才需求，根据“三阶段、四层次、一体化”递进式实验教学体系的总体规划，建设了与真实实验教学资源互补、又相对独立完善的化学化工虚拟仿真实验教学资源，为学生提升实验技能、增强创新意识、提高工程实践和创新能力提供了保障，近几年取得的成效间接验证了这一建设方案的可行性和合理性。

参考文献

[1] 国家中长期教育改革和发展规划纲要工作小组办公室. 国家中长期教育改革和发展规划纲要(2010—2020年). 2010.

[2] 中华人民共和国教育部. 教育部关于全面提高高等教育质量的若干意见(教高〔2012〕4号)[Z]. 2012.

[3] 中华人民共和国教育部. 教育部关于印发《教育信息化十年发展规划(2011—2020年)》的通知(教技〔2012〕5号)[Z]. 2012.

[4] 中华人民共和国教育部. 关于开展国家级实验教学中心建设工作的通知(教高司函〔2012〕33号)[Z]. 2013.

[5] 中华人民共和国教育部. 关于开展国家级虚拟仿真实验教学中心建设工作的通知(教高司函〔2013〕94号)[Z]. 2013.

精馏平衡级模型模拟软件开发及其实验教学应用

张云，贾继宁，周亚威，杨阿三*
（浙江工业大学 浙江 杭州 310014）

摘　要　针对精馏操作过程，建立了基于平衡级假设的数学模型，运用MESH方程，将三角形矩阵法和泡点法相结合作为模型求解的解决方案，运用直接归一法或θ归一法收敛，并使用VC＋＋开发模拟软件，模拟精馏塔内各级温度、气相及液相组分的变化趋势。模拟研究了精馏塔的操作参数的变化对塔顶产品和塔底产品浓度的影响，并与Aspen软件的模拟结果进行了比较，模拟结果最大误差在5%以内。将开发的模拟软件应用于化工专业实验教学中，节约了实验成本，使实验教学更接近工程实际，增强了学生的兴趣，提高了实验教学的质量，获得了良好的教学效果。

关键词　精馏；机理建模；平衡级；VC＋＋

1 引 言

精馏是化工生产中一种重要的单元操作。精馏模型的建立和仿真，不仅有助于研究在各种工况下精馏操作的变化情况，还能为选取先进的优化控制方案的奠定基础，进而提高生产经济效益[1—5]。

因精馏过程复杂，建立精馏过程模型比较困难，尤其是多元精馏，其相关理论还并不成熟[6]。建立过程模型如果过于简单，忽略了关键因素，则模型结果没有实用价值。相反，若把所有因素都考虑在内，模型将十分复杂，将导致这种复杂计算带来的偏差使结果失去实际意义，所以选择和建立适宜的模型很困难。随着计算机技术的不断发展，将数学模型软件化已成为主流。例如国际上知名的Aspen Plus、PRO Ⅱ等仿真软件给化工设计和生产优化提供巨大的支持。遗憾的是，出于技术保密等原因，同时由于这些软件价格过于昂贵，在控制与优化设计思想上同国内装置生产实际状况之间存在一定差别，在项目实施中需要大量相应的硬件配套设备，因此，立足我国的精馏塔操作建模与优化研究仍是一项开创性的工作[7]。本文对平衡级模型进行了仿真计算，得到一系列精馏塔组分浓度的变化曲线，从而了

* 第一作者：张云，电子邮箱：zhangyun@zjut.edu.cn
通讯作者：杨阿三，电子邮箱：yang104502@163.com

解精馏塔的动态特性。

化工专业实验是一门理论紧密联系实际的课程，理论性、技术性和实践性较强；化工实际生产难度高，工艺流程复杂，操作技术要求较高。由于化工实验成本高、完整的工艺设备庞大、耗时较长等特点，引入计算机模拟软件可有效扩展创新性实验的选题范围，节约实验成本，提高计算效率，开拓思路，巩固基本概念，促使学生深一步地进行多因素考察，培养创新意识。

2 软件开发

2.1 精馏塔操作型数学模型的建立

精馏过程数学模型主要包括平衡级模型、非平衡级模型和混合池模型三种。目前理论认为接近实际的模型是非平衡级模型和混合池模型，但是这两种建模方法还有一些理论问题尚待解决，成功应用实际并不多。非平衡模型考虑了气液相传质与传热阻力，结构复杂，方程数目多，非线性程度高，因此导致非平衡级模型求解计算困难。混合池模型比非平衡级模型还要复杂，求解更加困难。虽然在理论上混合池模型和非平衡级模型比平衡级模型更合理，但实际应用遇到很大的阻力，还需要进一步研究和探索。

平衡级模型[8—9]模型结构简单，只需求解理论级数，平衡级模型对于理想及弱非理想物系的精馏过程计算比较有效，本文研究的是乙醇-水体系的精馏过程，应用平衡级思想建立平衡级数学机理模型是完全可以满足工程要求的，所以，本文对乙醇-水的精馏过程采用建立平衡级稳态模型。

本文所研究的平衡级（见图 1）稳态模型是在一定假设条件下，对精馏过程中所涉及的各种物理化学性质、装置运行规律等方面的数学描述。具体假设如下：

（1）假设离开塔板的气液两相都处于相平衡状态；

（2）塔板上的液体和板间的气体完全混合，处于气液相平衡状态；

（3）忽略塔（包括再沸器和冷凝器）的热损失及塔板本身的热容。

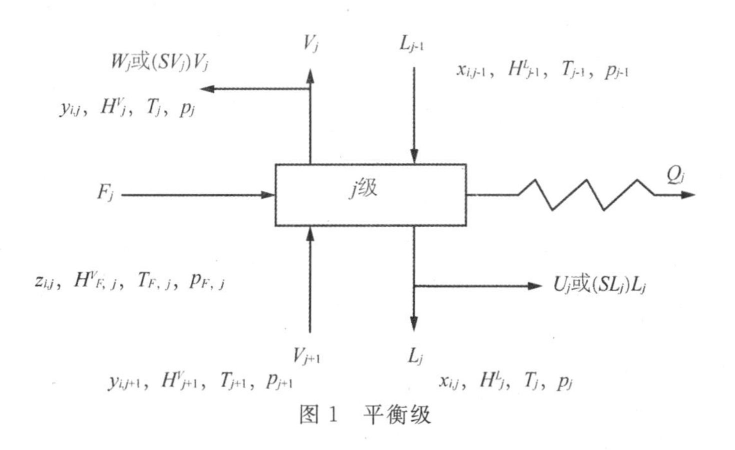

图 1　平衡级

根据以上假设和精馏的进料(乙醇水溶液)为液相进料，精馏过程的平衡级数学模型可表示如下：

(1) 总物料守恒方程和组分物料守恒方程(M 方程)

$$F_j + L_{j-1} + V_{j+1} - (L_j + U_j) - (V_j + W_j) = 0 \quad (1 \leqslant j \leqslant N)$$

$$F_j z_{i,j} + L_{j-1} x_{i,j-1} + V_{j+1} y_{i,j+1} - (L_j + U_j) x_{i,j} - (V_j + W_j) y_{i,j} = 0$$

(2) 相平衡方程(E 方程)

$$y_{i,j} = k_i x_{i,j} \quad (1 \leqslant i \leqslant c,\ 1 \leqslant j \leqslant N)$$

(3) 摩尔分数归一化方程(S 方程)

$$\sum_1^c x_{i,j} = 1 \quad \sum_1^c y_{i,j} = 1 \quad (1 \leqslant i \leqslant c,\ 1 \leqslant j \leqslant N)$$

(4) 能量守恒方程(H 方程，每一级有一个)：

$$F_j H_{F,j}^V + L_{j-1} H_{j-1}^L + V_{j+1} H_{j+1}^V - (L_j + U_j) H_j^L - (V_j + W_j) H_j^V + Q_j = 0$$

2.2 模型求解

对精馏平衡级模型进行求解在于计算方法，模型方程求解的算法是模拟计算的关键。三对角线矩阵法是将描述精馏过程的方程按类别组合，对其中一类或几类方程组用矩阵法求解，是目前稳态精馏过程建模与仿真的主要方法。三对角线矩阵法的基本思想是将 MESH 方程按类型分成三组，即修正的 ME 方程、S 方程和 H 方程，然后分别求解。

为了实现整个系统的计算求解，整个计算程序由热力学物性数据计算子程序(计算活度系数、泡点温度和气液相焓值等)及平衡级模型子程序等多个子程序组成。图 2 为泡点温度的计算框图。图 3 为平衡级模型的计算框图。图 4 为平衡级模型运行总流程图。

2.3 软件展示

使用 VC++开发出“乙醇-水精馏平衡级模型模拟”软件，主要功能都集中于主面板，分为输入与输出两个部分，如图 5 所示，具有直接归一法和 θ 归一法可选。输入的参数包括进料参数(流量、温度和浓度)、塔体参数(塔板数和进料位置)、操作条件(塔顶与塔釜压强、回流比和馏出液流量)；输出参数主要包括各级气液相浓度、各级塔板温度、气液平衡常数等，如图 6 所示。由于目前实验室现有的检测技术无法检测出气相的摩尔流率，故没有输出各级气相流率，但在模型中已经计算完成。

为方便用户保存数据，软件具有数据导出功能，其界面如图 7 和图 8 所示，制作成文本文件导出的格式见图 9。用户可以使用 Excel 的外部数据导入功能，将本软件生成的文本数据导入其中。

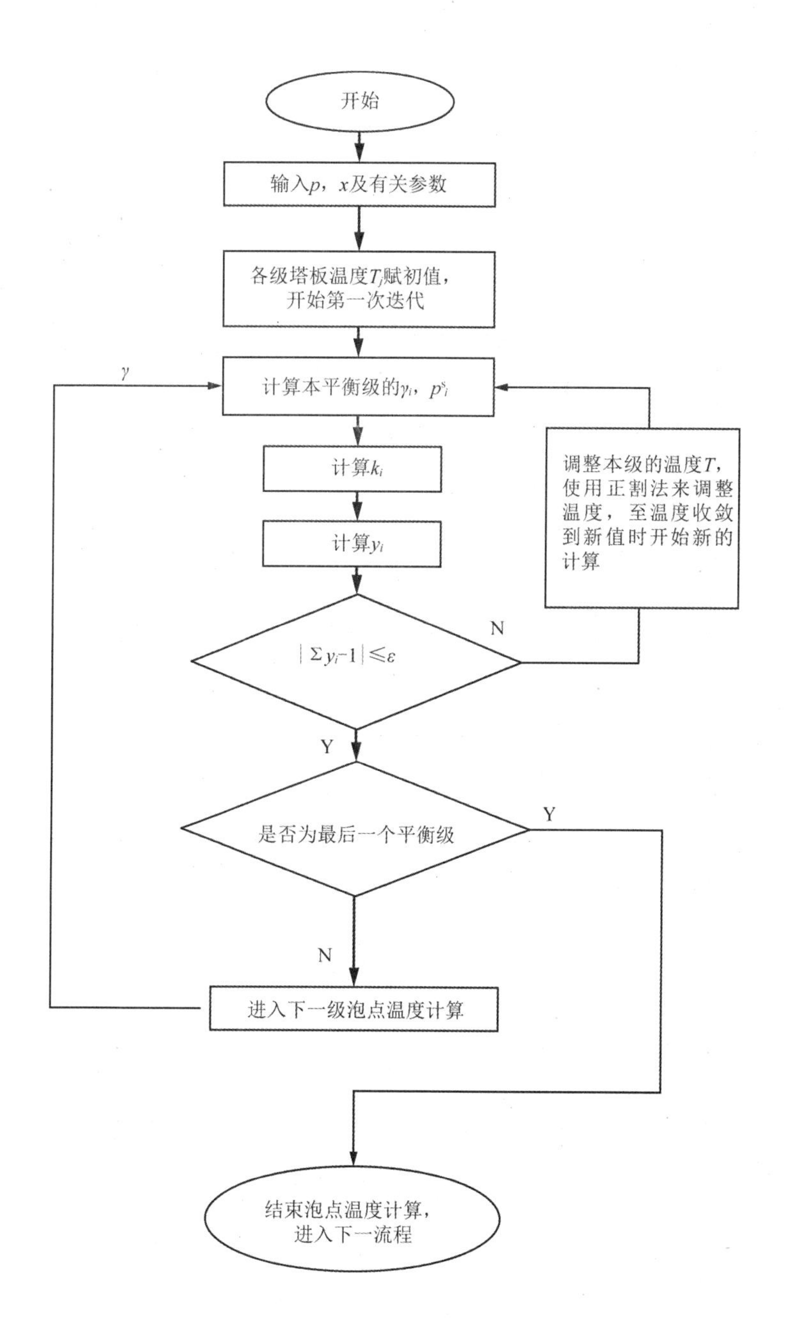

图 2　泡点温度的计算框图

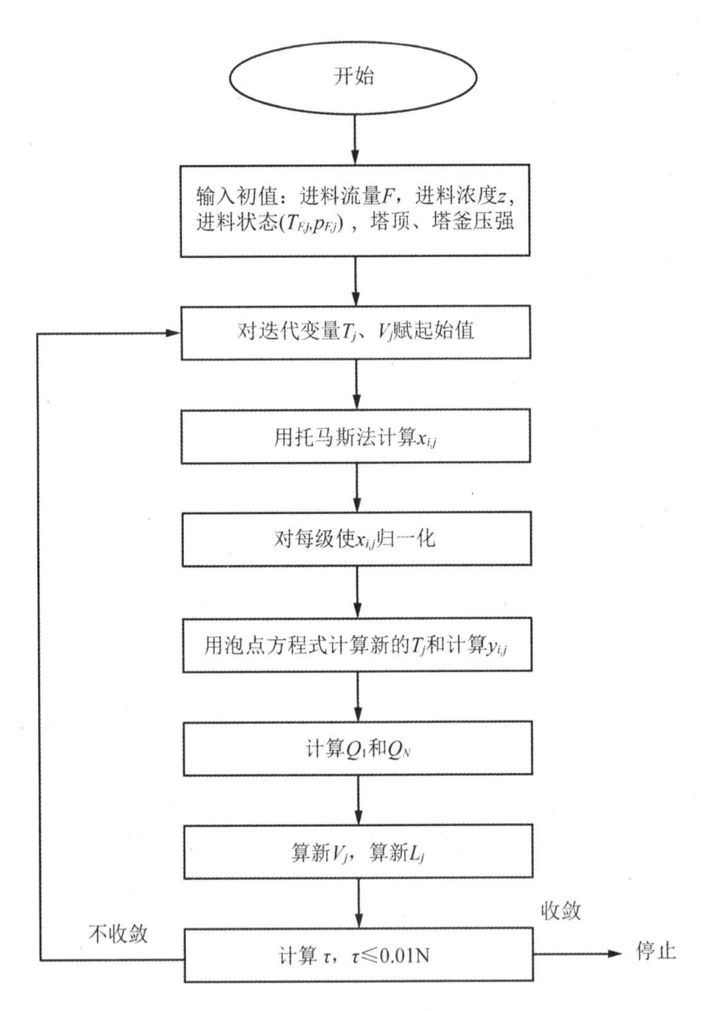

图 3　平衡级模型的计算框图

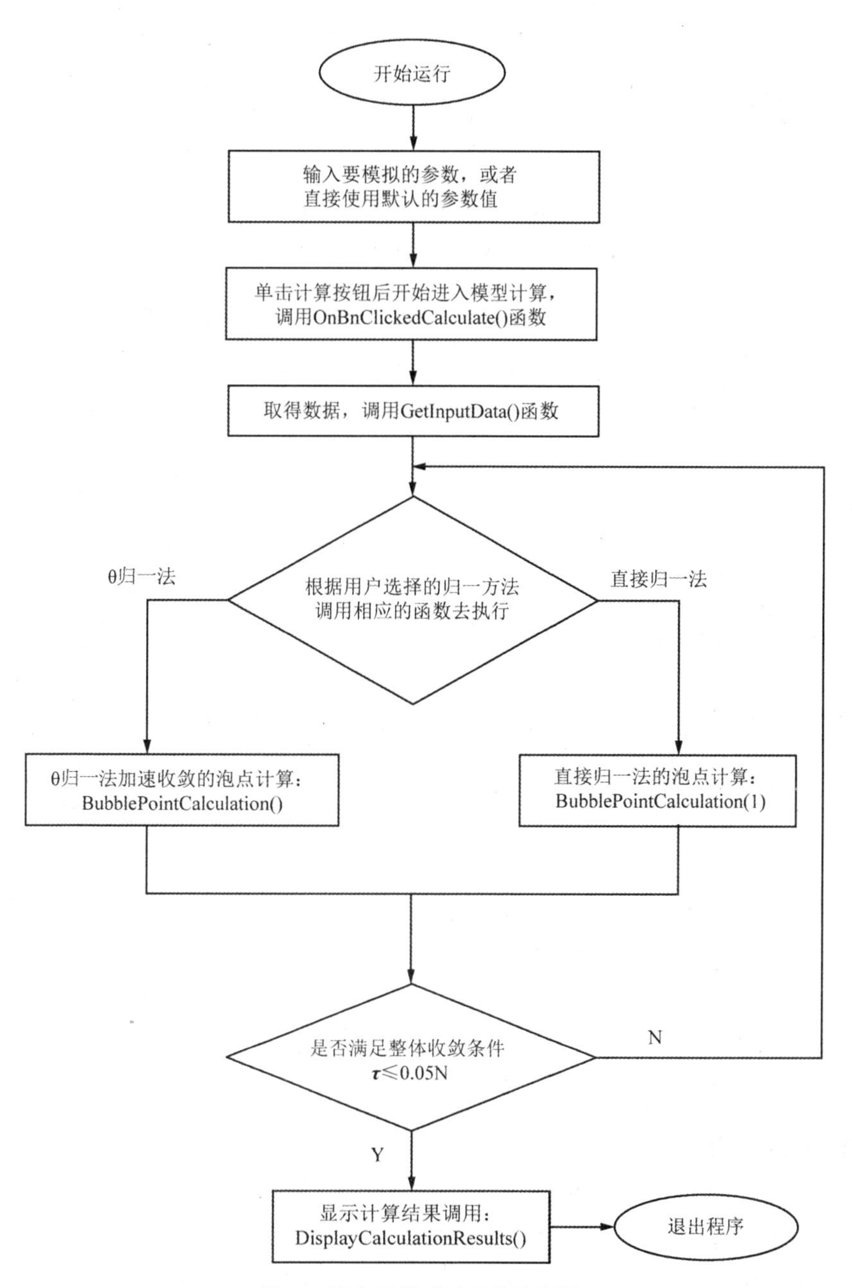

图 4　平衡级模型运行总流程图

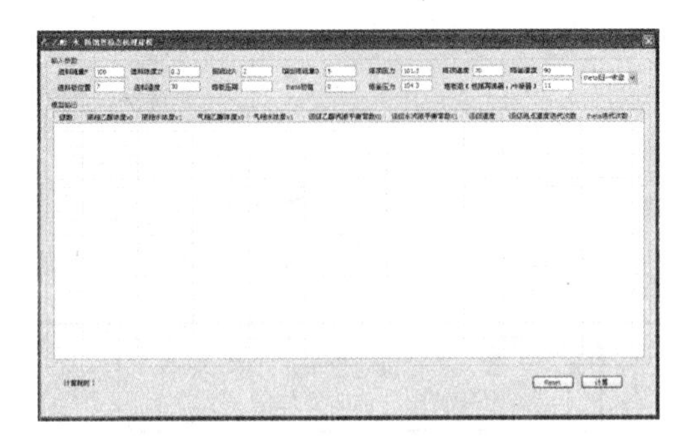

图 5　精馏平衡级模型模拟软件初始界面

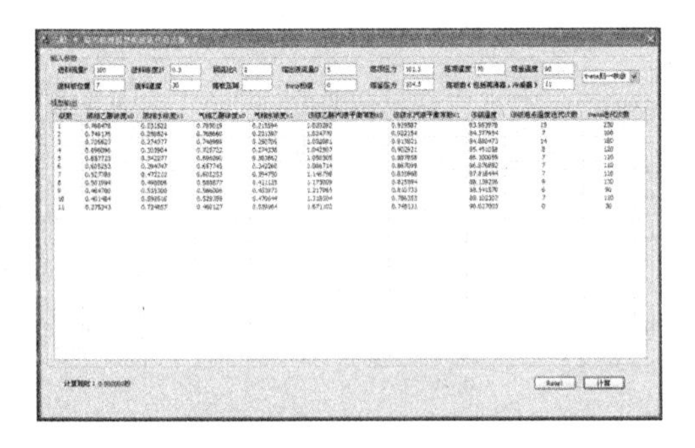

图 6　精馏平衡级模型模拟软件计算结果

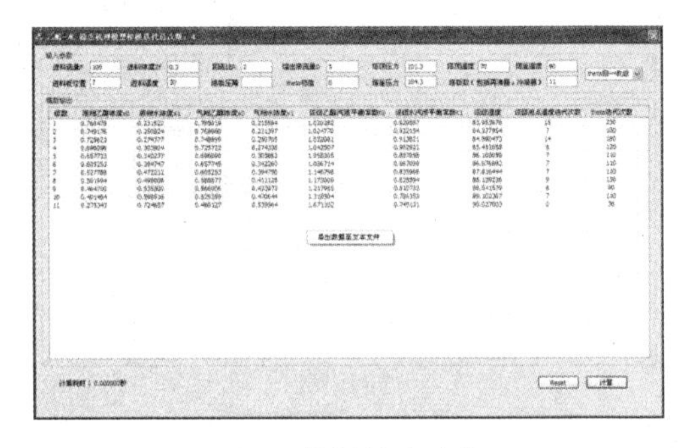

图 7　数据导出功能

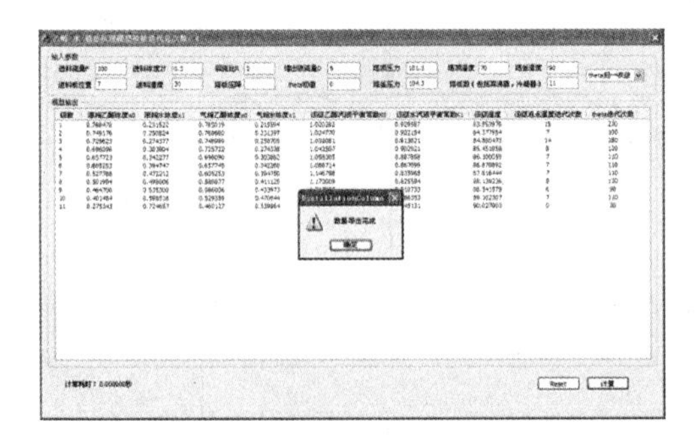

图 8　数据文件保存界面

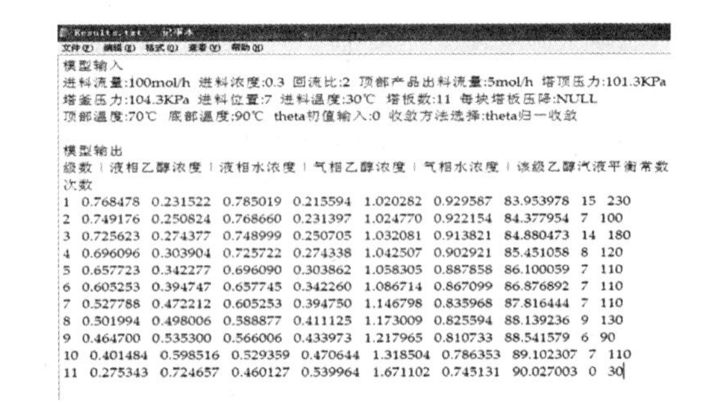

Results.txt - 记事本

文件(F) 编辑(E) 格式(O) 查看(V) 帮助(H)

模型输入

进料流量:100mol/h 进料浓度:0.3 回流比:2 顶部产品出料流量:5mol/h 塔顶压力:101.3KPa

塔釜压力:104.3KPa 进料位置:7 进料温度:30℃ 塔板数:11 每块塔板压降:NULL

顶部温度:70℃ 底部温度:90℃ theta初值输入:0 收敛方法选择:theta归一收敛

模型输出

级数 | 液相乙醇浓度 | 液相水浓度 | 气相乙醇浓度 | 气相水浓度 | 该级乙醇汽液平衡常数

次数

1 0.768478 0.231522 0.785019 0.215594 1.020282 0.929587 83.953978 15 230

2 0.749176 0.250824 0.768660 0.231397 1.024770 0.922154 84.377954 7 100

3 0.725623 0.274377 0.748999 0.250705 1.032081 0.913821 84.880473 14 180

4 0.696096 0.303904 0.725722 0.274338 1.042507 0.902921 85.451058 8 120

5 0.657723 0.342277 0.696090 0.303862 1.058305 0.887858 86.100059 7 110

6 0.605253 0.394747 0.657745 0.342260 1.086714 0.867099 86.876892 7 110

7 0.527788 0.472212 0.605253 0.394750 1.146798 0.835968 87.816444 7 110

8 0.501994 0.498006 0.588877 0.411125 1.173009 0.825594 88.139236 9 130

9 0.464700 0.535300 0.566006 0.433973 1.217965 0.810733 88.541579 6 90

10 0.401484 0.598516 0.529359 0.470644 1.318504 0.786353 89.102307 7 110

11 0.275343 0.724657 0.460127 0.539964 1.671102 0.745131 90.027003 0 30

图 9　输出文本数据

3　模型的应用

实验所用精馏塔为板式精馏塔，包括塔顶冷凝器和塔底再沸器在内共 11 个平衡级，其中进料板为第 7 块塔板，选用的物系为乙醇-水体系。精馏塔操作条件见表 1。

由表 2 和图 10 可知，该模型的计算结果虽不如 Aspen Plus 软件的准确度高，但最大误差小于 5%。图 11 是平衡级模型模拟与 Aspen Plus 模拟的乙醇浓度对比图，从图中可以看出，平衡级模型模拟结果与 Aspen Plus 的预测变化趋势是一致的。

软件的一个重要应用是确定最优操作条件，提高产品的分离效果。经过模拟研究发现，在回流比由 1 到 7 提高的过程中，塔顶产品浓度仅略有提高，但若降低塔顶出料流量，则对

塔顶产品的浓度提高影响更大一些。

表 1　精馏塔操作条件

进料流量/(mol·h^{-1})	490.22	塔板数/块	11
进料温度/℃	25	每块塔板压降/kPa	—
回流比	2.0	顶部温度/℃	70
顶部产品出料流量/(mol·h^{-1})	124.50	底部温度/℃	90
塔顶压强/kPa	101.3	塔釜压强/kPa	102.95
进料位置	7	进料浓度/%	20.4

表 2　第 2 块塔板仿真结果分析

输出参数名	实际测量值	Aspen Plus 软件预测值	平衡级模型软件预测值	平衡级模型结果误差/%
温度/K	349.05	351.57	357.69	2.47
组分 1 含量/%	80.39	78.21	77.05	4.15

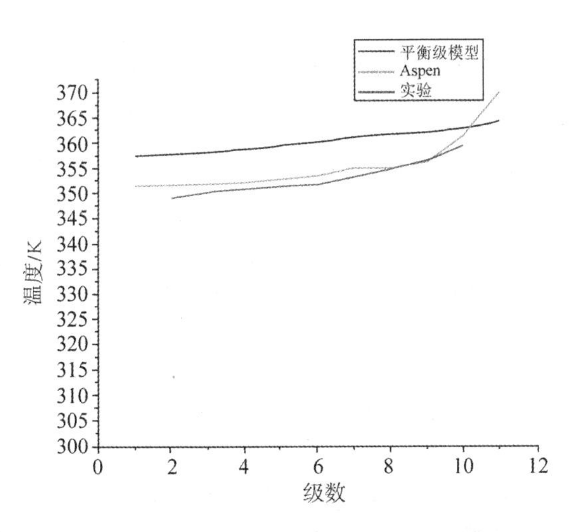

图 10　平衡级模型与 Aspen Plus 的温度预测对比

平衡级模型 液相乙醇浓度
平衡级模型 液相水浓度
平衡级模型 气相乙醇浓度
平衡级模型 气相水浓度
Aspen 液相乙醇浓度
Aspen 液相水浓度
Aspen 气相乙醇浓度
Aspen 气相水浓度
含量/%
级数

图 11　平衡级模型与 Aspen Plus 的乙醇浓度对比

由图 12 可知，在塔顶采出量小于 175mol·h^{-1}时，塔顶采出量对塔顶产品的浓度的影响较小，但超过某一临界值后，塔顶产品浓度迅速降低，可知在塔顶产品的产量和塔顶产品浓度之间存在一最优值。由图 12 和图 13 看出平衡级模型的模拟结果与 Aspen Plus 模拟的结果比较吻合。

Aspen Plus 软件在科研中得到了广泛的应用，但其学习使用及模拟过程较为复杂，在一定程度上限制了其在实验教学中的使用。本文中研发的软件虽模拟的准确度略低于 Aspen Plus 软件，但操作简单，计算时间短，同时由于软件模型使用的是更接近于化工原理理论教学的平衡级模型，更容易被学生理解和使用。

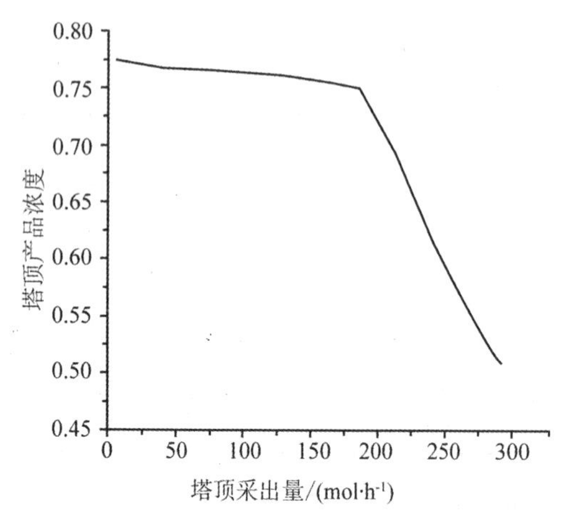

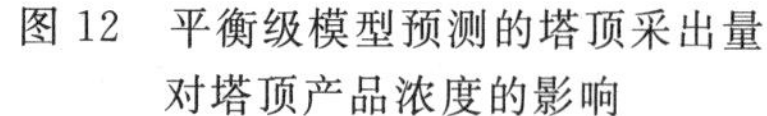
图 12 平衡级模型预测的塔顶采出量对塔顶产品浓度的影响

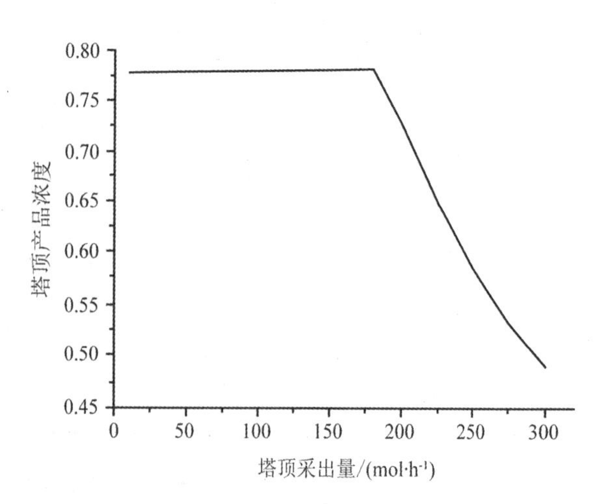

图 13 Aspen Plus 模拟的塔顶采出量对塔顶产品浓度的影响

相对于传统的理论教学和实验教学，将模拟软件引入实验教学具有以下优点：①将模拟软件应用于实验教学，可以利用计算机信息技术、多媒体等技术构建虚拟仿真实验平台，实现企业生态环境、运营管理的高度仿真。②将软件模拟引入实验教学，可以有效降低高校实验教学的教学成本。

将开发的软件应用在实验教学中，可增强学生的兴趣，提高实验教学质量，使实验教学更接近工程实际，获得良好的教学效果。以本文分离乙醇-水为例，软件可模拟计算精馏过程，初步确定最佳回流比。此计算结果可作为精馏实验的基础，在化工专业实验教学过程中起到很好的示范作用。

4 结 论

本文根据精馏生产过程的操作状态的特点，建立了基于平衡级假设的数学模型，运用 MESH 方程，将三角形矩阵法和泡点法相结合作为模型求解的解决方案，运用直接归一法或 θ 归一法收敛，并使用 VC＋＋开发模拟软件，模拟精馏塔内各级温度、气相及液相组分的变化趋势。模拟研究了精馏塔的操作参数的变化对塔顶产品和塔底产品浓度的影响，并与 Aspen Plus 软件的模拟结果进行了比较，模拟结果最大误差在 5％以内，模拟值与实际测量值的误差在工程要求的范围内，过程模型的建立为过程优化的顺利实施提供了条件。

将开发的模拟软件应用于化工专业实验教学中，节约了实验成本，使化工实验课程紧密贴近实际化工过程，减轻了实验设计的计算工作量，提高了实验教学的质量，开阔了学生的视野，同时培养了学生应用计算机进行科学研究的能力。

参考文献

[1] MOSHOOD J, MUHAMMAD A A. Development and application of linear process model in estimation and control of reactive distillation[J]. Computers & Chemical Engineering, 2005, 30: 147 - 157.

[2] AN W Z, HU Y D, YUAN X G. Application and development of optimization techniques in distillation-based process synthesis[J]. Computer and Applied Chemistry, 2005, 22(5): 333 - 338.

[3] HE R C, LUO X L. Problems on simulating multicomponent distillation columns and their resolvents[J]. Journal of System simulation, 2006, 18(3): 753 - 756.

[4] 李健. 精馏塔机理——神经网络混合建模的研究[D]. 南宁: 广西大学,2007.

[5] 于丙琴,张贝克,孙军,等. 精馏过程动态仿真建模[J]. 计算机与应用化学,2011,28(9): 1219 - 1223.

[6] HOCH P M, ELICECHE A M, GROSSMANN I E. Evaluation of design flexibility in distillation column using rigorous models[J]. Computers & Chemical Engineering, 1995, 19: 669 - 674.

[7] 王慧娟. 精馏的过程建模与操作优化研究[D]. 辽宁: 大连理工大学,2006.

[8] 张亚乐. 徐博文. 方崇智. 基于稳态模型的常压蒸馏塔在线优化控制[J]. 石油炼制与化工,1997,28(10): 48 - 52.

[9] FRUCHAUF P S, MAHONEY D P. Distillation column control design using steady state models: Usefulness and limitations[J]. ISA Transactions ,1993,32(2) : 157 - 175.

推荐一个有机化学综合性实验

——乙酰二茂铁的制备及柱色谱分离

强根荣*，王红，王海滨，孙莉，盛卫坚

（浙江工业大学　浙江　杭州　310014）

摘　要　本文介绍了乙酰二茂铁的制备及柱色谱分离的详细方法，提出了实验过程中的注意事项，有助于学生理解 Friedel-Crafts 酰基化反应原理，掌握柱色谱分离、提纯化合物的原理和技术，更加全面地巩固有机化学实验基本技能和综合实践能力。该实验特别适合于化学、化工和其他相关本科专业的“有机化学实验”或“综合化学实验”课程中开设。

关键词　乙酰二茂铁；柱色谱；Friedel-Crafts 酰基化；有机化学实验

二茂铁及其衍生物是一类很稳定的有机过渡金属络合物。二茂铁是橙色的固体，又名双环戊二烯基铁，是由两个环戊二烯负离子和一个二价铁离子键合而成，具有夹心型结构。二茂铁具有类似苯的一些芳香性，比苯更容易发生亲电取代反应。二茂铁及其衍生物可作为火箭燃料的添加剂、汽油的抗爆剂、硅树脂和橡胶的防老剂及紫外线吸收剂等。以乙酸酐为酰化剂，三氟化硼、氢氟酸或磷酸为催化剂，二茂铁可以发生 Friedel-Crafts 酰基化反应，主要生成一元取代物及少量 1,1′-二元取代物。

二茂铁及其衍生物的分离最好采用柱色谱法，根据二茂铁和乙酰二茂铁对硅胶吸附能力的差异进行分离提纯。

本实验既包含有机合成的基本操作，又包含柱色谱分离和分析检测的操作，有助于学生理解 Friedel-Crafts 酰基化反应原理，掌握柱色谱分离、提纯化合物的原理和技术，更加全面地巩固有机化学实验基本技能和综合实践能力。该实验已在我校 2013 级部分班级中进行了试行，达到预期目标，特别适合于化学、化工和其他相关本科专业的“有机化学实验”或“综合化学实验”课程中开设，学时数约为 8h。

1　乙酰二茂铁制备原理

制备乙酰二茂铁的反应式如下：

---

*　资助项目：2015 年浙江省高等教育课堂教学改革项目（项目编号：JG2015027）

通讯作者：强根荣，电子邮箱：qgr@zjut.edu.cn

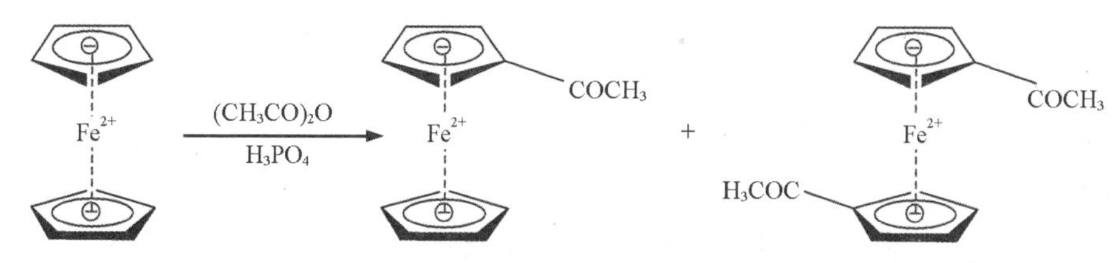

薄层色谱是将吸附剂均匀地铺在一块玻璃板表面形成薄层(其厚度一般为0.1～0.2mm)，在此薄层上进行色谱分离的方法。由于吸附剂对不同组分的吸附能力不同，对极性大的组分吸附力强，反之，则吸附力弱，因此，当选择适当溶剂(称为洗脱剂或展开剂)流过吸附剂时，组分便在吸附剂和溶剂间发生连续的吸附和解吸，经过一定时间，各组分便达到相互分离。试样中各组分的分离效果可以用它们的比移值 R_f 的差来衡量。R_f 值是某组分的斑点中心到原点的距离与溶剂前沿到原点的比值，R_f 值一般在0～1，其值大表示该组分的分配比大，易随溶剂流动，且两组分的 R_f 值相差越大，则它们的分离效果越好。

薄层层析所使用的吸附剂和溶剂的性质直接影响试样中各组分的分离效果，应根据试样中各组分的极性大小来选择合适的吸附剂。为了避免试样的组分在吸附剂上吸附过于牢固而不展开，致使保留时间过长，斑点扩散，因此对极性小的组分可选择吸附活性较大的吸附剂，反之，对极性大的组分可选择吸附活性较小的吸附剂。最常用的吸附剂是硅胶和氧化铝，硅胶略带酸性，适合于分离酸性和中性物质，氧化铝略带碱性，适合于分离碱性和中性物质，若有必要，可以将氧化铝转变成中性或酸性氧化铝，或把硅胶转变成中性或碱性硅胶再用。

吸附剂所吸附试样的组分由洗脱剂在薄层中展开，当洗脱剂在薄层板上移动时被溶解的组分也跟着向上移动，若组分上移过快，则应选择极性较小的溶剂，若组分上移过慢，则应选择极性较大的溶剂。通常使用的溶剂有石油醚、四氯化碳、甲苯、苯、二氯甲烷、氯仿、乙醚、乙酸乙酯、丙酮、乙醇、甲醇、水。其极性按顺序增大。

柱色谱是在色谱柱中装入作为固定相的吸附剂，试样流经固定相而被吸附，然后利用薄层色谱中探索到的能分离组分的溶剂流经色谱柱，试样中的各组分在固定相和溶剂间重新分配，分配比大的组分先流出，分配比小的组分后流出，对于不易流出的组分可另选择合适的溶剂再进行洗脱，这样就可以达到各组分的分离提纯。

本实验通过柱色谱分离提纯产品，主要是根据二茂铁、乙酰二茂铁和1,1′-二乙酰二茂铁对硅胶的吸附能力的差异而进行分离提纯。

2　乙酰二茂铁的制备

2.1　实验目的

(1) 通过乙酰二茂铁的制备，理解 Friedel-Crafts 酰基化反应原理。

(2) 掌握机械搅拌等操作。

(3) 掌握用柱色谱分离和提纯化合物的原理和技术。

(4) 学习用红外光谱表征有机化合物。

2.2 主要试剂与仪器

试剂：二茂铁，乙酸酐，磷酸，碳酸钠，石油醚（60～90℃），乙酸乙酯，硅胶（100～200目），石英砂。

仪器：100ml 三口烧瓶，恒压滴液漏斗，球形冷凝管，二口连接管，温度计（100℃），薄层板，层析缸，色谱柱（30cm，19＃），机械搅拌装置，熔点测定仪，旋转蒸发仪，红外灯。

2.3 实验装置

实验装置见图 1 和图 2。

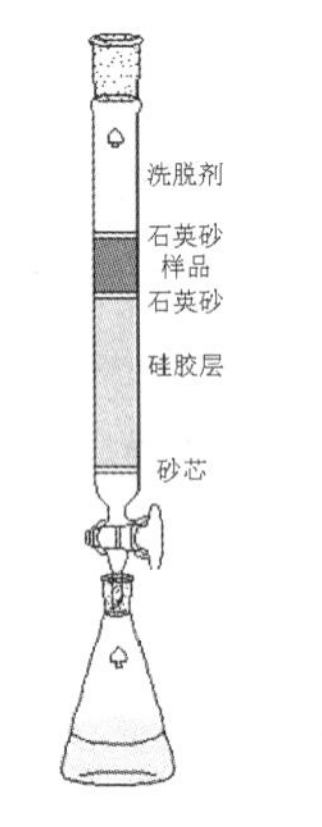

图 1　柱色谱示意图

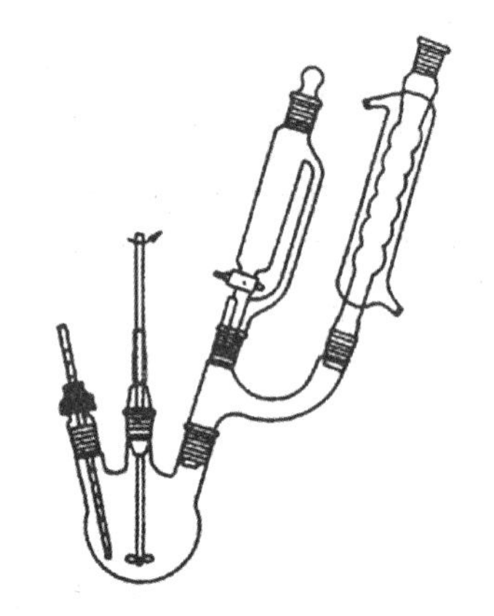
图 2　合成乙酰二茂铁反应装置

2.4 实验步骤

（1）乙酰二茂铁的制备[1—2]

在 100ml 三口烧瓶中，加入 1.5g(8.05mmol)二茂铁和 10ml(10.8g，0.105mol)乙酸酐，在恒压滴液漏斗中加入 2ml 85％磷酸。开启搅拌，圆底烧瓶用冷水冷却，慢慢滴加磷酸。滴加过程中，控制反应温度不要超过 20℃。滴加完毕后，在室温下搅拌 5min，再升温到 55～60℃，恒温搅拌 15min。然后将反应混合物倾入盛有 40g 碎冰的 400ml 的烧杯中，并用少量冷水刷洗三口烧瓶，将刷洗液并入烧杯。在搅拌下，分批加入固体碳酸钠，到溶液呈中性为止（pH＝7），约需 10g 碳酸钠。将中和后的反应混合物置于冰水浴中冷却，抽滤收集析出的橙黄色固体，用冰水洗涤两次，压干后在红外灯下干燥。

（2）薄层层析

①薄层层析板的制备

将洗净烘干的载玻片浸入涂布液（100ml CH_2Cl_2 含 4g 硅胶）中，立即平稳地拿出涂布液，使载玻片表面涂上厚度均匀、完整无损的硅胶层，在空气中晾干。

②点样

取少许干燥后的粗产物和二茂铁分别溶于 CH_2Cl_2 中，用细的毛细管分别吸取上述两种溶液，将其分别点在载玻片底边约 1cm 处的硅胶上，点要尽量圆而小，两点的高度要一致，点样时不要破坏硅胶层，晾干，同样点滴 5 块载玻片。

③薄层层析

在 5 个层析缸中分别装入少量石油醚、甲苯、乙醚、乙酸乙酯、二氯甲烷，溶剂的高度约为 0.5cm（不要超过载玻片上的点样高度），将 5 块载玻片分别放入 5 个层析缸中，加盖，待溶剂上升到距上边约 1cm 时，取出载玻片，在空气中晾干。用铅笔记录各载玻片上溶剂到达的位置和各斑点中心的位置。

将实验结果记录于表 1、表 2。

表 1　薄层板上各斑点中心的位置与各溶剂前沿位置

高度/cm	石油醚	甲苯	乙醚	乙酸乙酯	二氯甲烷
二茂铁					
乙酰二茂铁					

表 2　R_f 值的计算

R_f 值	石油醚	甲苯	乙醚	乙酸乙酯	二氯甲烷
二茂铁					
乙酰二茂铁					

由 R_f 值可知，洗脱二茂铁的溶剂为：

能快速洗脱乙酰二茂铁的溶剂为：

(3) 乙酰二茂铁的柱色谱分离

①拌样

称取上述粗产品 0.1g 置于干燥的小烧杯中，滴加乙酸乙酯使其溶解，加入 1.0g 硅胶（100～200 目），搅拌均匀得橘黄色浆状物，在红外灯下干燥得松散的粉末状固体。

②湿法装柱

将色谱柱（30cm）垂直固定在铁架台上，向柱中加入石油醚（60～90℃）至柱高的 1/2。柱活塞下接一干净的锥形瓶。

在小烧杯中称取约 40g 硅胶（100～200 目），加入石油醚（60～90℃）调匀。

打开柱下活塞，控制流出速度 1～2 滴·s^{-1}。将烧杯中硅胶糊状物加入柱内，硅胶自然沉降，将流下的石油醚倒入未倒完的吸附剂中，搅匀后再倒入柱中，反复多次，待所有的吸附剂全部转移完，用滴管吸取流下的石油醚，将粘在柱内壁的硅胶淋洗下去，然后用皮管轻轻敲击柱身，使柱面平整、无气泡，装填紧密而均匀，在顶部加一层约 3mm 厚的石英砂。

③上样

当石英砂上面留有少量（粉末状样品正好浸没在其中）石油醚时，将上述拌有粗产品的粉末状固体装入柱中，轻敲柱身，使柱面平整，上层再覆以 3mm 厚的石英砂。

④洗脱

用石油醚∶乙酸乙酯=5∶1(V∶V)作洗脱剂(100～150ml)从柱顶沿柱内壁慢慢加入,控制洗脱剂的滴速在1～2滴·s^{-1},逐渐展开,得到黄色、橙色分离的色谱带。待色带分离明显后,可在柱顶加压以加速分离。黄色的二茂铁色带首先流出,用干燥的锥形瓶收集洗脱溶液。当黄色色带完全洗脱下来后,用另一只已干燥的锥形瓶收集黄色与橙色之间的洗脱液。当橙色色带快要洗脱下来时,再用另一只已干燥的锥形瓶收集洗脱液。两种谱带都有比较明显的拖尾现象。

⑤收集产品

收集到的黄色洗脱液中有未反应完的原料二茂铁,橙色洗脱液中主要是产物乙酰二茂铁。将橙色洗脱液倒入已称重的干燥圆底烧瓶中,旋转蒸发除去溶液,烘干后称重,测定熔点为83.5～84.5℃。

用红外光谱表征乙酰二茂铁。3446cm^{-1}处的吸收峰为苯环上共轭双键的H,1662cm^{-1}附近的吸收峰为羰基伸缩振动,表明苯环上发生了酰化反应,产生了芳烃共轭的羰基。1375cm^{-1}处有吸收峰,说明分子中含有甲基,1005和1101cm^{-1}处的两个峰是对称吸收峰,明显比二茂铁在该位置的吸收减弱,证明引入取代基后不对称,即环上一个氢被取代,发生的是单酰化反应。

以$CDCl_3$为溶剂,测定乙酰二茂铁的^1H NMR谱。乙酰二茂铁的化学位移(δ,ppm)为:4.77(t,J=1.8Hz,2αH,C_5H_4),4.50(t,J=1.8Hz,2βH,C_5H_4),4.21(s,5H,C_5H_5),2.40(s,3H,CH_3)。

3 结果与讨论

3.1 注意事项

(1) 滴加磷酸时一定要在冷却条件下慢慢滴加。

(2) 制备乙酰二茂铁时,一定要严格控制温度在55～60℃,反应结束后,反应物呈暗红色。温度高于85℃,反应物即发黑、黏稠,甚至炭化。

(3) 用碳酸钠中和粗产物时,应小心操作,防止因加入过快产生大量泡沫而使产物溢出,并且每次加入时,要观察烧杯底部,看碳酸钠是否全部溶解。

(4) 装柱要紧密,无断层,无缝隙,无气泡。在装柱、洗脱过程中,应始终保持有溶剂覆盖吸附剂。

(5) 二茂铁和乙酰二茂铁的红外光谱见图3、图4。

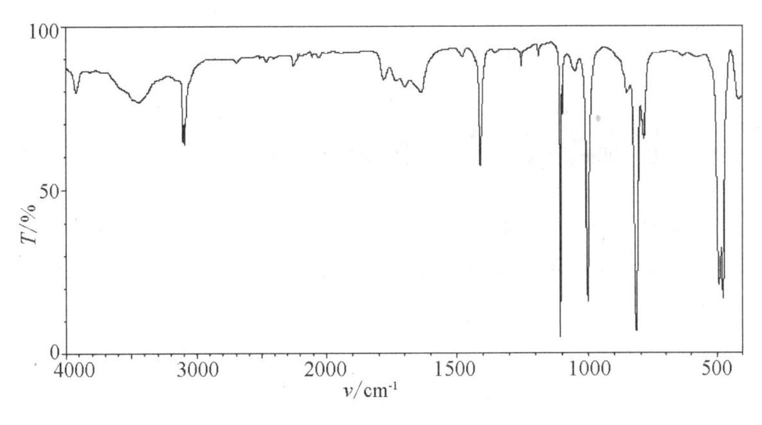

图 3　二茂铁的 IR 谱图

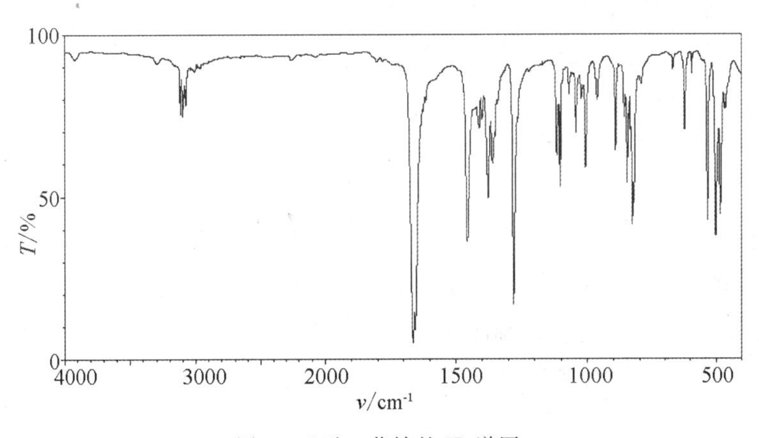

图 4　乙酰二茂铁的 IR 谱图

3.2　思考题

（1）二茂铁酰化时形成二酰基二茂铁时，第二个酰基为什么不能进入第一个酰基所在的环上？

（2）二茂铁比苯更容易发生亲电取代，为什么不能用混酸进行硝化？

（3）乙酰二茂铁的纯化为什么要用柱色谱法？可以用重结晶法吗？它们各有什么优缺点？

（4）本实验采用柱色谱分离二茂铁和乙酰二茂铁的原理是什么？

（5）解析乙酰二茂铁红外光谱图中有关吸收峰的归属。

参考文献

[1] 李保国，张海波. 乙酰基二茂铁的合成[J]. 化学试剂，2001，23(5)：292－293.

[2] 卓馨. 乙酰二茂铁的合成与性质测定[J]. 宿州学院学报，2006，21(6)：97－99，120.

阿司匹林铜合成条件研究及铜含量的测定

谭桂娥*，委育秀，祝海娟，蔡吉清，王秋萍，王国平

（浙江大学　浙江　杭州　310058）

摘　要　探索以阿司匹林和 $CuSO_4 \cdot 5H_2O$ 为主要原料合成阿司匹林铜的条件，并用碘量法测定阿司匹林铜中的铜含量，用红外光谱对其结构进行表征。结果表明，阿司匹林过量，适当增加反应时间，较低的温度，氢氧化钠的用量稍低，阿司匹林铜产率明显提高。

关键词　阿司匹林铜；制备条件；铜含量测定；红外光谱

阿司匹林(aspirin)是国内外广泛使用的解热镇痛药，其主要成分是乙酰水杨酸，具有解热、镇痛、抗炎及抗风湿作用，此外，还有抗血小板的凝聚作用。虽然疗效良好，但是阿司匹林药物存在严重的副作用，血药浓度愈高，副作用愈明显。阿司匹林铜是阿司匹林的一种衍生物，其抗炎、抗血小板聚集的活性显著高于阿司匹林，不良反应小，而且还具有抗溃疡形成的作用，是一种具有开发应用前景的药物[1—3]。有关阿司匹林铜制备和结构表征的研究已有报道[4—9]，但关于其合成条件的研究较少。本文对阿司匹林铜合成条件进行了研究，拟转化成一个适合大学一、二年级学生基础的综合化学实验，把化合物制备和定量分析的基本操作融入其中，有助于培养和提高学生基础化学实验的综合能力、及分析和解决实际问题的能力。

1　实验原理

采用阿司匹林、氢氧化钠、五水硫酸铜为原料合成阿司匹林铜，反应方程式如下：

$$C_6H_4(COOH)(OCOCH_3) + NaOH \longrightarrow C_6H_4(COONa)(OCOCH_3) + H_2O$$

$$2\,C_6H_4(COONa)(OCOCH_3) + CuSO_4 \longrightarrow CH_3OCO\text{-}C_6H_4\text{-}COO\text{-}Cu\text{-}OOC\text{-}C_6H_4\text{-}OCOCH_3$$

* 资助项目：2015年浙江省高等教育课堂教学改革项目（项目编号：KG2015028）

第一作者：谭桂娥，电子邮箱：tanguie@zju.edu.cn

阿司匹林与硫酸铜的物质的量之比为 2∶1，配位方式属于桥式双齿配位。

阿司匹林铜中铜含量的测定可用碘量法。在酸性溶液中加热，阿司匹林铜解离出 Cu^{2+}。在微酸性溶液中（pH＝3～4），Cu^{2+} 与过量 I^- 作用，生成难溶性的 CuI 沉淀和 I_2，其反应式为：

$$2Cu^{2+} + 4I^- = 2CuI\downarrow + I_2$$

生成的 I_2 用 $Na_2S_2O_3$ 标准溶液滴定，以淀粉溶液为指示剂，滴定至溶液的蓝色刚好消失即为终点。反应式为：

$$I_2 + 2S_2O_3{}^{2-} = 2I^- + S_4O_6{}^{2-}$$

根据 $Na_2S_2O_3$ 标准溶液的浓度及消耗的体积计算出试样中铜的含量。

$$w_{Cu}(\text{质量分数}) = \frac{c(Na_2S_2O_3)\times V(Na_2S_2O_3)\times M(Cu)}{m_s\times 1000}$$

2 主要试剂与仪器

试剂：阿司匹林，五水硫酸铜，氢氧化钠，无水乙醇，碘化钾，硫代硫酸钠（0.1mol·L^{-1}），淀粉（5%）。

仪器：循环水泵，恒温水浴锅，电子分析天平，滴定管，锥形瓶，烧杯，试剂瓶，傅里叶变换红外光谱仪。

3 实验方法

在 250ml 的烧杯中，称取五水硫酸铜 3.12g，加入 100ml 蒸馏水搅拌溶解备用。在 100ml 的烧杯中，称取氢氧化钠固体 1.0g，加 20ml 蒸馏水，搅拌，待氢氧化钠固体溶解后冷却至室温。在另一 250ml 的烧杯中，称取 4.5g 阿司匹林，用 95%乙醇 25ml，稍加热，搅拌，待阿司匹林溶解后冷却至室温。将氢氧化钠溶液加到阿司匹林的乙醇溶液中，边加边搅拌，产物为阿司匹林钠。将硫酸铜溶液用滴管滴加到阿司匹林钠溶液中，边加边搅拌，加完持续搅拌 10min，生成阿司匹林铜沉淀，反应温度控制在 15～20℃。抽滤，先用蒸馏水洗 3 遍，再用 10ml 无水乙醇分 3 次洗沉淀，转移沉淀于表面皿上，于烘箱中 50℃烘 5～10min，得到亮蓝色阿司匹林铜结晶粉末。

4 阿司匹林铜的制备条件实验

4.1 阿司匹林铜的制备温度的实验

只改变反应温度，其他与“3 实验方法”所述相同。反应温度分别为 15、25、35℃。实验结果见表 1。

表1 温度对阿司匹林铜制备的影响

序号	1	2	3
温度/℃	15	25	35
阿司匹林铜产率/%	84.6	80.8	75.1
阿司匹林铜中铜的质量分数	0.1349	0.1500	0.1489

4.2 阿司匹林和硫酸铜的物质的量之比的实验

改变阿司匹林与硫酸铜的物质的量之比，其他与“3 实验方法”所述相同。阿司匹林与硫酸铜的物质的量之比分别为1∶2、1∶1、2∶1、3∶1。实验结果见表2。

表2 阿司匹林和硫酸铜的物质的量之比对阿司匹林铜制备的影响

序号	4	5	6	7
物质的量之比(阿司匹林∶硫酸铜)	1∶2	1∶1	2∶1	3∶1
阿司匹林铜产率/%	49.91	51.80	84.6	91.5
阿司匹林铜中铜的质量分数	0.1504	0.1494	0.1500	0.1491

4.3 氢氧化钠用量的实验

改变氢氧化钠用量，其他与“3 实验方法”所述相同。氢氧化钠用量分别为0.80、0.90、1.00、1.10、1.20g。实验结果见表3。

表3 氢氧化钠用量对阿司匹林铜制备的影响

序号	8	9	10	11	12
氢氧化钠用量/g	0.80	0.90	1.00	1.10	1.20
阿司匹林铜产率/%	88.4	95.8	91.4	53.1	42.9
阿司匹林铜中铜的质量分数	0.1495	0.1500	0.1485	0.1489	0.1603

4.4 硫酸铜加入速度的实验

改变加硫酸铜的速度，其他与“3 实验方法”相同。实验结果见表4。

表4 硫酸铜加入速度对阿司匹林铜制备的影响

序号	13	14	15	16
硫酸铜加入速度	快速一次加入	5min内加完	10min内加完	15min内加完
阿司匹林铜产率/%	68.7	86.6	91.4	90.3
阿司匹林铜中铜的质量分数	0.1620	0.1498	0.1502	0.1489

4.5 硫酸铜加入顺序的实验

改变加硫酸铜的顺序，即将阿司匹林钠的乙醇溶液加入硫酸铜溶液中，其他与“3 实验方法”所述相同。实验结果见表 5。

表 5 硫酸铜加入顺序对阿司匹林铜制备的影响

序号	1	17	18
硫酸铜加入顺序	硫酸铜溶液加入阿司匹林钠乙醇液中	阿司匹林钠乙醇液加入硫酸铜溶液中	阿司匹林钠乙醇液加入硫酸铜溶液中，延长反应 30min
阿司匹林铜产率/%	84.6	65.0	82.0
阿司匹林铜中铜的质量分数	0.1512	0.1504	0.1500

5 阿司匹林和阿司匹林铜的红外光谱分析

采用溴化钾压片红外光谱法对阿司匹林标准物和产品阿司匹林铜进行红外光谱分析。

6 结果与讨论

(1) 实验结果表明，温度不同，阿司匹林铜的产率略有不同。若温度高，反应快，但可能有部分阿司匹林分解为水杨酸，产率稍低。若温度低，阿司匹林与氢氧化钠溶液中和时不易水解，但是反应慢，若用与高温时相同的反应时间，产物中还混有阿司匹林。阿司匹林铜中铜含量理论质量分数为 0.1506，反应温度为 15℃时的产品铜含量的测定值为 0.1349，较理论值低，阿司匹林铜产品的红外谱图中可见阿司匹林在 1691cm^{-1}处的特征吸收峰，两者都可佐证阿司匹林铜产品中含有阿司匹林；若要得到较高的产率，又有较好的纯度，可在 20℃左右进行反应，但是配合物生成时反应时间比 30℃和 40℃时延长约 15～20min 更好。

(2) 按阿司匹林用量计算产率，阿司匹林过量，阿司匹林铜产率提高，按反应式物质的量之比投料，产率也不低。硫酸铜过量时，可能形成较多的配位比为 1∶1 的翠绿色配合物，此配合物的水溶性较好，硫酸铜过量很多时，还有较多的硫酸铜没反应，所以，随着硫酸铜用量增大，滤液呈现绿色、蓝绿色到蓝色。阿司匹林价格高，是有机化合物，按反应式物质的量之比投料，或稍过量(如 5%以内)即可。

(3) 氢氧化钠的用量对阿司匹林铜的产率影响很大，氢氧化钠的用量稍过量，阿司匹林铜的产率明显降低，滤液呈翠绿色。阿司匹林不溶于水，溶于乙醇的热溶液，将其转化为阿司匹林钠后再形成阿司匹林铜的配合物，反应容易进行。但是阿司匹林的乙酰基在氢氧化钠溶液中易水解，水解后可能以氧负离子形式存在，水溶性很好，使得目标产物的产率明显下降。为使反应容易进行，又要避免乙酰水杨酸的水解，氢氧化钠的用量比反应式物质的量之比用量稍少（如 90%）更好。

（4）硫酸铜的加入速度（快速一次全部加入和用滴管在不同的时间内加完），快速加入时，产率偏低，可能是由于硫酸铜的浓度偏大时，形成 1∶1 配位的配合物，转化为 2∶1 配位的配合物比较难。快速加入时，若延长反应时间，产率会提高。

（5）将硫酸铜溶液加入阿司匹林钠乙醇水溶液中，产物易形成，产率也较高。如果将阿司匹林钠乙醇水溶液加入硫酸铜溶液中，相同反应时间，后者产率偏低，若延长反应时间，产率与前者相差不多。

（6）阿司匹林铜中铜含量理论值为 15.06%。用碘量法测合成的产品的铜含量时，和理论值接近。

（7）红外光谱法分析

谱图见图 1 和图 2。

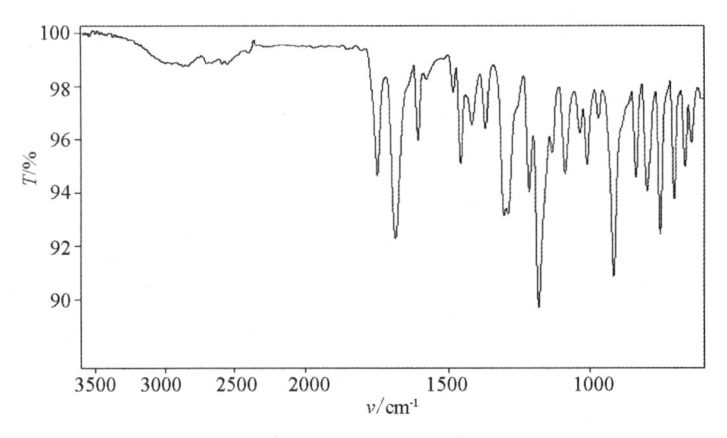

图 1　阿司匹林的 IR 谱图

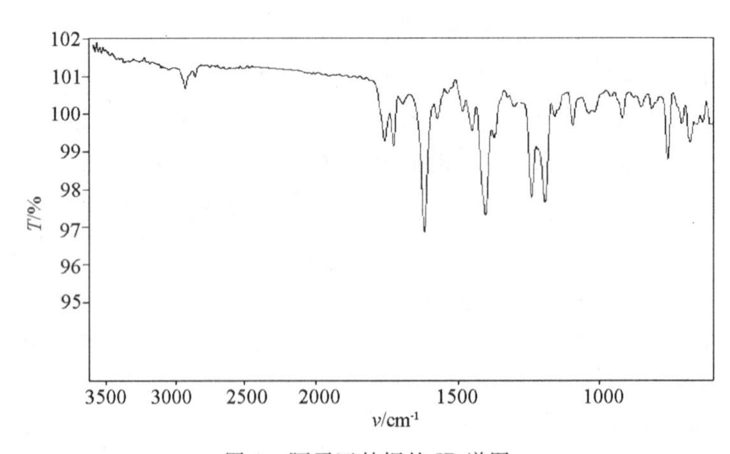

图 2　阿司匹林铜的 IR 谱图

阿司匹林的羧羰基的 CO 振动在 1691cm^{-1}附近有特征吸收;阿司匹林乙酰氧基的 CO 振动在 1749cm^{-1}附近有特征吸收。

阿司匹林铜的红外光谱显示,与 Cu^{2+} 配位后,阿司匹林原有的 1691cm^{-1}峰消失,阿司匹林乙酰氧基的 CO 振动(原位于 1759cm^{-1}附近)分裂为 1758cm^{-1}和 1726cm^{-1} 2 个峰,与文献[4,5,7]的研究结果基本吻合。

参考文献

[1] 刘伟平,李玲,熊惠周,等.阿司匹林铜的结构表征和抗炎活性研究[J].昆明医学院学报,1996,17(3):1-4.

[2] 刘伟平,刘祝东,谌喜珠,等.快速测定新药阿司匹林铜中的杂质水杨酸铜[J].中国药学杂志,2000,35(12):840-3841.

[3] 刘祝东,刘伟平,杨懿昆,等. 反相高效液相色谱法测定新药阿司匹林铜[J]. 分析化学,1999,27(10):1160-1163.

[4] 田喜强.阿司匹林铜的合成及红外光谱分析[J].绥化学院学报,2013,33(2):151-153.

[5] 惆晓明,陈景.阿司匹林铜络合物的红外光谱分析[J].分析化学,2001,29(4):496-496.

[6] 张敬东,王思宏,张小勇,等.司匹林铜的一步法合成及表征[J].化学试剂,2010,32(3):269-270.

[7] 孔祥平. 阿司匹林铜的合成及结构表征[J]. 应用化学,2009,38(9):1297-1299.

[8] 张友智. 阿司匹林铜的合成与质量控制研究[J].中南药学,2007,5(1):38-39.

[9] 黄雅丽,娄本勇.阿司匹林铜配合物的制备与表征的探索与研究[J]. 应用化学,2011,14(4):118-120.

汽车新能源燃烧热的测定

梁秋霞*，强根荣，唐浩东，吕德义

（浙江工业大学　浙江　杭州　310014）

摘　要　传统的燃烧热测定实验在实验内容和操作方法等方面缺乏创新性，导致学生在实验时主动性不强，兴趣不大。为有效融合对大学生创新能力和基础知识两个方面的培养，将新能源、新材料等当今社会的热点问题引入本科生的实验教学中是一有效方法。这样不仅能让教师在基础实验中进行研究性教学，同时也可以引导学生在基础实验中进行研究性学习。

关键词　燃烧热；汽车新能源；实验教学

燃烧热是热力学重要数据之一，除可以用来求算生成热、键能等数据外，还常用来作为判断燃烧质量的重要依据。因此，燃烧热测定实验是大学物理化学实验中最基本的热力学实验之一，同时该方法也是工业化生产和科学研究中进行热值分析的重要方法[1]。

传统的燃烧热测定实验通常用固体萘作为待测物质，实验内容和操作方法缺乏创新性，且测定萘的燃烧热并无市场应用价值，因而导致学生在实验时主动性不强，兴趣不大，这有悖于"重视学生实践能力和创新能力的开发，培养创新型人才"的高校实验教学改革理念。

将当今社会的热点问题及学生感兴趣的难度适宜的科研项目引入本科生的实验教学中，是有效融合大学生创新能力和基础知识两个方面培养的一种有效方法，这样不仅能让教师在基础实验中进行研究性教学，同时也可以引导学生在基础实验中进行研究性学习，从而实现强化基本技能训练、突出创新能力培养，达到提高大学生科学素质的目标。

1　实验开发意义

随着经济的发展和石油、煤炭等不可再生资源的日益减少，能源危机日益加剧，甲醇、生物柴油等可再生的新能源正日益受到重视[2]。甲醇由于抗爆性好、着火极限宽、沸点低、冷凝点低、闪点低、汽化潜热大且分子结构更利于充分燃烧等特点，成为具有广阔应用前景的石油替代燃料之一。生物柴油可以通过将植物果实与种子、废弃的食用油、动物脂肪等与醇

* 资助项目：2015年浙江工业大学实验室工作研究与改革项目

第一作者：梁秋霞，电子邮箱：lqx102@zjut.edu.cn

类反应获得，可生物降解，可再生，且作为汽车用能源时，与柴油相比具有更高的十六烷值，燃烧性更优，废气排放更低，发动机损耗也更小。

以上几种汽车新能源都是应用前景良好的可再生资源，但如果缺乏详细的燃烧机理和准确的理论燃烧数据，在这些可再生资源的开发使用过程中将会产生一系列问题。因此，准确测定上述可再生能源的理论燃烧热值具有非常重要的理论及应用价值，将该类极具市场应用价值的科研课题引入本科生的物理化学实验中一定能大大激发学生的学习和研发热情。

2 实验研究方案

以甲醇汽油添加剂的制备及甲醇汽油燃烧热的测定为例。

2.1 汽油添加剂的合成

甲醇汽油或汽油中所使用的添加剂可以让学生通过查阅专利文献自己去合成。例如，汽车排放的尾气中含有对人体危害较大的铅尘污染物，为了减少大气中的铅尘污染，现用甲基叔丁基醚替代四乙基铅作为抗爆剂，生产无铅汽油。甲基叔丁基醚是一种高辛烷值汽油添加剂，具有优良的抗爆性，对环境无污染。

甲基叔丁基醚的制备的反应式如下：

$$(CH_3)_3C-OH + HOCH_3 \xrightarrow{15\%\ H_2SO_4} (CH_3)_3C-O-CH_3$$

实验步骤如下：

在 250ml 圆底烧瓶中加入 70ml 15%硫酸、12.8g(16ml,0.4mol)甲醇和 14.8g(19ml,0.2mol)叔丁醇，振摇使之混合均匀。投入几颗沸石，装好分馏装置，小火加热，边反应边将生成的粗产物蒸出，收集 49～53℃的馏分。

将收集液转入分液漏斗中，依次用水、10%为 Na_2SO_3 水溶液、水洗涤。醚层用无水氯化钙干燥，蒸馏，收集 53～56℃时的馏分。产物约为 14g(产率为 80%)。测定产物的折光率。

甲基叔丁基醚为无色透明液体，沸点为 55～56℃，$n_D^{20}=1.3690$，$d=0.740$；叔丁醇沸点为 82.5℃；甲醇沸点为 65℃。

2.2 甲醇汽油燃烧热的测定

以氧弹式量热法测定甲醇汽油的燃烧热。

实验可以将甲醇汽油中甲醇的添加比例、甲醇汽油添加剂种类等作为研究方向，通过对不同甲醇比例或添加不同添加剂的甲醇汽油的热值进行测定，以及对所得实验数据的分析，探讨甲醇汽油合适的配比或添加剂，分析发动机燃用时理论油耗与实际油耗存在差距的原因，为进一步提升甲醇汽油使用性能提供参考。

实验所涉及的基本操作步骤如下所示：

(1) 系统恒容热容的标定

其步骤如下：

①压片及称样。

②装样。

③灌氧。

④点火并记录。

⑤洁净和处理。

(2) 药用胶囊摩尔燃烧热的测定

按照(1)的步骤进行药用胶囊摩尔燃烧热的测定。

(3) 甲醇汽油燃烧热的测定

将适量的不同配比及添加不同添加剂的甲醇汽油置于一已准确称重的药用胶囊中，使用(1)的步骤测定不同配比及添加不同添加剂时甲醇汽油燃烧时的温度升高值。

3 实验具体实施过程

建议学生以6～8人为1个课题小组，选择自己感兴趣的实验研究方向。实验预习时可自行查阅或阅读教师给予的甲醇汽油和燃烧热值测定方面的文献资料，实验之前需做好实验准备工作，并通过本次实验的实验室准入考核。教师课堂讲授时可有选择性地让有兴趣的课题小组进行短时间(约10～15分钟)开题报告。实验时每个课题小组分3～4个实验小组进行，即2人1个组进行实验，实验时间同样为4～6课时。实验报告按照以往的方式进行，即自己处理自己实验组的数据，此外由1～2名有兴趣的同学将6～8人的实验结果进行统一整理后写出实验小论文。这样既不增加教师和学生的工作量，在很大程度上提升了该实验课题在操作上的可行性[3]，又可以提高学生的思考能力、问题和数据处理能力及论文写作能力。

4 实验预期效果

鉴于甲醇汽油等课题的市场应用价值较强，学生的兴趣会有较大程度的提高，实验结束后学生会对实验内容及方法印象较深，与传统的“萘的燃烧热测定实验”相比，教学效果肯定更好。此外，对于该类实验课题兴趣浓厚的同学，教师可以组织其继续深入研究，参加各类大学生课外科技活动，或进行相关课题的毕业设计。以往的教学经验表明，很多优秀的硕士或博士研究生都是导师在本科教学过程中发现的。

建议正在研究该类课题的教师来承担该实验教学任务，这样能够在更大程度上保证教学效果，对于学生今后参与比赛项目、毕业设计或是教师挖掘优秀学生都非常重要。相信这样不仅能让教师在基础实验中进行研究性教学，同时也可以引导学生在基础实验中进行研究性学习。

5 结　语

如何有效地将教师的科学研究成果转化到教学实验中，这是一个“老生常谈”的问题，但实际效果并不明显。其实，适合本科生物理化学实验教学的研究成果并不少，少的是教师对于本科生教学实验的积极参与，或者说少的是教师把本科生教学实验项目当成科研课题来研究的精神。如果教师辛苦的付出能够为自己换来不少优秀的硕士或是博士研究生生源，相信很多教师会积极参与本科教学；或者如果教师辛苦的付出能够通过本科生实验教学得到不少科研成果，相信广大教师也会把本科生实验教学当成自己的科研课题来研究。

参考文献

[1] 苏小辉，潘湛昌. 燃烧热测定实验的改进[J]. 中国现代教育装备，2009(2)，91.

[2] 张晓勇. 甲醇汽油的热值测定及其应用研究[D]. 西安：长安大学，2011.

[3] 田宜灵，朱荣娇，杨秋华，等. 基础实验教学中的创新教育[J]. 中国大学教育，2012(2)：74－76.

气固相催化反应动力学测定实验改进

贾继宁*,杨阿三,张建庭,屠美玲

(浙江工业大学 浙江 杭州 310014)

摘 要 针对化工专业实验中“气固相催化反应动力学测定”实验教学存在的台套数少、计量不准、方案单一和有安全隐患等问题,本文选取了以乙醇常压催化脱水制乙烯和乙醚作为反应体系,改进了实验流程,增加了综合考察反应速率随原料进料浓度和反应温度等因素变化关系的实验内容,开发了实验仿真系统。教学实践表明,改进后的实验流程适合进行气固相催化反应动力学研究,动力学模型预测结果与实验数据吻合较好,实验仿真系统直观易懂,对于培养学生的实践能力和创新精神具有积极意义。

关键词 化工专业实验;气固相催化;反应动力学

1 引 言

化工专业实验教学是实现本科培养目标的重要教学环节。加强化工专业实验教学改革是提高化工专业实验课程地位的重要途径,可以满足本科生毕业环节中对实验研究、实验设计、实验技能的需求[1]。加强化工专业实验教学改革是提高化工专业实验课程教学效果的主要手段,通过实验改革,引起本科生对化工专业实验的兴趣,激发他们的学习动机,让学生体会到化工专业实验课程与理论课程、毕业环节、生产实践之间的密切联系,从而有效提高化工专业实验课程教学效果。

气固相催化反应动力学测定实验是化学工程与工艺专业必修的化工专业实验之一。气固相催化反应是化学工业中应用非常广泛的反应过程,反应动力学研究反应速率与浓度、温度、压力、催化剂之间的定量关系,是化学反应工程课程的重要基础理论部分[2]。气固相催化反应动力学测定实验课程根据化学工业的生产特点,以动力学为基础,通过定量计算、实验技能和设计能力的训练,培养学生牢固的工程观点,使学生对化工生产中常用的反应器有一个深层次的了解[3]。通过该实验课程的学习,培养学生运用基础理论分析解决各种实际

---

* 资助项目:2012年浙江工业大学教学改革项目(项目编号:JGSY1201)

第一作者:贾继宁,电子邮箱:jjn@zjut.edu.cn

通讯作者:杨阿三,电子邮箱:yang104502@163.com

工程问题的能力，培养学生的创新精神。

现在，化工实验教学中心在气固相催化反应动力学实验教学中，不仅面临设备台套数少的问题，而且原来建立的实验装置也逐渐在计量准确性、实验方案多样性和安全性上出现了诸多问题。针对这些问题，我们进行了实验教学改革，建立了新的适合研究反应动力学的实验流程，选取了乙醇常压催化脱水制乙烯和乙醚作为反应体系，增加了基于平行反应机理的动力学模型，综合考察反应速率随原料进料浓度和反应温度等因素变化关系的实验内容，开发了实验仿真系统。

2 实验教学改革内容

从化学反应工程的观点出发，研究气固相催化反应动力学的目的之一是获得所需的速率方程，我们开设的实验是要确定动力学模型，并通过实验数据获得模型中的参数。针对原有实验装置、教学内容上的缺点和不足，我们进行了一系列的教学改革和实践，主要体现在以下几个方面：

2.1 新建内循环无梯度反应装置

内循环无梯度反应器的设计思想是使反应物料在反应器内呈全混流，从而可按全混流模型来处理反应速率数据，实质上就是使化学反应在等温和等浓度的条件下进行。建立一套新的内循环无梯度反应装置不仅可以缓解设备台套数少的问题，而且可以使化学工程与工艺专业学生接触和了解新的工程化、自动化反应装置，还可以帮助化学工程领域的研究人员通过先进的实验手段进行科学研究。

经过了前期大量调研和专家组的可行性论证，最终建立如图 1 所示的内循环无梯度反应装置。该装置适用于研究反应器返混性能与停留时间分布、气固相催化反应动力学、催化剂活性评价等。装置催化剂最大装填量为 10ml，液体流量控制在 0.01～9.99ml・min^{-1}，反应器搅拌速率为 0～1500r・min^{-1}，具有计算机联机数据采集和温度控制系统。

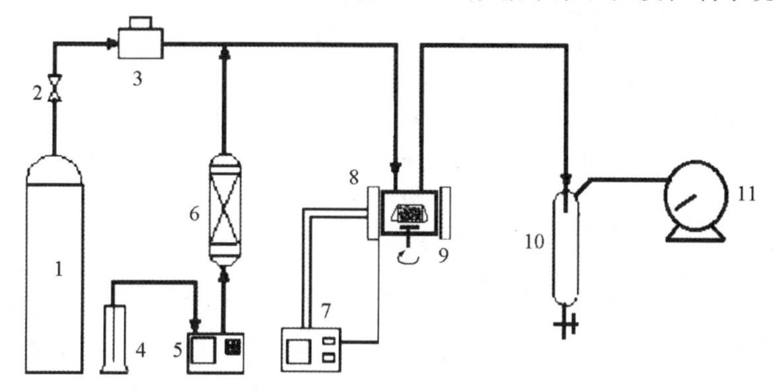

1－原料气或吹扫气；2－减压阀；3－质量流量计；4－原料液 5－计量泵；6－预热器；
7－温控仪；8－加热器；9－内循环式反应器；10－气液分离器；11－湿式流量计

图 1 新建的气固相催化内循环无梯度反应装置

2.2 改进原有的固定床微分反应装置

从反应装置简便、反应速率计算方便、催化剂用量少、易实现等温等因素考虑,原有的微分反应器是比较好的选择,经过改进,利用现有的设备开发新的实验内容,提高现有设备的利用率。

原有装置的进料泵是老式的双缸柱塞泵,每个缸的容积是 50ml,如果想根据原料浓度的变化求出不同的反应速率,就要置换 50ml 缸体内的原料,系统还要重新稳定,加上原来体系是加压到 3MPa 的反应体系,进料泵和反应系统之间没有单向阀,造成在双缸柱塞泵换缸时进料不稳,容易混入气体,最终造成计量不准,新增一台价格不高的双路蠕动电脑进料泵替换原来的双缸柱塞泵,可以解决快速改变进料浓度的问题,同时需改变原有的反应体系为常压体系。原有的反应系统是管式反应器,如果要消除内扩散的影响,拆装清洗麻烦,浪费时间,新增两根反应管新装催化剂用于替换原反应管;原有的实验内容做的是甲苯歧化制苯和二甲苯系统压强为 3MPa,如果系统气密性不好会有安全隐患。原来的加压系统,气液分离器是不锈钢材质,产品接收和分离现象观察不便,换成常压体系,气液分离器加工成玻璃。综合以上因素,换成同样是单一液体进料的乙醇脱水制乙烯和乙醚的反应体系,可以满足原料和产品毒性少、成本低、反应体系是常压的要求。

图 2 显示的是通过这些化工反应过程实验内容更新后的气固相催化微分反应装置,使化工专业实验操作过程更加安全和计量更加准确。

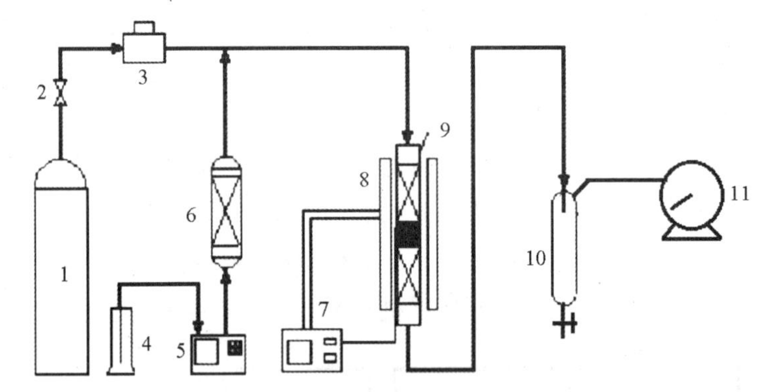

1-原料气或吹扫气;2-减压阀;3-质量流量计;4-原料液;5-计量泵;6-预热器;7-温控仪;8-加热器;9-固定床反应器;10-气液分离器;11-湿式流量计

图 2 改进的气固相催化微分反应装置

2.3 采用新的动力学模型参数确定方法

乙醇在催化剂存在下受热发生脱水反应,既可分子内脱水生成乙烯,也可分子间脱水生成乙醚。实验采用分子筛催化剂,在反应器中进行乙醇脱水反应研究,在保证反应温度恒温的条件下,通过改变反应的进料浓度,得到不同反应条件下的实验数据,通过对气体和液体产物的分析,得到在一定反应温度和空速条件下动力学方程[4]。反应机理为:

主反应 $$C_2H_5OH \longrightarrow C_2H_4 + H_2O$$

副反应　　　　　　$C_2H_5OH \longrightarrow C_2H_5OC_2H_5 + H_2O$

速率方程采用半机理动力学模型：

$$r = r_1 + r_2 = k_1 C_A^{\alpha} + k_2 C_A^{\beta}$$

可将平行的两个反应速率分开求解：

$$r_1 = k_1 C_A^{\alpha} = \frac{dX_{A1}}{d(m_{cat}/v)}$$

$$r_2 = k_2 C_A^{\beta} = \frac{dX_{A2}}{d(m_{cat}/v)}$$

式中：X_{A1} 为乙醇转化为乙烯的转化率，即乙烯收率；X_{A2} 为乙醇转化为乙醚的转化率，即乙醚收率。

由 $\ln r_i$ 对 $\ln C_A$ 作图，可回归出线性等温线，其中的斜率为 α 或 β，截距为 $\ln k_i$。

化工专业实验中，有的设备配备了专门的数据处理软件，直接对实验数据进行分析处理，学生实际动手操作的机会就相对较少。为了改变这种状况，在实验内容中加强实验反应过程的监测、实验结果分析方面的实验内容。利用湿式流量计计量反应产物气体产生的体积量，收集液相产物，计量后用气相色谱仪分析组分含量[5]，并自行配制标样测算校正因子等。学生仅在整个实验过程中操作技能、数据的处理与分析、产物的分析、谱图的解析、物料恒算等方面都得到了锻炼和提高。

2.4　开发了气固相催化反应动力学测定实验仿真系统

为了解决现有实验装置台套数少和实验过程安全性的问题，我们针对气固相催化反应动力学测定实验开发了仿真系统。化工仿真技术是加强学生工程意识的一个非常重要的工具，传统的实验课堂教学要想达到这种效果是十分困难的[6]。仿真系统可以让学生直接在电脑上进行实验仿真操作，不仅发挥了学生的自主创造力，让其学习更加系统，也在一定程度上提高了学生的实践能力。

我们基于组态王技术对乙醇常压催化脱水制乙烯和乙醚实验进行了仿真系统的设计与实现。开发的仿真系统具有图形界面和动画效果（见图 3），能够生成实验趋势曲线及图表，

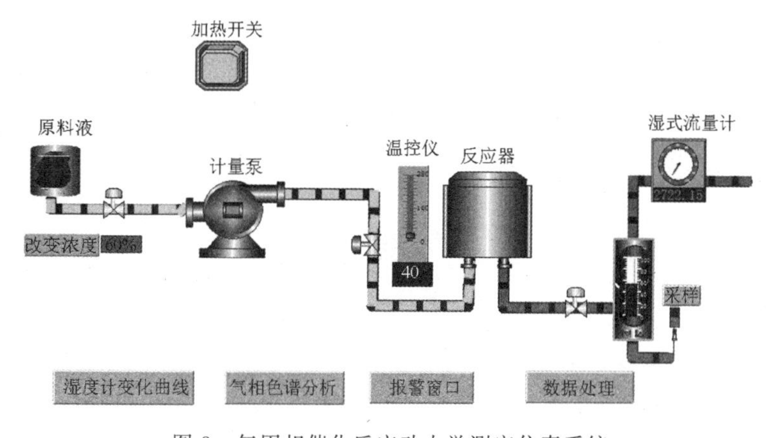

图 3　气固相催化反应动力学测定仿真系统

还能对数据进行分析，逼真地重现实验操作过程。

仿真系统通过模拟不同浓度的乙醇水溶液在一定温度条件下进行气固相催化反应的实验过程，分析实验结果，从而确定模型参数，直观地感受实验结果的变化规律。

3 结 语

新建和改进的实验装置和教学内容，已经在化学工程与工艺本科生化工专业实验中广泛开展。教学实践表明，建立的实验流程适合进行气固相催化反应动力学研究，所建立的动力学模型预测结果与实验数据吻合较好，仿真系统激发了学生对实验的兴趣，发挥了学生的自主创造力，加深了学生对实验操作过程的理解。实验教学改革的开展，弥补了原有实验教学中计量不准、实验方案单一、原反应体系在加压环境下存在安全隐患的不足，有利于提高化工专业实验开设的教学质量，有利于培养学生的实践能力和创新精神。

参考文献

[1] 杨亚平，陈锐杰，路春娥. 化工反应工程实验教学改革与实践[J]. 中国教育技术装备，2012，12：117－119.

[2] 陈甘棠. 化学反应工程[M]. 2版. 北京：化学工业出版社，1990.

[3] 丁一刚，刘生鹏，吴元欣，等. 改革化学反应工程实践教学模式，培养创新人才[J]. 化工高等教育，2009，108(4)：47－49.

[4] 索红波，苏国东，胡黄和. 工业氧化铝催化剂上乙醇脱水动力学[J]. 化学反应工程与工艺，2009，25：458－462.

[5] 韦志明，张守利，覃兰华. 气相色谱法在线分析生物乙醇催化脱水制备乙烯的反应产物[J]. 理化检验—化学分册，2011，47：818－825.

[6]胡孝贵，谢素雯，罗六保，等. 关于化工仿真与实际操作结合的实训模式研究[J]. 职业教育研究，2009，5：107－108.

便携式核磁共振波谱仪应用于基础有机化学实验教学的实践

蔡黄菊*，赵华绒，秦敏锐，余利明，吴百乐，方文军
（浙江大学　浙江　杭州　310058）

摘　要　核磁共振波谱分析是一种非常重要的现代仪器分析方法，是鉴定有机化合物结构的重要工具之一。浙江大学化学实验教学中心探索将便携式核磁共振波谱仪应用于基础有机化学实验教学。在以乙酸、乙醇为原料合成乙酸乙酯的实验中，结合便携式核磁共振仪实时跟踪合成反应过程，并对产品结构进行表征。学生在实验中动手操作核磁仪，进行谱图采集和实时谱图分析。将便携式核磁共振波谱仪应用于基础有机化学实验教学大大丰富了实验教学内容，提高了学生合成实验的兴趣与积极性，收到了较理想的教学效果。

关键词　便携式核磁共振波谱仪；实验教学；有机化学；酯化反应

核磁共振波谱仪在化学相关的科学研究中起到非常重要的作用。核磁共振是最强大的分析手段之一，如可用于化学动力学的研究，用于研究聚合反应机理和高聚物序列结构，鉴别化学基团、监测化学反应，揭示分子结构、确定催化剂活性中心化学环境等。因此，在化学相关专业的本科教学中广泛涉及核磁共振波谱知识。

浙江大学化学实验教学中心的 PicoSpin－45MHz 脉冲傅里叶变换核磁共振仪是一种便携式微型核磁共振仪，用于本科生化学实验教学已有 3 年以上，如用于监测或跟踪有机化学反应、检验化学产品质量、表征化合物结构。该便携式仪器与通常的大型微型核磁共振波谱仪比较，体积小，移动方便，无需专门的实验室，在规定的实验教学时间内能让学生自主完成仪器操作，因此，对于实验过程的在线监测尤为方便。

1　便携式核磁共振波谱仪应用于酯化反应的跟踪与产物结构表征

我们将微型核磁共振波谱仪应用到本科生基础有机化学实验教学中，学生可以在整个实验中自主动手操作核磁，实时进行谱图的分析。我们实践了将便携式核磁共振波谱仪应

* 资助项目：2013 年浙江省高等教育课堂教学改革项目（项目编号：KG2013005）
2013 年浙江大学化学系第一期教改项目
第一作者：蔡黄菊，电子邮箱：caihuangju@126.com
通讯作者：赵华绒，电子邮箱：zhr0103@zju.edu.cn

用于酯化反应的跟踪及产品结构的表征，收到了较理想的教学效果[1-3]。

酯类的合成实验是各大学开设的最重要的基础有机化学实验之一。在以往的实验教学中，开设该实验的目的是让学生了解酯化反应的原理，以及目标产物的制备过程和方法，掌握回流、蒸馏、洗涤、分液、干燥等基本操作，通过合成实验，学会有机化合物的制备、分离和提纯方法，增强运用所学的方法及理论解决实际问题的能力。我们将便携式核磁共振波谱仪运用到传统的酯化反应中，除保留以上的制备、分离、提纯等操作外，还增加使用便携式核磁共振波谱仪对反应进程进行追踪、产物结构进行表征等环节，仪器与基础有机实验的有机结合有助于学生理解关于化学位移、耦合常数、一级谱、峰面积等 NMR 基本概念及其影响因素[4]，了解和掌握多种有机反应跟踪方法。

我们选择以“乙酸乙酯的合成及反应的跟踪”实验为例，对实验及仪器的使用作详细介绍。

2 主要试剂与仪器

试剂：冰乙酸，乙醇，浓硫酸，饱和碳酸钠溶液，饱和氯化钙溶液，饱和氯化钠溶液，无水硫酸镁。

仪器：三口烧瓶，滴液漏斗，蒸馏弯头，温度计，直形冷凝管，分液漏斗，锥形瓶，梨形瓶，蒸馏头，便携式微型核磁共振波谱仪（PicoSpin-45，使用软件：MestReNova）。

3 实验步骤

3.1 实验方案的设计

设计以冰乙酸、乙醇为原料合成乙酸乙酯，以及跟踪整个反应过程的实验方案[5]。合成乙酸乙酯、样品采集与核磁检测的具体实验步骤如下：

（1）搭反应装置，进行乙酸乙酯的合成。

（2）采集反应原料乙醇和乙酸，用便携式微型核磁共振波谱仪进行^{1}H NMR 分析。

（3）酯化反应开始，回流进行 0.5h 后，采集反应液样品，用便携式微型核磁共振波谱仪进行^{1}H NMR分析。

（4）粗品经饱和 Na_2CO_3 溶液处理，饱和 NaCl 溶液和饱和 $CaCl_2$ 溶液洗涤，采集洗涤后样品用便携式微型核磁共振波谱仪进行^{1}H NMR 分析。

（5）洗涤后样品用无水 $MgSO_4$ 干燥，采集干燥后样品，用便携式微型核磁共振波谱仪进行^{1}H NMR分析。

（6）蒸馏干燥后的样品，收集 74～80℃馏分，采集蒸馏得到的主馏分，用便携式微型核磁共振波谱仪对产品酯进行^{1}H NMR 分析。

3.2 反应原料的核磁检测

分别对原料乙醇和乙酸进行核磁共振分析，谱图如图 1 和图 2 所示。在图 1 中，乙醇的核磁谱图中存在三种氢，其中 CH_2 和 CH_3 的吸收峰裂分为四重峰和三重峰。在图 2 中，乙酸的核磁谱图中存在两种氢。

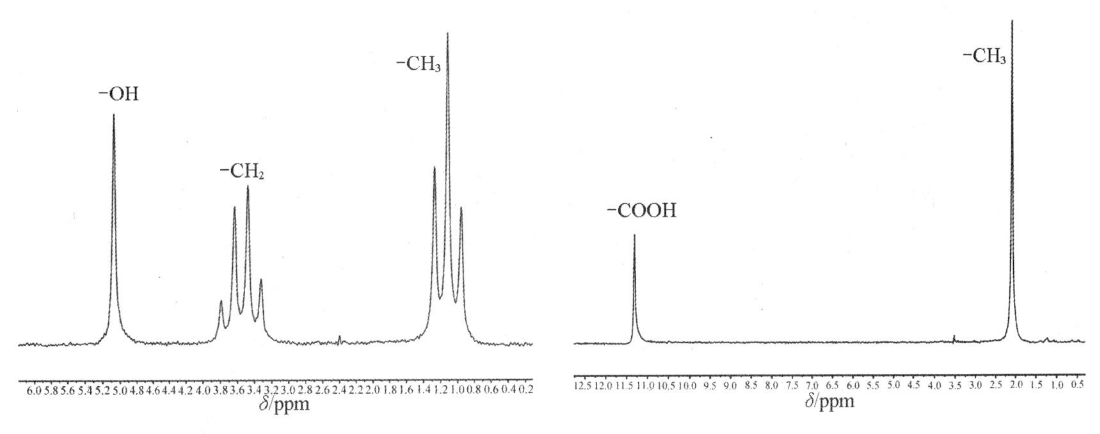

图 1　反应原料乙醇的 ^1H NMR 谱图

图 2　反应原料乙酸的 ^1H NMR 谱图

3.3 反应进程的跟踪、产物干燥过程效果的在线检测、产物的结构表征

分别采集起始原料乙醇、乙酸、乙醇与乙酸混合液、反应 0.5h 后混合液、洗涤后的粗产物、干燥剂干燥后的粗产物、蒸馏收集得到的产品等来自各阶段的样品，测定这些样品的 ^1H NMR谱图，以跟踪酯化反应，研究各纯化步骤的效果，如“样品的干燥时间与水分含量的关系”等，结果见图 3。从图 3 可以看出，反应 0.5h 后，出现产物乙酸乙酯的特征峰；氯化钠

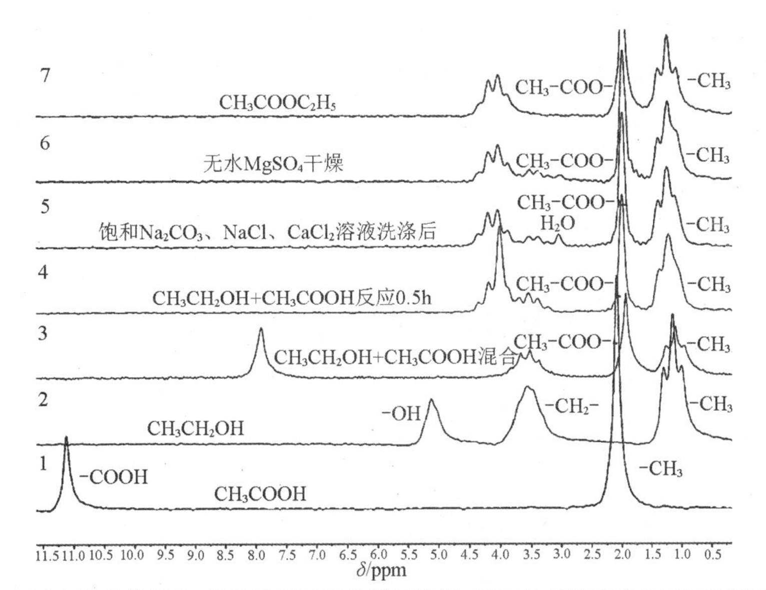

图 3　反应进程的跟踪、产物干燥过程效果的检测、产物的结构表征的 ^1H NMR 谱图

等各种水溶液洗涤样品之后，样品的谱图中出现水峰，样品再通过干燥剂干燥之后，谱图中的水峰基本消失。乙酸乙酯的氢谱中共有三组氢，与C=O相连的CH_3为单峰，化学位移在2左右；与O原子相连的CH_2的化学位移在4ppm左右，裂分为四重峰；端位的CH_3的化学位移在1～1.5ppm，裂分为三重峰。各阶段的谱图变化明显，说明对于乙醇、乙酸的酯化反应，使用台式微型核磁对反应过程进行跟踪和分析有效。

4 结 语

实践与探讨了将便携式微型核磁共振波谱仪应用在基础有机化学教学——酯化反应的跟踪及产品结构的表征，让学生设计以乙酸、乙醇为原料合成乙酸乙酯，并通过核磁共振来跟踪整个反应过程，在整个实验中自主操作核磁共振仪，进行谱图采集，并且进行实时谱图的分析，大大丰富了实验教学内容，提高了学生合成实验的兴趣与积极性，提高了实验教学的质量。

参考文献

[1] 王奎武. 核磁共振的实验教学与仪器管理的探索与实践[J]. 科技文汇，2013，237：75－76.

[2] 周中振，陈金香，刁保名. 浅谈核磁共振教学[J]. 广东化工，2011，38(216)：258.

[3] 张家新. 浅析如何加强核磁共振理论教学和实验教学的联系[J]. 中国现代教育装备，2010，89：120－121.

[4] 吴强，唐晓琳，田建袅. 核磁共振波谱实验教学探讨[J]. 广州化工，2011，39(13)：179－180.

[5] 徐伟亮. 基础化学实验[M]. 北京：科学出版社，2005.

手性药物 R-比卡鲁胺合成实验项目设计

刘秋平,陈文娴,周瑛,范永仙,强根荣,沈海民*
(浙江工业大学　浙江　杭州　310014)

摘　要　手性是自然界的一种重要属性,手性化合物尤其是手性药物对人类健康有着十分重要的作用,本实验以甲基丙烯酰氯为原料,*R*-脯氨酸为手性助剂,经酰胺化、溴代、水解等三步反应制备手性中间体 *R*-3-溴-2-甲基-2-羟基丙酸,此手性中间体酰氯化后与 4-氰基-3-三氟甲基苯胺及 4-氟苯硫酚缩合、氧化制得 *R*-比卡鲁胺,以此让学生学习并掌握手性化合物的制备方法,了解手性化合物的基本特性,培养学生的综合实践能力。

关键词　手性;手性药物;旋光度;综合实验

1　引　言

手性是自然界的一种重要属性。在分子水平上,生物系统是由生物大分子组成的手性环境,其中,分子的手性识别在生命活动中起着极为重要的作用。同一化合物的两个对映体不仅具有不同的光学性质和物理化学性质,而且具有不同的生物活性,如酶的抑制和活化、膜的传递、受体结合等不同,从而产生不同的生物学活性、毒性及代谢性能[1],因此,手性药物的合成及其研究尤为重要。

目前获得手性化合物的方法可分为生物法和非生物法两种。生物法主要是指从生物体内分离提取或者通过微生物(如酶等)催化、拆分获得手性化合物的方法,而非生物法主要是采用化学控制等手段来获得手性化合物,主要包括不对称合成法、手性源合成、化学拆分法等方法。

脯氨酸作为一种结构简单、商品化且廉价的小分子手性试剂,可作为手性催化剂直接用于不对称合成中,其在涉及的 Aldol 反应、Mannich 反应、Michael 反应、Diels-Alder 反应等不对称有机反应中均有广泛应用,并表现出良好的催化性能[2]。另外,脯氨酸也可作为手性源或手性助剂应用于多种手性化合物的合成,如手性药物 *R*-比卡鲁胺的合成等[3]。

---

* 资助项目:2013 年浙江省教育厅科研项目(项目编号:Y201328036)
通讯作者:刘秋平,电子邮箱:liuqiuping@zjut.edu.cn

2 手性药物 *R*-比卡鲁胺合成

比卡鲁胺{化学名：*N*-[4-氰基-3-(三氟甲基)苯基]-3-(4-氟苯硫酰基)-2-羟基-2-甲基丙酰胺}，是一种非甾体抗雄激素类药物，在治疗前列腺癌过程中具有作用特异性强、给药方便、耐受性好且副作用小等特点。其中，手性药物 *R*-比卡鲁胺的抗雄激素活性是 *S*-比卡鲁胺的 60 倍，且有利于减轻肝脏负担，降低消旋体带来的不良反应[4]。目前，比卡鲁胺消旋体的合成技术比较成熟，有多种制备方法，但通过手性拆分技术获得 *R*-比卡鲁胺的要求及成本较高，无法工业化。和手性拆分相比，通过手性合成的方法相对简单，目前主要由 *R*-脯氨酸和 *S*-2-甲基苹果酸两种原料制备。

本实验以甲基丙烯酰氯为原料，以 *R*-脯氨酸为手性助剂，经酰胺化、溴代及水解反应等三步制得手性中间体 *R*-3-溴-2-羟基-2-甲基丙酸，然后手性中间体与 4-氰基-3-(三氟甲基)苯胺经酰胺化，与 4-氟苯硫酚缩合、氧化即可制得手性药物 *R*-比卡鲁胺[5-6]。

2.1 主要试剂与仪器

试剂：*R*-脯氨酸，甲基丙烯酰氯，*N*-溴代丁二酰亚胺(NBS)，4-氰基-3-(三氟甲基)苯胺，4-氟苯硫酚，无水硫酸钠，HBr，乙酸乙酯，DMF。

仪器：熔点测定仪，旋光仪，250ml 三口烧瓶，机械搅拌器，恒温水浴锅，温度计，恒压滴液漏斗，真空泵，抽滤瓶，布氏漏斗，400ml 烧杯，分液漏斗。

2.2 实验步骤

(1) *R*-3-溴-2-羟基-2-甲基丙酸的合成

R-3-溴-2-羟基-2-甲基丙酸合成路线如下：

HOOC H NH　Cl O　→　N COOH H O　NBS →　N O O O Br　HBr →　O HO Br OH

将 5g *R*-脯氨酸置于三口烧瓶中，加入丙酮 25ml 和 6mol·L^{-1} NaOH 溶液 9ml，搅拌并冷却至 5℃左右，滴加 2-甲基丙烯酰氯 7ml，并用 6mol·L^{-1} NaOH 溶液控制 pH=11 左右，加毕反应 1h(可用 TLC 跟踪反应进程)，蒸出丙酮，调节 pH=2，用乙酸乙酯萃取，有机层用无水硫酸钠干燥后除去溶剂得白色固体 1，测熔点(102.5～103.5℃)。IR (KBr，ν，cm^{-1})：3509，2960，1734，1587，1458，1174。^{1}H NMR (200MHz，DMSO-d6，δ，ppm)：5.33(ABq，2H，*J*=12.0Hz)，5.20，4.32～4.35(m，1H)，3.35～3.55(m，2H)，2.25～2.40(m，2H)，1.90～2.10(m，2H)，1.67(s，3H)。

取 NBS 4g 溶于 8ml DMF 中备用，然后取 2g 白色固体 1 于三口烧瓶中，加入 DMF

10ml 搅拌溶解，再滴加 NBS 的 DMF 溶液，加毕反应 2h，减压蒸馏除去 DMF，加水搅拌，抽滤，得白色固体 2，测熔点（153～155℃）。IR（KBr，ν，cm^{-1}）：3861，1744，1686，1449，1061，649。^1H NMR（200MHz，DMSO－d6，δ，ppm）：4.81（dd，1H，J＝7.5Hz），4.13（ABq，2H，J＝12.0Hz），3.96，3.48～3.69（m，2H），2.31～2.43（m，2H），1.85～2.10（m，2H），1.67（s，3H）。

取 5g 白色固体 2 于三口烧瓶中，加入 50ml 1∶3 硫酸及 15g NaBr，搅拌加热至回流，反应 2h 冷却至室温，过滤，并用乙酸乙酯萃取。萃取液加入饱和碳酸氢钠溶液中，反应后，静置分层，所得水层用 HCl 酸化（调 pH 至 2），再用乙酸乙酯萃取，萃取液用无水硫酸钠干燥后，蒸除溶剂即得中间体 R－3－溴－2－羟基－2－甲基丙酸，测熔点（106.5～108℃），以甲醇为溶剂测其旋光度。^1H NMR（200MHz，DMSO－d6，δ，ppm）：3.75（ABq，2H，J＝10.5Hz），3.62，1.47（s，3H）。MS（m/z）：182.9（MH^+），103.0（M^+－HBr）。

（2）R－比卡鲁胺的合成

R－比卡鲁胺的合成线路如下：

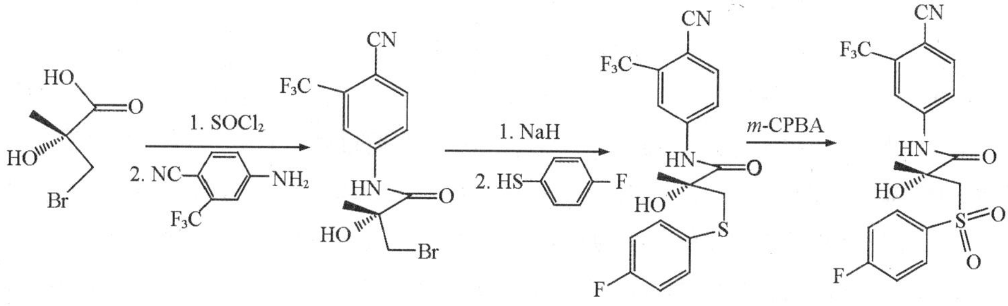

取 4－氰基－3－（三氟甲基）苯胺 4.5g 溶于 50ml N，N－二甲基乙酰胺溶液中备用。

另取 R－3－溴－2－羟基－2－甲基丙酸 5g 于三口烧瓶中，加入二氯甲烷 30ml，搅拌冷却至 0℃，缓慢滴加氯化亚砜 3ml，加毕升温回流 0.5h，旋蒸除去溶剂及剩余氯化亚砜，然后加入 N，N－二甲基乙酰胺 30ml，冷却至 0℃，滴加 4－氰基－3－（三氟甲基）苯胺的 DMA 溶液，加毕升至室温反应 3h，加水搅拌过滤，得白色固体 3，测熔点（132～134℃）。^1H NMR（200MHz，DMSO－d6，δ，ppm）：10.60（s，1H），8.57（d，1H，J＝2.0Hz），8.37（dd，1H，J＝2.0，9.0Hz），8.21（d，1H，J＝9.0Hz），6.43（s，1H），3.85（ABq，2H，J＝10.5Hz），3.60，1.50（s，3H）。

取 THF 10ml 于三口烧瓶中，加入 NaH 2g，通氮气保护，冷却至 0℃后滴加 4－氟苯硫酚 4g，搅拌 15min，再滴加白色固体 3（10g）的 THF（50ml）溶液，加毕搅拌 5h，蒸除溶剂，加水 60ml，用乙酸乙酯萃取，无水硫酸钠干燥后，蒸除溶剂得白色固体 4，测熔点（93～95℃）。^1H NMR（200MHz，DMSO－d6，δ，ppm）：10.44（s，1H），8.48（d，1H），8.23（d，1H），8.06（d，1H），7.05～7.01（m，2H），6.43～6.48（m，2H），3.17（ABq，2H，J＝13.0Hz），6.08（s，1H），3.07，1.40（s，3H）。

取 5g 白色固体 4 于三口烧瓶中，加入二氯甲烷 40ml 搅拌，分批加入间氯过氧苯甲酸（m－CPBA）6g，加毕，室温反应过夜，抽滤，滤饼用亚硫酸钠溶液处理 0.5h，再加入 Na_2CO_3 处理，抽滤，滤饼水洗后干燥，用无水乙醇重结晶得白色固体，即为产品 R－比卡鲁胺，测熔点

(178～179℃)，以甲醇为溶剂测旋光度。IR(KBr，ν，cm^{-1})：3431，3350，2232，1702，1588，1526，1431，1327，1179，1141，815cm^{-1}。^{1}H NMR (200MHz，DMSO－d6，δ，ppm)：10.31(s，1H)，8.40(d，1H)，8.18(d，1H)，8.08(d，1H)，7.90～7.86(m，2H)，7.48～7.52(m，2H)，6.44(s，1H)，3.97(d，2H)，3.72，1.39(s，3H)。

根据各步骤所制得的样品，并结合实验条件，对样品进行结构分析鉴定。

3　综合实验的组织及开展

本实验首先是以有机合成为基础，通过手性合成方法制备手性药物 *R*－比卡鲁胺，并结合相应的仪器设备对其结构进行表征。实验过程相对较长，在学生实验过程中可以根据学生的实际情况，对实验的目标产品做不同的要求，即动手能力较强且学有余力的学生可以 *R*－比卡鲁胺为其合成的最终目标，而普通学生则可以手性中间体 *R*－3－溴－2－羟基－2－甲基丙酸为其目标产品，并根据手性中间体 *R*－3－溴－2－羟基－2－甲基丙酸的一元有机酸的一些特点，增加手性中间体含量的化学分析环节。

本实验通过手性药物(或中间体)的合成，可以让学生进一步学习酰胺化反应、溴代反应及水解反应等的机理及影响因素，了解这些简单有机反应在手性药物及中间体合成中的重要作用，并借助 TLC 对反应进程进行跟踪，而反应后处理过程可以进一步巩固萃取、减压蒸馏、重结晶等基本操作。对于手性中间体 *R*－3－溴－2－羟基－2－甲基丙酸，可以增加酸碱滴定分析的相关环节和步骤，比旋光度的测定可以促进学生对手性化合物的了解。在教学过程中，各学校可以根据自身教学实际，结合 IR、^{1}H NMR 及 GC－MS 等分析表征手段，开展仪器分析相关环节的实验，通过样品的分析检测及结构鉴定可以让学生进一步掌握化学分析及仪器分析的基本方法和要求。

本实验在教学实施过程中可分小组进行，每组一般为 3～4 人，在实验开展之前，各小组需根据手性药物比卡鲁胺及其中间体合成方法进行文献检索，并根据文献资料，撰写文献综述，学习手性化合物的一般合成方法和技术。实验过程中，可根据原料的投料比、反应温度及 pH 控制等条件开展相关制备条件的探索研究，以期优化反应条件。在样品的分析表征过程中，通过实行小组为单位的个体教学模式，即在指导教师的帮助下，每组抽调一名同学负责某一种分析表征仪器的学习，以实现同一小组每个同学学习一种分析表征设备的使用，并在实验的开展过程中，同一小组的学生可以通过相互学习的方式，学习和使用其他分析表征设备。在实验结束后，各小组根据小组记录的实验数据，进行总结分析，在共享本小组的实验数据的基础上各自撰写实验报告。另外，可以根据学生兴趣，抽调 5～7 名学生以小组或者班级为单位撰写实验研究报告及论文。

4　预期效果

实验通过分组实验的形式开展实验教学，相对灵活的教学组织形式让小组中的每个学生有自己的目标和任务，可以改变学生在传统实验过程中“按部就班，依葫芦画瓢”等一些不良情况，小组讨论可以增加学生之间的交流，同时使知识和信息实现最大限度的共享。

本综合实验选用手性药物制备为主题，所制产品和学生生活息息相关，可以有效地拉近学生和所学知识间的关系，极大地促进学习兴趣；另外，通过实验的开展，学生可以了解手性药物的发展动向和前沿，拓展学生知识面。借助手性助剂合成手性化合物仅仅是不对称合成的简单方法之一，通过实验的开设可让学生了解更多的关于手性化合物的获得方法，通过最基本的方法和手段获得前沿和热点产品，可以引起学生对实验基本方法和技术的重视。

参考文献

[1] 于平，岑沛霖，励建荣. 手性化合物制备的方法[J]. 生物工程进展，2001，21(6)：89－91.

[2] 郑欣，王永梅. 脯氨酸催化的不对称有机反应[J]. 化学进展，2008，20(11)：1675－1686.

[3] 吴瑛，程剑诗，黄彬，等. 非甾类抗雄激素药物比卡鲁胺的合成[J]. 中国实用医药，2008，3(33)：114－115.

[4] TUCKER H, CHESTERSON G. Resolution and activity of enantiomers[J]. Journal of Medicinal Chemistry, 1988, 31(4): 885－887.

[5] JAMES K D, EKWURIBE N N. Syntheses of enantiomerically pure (*R*)- and (*S*)-bicalutamide[J]. Tetrahedron, 2002, 58(29): 5905－5908.

[6] 沈佳其，施振华，宁奇. (*R*)-比卡鲁胺的合成[J]. 中国医药工业杂志，2006，37(2)：73－74.

三苯甲醇的柱色谱分离

邵东贝，秦敏锐，吴百乐，方文军，胡吉明，赵华绒*

（浙江大学　浙江　杭州　310058）

摘　要　在三苯甲醇的合成过程中，往往会因为发生副反应而导致产物不纯。采用柱色谱法可以对三苯甲醇进行分离提纯，通过本实验可以使学生掌握薄层色谱和柱色谱法的原理、操作及应用，对色谱法有较完整的认识。该实验特别适合于在化学及相关本科专业学生的有机化学实验课程中开设。

关键词　三苯甲醇；柱色谱；分离；有机化学实验

1　引　言

柱色谱法属于液固吸附色谱，是基于物质吸附和溶解性质的一种分离技术。柱色谱的基本原理是将混合样品加在色谱柱的顶端，流动相从柱顶端流经色谱柱，并不断地从柱底端流出。由于混合样品中的各组分与吸附剂的吸附作用强弱不同，因此各组分随流动相在色谱柱中的移动速度也不同，最终导致各组分按顺序从色谱柱中流出[1]。有机化学反应通常不能彻底进行且伴有副反应，因此在有机合成中往往得不到单一的产物。要想得到纯净的目标产物，快捷、经济、方便的分离方法就是柱色谱法。这种技术可以用来分离大多数有机化合物，尤其适合于复杂的天然产物的分离，例如西瓜中类胡萝卜素的分离等[2]。

本实验采用柱色谱法对水蒸气蒸馏后的三苯甲醇粗品进行提纯，并采用探究的教学模式进行，有助于学生系统地掌握柱色谱分离、提纯化合物的原理和技术。该实验已在我校化学及求是化学专业中试行，在“基础化学实验Ⅱ”课程中开设，学时数约为8h，获得了良好的效果。

2　实验目的

（1）掌握薄层色谱法的原理、操作。

（2）掌握柱色谱法的原理、操作及应用。

---

*　资助项目：2013年浙江省高等教育课堂教学改革项目（项目编号：KG2013005）

2013年浙江省高等教育教学改革项目（项目编号：JG2013018）

第一作者：邵东贝，电子邮箱：iamlucky@zju.edu.cn

通讯作者：赵华绒，电子邮箱：zhr0103@zju.edu.cn

3 实验原理

三苯甲醇的合成是有机化学实验中常见的一个实验，目的在于让学生了解格氏反应，学习格氏试剂的使用方法。先利用溴苯与镁粉反应制得苯基溴化镁，再与苯甲酸甲酯反应制得三苯甲醇[3]。三苯甲醇的合成反应式如下所示：

$$C_6H_5Br + Mg \xrightarrow{\text{无水乙醚}} C_6H_5MgBr$$

$$C_6H_5MgBr + C_6H_5COOCH_3 \xrightarrow{\text{无水乙醚}} (C_6H_5)_2C(OCH_3)(OMgBr) \xrightarrow[C_2H_5OMgBr]{\text{自动脱去}} (C_6H_5)_2C{=}O$$

$$\xrightarrow[\text{无水乙醚}]{C_6H_5MgBr} (C_6H_5)_3C-OMgBr \xrightarrow[\text{冷却}]{NH_4Cl/H_2O} (C_6H_5)_3-COH + ClMgBr + NH_4OH$$

由于格氏试剂是一种强亲核试剂，在过热光照下会发生偶联反应，生成联苯副产物。

$$C_6H_5MgBr + C_6H_5Br \longrightarrow C_6H_5-C_6H_5 + MgBr_2$$

三苯甲醇的提纯通常采用的方法是在水蒸气蒸馏后得到三苯甲醇粗品，再用重结晶法进行提纯。本实验在水蒸气蒸馏后得到三苯甲醇粗品的基础上，改用柱色谱法对粗品进行分离提纯。三苯甲醇粗品中除了主产物三苯甲醇外，可能还有未反应的原料溴苯和苯甲酸甲酯、反应过程中产生的二苯酮、副反应产生的联苯。因此，得先用薄层色谱法定性确定三苯甲醇粗品中的成分，再进一步用柱色谱的方法对产物进行分离。

4 主要试剂与仪器

试剂：丙酮，石油醚，二氯甲烷，中性氧化铝，石英砂，三苯甲醇粗品（水蒸气蒸馏产物），磷钼酸乙醇溶液，三苯甲醇标样，溴苯标样，联苯标样，苯甲酸甲酯标样，二苯酮标样。

仪器：硅胶板 GF254，层析用硅胶（100～200 目），层析缸，细毛细管，色谱柱，试管架，试管，熔点测定仪，旋转蒸发仪，紫外分析仪。

5 实验步骤

(1) 三苯甲醇粗品准备

在三苯甲醇的合成实验中，取水蒸气蒸馏后的产物作为三苯甲醇粗品。

(2) 点样

将少量干燥后的三苯甲醇粗品、三苯甲醇标样、溴苯标样、联苯标样、苯甲酸甲酯标样和二苯酮标样分别溶于二氯甲烷中，用细毛细管分别吸取少量上述溶液，将其分别点在硅胶板底边约 1cm 处(先用铅笔画一条细线)，点要尽量圆而小。每块板可以点 2～4 个样点。

(3) 溶剂展开和显色

在三个层析缸中分别装入少量丙酮：石油醚＝1：15(V：V，下同)的溶剂，溶剂的高度约为 0.5cm。待三块硅胶板上的样点干燥后，小心地将硅胶板放入已加入展开剂的 125ml 广口瓶中进行展开(可事先在瓶内放置一片滤纸使瓶内蒸气均匀)，盖好瓶盖，观察展开剂前沿上升到离板的上端约 1cm 处时取出。

待硅胶板上的溶剂挥发干后，将板放在紫外灯下观察，可以观察到三苯甲醇粗品有多个斑点，并与标样点进行比较。

(4) 柱色谱分离

样品溶解：将 0.2g 三苯甲醇粗品溶于 2ml 二氯甲烷中，记为三苯甲醇样品。

湿法装柱：取 15mm×300mm 层析色谱柱一根，固定于铁架台上，往色谱柱中加入石油醚至 1/3 处。将约 20g 层析用硅胶(100～200 目)先和适量石油醚混匀于烧杯后，转移至有石油醚的色谱柱中，待硅胶粉末在柱内有一定沉积高度时，打开活塞，控制适当的液体流速，并用带胶头的玻璃棒轻轻拍打柱子使硅胶装填紧密，而后在硅胶上面加一层石英砂(厚约 2mm)(见图 1)。

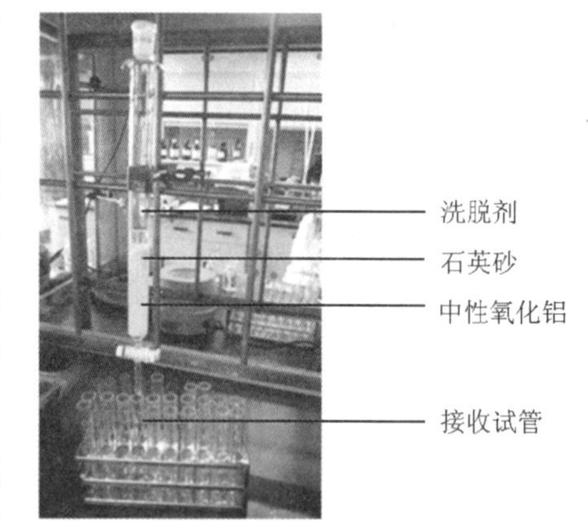

图 1　柱色谱装置

当石油醚液面刚好流经石英砂平面时，立刻关闭活塞，向色谱柱内加入三苯甲醇样品，打开活塞，先用约 20ml 石油醚小心淋洗，等样品进入柱体后，用丙酮：石油醚＝1：15 作为洗脱剂进行淋洗，用试管接收，每个试管收集约 10ml 淋洗液，用薄层色谱(TLC)检测(丙酮：石油醚＝1：15 作为展开剂，紫外灯光显色)。至三苯甲醇全部被洗脱下来为止，将含相同组分的溶液合并，旋转蒸发除去溶剂，得到柱色谱法纯化后的三苯甲醇。

图 2 为薄层色谱跟踪的过程，洗脱过程中，极性较小的物质先被洗脱出来。

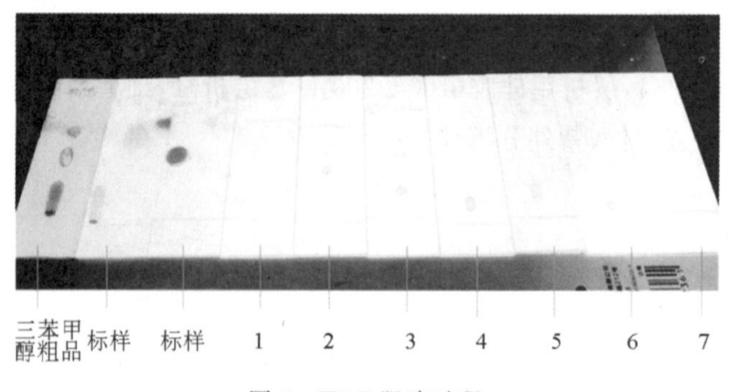

图 2　TLC 跟踪过程

(5) 烤板显色

将含有三苯甲醇样点的薄层色谱板置于喷洒磷钼酸乙醇溶液中,取出晾干后,在 110℃烤 5～10min 显色。

(6) 测定三苯甲醇粗品经柱色谱分离后得到纯品的熔点。

(7) 测定三苯甲醇的 ^1H NMR、IR 谱图,解析各谱图,并与标准谱图对照。

6 结果与讨论

(1) 柱色谱法对照重结晶法,让学生掌握更多有机反应提纯的方法。

三苯甲醇合成实验后,经过水蒸气蒸馏得到的三苯甲醇粗品,分别经重结晶和柱色谱两种不同的提纯手段得到重结晶产物和柱色谱产物,三者外观如图 3 所示。常态下,三苯甲醇粗品为略带黄色的粉末,重结晶产物和柱色谱产物皆为白色晶体。通过柱色谱实验的开展,可以使学生对经典的三苯甲醇合成实验有深刻的理解,不仅掌握了薄层色谱和柱色谱的原理、操作和应用,更能与传统的重结晶法进行比较,从而更加全面地掌握有机化学反应中主产物的分离提纯技术。

图 3 三苯甲醇粗品、重结晶后产物和柱色谱产物外观

(2) 比较三苯甲醇粗品、重结晶后产物和柱色谱产物的熔点。

纯三苯甲醇熔点:162.5℃。通过熔点的测试,可以比较通过柱色谱方法和重结晶法提纯产物的纯度与收率,使学生量化地去理解三苯甲醇提纯后的效果,从而理解柱色谱提纯的意义。

参考文献

[1] 项云. 混合物分离知识的课外拓展——柱色谱法简介[J]. 化学教育,2015,7:1-3.

[2] 贾关荣,赵文恩,申红山,等. 西瓜中类胡萝卜素的柱色谱法分离分析[J]. 安徽农业科学,2008,36(20):8416-8418.

[3] 郭伟强. 大学化学基础实验[M]. 2 版. 北京:科学出版社,2010.

超声波-微波协同氧化处理化工生产废水

张建庭*，张云，贾继宁，杨阿三，赵德明
（浙江工业大学　浙江　杭州　310032）

摘　要　结合化学工程与工艺专业特色，将科研成果融入实验教学，开发超声波-微波协同氧化处理化工生产废水实验项目。实验中采用超声波-微波协同反应仪进行反应，高效液相色谱仪分析采集数据，重点考察反应中微波功率、温度、时间、有无超声波等对反应效果的影响。实验项目作为研究探索性实验，其技术已在科学研究和工业生产中应用。通过实验项目开发，可以培养学生的创新精神和实践能力，适应社会发展的需要。

关键词　超声波-微波；化工生产废水；创新精神；实践能力

近年来，随着焦化、制药、石化、印染、化工等行业的迅猛发展，含有各种难降解有机物的废水相应增多，对这类有机污染物的控制已成为水污染防治的新课题[1]。20 世纪 90 年代以来，国内外开始研究将超声波、微波、紫外光等物理场应用于水污染控制，尤其在废水中降解有毒有机污染物的治理方面，已经取得了一定的进展[2-6]。

超声化学反应是通过超声空化作用把声场能量聚集在微小空间内，产生异乎寻常的高温高压，形成所谓的“热点”。热点周围的高温高压可产生类似于化学反应中的加温、高压，以提高分子活性，从而产生加快化学反应速率的效应，同时进入空化泡内的有机物也可能发生类似燃烧的热分解反应[7]。理论估算及实验表明，空化泡崩溃时，形成局部热点，其温度 T_{max} 可达 5000K 以上，压强达 5×10^7 Pa，持续数微秒以后，热点随之冷却，并伴有强大的冲击波（均相）和时速达 400km 的射流（对非均相），空化正是以这种特殊的能量形式来加速化学反应或启动新的反应通道[8]。微波可以使反应物中的极性分子发生强烈振动，产生高速旋转并发生碰撞，提高分子活性，降低反应活化能和分子的化学键强度；在某些情况下，剧烈的极性分子振荡，可以直接使化学键断裂，使化合物分解，即微波的非热效应[1]。

相关研究结果表明，单一以超声波或微波辐射的能量还不足以打断部分有机物的化学键。因此，将超声波-微波协同技术与其他技术联用处理有机废水更具有实际应用价值。

通过调研发现，目前国内还没有高校将超声波-微波协同实验引入本科专业实验，仅有

---

* 资助项目：2013 年浙江工业大学化工学院教学改革项目

第一作者：张建庭，电子邮箱：zhangjt@zjut.edu.cn

通讯作者：杨阿三，电子邮箱：yang104502@163.com

微波合成实验或超声波萃取实验。超声波-微波协同氧化处理化工生产废水实验项目开发，是将本系教师的科研成果和实际工业生产中的技术融入实验课堂教学中，实验项目本身具有化学工程和环境工程学科交叉的特色，在帮助学生拓展知识面、建立绿色化学和节能环保的基本理念等方面具有重要意义。

1 实验部分

1.1 主要试剂与仪器

试剂：30%过氧化氢，4-氯苯酚。

仪器：超声-微波协同反应仪（CW-2000），紫外-可见光分光光度计（UV2450），高效液相色谱仪（Waters515），100ml 特制反应瓶（协同反应仪配套）。

1.2 实验方法

（1）反应原料溶液的配制

在 7 个 50ml 容量瓶中，用吸量管吸取 1～5ml 4-氯苯酚（4-CP）标准溶液（含 4-CP 1000mg·L^{-1}），以蒸馏水稀释至刻度，摇匀，对应为 1～7 号瓶。

（2）超声波-微波协同双氧水降解 4-氯苯酚

在 100ml 特制反应瓶中加入 50ml 上面配好的反应原料溶液，加入 0.1～0.5ml H_2O_2，放入协同反应仪，装好冷凝管。设定程序（主要是改变微波功率、温度、有无超声波、反应时间等条件），进行反应降解反应。反应结束，走完冷却程序，将反应液倒入干燥的烧杯，冷却至室温取样。

1.3 分析方法

（1）紫外吸收光谱分析在 UV2450 型紫外-可见光分光光度计上进行，测定范围为 200～800nm，确定最大吸收波长（液相色谱分析时设定的紫外灯波长）。

（2）分析采用高效液相色谱（HPLC）。进样量 2.5μL，流动相：甲醇/水（V/V）为70/30。分离柱为 ODS-18（Alltech，USA），流速为 1.0ml·min^{-1}，柱温为 25℃。从而确定 4-氯苯酚降解率。4-氯苯酚降解率（η）定义为：

$$\eta=1-C/C_0$$

式中：C 和 C_0 分别为 4-氯苯酚的 t 时刻的浓度和初始浓度，mg·L^{-1}。

2 结果与讨论

2.1 不同处理方式对降解效果的影响

初始浓度为 100mg·L^{-1} 的 4-氯苯酚在改变超声波状态（本仪器超声只能开或关）、

H_2O_2 加入量(V/V,下同)及有无催化剂 Fe^{2+}($FeSO_4$)等不同处理方式,在温度为 60℃下反应 600s,其降解效果见表 1。

表 1　不同处理方式对降解效果的影响

序号	超声情况	H_2O_2 含量/%	$n(H_2O_2):n(Fe^{2+})$	η/%
1	—	0.2	20:1	81.15
2	—	0.2	—	17.83
3	—	0.4	20:1	88.98
4	50W	0.2	20:1	82.76
5	50W	0.2	—	19.26
6	50W	0.4	20:1	90.69

由表 1 实验号 1 和 4、2 和 5、3 和 6 对比可知:有超声协同作用下,降解效果会有一定提高,但不如 H_2O_2 加入量改变来的明显——1 和 3、4 和 6 比较可知;更比不上催化剂二价铁的加入所带来的高效率——1 和 2、4 和 5 比较可知。因此,在这三组处理方式中降解效果由高到低依次为:催化剂>H_2O_2 加入量>超声波。其中降解效果最好的催化剂 Fe^{2+} 的加入正是当前有机物废水降解机理的研究热点。Fe^{2+} 的加入与氧化剂 H_2O_2 发生 Fenton 氧化,增强体系的氧化能力,促进了 HO· 等自由基的生成,使链式反应能持续进行,直至 H_2O_2 耗尽,有利于 4-氯苯酚的氧化[9-11]。

$$Fe^{2+}+H_2O_2 \longrightarrow Fe^{3+}+HO\cdot+OH^-$$

$$Fe^{3+}+H_2O_2 \longrightarrow Fe^{2+}+HO_2\cdot+H^+$$

$$Fe^{2+}+HO\cdot \longrightarrow Fe^{3+}+OH^-$$

$$Fe^{3+}+HO_2\cdot \longrightarrow Fe^{2+}+O_2+H^+$$

$$HO\cdot+H_2O_2 \longrightarrow H_2O+HO_2\cdot$$

$$HO_2\cdot \longrightarrow O_2\cdot+H^+$$

$$O_2\cdot+H_2O_2 \longrightarrow O_2+2OH^-$$

2.2　微波功率及反应温度对降解效果的影响

因为微波功率大小会直接影响反应过程中温度的大小,本实验仪器在微波功率大于 400W 时易使反应液温度过高导致爆沸,从而改变反应的相体系,因此实验把微波功率和反应温度这两个相关因素一并进行考察。初始浓度为 $100mg\cdot L^{-1}$ 的 4-氯苯酚在有超声波场存在下,H_2O_2 加入量为 0.2%的反应体系中改变微波功率和反应温度反应 600s,其降解效果见表 2。

由表 2 实验号 1~4 可知在相同反应温度下,虽然微波功率有一定变化,但不与 4-氯苯酚降解效果呈线性相关,只能说微波功率在 200~350W,反应温度为 60℃下,300W 的相对降解效果较好,这主要是因为微波在反应中的主要功能在于快速加热,在反应温度不变的情况下,对反应本身的影响有限。实验号 3、5、6 三组是在微波功率不变的情况下,温度升高,相应的降解率也进行增大,也从另一面说明反应中影响 4-氯苯酚降解率的主要是温度而不是微波功率。

表 2　微波功率及反应温度对降解效果的影响

序号	微波功率/W	反应温度/℃	η/%
1	200	60	17.99
2	250	60	18.78
3	300	60	19.26
4	350	60	18.67
5	300	50	18.14
6	300	70	21.95

2.3　反应级数的确定

初始浓度为 $100mg \cdot L^{-1}$ 的 4 -氯苯酚在微波功率为 300W，有超声波场存在下，反应温度为 60℃，H_2O_2 加入量为 0.2%的反应体系中降解动力学如图 1 所示，$\ln(C/C_0)-t$ 图线性拟合较好，呈现一级反应动力学特征，反应速率常数 K 值为 $8.729\times10^{-5}s^{-1}$。

图 1　$\ln(C/C_0)$与 t 关系

2.4　4 -氯苯酚初始浓度对降解效果的影响

不同初始浓度 4 -氯苯酚在微波功率为 300W，有超声波场存在下，反应温度为 60℃，H_2O_2 加入量为 0.2%的反应体系中反应 600s，4 -氯苯酚去除率情况如图 2 所示，4 -氯苯酚初始浓度越低，在 600s 内降解率越高，在初始液浓度为 $20mg \cdot L^{-1}$时降解率可达48.2%，绝对降解量和降解速率分别为9.64mg和 $0.016mg \cdot s^{-1}$。当 4 -氯苯酚初始浓度为 $200mg \cdot L^{-1}$时，经 600s 处理只能去除 12.2%的 4 -氯苯酚，但绝对降解量和降解速率却在提高，分别为 24.40mg和 $0.041mg \cdot s^{-1}$。可见超声波-微波协同氧化处理低浓度 4 -氯苯酚水溶液，4 -氯苯酚去除率效果较明显，适用于低浓度污染的氯酚类化工废水处理。

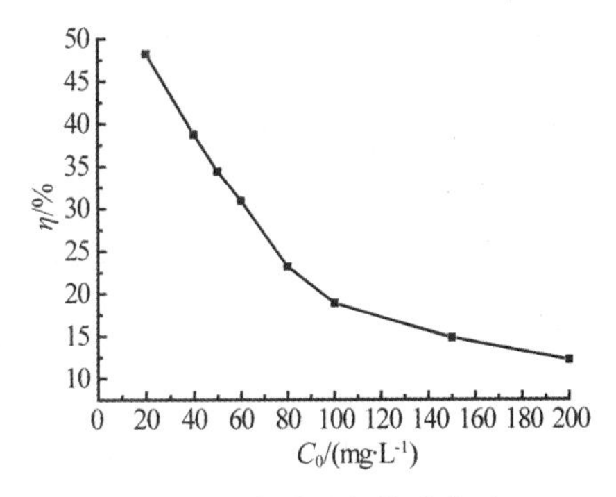

图 2　4 -氯苯酚初始浓度对降解效果的影响

2.5　氧化剂量对降解效果的影响

H_2O_2 作为一种强氧化剂，可将水中有毒有害的有机物氧化成无毒或易于降解的化合物。但受传质的限制，水中低浓度微量的有机物难以被双氧水所氧化，而微波及超声波的引入可以有效促进强氧化性的 HO · 生成，大大提高 H_2O_2 的处理效果[7-8]。许多研究表明，在一定浓度范围内随双氧水浓度的增加，可以生产更多的 HO · 自由基，从而提高降解效率。但当 H_2O_2 浓度增加到一定量时，过量的 H_2O_2 会与 HO · 反应生成 O_2、H_2O 和氧化性

相对较弱的 HO_2 · 自由基[12—14]。

初始浓度为 100mg · L^{-1} 的 4-氯苯酚在微波功率为 300W，有超声波场存在下，反应温度为 60℃，H_2O_2 加入量分别为 0.2%、0.4%、0.6%、0.8%、1.0%的情况下，反应 600s 后的降解效果如图 3 所示。

图 3 显示了双氧水用量对 4-氯苯酚降解效果的影响，可以看出，在该体系下，双氧水用量在 0.2%～1.0%，随着双氧水用量增加，4-氯苯酚降解率基本成线性提高。

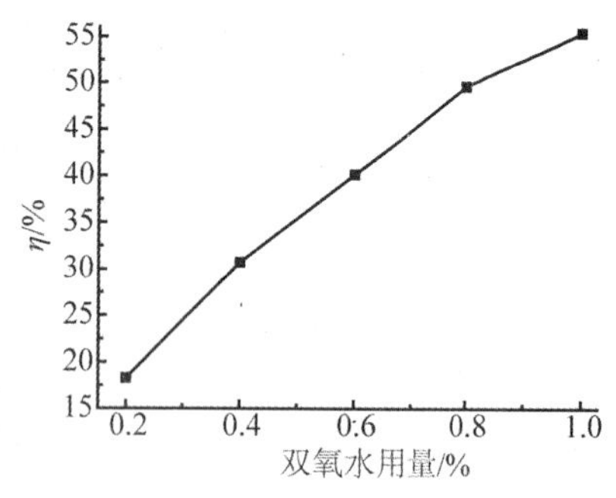

图 3　双氧水用量对降解效果的影响

3　教学特色

（1）本实验项目作为选做实验，在学生自主选择上、时间安排上（有近 10 周时间可供选择）、小班化针对性（一对三）教育上都大大提高了学生的自由度、自主性和积极性，小班化教育也更有利于师生间的交流互动，有利于知识的传授与掌握。

（2）本实验项目作为化学工程与工艺类专业本科三年级学生开设的化工专业基础实验，这些学生已经在大三学习过或正在学习相应的环境工程概论、化工原理、化学反应过程等理论课程，为开展超声波-微波协同氧化处理化工废水实验奠定了基础。超声波-微波协同装置作为目前科研中越来越多使用的仪器，在本科教学中的利用率却并不高，通过实验可以使学生提早接触、熟悉仪器。化工工艺条件优化、反应动力学验证、产品分析等知识的训练使学生对化工科研工作有更直观的认识，为后续的学习和科研工作打下基础。

（3）本实验项目涉及化工废水处理，属于交叉学科领域，且其技术直接来源于教师科研项目，并结合实际工业生产技术，将其应用于教学可使产、学、研紧密结合，有助于激发学生的科研积极性，拓宽了学生的知识面。

4　结　语

本实验涉及化工工艺、环境工程、化学反应工程等相关知识，以超声波-微波协同氧化处理 4-氯苯酚，属于工业有机废水处理中物理化学法处理方式，降解反应符合一级动力学特征；通过对不同处理方式、原料液浓度、氧化剂用量、反应温度等工艺条件研究实验，使学生对该类化工废水的处理有了一个基本了解。实验充分利用和发挥先进仪器设备在化工专业基础实验教学中的作用，具有研究因素多，自主性、趣味性和实用性兼具的特点，有利于培养学生创新精神和实践能力。

参考文献

[1] 林亲铁，刘国光，刘千钧．微波强化氧化处理难降解有机废水研究进展[J]．工业水处理，2012，32(2)：1－4．

[2] NAFFRECHOUX E，CHANOUX S，PETRIER C，et al. Sonochemical and photochemical oxidation of organic matter[J]. Ultrasonics Sonochemistry，2000，7(4)：255－259.

[3] PETRIER C，JIANG Y，LAMY M F. Ultrasound and environment：sonochemical destruction of chloroaromatic derivatives[J]. Environmental Science & Technology，1998，32(9)：1316－1318.

[4] HORIKOSHI S，SATO S，ABE M，et al. A novel liquid plasma AOP device integrating microwaves and ultrasounds and its evaluation in defluorinating perfluorooctanoic acid in aqueous media[J]. Ultrasonics Sonochemistry，2011，18(5)：938－942.

[5] CRAVOTTO G，DI CARLO S，CURINI M，et al. A new flow reactor for the treatment of polluted water with microwave and ultrasound[J]. Journal of Chemical Technology and Biotechnology，2007，82(2)：205－208.

[6] 赵德明．难降解有机物处理技术的研究[D]．杭州：浙江大学，2001．

[7] 艾智慧．微波/超声辅助光催化降解氯酚的研究[D]．武汉：华中科技大学，2004．

[8] 冯若．声化学基础研究中的声学问题[J]．物理学进展，1996，16(3，4)：402－412．

[9] CHAMARRO E，MARCO A，ESPLUGAS S. Use of fenton reagent to improve organic chemical biodegradability[J]. Water Research，2001，35(4)：1047－1051.

[10] SAWYER D T. Oxygen chemistry：the international series of monographs on chemistry[M]. New York：Oxford University Press，1991.

[11] PIGNATELLO J J. Dark and photoassisted iron(3＋)-catalyzeddegradation of chlorophenoxyherbicides by hydrogen peroxide[J]. Environmental Science & Technology，1992，26(5)：944－951.

[12] 周明华，吴祖成，汪大翚．不同电催化工艺下苯酚的降解特性[J]．高等学校化学学报，2003，24(9)：1637－1641．

[13] 史惠祥，赵德明，雷乐成，等．US/H_2O_2 系统协同降解苯酚的动力学研究[J]．化工学报，2003，54(10)：1436－1441．

[14] 赵德明，史惠祥，雷乐成，等．Fenton 试剂强化双低频超声降解对氯苯酚的研究[J]．浙江大学学报(工学版)，2004，38(1)：115－121．

大学化学实验废弃物的绿色化处理探索与实践

——以含铬废水与硫酸亚铁铵固废综合利用研究为例

薛继龙，夏盛杰，刘秋平，吴志兰，倪哲明*

（浙江工业大学　浙江　杭州　310032）

摘　要　以“以废治废”为新理念，结合大学基础化学实验中废弃物的处理现状，以“抗贫血药物硫酸亚铁的制备”实验中的固体废弃物和“硫代硫酸钠溶液的配制和浓度的标定”实验中的废液为原料，采用化学还原法对含铬废水与固废硫酸亚铁铵进行无害化处理，探索了反应的最佳投料比，在最佳投料比的基础上根据共沉淀法合成高效吸附剂水滑石（LDHs）并将其用于吸附含铬废水。实验结果表明，经过焙烧后的水滑石在自然光条件下对含铬废水[Cr(Ⅵ)浓度为51.25mg・L^{-1}]吸附 4h，吸附量达到 32.37mg・g^{-1}。本研究实现了实验室污染的零排放，达到了“以废治废，化废为宝”的目的。

关键词　化学实验；含铬废水；硫酸亚铁铵；最佳投料比；水滑石（LDHs）

传统大学化学实验过程中会产生废液废渣，其品种繁多，性质各异，污染危害大，综合处理较困难，如何无害化和绿色化处理受到普遍关注和重视。通过废物处理的绿色化探索，一方面可以实现实验室污染物的“零排放”，另一方面在“以废治废”的处理实践中能培养学生的绿色生态环境意识。

大学化学实验往往会产生残余量少、种类多的重金属（Cu、Zn、Pb、Sn、Ni、Cr 等）及其盐类废水，处理时往往将这些溶液进行混合，然后加入碱液或碱渣使之转化为氢氧化物，将其沉淀后放于有害废物填埋场进行填埋。该过程对环境破坏大，资源浪费严重。因此，我们以含铬废水与硫酸亚铁铵固废综合利用研究为例，揭示大学化学实验中废物排放的绿色化、无害化处理的理念和方法。

重铬酸钾，因可直接配制标准溶液，又具有在酸性条件下氧化性强的性质，故在基础化学教学实验中经常使用[1-2]。而铬属于剧毒金属，不回收处理会造成严重的环境污染。目前，多数院校实验中心在“硫代硫酸钠溶液的配制和浓度的标定”实验完成后会对铬进行回

---

* 资助项目：2015 年浙江工业大学教学改革项目（项目编号：JG201506）

第一作者：薛继龙，电子邮箱：xjl@zjut.edu.cn

通讯作者：倪哲明，电子邮箱：jchx@zjut.edu.cn

收处理，常用处理方法为采取硫酸亚铁氧化还原去除 Cr(Ⅵ)[3-4]，再加碱调节 pH 至 8～9，使 Cr(Ⅲ)与 Fe^{3+} 沉降，最后加入絮凝剂达到除去的目的[5]。同时，在无机及分析化学实验中开设“抗贫血药物硫酸亚铁的制备”的实验。该制备实验会产生大量的固废硫酸亚铁铵，并常将其作为废弃物弃之，因此收集该实验废弃物硫酸亚铁铵并对上一实验中的含铬废液进行绿色化处理具有很大的研究价值。同时，在此基础上，针对被还原后的 Fe^{3+} 废液，为提高原子利用率，避免处理后的废料沉降后排放造成的浪费，在实验室固液废弃物综合利用基础上，查阅水滑石合成和性能的相关文献[6-7]，探索了多余废弃物新的应用方向：合成吸附剂含铬铁水滑石，并将之再次应用于废液的吸附处理。

本研究教学与科研相结合，将废铬液与固废硫酸亚铁铵进行综合利用，不仅提高了原子利用率，更实现了废物利用、变废为宝的目标。本研究亦可在学生完成“硫代硫酸钠溶液的配制和浓度的标定”和“抗贫血药物硫酸亚铁的制备”实验基础之上，增设为基础化学实验教学最后阶段的新的综合教学实验，在此过程中，将绿色化学的理念、方法和手段融入基础化学实验的教学中，对于培养学生综合运用无机化学知识解决实际问题、创新能力、环境保护意识，使学生养成良好的操作习惯有重要作用。

1　实验原理

水滑石层板上二价或三价离子具有很强的可调变性，因此，合成相关水滑石具有一定的可能性。例如，刘峰等[8]通过共沉淀法合成了硫酸根插层的Fe(Ⅱ)Fe(Ⅲ)-SO_4^{2-} 水滑石；Ruan[9]等通过含高浓度锌的电镀废水合成十二烷基硫酸盐插层的锌铁水滑石。

在文献基础上，为更好地合成水滑石，需使废弃物反应后的废料中阳离子种类尽可能减少且处于二价或三价，因此我们探索了固废硫酸亚铁铵与含铬废水的最佳投入比。最后利用水滑石在低于 550℃下的焙烧产物具有比表面积大、焙烧后结构可恢复[10-11]的特点，用水滑石焙烧产物对铬液进行再吸附。

水滑石合成反应方程式为：

$$M(OH)_2+M(OH)_3+A^{n-}\longrightarrow[M_{1-x}^{2+}M_x^{3+}(OH)_2](A^{n-})_{x/n}\cdot mH_2O$$

2　实验内容

2.1　铬液中 Cr(Ⅲ)、Cr(Ⅵ)的测定，铬液与硫酸亚铁铵的最佳投料比

利用实验室中已标定标准浓度的六水硫酸亚铁铵对铬液中 Cr(Ⅲ)、Cr(Ⅵ)分别进行滴定。重铬酸钾和硫酸亚铁铵刚好完全反应时所需量的比值为最佳投料比。

2.2　样品的制备

采用共沉淀法[12]制备 ZnCrFe 水滑石(ZnCrFe-LDHs)时，在 Cr^{3+} 和 Fe^{3+} 溶液中引入

Zn^{2+} 有利于所合成水滑石的稳定性，因此称取一定量的 $Zn(NO_3)_2$ 于含 Cr^{3+} 和 Fe^{3+} 废弃物溶液中，配成溶液 A[使 $n(Zn^{2+})/n(Fe^{3+}+Cr^{3+})=3$]。另取一定量的 NaOH 和 Na_2CO_3 溶于去离子水中，配成溶液 B。以 $1000r \cdot min^{-1}$ 速度搅拌，将溶液 A 与溶液 B 同时滴入去离子水中，保持 pH 值为 8～10，溶液滴完后继续搅拌 30min，在 65℃下晶化 24h，抽滤，洗涤，在 65℃烘箱中干燥 18h，研磨后得到白色粉末样品，记为 Zn_3CrFe-LDHs。

将干燥后的样品在 500℃焙烧 5h，冷却，即制得水滑石的焙烧产物(LDO)。

2.3 实验材料与表征

用 XRD 技术对合成的水滑石进行表征，采用 X′Pert PRO 型 X 射线衍射仪(XRD)(X 射线源为 Cu 靶 Kα 射线，电压 40kV，电流为 40mA。扫描范围(2θ)为 5°～80°)，分析样品晶样。

Cr(Ⅵ)浓度的测定采用岛津 UV 2550 型紫外-可见分光光度计。

2.4 吸附实验

将 50.2mg ZnCrFe-LDO 加入 50ml $51.25mg \cdot L^{-1}$ Cr(Ⅵ)溶液中，匀速搅拌吸附一段时间后，过滤，测定滤液中 Cr(Ⅵ)的残留浓度，计算样品对 Cr(Ⅵ)的吸附量。LDO 对Cr(Ⅵ)的吸附量 Q 用下式计算[13]：

$$Q=(C_0-C_t)V/m$$

式中：C_0 和 C_t 分别为处理前后溶液 Cr(Ⅵ) 的浓度；V 为溶液体积；m 为吸附剂质量。

3 结果与讨论

实验结果表明，平均每 20.14mg 六水硫酸亚铁铵可处理 1mg 重铬酸钾，即六水硫酸亚铁铵与重铬酸钾投入的量比值为 20.14 时可基本完全处理废固废液。在最佳投料比下依据共沉淀法合成 ZnCrFe-LDHs 高效吸附剂，再用于实验废弃物中多余硫酸亚铁铵和重铬酸钾的吸附，最终达到零排放的效果。ZnCrFe-LDHs 的 XRD 谱图如图 1 所示，从图中可看出，该晶相较杂，但仍可看出其具有水滑石 003 特征峰[14—15]，但氧化物的峰形也较尖锐，依此判断，合成的化合物为水滑石和相关氧化物的混合物[16]。

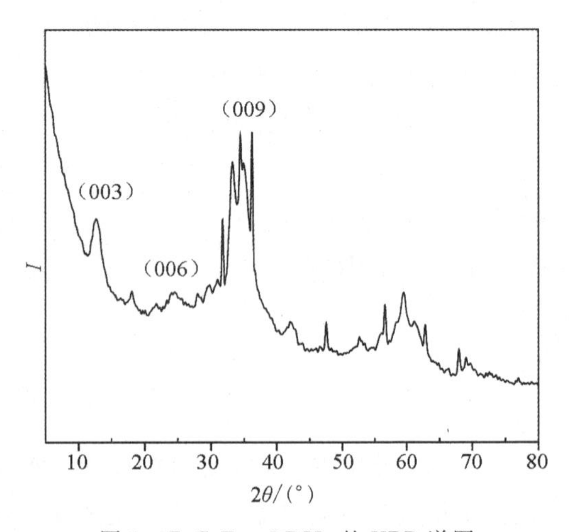

图 1　ZnCrFe-LDHs 的 XRD 谱图

经过 500℃下焙烧 5h 的 50.2mg 含掺杂氧化物的 ZnCrFe-LDO 对铬液[含 Cr(Ⅵ)$51.25mg \cdot L^{-1}$]进行 4h 吸附，吸附量为 $32.37mg \cdot g^{-1}$；而文献吸附铬液[含 Cr(Ⅵ)$100mg \cdot L^{-1}$]1h，对铬最大吸附量为 $15.7mg \cdot g^{-1}$，对比效果较好。

4 实践与思考

4.1 延伸化学实验的内容

(1) 变有害为无害——绿色化处理

绿色化学也称环境无害化学、环境友好化学、清洁化学，是指运用化学原理，在化学品及其制备过程的设计、开发和应用过程中减少或消除对人类健康和环境有害的物质的使用和产生[17]。凡是以降低化学品制备过程环节中有毒、有害物质为目标的努力及其相关的化学化工活动均属于绿色化学的范畴。大学化学实验中硫酸亚铁铵固废与含铬废水的氧化还原处理的过程有效减少了高毒性六价铬浓度，达到国家排放标准，可视为绿色化处理。

(2) 变有害为有用——化废为宝

把“以废治废”理念应用于研究废弃物硫酸亚铁还和含铬废水的处理，处理后的废水再用于合成具有吸附性能的化合物，有害变为有用。

(3) 原子经济性

理想的原子经济性反应[18]是原料分子中的原子百分之百地转变成产物，不产生副产物或废物，实现废物的“零排放”。它用原子利用率衡量反应的原子经济性，认为高效的合成反应应最大限度地利用原料分子。

对铬进行回收处理，目前多采取硫酸亚铁氧化还原去除 Cr(Ⅵ)，然后加碱调节 pH 至 8～9，使 Cr(Ⅲ)与 Fe^{3+} 沉降，再加入絮凝剂达到除去的目的，去除后填埋，这一过程原子利用率为 0。而通过此实验，在除去比 Cr(Ⅵ)毒性较低的 Cr(Ⅲ)的同时，还把 Cr(Ⅲ)引入具有新应用的化合物中，原子利用率得到大大提高。

4.2 拓展化学实验的功能，培养学生的科研创新能力

实验教学基本内容主要包括 4 个方面：①基本操作及技术。②物质的制备、性质、表征。③基本物理量及有关物理参数的测定。④仪器与设备的使用。

本研究在原有实验教学基础上，为完成此实验，还需要完成以下几个步骤：①收集实验废物。②学生参与绿色化处理的方案设计。③亲自参与综合实验，并做环境评价(溶液中含铬量)。这些有助于对学生科研创新能力的培养。

此外，在实验完成过程中，对通过查阅手册、工具书及其他信息源获得信息的能力、实验细节的把握、异常问题的解决、数据的分析整理，有利于提高学生的实际操作和理论分析的综合能力。

4.3 丰富化学实验的意义：培养学生的绿色环保理念

化学实验具有以下功能：①培养学生掌握基本操作，正确使用仪器，认真观察、准确记

录并科学处理实验现象和实验数据的能力。②培养学生正确设计实验（选择实验方法、实验条件、仪器和试剂等）、解决实际问题的能力和创新能力。③培养学生通过查阅手册、工具书及其他信息源获得信息的能力。④培养学生实事求是的科学态度、勤俭节约的优良作风、相互协作的团队精神、勇于开拓的创新意识。

除了以上所述外，该实验还通过实验的延伸和拓展，有助于学生建立绿色化学的理念，并了解绿色化学的方法，如减量化、微量化、无害化、循环化等。

参考文献

[1] 倪哲明. 新编基础化学实验（Ⅰ）—无机及分析化学实验[M]. 北京：化学工业出版社，2011.

[2] 王升富，周立群. 无机及化学分析实验[M]. 北京：科学出版社，2009.

[3] 倪静安，高世萍，李运涛，等. 无机及化学分析实验[M]. 北京：高等教育出版社，2007.

[4] 宋晓翠，谷景华，姚红英，等. 介孔 C/SiO_2 粉体的制备及对阳离子型染料的吸附[J]. 无机化学学报，2012，28(6)：1239－1244.

[5] SEFTEL E M，MERTENS M，Cool P. Synthesis，characterization，and activity of tin oxide nanoparticles：influence of solvothermal time on photocatalytic degradation of rhodamine B[J]. Applied Catalysis B，2013，134：274－285.

[6] 段雪，张法智. 插层组装与功能材料[M]. 北京：化学工业出版社，2007.

[7] 薛继龙，曹根庭，倪哲明. AB24 在 MgAl－LDO 上的吸附性能及机理研究[J]. 无机化学学报，2012，28(6)：1117－1124.

[8] 张慧，齐荣，段雪. 钛酸锌的制备及其对高氯酸铵热分解的催化性能[J]. 无机化学学报，2002，18(8)：833－838.

[9] RUAN X X，HUANG S，CHEN H. Synthesis of organic-intercalated Zn/Fe layered double hydroxides from the electroplating waste water[J]. Advanced Materials Research，2013，610：538－541.

[10] HUANG Z J，WU P X，LU Y H，et al. Photodegradation kinetics of p-tert-octylphenol 1,4－tert-octylphenoxy-acetic acid and ibuprofen under simulated solar conditions in surface water[J]. Journal of Hazardous Materials，2013，246：70－78.

[11] XU X，XIE L S，LI Z W，et al. A randomized trial of protocol-based care for early septic shock[J]. Chemical Engineering Journal，2013，221：222－229.

[12] 吕仁庆，马荔，项寿鹤. 柱撑阴离子黏土材料研究进展[J]. 石油大学学报（自然科学版），2001，25(5)：120－125.

[13] 周燕婷，李锋，杜以波，等. 镁铝复合金属氧化物结构、催化性能及其一步法制备醇醚酸酯中的应用[J]. 北京化工大学学报，2000，27(1)：71－73.

[14] 杨皓，龚茂初，陈耀强. 活性炭的孔径分布对 CH_4 和 CO_2 的吸附性能的影响[J]. 无机化学学报，2011，27(6)：1053－1058.

[15] CATHERINE E H，ALAN G S. Inorganic Chemistry[M]. London：Pearson Education Limited，2001.

[16] 李家珍. 染料、染色工业废水处理[M]. 北京：化学工业出版社，1999.

[17] 化学百科全书编辑委员会. 化工百科全书(13)[M]. 北京：化学工业出版社，1997.

[18] 陆朝阳，沈莉莉，祝万鹏. 吸附法处理染料废水的工艺及其机理研究进展[J]. 工业水处理，2004，24(3)：12－16.

第三部分 <<<

第七届浙江省大学生化学竞赛优秀作品选刊

四种金属 Salen 配合物的合成及其催化氧化安息香性能研究

庞一慧，叶吉接，黄钰，朱黄天之，聂晶晶，李宁*
（浙江大学　浙江　杭州　310058）

摘　要　合成了水杨醛缩乙二胺席夫碱(Salen)及其与 Co、Ni、Pd 及 Cu 的配合物，系统研究了金属 Salen 配合物在氧气条件下催化氧气氧化安息香合成苯偶酰的催化性能及其影响因素，获得了最优的反应温度、催化剂用量、碱用量和反应时间。研究发现，在四种金属 Salen 配合物中，Co(Salen)的催化性能最好，而且可回收利用。

关键词　金属 Salen 配合物；安息香；催化氧化；苯偶酰

苯偶酰是一种重要的药物中间体和有机化工原料[1-2]。金属有机化合物和聚合物氧化安息香合成苯偶酰的方法反应时间长，试剂毒性大，产物提纯困难[3]，因而开发出固载催化、微波辐射催化、使用绿色氧化剂等[1,4]许多新的安息香氧化方法。Salen 配合物是一种有机席夫碱配合物，能与氧气结合[5]，可作为人工氧载体[5a]，可催化分子氧的氧化反应。Salen 配合物原料易得，反应条件温和，产率高，后处理简单，是近年来的研究热点。Mn(Salen)[6]、Co(Salen)[7]、Cu(Salen)[8]等因在催化氧化安息香反应中具有较高的催化效率而被广泛研究。

本文合成了 Co(Ⅱ)、Ni(Ⅱ)、Cu(Ⅱ)和 Pd(Ⅱ)的 Salen 配合物，对其结构和性能进行表征。并在此基础上系统研究了金属 Salen 配合物在氧气条件下催化氧化安息香合成苯偶酰的催化性能、影响因素和回收循环套用性能。同时，通过循环伏安法探究了金属 Salen 配合物的电化学性能与其催化活性之间的关系，并研究了 Co(Salen)在溶剂(Sv=DMF，DMSO)中所形成载氧化合物{$Sv_2[Co(Salen)_2O_2]$}的电子分布和 O—O 键的变化。

1　实验部分

1.1　主要试剂与仪器

试剂：安息香，水杨醛，乙二胺，$Co(OAc)_2 \cdot 4H_2O$，$Cu(OAc)_2 \cdot H_2O$，$Pd(OAc)_2$，

* 资助项目：浙江大学本科生探究性实验计划项目
通讯作者：聂晶晶，电子邮箱：niejj@zju.edu.cn
李宁，电子邮箱：lilgn123@zju.edu.cn

$Ni(OAc)_2 \cdot 4H_2O$,KOH,DMF,DMSO,苯偶酰,二苯乙醇酸,二茂铁,高氯酸四丁基铵。

仪器：傅里叶变换红外光谱仪(470),电化学分析仪(CHI600E),电导率仪(DDS－11A),ICP－OES(700),核磁共振仪(600MHz DD2),X 射线多晶衍射仪(Rigaku Ultima Ⅳ),X 射线单晶衍射仪(Gemini A Ultra),紫外激光拉曼光谱仪(LabRam HRUV)。

1.2 实验步骤

(1) Salen 配体、配合物及氧加合物的制备

在 250ml 圆底烧瓶中加入 80ml 95%乙醇和 10ml 水杨醛,在搅拌下滴加 8.75ml 乙二胺,室温下反应 5min,抽滤,得到亮黄色 Salen 片状晶体,收率为 62.9%。熔点：125.4～125.7℃。IR(KBr,ν,cm^{-1})：3437,2900,1635,1577,1497,1284,1150,1042,1021,981,743。MS(m/z)：269.5(MH^+),131.4。

氮气氛围下,250ml 三口烧瓶中加入 80ml 95%乙醇、3.89g Salen 配体,75℃水浴加热,待亮黄色片状晶体全部溶解,将溶有 4.03g $Co(OAc)_2 \cdot 4H_2O$ 的 15ml 水溶液滴入三口烧瓶中,搅拌反应 1h,抽滤,得到暗棕褐色固体,水洗 3 次,95%乙醇洗涤,干燥得深褐色粉末状 Co(Salen),收率为 71.3%。

Cu(Salen)、Ni(Salen) 和 Pd(Salen)配合物合成采用类似方法。

取 0.33g Co(Salen)溶解于 40ml 溶剂(Sv＝DMF, DMSO)中得悬浊液,室温下通氧反应 1h,离心分离,乙醚洗涤沉淀,得到黑色固体载氧化合物{$Sv_2[Co(Salen)_2O_2]$}。

(2) 安息香催化氧化反应

三口烧瓶加入 5ml DMF 和 3mmol 安息香,再分别加入 2%、4%、6%或 8% Co(Salen),以及 20%、30%、40%或 50% KOH,水浴加热调节温度,通入空气或氧气进行氧化。反应结束后,冷却,加入 25ml 水,抽滤,水洗,得到浅黄色苯偶酰固体。熔点：94.2～94.4℃。IR(KBr,ν,cm^{-1})：3063, 1659, 1450～1593。MS(m/z)：233.4(MNa^+), 131.4,105.4(M^+)。产物用甲醇溶解,HPLC 检测产率。

(3) 回收套用性能测试

将催化氧化反应后的滤液用 CH_2Cl_2 萃取,旋转蒸发除去 CH_2Cl_2,残液中补加少量 DMF 后,投入安息香、KOH,进行下一轮安息香催化氧化反应,直至产率明显下降。

(4) 金属 Salen 配合物电化学性能研究

DMF 为溶剂,配制浓度为 0.01mol·L^{-1}的四种配合物溶液,0.1mol·L^{-1}高氯酸四丁基铵($TBAClO_4$)作支持电解质,在三电极电极池中进行循环伏安扫描。工作电极和辅助电极均为铂电极,参比电极为银/氯化银电极,二茂铁为标准校正电位。扫速为 50mV·s^{-1},扫描电位范围－1.5～＋1.5V,在氧气气氛下进行测试。

2 结果与讨论

2.1 金属Salen配合物的表征

四种Salen配合物的组成由红外光谱、紫外光谱、核磁共振谱、质谱、元素分析等方法确定。热重分析显示，四种配合物热稳定性均较好，熔点为293～352℃，热分解温度>400℃。各种金属Salen配合物在溶液中的摩尔电导率≤10S·cm^2·mol^{-1}，表明Salen配体与金属离子配位，它们间在溶液中还有着较强的相互作用力。从磁化率测试计算的未成对电子数可知，Co(Salen)、Ni(Salen)和Cu(Salen)的d轨道电子分别采取$t_{2g}{}^6e_g{}^1$、$t_{2g}{}^6e_g{}^2$、$t_{2g}{}^6e_g{}^3$排布。金属Salen配合物的X射线粉末衍射结果与文献检索结果相符。Ni(Salen)的单晶衍射结果显示Salen分子与Ni平面4齿配位(见图1)，这解释了电导率测试显示的溶液中金属离子仍然与Salen配体配位；相邻的2个Ni(Salen)通过Ni—Ni键相连，这种与Co(Salen)非活性形式相似的二聚体结构[9]在质谱中也得到了验证。

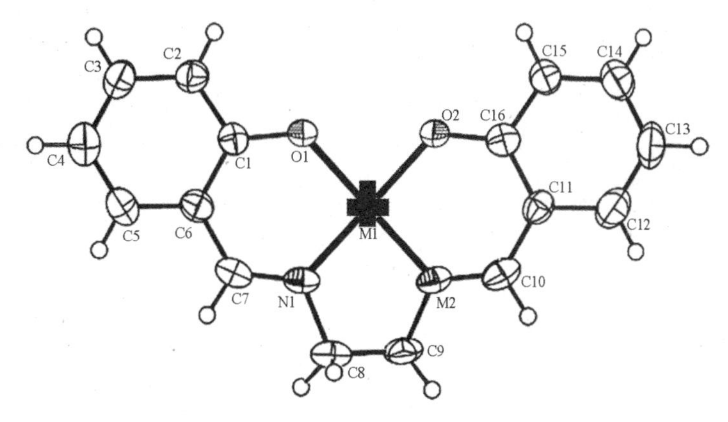

图1 Ni(Salen)单晶衍射结构

2.2 安息香催化氧化反应的氧源、溶剂和催化剂种类初步探索

初步结果表明，空气为氧源时的氧化安息香反应时间较长，碱用量较大，因此采用氧气为氧源。以氧气为氧源氧化安息香，对反应溶剂、催化剂种类、反应条件进行初选，结果表明，DMF作溶剂的反应产率最高，碱的存在能大幅提升产率，Co(Salen)具有较高的催化效率。故选取DMF为溶剂、Co(Salen)为催化剂，在碱性条件下进行反应研究。

2.3 正交实验法探究氧气氧化的最佳条件

采用氧气为氧源，使用四因素四水平正交实验法，考察反应温度、反应时间、催化剂用量及碱用量对氧化安息香反应的影响，结果见表1。

表 1　氧气为氧源时的正交实验条件及结果

序号	温度/℃	Co(Salen)用量/%	KOH 用量/%	反应时间/h	产率/%
1	常温	2	20	0.5	21.4
2	常温	4	30	1	34.0
3	常温	6	40	1.5	42.0
4	常温	8	50	2	49.1
5	50	2	30	1.5	55.7
6	50	4	20	2	71.2
7	50	6	50	0.5	56.1
8	50	8	40	1	64.5
9	80	2	40	2	60.9
10	80	4	50	1.5	65.2
11	80	6	20	1	54.8
12	80	8	30	0.5	85.0
13	110	2	50	1	72.5
14	110	4	40	0.5	64.3
15	110	6	30	2	74.3
16	110	8	20	1.5	79.0
17	110	8	30	0.5	64.6
均值 1	36.6	52.6	56.6	56.7	
均值 2	61.8	58.7	62.3	56.4	
均值 3	66.5	56.8	57.9	60.5	
均值 4	72.5	69.4	60.7	63.9	
极差	35.9	16.8	5.6	7.4	

正交实验结果显示，碱用量和反应时间影响较小，而反应温度和催化剂用量对氧化反应影响显著。从表 1 中可知，30% KOH、0.5h、80℃和 8% 催化剂量为最佳反应条件。

2.4　催化剂回收套用性能对比和反应时间对不同催化剂催化反应的影响

使用所得最佳反应条件，探究不同催化剂的回收套用性能。各次循环的产率和转化率结果见表 2。从表 2 可见，在第 1 次回收套用中，Co(Salen)的产率最高，第 4 次出现较大下降，转化率亦呈相似情况。Ni(Salen)与 Cu(Salen)均在第 3 次产率下降较大，但在前 2 次，Ni(Salen)的产率尚高于无催化剂时，而 Cu(Salen)的产率低于无催化剂时。因此，Co(Salen)催化效果最好。

表 2 催化剂筛选与回收套用性能测试

催化剂	产率 /%				转化率 /%			
	第 1 次	第 2 次	第 3 次	第 4 次	第 1 次	第 2 次	第 3 次	第 4 次
Co(Salen)	83.1	66.2	55.0	37.0	99.4	96.7	96.3	79.4
Ni(Salen)	45.8	42.9	31.4	—	71.9	82.7	82.4	—
Pd(Salen)	7.0	14.2	35.2	—	40.3	32.4	95.3	—
Cu(Salen)	29.1	28.2	23.0	—	61.3	67.1	35.3	—

2.5 四种催化剂的电化学性能及Co(Salen)氧合物性质探究

图 2 为四种催化剂的循环伏安曲线。Co(Salen)在氧气中出现的氧化峰氧化电位最低，表明具有较好的结合氧气、催化氧化反应的性能。空气中 Co(Salen)在+1.001V 处有氧化峰，在−1.302V 处有还原峰，分别对应 Co^{2+} 还原为 Co^{+} 和氧化为 Co^{3+} 的过程[10—11]。

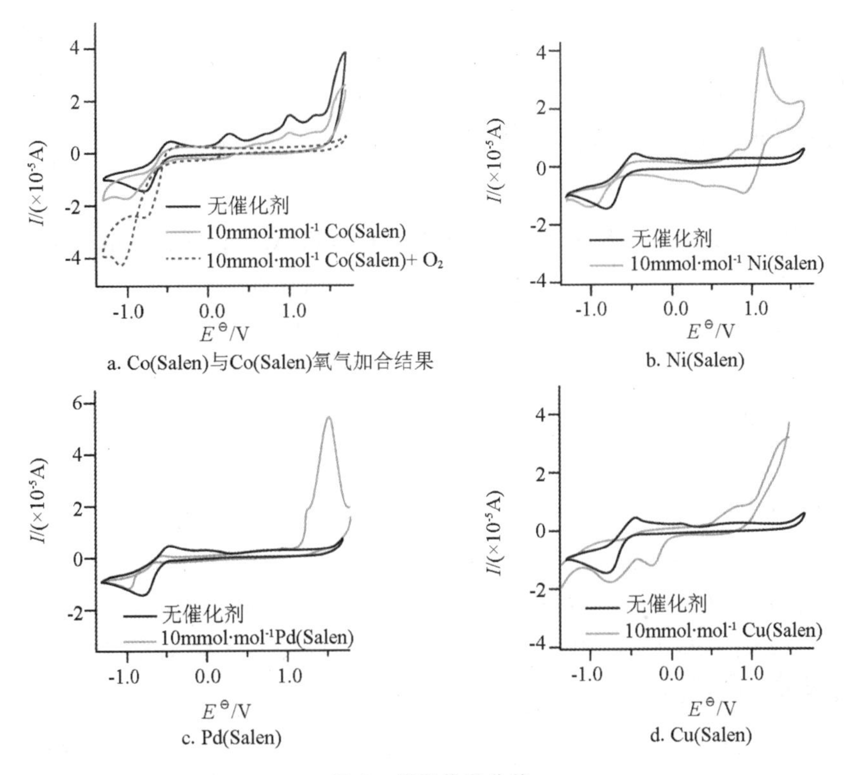

图 2 循环伏安曲线

拉曼光谱分析证实了在 DMF 和 DMSO 中 Co(Salen)和 O_2 加合物的形成。非加合时，O—O 键的拉曼光谱振动峰为 $1012cm^{-1}$，Co—O 键振动峰为 $376cm^{-1}$[12]。载氧化合物 $\{Sv_2[Co(Salen)_2O_2]\}$中 O—O 键振动峰为 $902cm^{-1}$(DMF 加合物)或 $903cm^{-1}$(DMSO 加合物)；Co—O 键振动峰为 $525cm^{-1}$(DMF 加合物)或 $532cm^{-1}$(DMSO 加合物)，均与文献[12]报

道的一致。峰位置的变化说明在载氧化合物{$Sv_2[Co(Salen)_2O_2]$}中有一部分电子从O—O键转移到Co—O键上,有利于氧气分子的活化。

3 结 语

合成了Co(Ⅱ)、Ni(Ⅱ)、Cu(Ⅱ)和Pd(Ⅱ)的Salen配合物,对其进行结构和性能的表征。利用正交实验法系统研究了Co(Salen)催化氧化安息香合成苯偶酰的最优反应条件。结果表明最佳反应条件是以氧气为氧源、反应时间为0.5h、反应温度为80℃和KOH用量为30%。4种不同催化剂的回收套用性能实验证明,Co(Salen)的回收套用性能最佳。不同催化剂的循环伏安曲线显示,Co(Salen)在氧气中氧化峰的氧化电位最低,因而具有较好的结合氧气、催化氧化反应的性能。拉曼光谱分析证实了在DMF和DMSO中载氧化合物{$Sv_2[Co(Salen)_2O_2]$}的形成和O—O键的削弱,进一步解释了Co(Salen)具有较好的催化性能。

参考文献

[1] 赵梅,黄汝琪,李恩霞,等. 安息香氧化反应的研究进展[J]. 山东科学,2013,26(5):29-32.

[2] (a) BAHRAMI K, KHODAEI M M, NEJATI A. One-pot synthesis of 1,2,4,5-tetrasubstituted and 2,4,5-trisubstituted imidazoles by zinc oxide as efficient and reusable catalyst[J]. Monatshefte für Chemie-Chemical Monthly, 2011, 142(2): 159-162. (b) SADEGHI B, MIRJALILI B B F, HASHEMI M M. $BF_3 \cdot SiO_2$: an efficient reagent system for the one-pot synthesis of 1,2,4,5-tetrasubstituted imidazoles[J]. Tetrahedron Letters, 2008, 49(16): 2575-2577.

[3] SHAMIM T, CHOUDHARY D, MAHAJAN S. Covalently anchored metal complexes onto silica as selective catalysts for the liquid phase oxidation of benzoins to benzils with air[J]. Catalysis Communications,2009, 10(14): 1931-1935.

[4] (a) MANEIRO M, BERMEJO M R, FERNANDEZ M I, et al. A new type of manganese-Schiff base complex, catalysts for the disproportionation of hydrogen peroxide as peroxidase mimics[J]. New Journal of Chemistry,2003,27(4): 727-733. (b)刘耀华. 微波辐射下苯偶姻合成苯偶酰的反应[J]. 光谱实验室,2010,27(6):2370-2372. (c)沈未豪,钱俊梅,王亚军. 超声法辅助合成苯偶酰[J]. 山东化工,2014,43(7):31-32.

[5] (a)邓凡政,高光宇,袁小青. 配合物的合成及其吸氧规律性研究[J]. 淮北煤师院学报,1993,14(4):30-33. (b)肖芙蓉,代斌,廉宜君,等. 人工氧载体——席夫碱金属配合物的研究进展[J]. 广东化工,2008, 181(5):42-45. (c)朱大建. Co(Salen)配合物及其固载化催化剂在氧化羰化反应中的催化性能研究[D]. 武汉:华中科技大学:2009. (d)罗兰,

胡晓勇，袁霞，等. 双功能硅烷化修饰MCM－41固载Cosalen催化环己烷氧化[J]. 硅酸盐学报，2014,42(7)：908－913. (e) JOSEPH T, HALLIGUDI S, SATYANARAYAN C. Oxidation by molecular oxygen using zeolite encapsulated Co(Ⅱ) saloph complexes[J]. Journal of Molecular Catalysis A,2001, 168(1)：87－97.

[6] SAFARI J, ZARNEGAR Z, RAHIMI F. An efficient oxidation of benzoins to benzils by manganese(Ⅱ) Schiff base complexes using green oxidant[J]. Journal of Chemistry,2013, ID：1－7.

[7] 丁成，倪金平，唐荣，等. 安息香的绿色催化氧化研究[J]. 浙江工业大学学报，2009,37(5)：542－544.

[8] 袁淑军，方海林，吕春绪. 双水杨醛缩乙二胺合铜[Cu(Salen)]/O_2催化氧化安息香[J]. 化学世界，2004, 45(5)：233－234.

[9] BRÜCKNER S, CALLIGARIS M, NARDIN G. The crystal structure of the form of *N*,*N′*-ethylenebis(salicylaldehydeiminato)cobalt(Ⅱ) inactive towards oxygenation[J]. Acta Crystallographica Section B: Structural Crystallography and Crystal Chemistry, 1969,25(8)：1671－1674.

[10] ISSE A A, GENNARO A, VIANELLO E. The electrochemical reduction mechanism of [*N*,*N′*－1,2－phenylenebis(salicylideneiminato)] cobalt(Ⅱ) [J]. Journal of the Chemical Society, Dalton Transactions, 1993, 14：2091－2096.

[11] 孟莉新，过渡金属Salen配合物/分子筛修饰电极的电化学行为研究[D]. 太原：太原理工大学,2007.

[12] HESTER R E, NOUR E M. Resonance Raman studies of transition metal peroxo complexes: the oxygen carrier cobalt(Ⅱ)-salen and its -peroxo complexes, [(L)(salen)Co] [J]. Journal of Raman Spectroscopy, 1981, 11(2)：49－58.

负载型 Co(Salen)催化剂的合成及其催化性能研究

王海潇，段莹，费彦仁，许亮颜，潘铭，薛继龙，聂勇*

（浙江工业大学　浙江　杭州　310014）

摘　要　Co(Salen)催化剂是一种高效的催化氧化剂，广泛用于环氧化、羰基化等反应中。为了便于 Co(Salen)催化剂的回收套用，在超声环境中合成了 MCM-41 分子筛负载的双水杨醛缩乙二胺合钴席夫碱金属配合物 Co(Salen)，再经微波辐射加热 100℃处理一段时间后，得到了负载型 Co(Salen)催化剂。利用 X 射线粉末衍射、EDS 能谱分析、ESI 质谱分析、红外光谱及热重差热分析对负载型 Co(Salen)催化剂的结构及性质进行了表征。同时考察了负载型 Co(Salen)催化剂在安息香催化氧化反应中的催化性能，并对反应条件进行了优化。从实验结果可以看出，制备的负载型 Co(Salen)催化剂有效地提高了安息香氧化的反应速率，而其本身反应前后质量未发生变化。

关键词　Co(Salen)催化剂；MCM-41 负载；超声合成；微波辐射；安息香催化氧化

Salen 分子是一类配位原子为二氮二氧的大环席夫碱配体，能和大部分过渡金属元素及部分主族元素形成稳定的配合物。其中 Co(Salen)体系具有很强的可逆吸附氧能力，被誉为“氧载体”。苯偶酰即二苯基乙二酮，又叫联苯酰、联苯甲酰，是合成药物苯妥英钠的中间体，亦可用于杀虫剂及紫外线固化树脂的光敏剂，在医药、香料、日用化学品生产应用广泛。苯偶酰常用安息香氧化合成。

近年来，关于 Salen 催化剂在催化氧化安息香方面的研究越来越多。丁成等[1]在通氮气保护下将双水杨醛缩乙二胺和金属盐水浴加热，经剧烈搅拌反应制得 Salen 催化剂，但催化剂的重复利用率不高。郭蕊等[2]将制得的 Salen 催化剂负载在 MCM-41 分子筛上，但负载过程需要剧烈搅拌 18h。张龚等[3]通过微波固相法制得 Mn(Salen)/Al-HMS 催化剂，较常规方法制得的催化剂具有更好的选择性，但操作较繁琐。杨梅等[4]在配体和金属离子的配位过程中引入超声，大大缩短了反应时间。向纪明等[5]在苯甲醇的氧化过程中引入超声，缩短了反应时间，提高了收率。

本文从绿色化学的理念出发，为了解决 Co-席夫碱催化剂在均相下易二聚或降解失活[6]，以及均相催化剂本身所固有的回收难、溶剂用量大等问题，利用超声促进及微波活化的实验手段，将催化剂负载[7]在 MCM-41 分子筛上制得负载型 Co(Salen)催化剂，并将其应用于安息香的催化氧化中，考察其催化性能。

---

* 通讯作者：聂勇，电子邮箱：ny_zjut@zjut.edu.cn

1　实验部分

1.1　主要试剂与仪器

试剂：无水乙醇，水杨醛，乙二胺，四水乙酸钴，MCM－41分子筛，DMF，安息香，氮气。

仪器：集热式恒温加热磁力搅拌器（DF-101S），超声波清洗器，超级恒温槽，紫外-可见分光光度计（UV-1600），液相色谱仪（Dionex，泵箱 P680，柱温箱 Tcc-100，检测器 UVD170V），X射线衍射仪（X'Pert PRO）。

1.2　实验步骤

（1）Co(Salen)/MCM－41催化剂的合成

图1为超声合成Co(Salen)/MCM－41催化剂反应装置。在氮气保护下，将由水杨醛与乙二胺合成的2.5mmol的席夫碱配体和200ml的无水乙醇加入四口烧瓶中，超级恒温槽水温控制在60℃，搅拌。待配体完全溶解后，将2.5mmol乙酸钴的乙醇溶液缓慢滴加入四口烧瓶中[8]，打开超声发生装置，超声条件下水浴加热回流30min[4]，加入MCM－41分子筛，在超声条件下继续搅拌1h。冷却，抽滤，将抽滤过后的催化剂置于真空干燥箱中，60℃下干燥2h。通氮气保护，将干燥后的催化剂置于微波装置中，控制温度为100℃，辐射30min[9—10]，制得负载型Co(Salen)/MCM－41催化剂。利用X射线粉末衍射、EDS能谱分析、质谱、红外光谱、热重差热分析及元素分析对制备的催化剂进行分析表征。

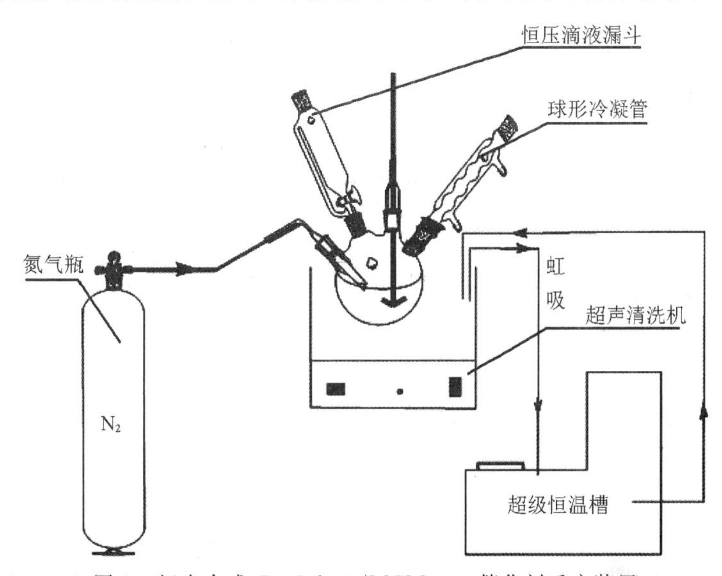

图1　超声合成Co(Salen)/MCM－41催化剂反应装置

（2）安息香的催化氧化反应

在反应体系中加入4g安息香和30ml DMF，溶解后加入氢氧化钾、负载型Co(Salen)/MCM－41催化剂，通入空气氧化，水浴加热，用薄层色谱跟踪检测。反应结束后，趁热过滤，滤出的固体用乙醇洗涤并烘干，保存以备以后使用，滤液冷却到室温后，调节反应液 pH＝3～4[1]，向溶液中倾倒 75ml 去离子水，固体析出后抽滤，水洗，用 85％乙醇重结晶，烘干称重，利用 HPLC 分析产品纯度。

2　结果与讨论

2.1　催化剂的分析表征

(1) X 射线粉末衍射分析

采用 X′Pert PRO 型 X 射线衍射(XRD)仪对催化剂进行 X 射线粉末衍射测定，采用 Cu $K\alpha$辐射(λ＝0.15406nm)，工作电压为 40kV，工作电流为 45mA，X′Celerator 超能探测器，扫描范围 2θ 为 0°～50°。

图 2 为 Co(Salen)催化剂的 XRD 理论谱图。图 3 为 MCM－41 分子筛的 XRD 谱图。如图 3 所示，MCM－41 分子筛具有典型的介孔孔道特征：2θ＝2°。图 4 为 Co(Salen)/MCM－41 催化剂的 XRD 谱图。将图 4 与图 2、图 3 进行对比分析，制备的Co(Salen)/MCM－41 催化剂的 XRD 谱图在 2θ＝2°及 2θ＝6.5°～7°都有明显的峰，说明在分子筛上负载了 Co(Salen)配合物。

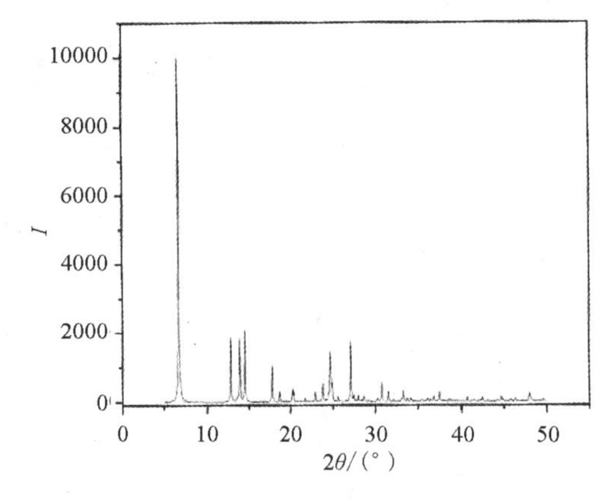

图 2　Co(Salen)催化剂的 XRD 理论谱图

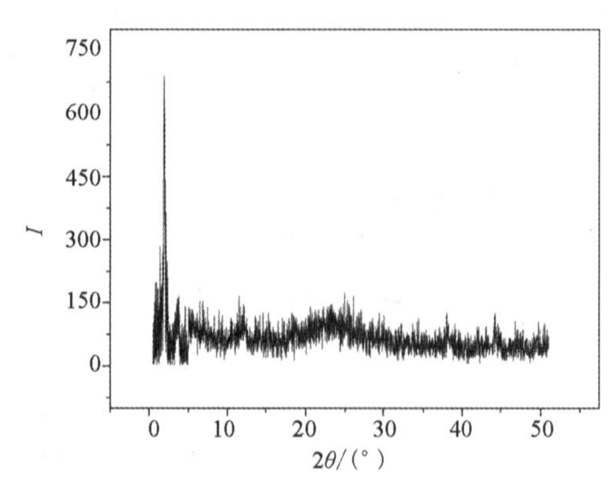

图 3　MCM－41 分子筛的 XRD 谱图

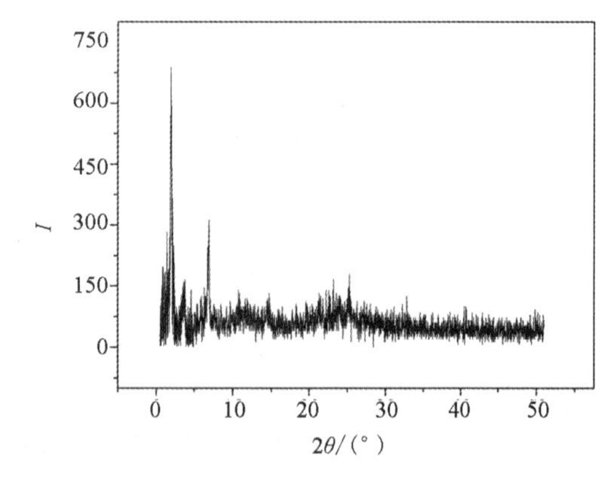

图 4　Co(Salen)/MCM－41 催化剂的 XRD 谱图

(2) EDS 能谱分析

图 5 为制备的 Co(Salen)/MCM－41 催化剂的 EDS 能谱分析谱图。从图中可以看出，催化剂中含有金属 Co，且金属 Co 的质量含量为 9.9%。由此可知，制备的催化剂中负载了 Co(Salen)。

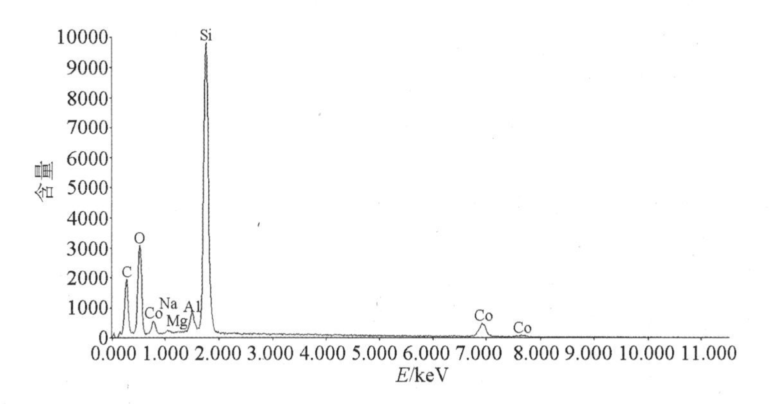

图 5　Co(Salen)/MCM－41 催化剂的 EDS 谱图

(3) 红外光谱分析

Co(Salen)/MCM－41 催化剂的 IR 谱图如图 6 所示。其中，位于 1560～1620cm^{-1} 的吸收对应 C＝N 的伸缩振动和苯环 C＝C 骨架伸缩振动；446.4 和 462.0cm^{-1} 的弱吸收对应 Co—O 的变形振动，表明酚羟基的 O 参与了配位，即生成了 Co(Salen)催化剂。

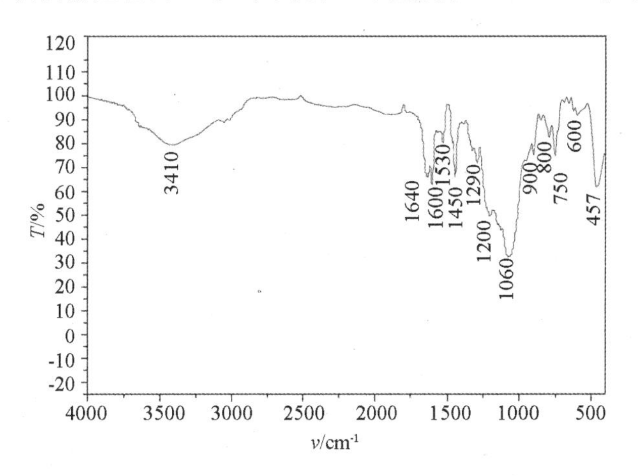

图 6　Co(Salen)/MCM－41 催化剂的 IR 谱图

(4) ESI 质谱分析

由图 7 可见，Co(Salen)/MCM－41 催化剂最高的分子离子峰所对应的相对分子质量为 325.0，即所测物质相对分子质量为 325.0，与 Co(Salen)催化剂理论相对分子质量 325 相一致。因此，制备的负载型催化剂中的金属配合物为 Co(Salen)。

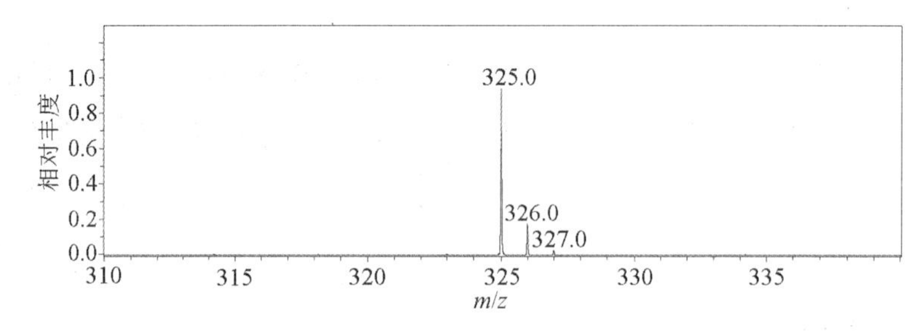

图 7 Co(Salen)/MCM-41 催化剂的 ESI 谱图

2.2 安息香催化氧化反应条件的优化

(1) 温度对安息香催化氧化反应的影响

由表 1 可见,随着温度的升高,产率先上升后下降,综合考虑产率、产品纯度及反应时间,60℃为较优反应温度。

表 1 温度对反应的影响

温度/℃	粗产品质量/g	粗产率/%	重结晶后产品质量/g	产率/%	反应时间/min
40	2.71	68.09	1.95	45.88	90
50	2.96	74.37	1.99	40.22	75
60	3.07	77.14	2.17	50.59	70
70	2.95	74.12	1.77	36.92	60
80	2.91	73.12	1.56	35.93	30
90	2.82	70.85	1.57	33.45	35

(2) 碱用量对安息香催化氧化反应的影响

由表 2 可见,当安息香与 KOH 的质量比为 4∶1、pH 值为 8.5 时,产率最高,且反应时间相对较短。

表 2 碱用量对反应的影响

碱用量/g	pH	苯偶酰质量/g	产率/%	反应时间/min
0.5	8	1.23	30.80	180
1.0	8.5	2.17	50.59	70
1.5	9	0.65	16.24	60

(3) 催化剂用量对安息香催化氧化反应的影响

由表 3 可见,在 60℃下,苯偶酰的产率先随着催化剂的用量的增加而增加,在 2.0g 时达到最高,然后又呈下降趋势。因此,当安息香与催化剂的质量比为 2∶1 时,较为适宜。

表 3 催化剂用量对反应的影响

催化剂用量/g	苯偶酰质量/g	产率/%	反应时间/min
1.0	0.43	10.68	80
2.0	2.17	50.59	70
3.0	0.86	21.71	100

(4) 溶剂用量对安息香催化氧化反应的影响

由表 4 可见，当溶剂的量为 40ml 时，苯偶酰的产率最高，且时间最短，所以溶剂的体积为 40ml 时较为合适。

表 4 溶剂用量对反应的影响

溶剂用量/ml	苯偶酰质量/g	产率/%	反应时间/min
30	2.17	50.59	70
40	2.25	56.53	30
50	1.97	49.50	65

(5) 超声波对安息香催化氧化反应的影响

由表 5 可见，超声环境下，反应时间缩短，在 30min 内原料即能完全反应得到产物苯偶酰，约为原反应时间的一半，而超声条件下得到的产品纯度和产率都有明显提高。

表 5 超声波对反应的影响

反应条件	反应时间/min	产率/%
超声体系	30	67.35
无超声体系	70	50.59

2.3 负载型 Co(Salen)催化剂催化性能的考察

(1) 考察负载前后催化剂的催化反应效果对比

从表 6 中可以看出，负载后的 Co(Salen)催化剂催化氧化安息香的效果更优。分析主要原因，可能是由于负载后的催化剂能够更好地吸附氧分子，为催化氧化反应提供更好的反应环境。

表 6 催化剂种类对反应的影响

催化剂	粗产品质量/g	重结晶后质量/g	产率/%	纯度/%
Co (Salen)/MCM-41	3.07	2.17	50.59	92.33
Co(Salen)不含分子筛	2.32	1.19	29.90	83.80

(2) 催化剂反应前后热重分析

从图 8 和图 9 中可以看出，负载后的 Co(Salen)催化剂反应前及其反应后的Co(Salen)催化剂的失重阶梯段均较少，只在 34.9～61.1℃，主要为催化剂中的自由水。在 60℃恒温 1h 其质量均基本保持不变，表明该催化剂的热稳定性较好。

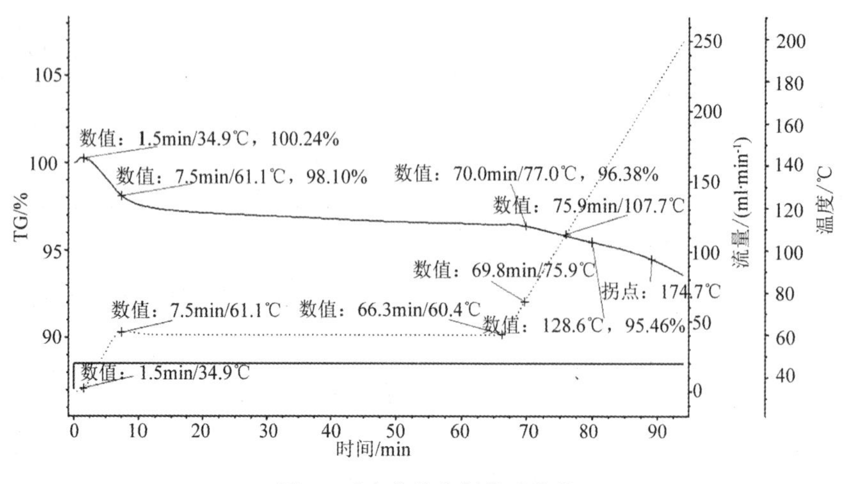

图 8　反应前催化剂热重数据

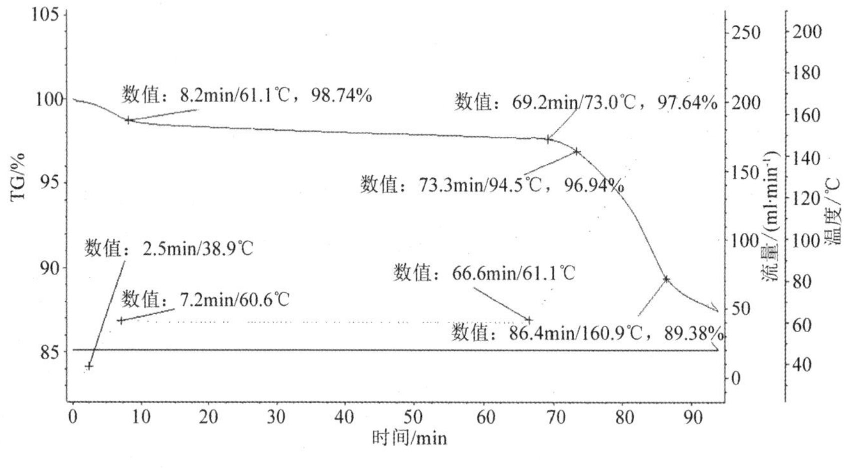

图 9　反应后催化剂热重数据

（3）考察催化剂的回收套用

由表 7 可知，催化剂第 3 次利用时产率明显下降，时间增长。分析原因可能为：在反应过程中，负载于分子筛上的催化剂有部分脱落；在回收过程中用溶剂洗涤这一步骤时，有部分分子筛表面的催化剂也易被洗去，故分子筛中实际负载的催化剂量变少，催化效果变差。因此，此催化剂的回收套用还有待进一步探索和优化。

表 7　Co(Salen)/MCM－41 催化剂回收套用效果

使用次数	反应时间/min	产率/%
第 1 次	70	50.59
第 2 次	115	37.94
第 3 次	270	13.82

3 结 语

本文在超声环境及微波辐射下合成了负载型Co(Salen)/MCM-41催化剂，利用X射线粉末衍射、EDS能谱分析、ESI质谱分析、红外光谱及热重差热分析对负载型Co(Salen)催化剂的结构及性质进行了表征。将其应用于安息香的催化氧化反应中，得到了安息香催化氧化的较优条件：在超声环境下反应，反应温度为60℃，催化剂用量为2.0g，以DMF为溶剂，溶剂量为40ml，KOH用量为1.0g，反应时间为30min。考察制备的负载型催化剂的催化性能可以得出，制备的负载型Co(Salen)催化剂有效提高了安息香氧化的反应速率，而其本身反应前后质量未发生变化。

参考文献

[1] 丁成，倪金平，唐荣，等. 安息香的绿色催化氧化研究[J]. 浙江工业大学学报，2009，37(5)：542-544.

[2] 郭蕊，李树晓，赵正波. Ni、Co、Mn(Salen)/MCM-41的制备及其催化性能的研究[J]. 应用科技，2009，36(8)：4-7.

[3] 张虔，银董红，杨一思，等. 微波固相法制备Mn(Salen)/Al-HMS催化剂[J]. 应用化学，2006，23(6)：646-650.

[4] 杨梅，张萍，吕效平. 超声辐照合成Salen金属配合物的初步研究[J]. 声学技术，2006，25(5)：441-445.

[5] 向纪明，柳林，冯杰超声合成苯甲酸[C]//中国化学会第四届有机化学学术会议论文集. 北京：2005，236-237.

[6] DELLEDONNE D，RIVETTI F，ROMANO U. Oxidative carbonylation of methanol to dimethyl carbonate (DMC)：a new catalytic system [J]. Journal of Organometallic Chemistry，1995，488：15-19.

[7] LI G X，BAO C J，LI T，et al. A recoverable catalyst Co(Salen) in zeolite Y for the synthesis of methyl *N*-phenylcarbamate by oxidative carbonylation of aniline [J]. Applied Catalysis A，2008，346(1-2)：134-139.

[8] 孙伟，夏春谷. 手性金属Salen配合物在不对称催化中的应用[J]. 化学进展，2002，14(1)：8-17.

[9] 袁淑军，方海林，吕春绪. 双水杨醛缩乙二胺铜[Cu(Salen)]/O_2催化氧化安息香[J]. 化学世界，2004(5)：233-234.

[10] 袁淑军，蔡春，吕春绪. 树脂固载Cu(Salen)催化氧化安息香[J]. 精细化工，2003，20(3)：163-165.

M(Salen)催化的安息香氧化反应研究

夏思倩，王英姿，项睿琦，谢雪珂，王小霞*

（浙江师范大学　浙江　金华　321004）

摘　要　研究了双水杨醛缩乙二胺合金属配合物 M(Salen)[M=Co(Ⅱ), Cu(Ⅱ), Zn (Ⅱ)]的合成及其催化的空气氧化安息香制备苯偶酰的反应。通过考察溶剂、碱和催化剂的种类和用量，以及反应时间对反应的影响，最终确定了以甲醇为溶剂、Co(Salen)为催化剂[用量为 5%(摩尔分数，下同)]、KOH 为碱[1.1 当量(指碱与底物的物质的量之比，下同)]、室温反应 33min 为最佳反应条件。反应后处理简单，只需中和反应液并加水稀释，即可析出苯偶酰沉淀，产率高达 87%，纯度>99%。催化剂的回收套用第 2 次和第 3 次，产率分别降至 71%和 34%。因此，同一批 Co(Salen)催化剂的适宜使用次数为 2 次。

关键词　Co(Salen)；催化氧化；空气；安息香；苯偶酰

苯偶酰学名二苯乙二酮，是一种重要的有机化工原料和有机合成中间体，可用于光敏剂、固化剂、杀虫剂、药品及各类功能材料的合成，也适用于制作食品用的印刷油墨等，具有广泛的应用前景[1]。

合成苯偶酰的方法有多种，如利用二苯甲酮氧化法[2]等，其中最为直接有效也是主要的合成方法是安息香氧化法。早期采用的氧化方法有：硝酸氧化，但氧化反应剧烈，会形成酸雨；铬酸盐氧化，反应时间较长，成本较高，污染严重；硫酸铜氧化，操作繁琐，环境污染物排放量较大。近年来人们又发展了氢化钠促进的氧化反应[3]、在 KI 存在下的电化学氧化法[4]、金属有机试剂氧化法[5]等。这些方法中多采用催化氧化法，较早期的方法有很大改善，但也存在着催化剂制备过程繁琐、需要较为复杂或特殊的辅助催化剂、产率不够理想、官能团兼容性差、后处理复杂等局限性。在此，我们对反应溶剂、温度、催化剂用量、添加物碱等条件进行系统的考察，致力于发展一条反应温和、时间短、产率高、后处理简单、更符合绿色化学要求的制备苯偶酰的路线。

* 通讯作者：王小霞，电子邮箱：wangxiaoxia@zjnu.cn

1 实验部分

1.1 实验原理

(1) 催化剂的制备

$$\text{水杨醛} \xrightarrow[\text{溶剂}]{H_2N\text{-}(CH_2)_2\text{-}NH_2} \mathbf{1} \xrightarrow[\text{溶剂}]{M^{2+}} \mathbf{2}$$

M=Co，Zn，Cu

(2) 苯偶姻的催化氧化反应

$$C_6H_5\text{-}CO\text{-}CH(OH)\text{-}C_6H_5 \xrightarrow[\text{溶剂，添加剂}]{\text{空气，催化剂}} C_6H_5\text{-}CO\text{-}CO\text{-}C_6H_5$$

式中：催化剂分别为Co(Salen)、Cu(Salen)和Zn(Salen)。

1.2 主要试剂与仪器

试剂：水杨醛，乙二胺，$CoAc_2 \cdot 4H_2O$，$CuSO_4 \cdot 5H_2O$，$ZnAc_2 \cdot 2H_2O$，安息香，DMF，甲醇，吡啶，乙醚，CH_2Cl_2，DMSO，氢氧化钾，氢氧化钠，无水乙醇，95%乙醇，石油醚，乙酸乙酯，无水碳酸钠，浓盐酸。

仪器：傅里叶变换红外光谱仪(Nicolet)，高效液相色谱仪(1260)，400MHz超导核磁共振谱仪(AV 400)，紫外分光光度计(Lambda 25)，数字显微熔点测定仪(X-4)，元素分析仪(VARIO EL3)，X射线单晶衍射仪(Smart APex Ⅱ)，质谱仪(Thermostar GSD 320)。

1.3 实验步骤

(1) Salen配体1和M(Salen)催化剂2的制备[6]

冰水浴下，100ml单口烧瓶中将2.5g乙二胺(0.042mol)溶于50ml甲醇，加入磁子搅拌，用10ml注射器逐滴滴加8.5ml水杨醛(0.018mol)，反应30min，静置15min。减压过滤，用1ml乙醚洗涤，自然晾干。反应制得亮黄色片状的席夫碱1，产率为93%。熔点：124～126℃。IR(KBr，ν，cm^{-1})：3439($\nu_{Ar\text{-}OH}$)，2930($\nu_{C\text{-}H}$)，1635($\nu_{C=N}$)，1460(苯环骨架振动)。^1H NMR(400MHz，$CDCl_3$，δ，ppm)：13.21(s，2H，OH)，8.34(s，2H，N=CH)，7.22～7.28(m，4H，Ar—H)，6.85～6.93(m，4H，Ar—H)，3.92(s，4H，CH_2)。

根据参考文献[7]，采用一锅法制备Co(Salen)：称取席夫碱1.64g(0.006mol)于100ml双口烧瓶中，加磁子搅拌，回流冷凝管，通氮气。用50ml注射器注射加入15ml 95%乙醇，加入1.48g(0.006mol) $Co(Ac)_2 \cdot 4H_2O$。油浴加热至75℃，搅拌反应1h。冷却至室温，减压过滤，用20ml 95%乙醇洗涤，真空干燥，得暗红色粉末状产物Co(Salen)，产率为75%。经XRD表征和元素分析，证实是所需要制得的Co(Salen)配合物。

Cu(Salen)的制备采用参考文献[8]的方法：在100ml的双口烧瓶中加入1.42g(0.005mol)席夫碱、1.28g(0.005mol) $CuSO_4 \cdot 5H_2O$ 和44ml无水乙醇，加磁子搅拌。通氮气保护，油浴加热至85℃回流2h。冷却至室温，减压过滤，用20ml无水乙醇洗涤三次，真空干燥，得黑绿色粉末状产物Cu(Salen)，产率为95%。经XRD表征和元素分析，证实是所需要制得的Cu(Salen)配合物。

采用与上述Cu(Salen)相同的制备方法，用 $ZnAc_2 \cdot 2H_2O$ 与席夫碱配合制备Zn(Salen)配合物，反应得黄色粉末状产物，产率为60%。经XRD表征和元素分析，证实是所需要制得的Zn(Salen)配合物。

(2) 安息香催化氧化反应

在装有冷凝回流管的50ml双口烧瓶中，加入1.06g安息香(0.005mol) $CuSO_4 \cdot 5H_2O$ 和溶剂(甲醇、乙醇、DMF、DMSO或吡啶的任意一种)，开动磁子搅拌，溶解后加入M(Salen)催化剂(0%、5%、10%、50%或100%)和添加剂(KOH或NaOH)，在开始反应后每隔5~15min进行一次TLC跟踪反应进程(展开剂：PE∶EA=5∶1)。当安息香转化完全后，加入50%的浓盐酸调节pH至3~4，随后加入1.5倍溶剂体积的水，析出固体，减压过滤，冷95% 乙醇洗涤。

粗品用95%乙醇重结晶，得黄色针状晶体苯偶酰。熔点：95~96℃(文献值：95~96℃[7])。IR(KBr, ν, cm^{-1})：1660($\nu_{C=O}$)，1450(苯环骨架振动)，696(苯环单取代)。^1H NMR(400MHz, $CDCl_3$, δ, ppm)：7.96~7.98(m, 4H, Ar—H)，7.65(m, 2H, Ar—H)，7.50~7.52(m, 4H, Ar—H)。

(3) Co(Salen)催化剂的回收套用

将安息香催化氧化反应后的滤液用 CH_2Cl_2 分次萃取，萃取液用无水碳酸钠干燥，用旋转蒸发仪回收 CH_2Cl_2，残液为含催化剂的甲醇溶液。补加少量甲醇后，投入安息香催化氧化反应体系中进行下一次实验。

2 结果与讨论

2.1 催化剂用量对安息香催化氧化反应的影响

以DMF作为溶剂[7]，采用不同的Co(Salen)催化剂，研究对安息香催化氧化反应的影响，其结果见表1。

由表1可以看出，当催化剂用量为100%时，能得到较高产率的目标产物。当用量降低时，反应时间延长，且产物难以分离。据参考文献[7]报道，强碱条件有利于氧化反应进行，故提高KOH用量，但仍无法取得理想结果。可见，以DMF为溶剂时，单靠改变碱用量、反应温度等条件，该反应难以得到满意的实验结果。

表 1　催化剂用量对反应的影响

温度/℃	催化剂用量/%	碱用量(当量)	反应时间/min	产率/%*
80	100	0.9	15	85
80	50	0.9	70	—**
80	20	0.9	135	—**
常温	10	2.5	15	53
常温	5	2.5	180	41

* 分离产率，HPLC 显示纯度>99%

** 得到墨蓝色黏稠膏状物质，未计算产率

2.2　溶剂种类对安息香催化氧化反应的影响

选用 Co(Salen)作催化剂，反应温度为 30～32℃，寻求反应最佳溶剂，其结果见表 2。

由表 2 可见，以甲醇为溶剂产率最高，反应也最快，故选择甲醇代替 DMF 作为反应溶剂。研究是在夏天的室温(30～32℃)下进行的，鉴于反应操作方便，效果较好，故未进一步考察其他反应温度。

表 2　溶剂种类对反应的影响

溶剂	反应时间/min	转化率/%	产率/%
DMF	100	100	49
吡啶	92	100	15
DMSO	95	100	1
乙醇	22	100	12
甲醇	31	100	87

2.3　碱用量对安息香催化氧化反应的影响

以甲醇作溶剂，Co(Salen)作催化剂，采用不同的碱用量，研究对安息香催化氧化反应的影响，其结果见表 3。

从表 3 可以看出，随着 KOH 用量从 2.5 当量减少至 1.1 当量，苯偶酰的产率有降低趋势，但降低幅度不明显。同时进行 KOH 和 NaOH 的对比实验发现，相同用量的 NaOH 作添加剂比 KOH 的产率低。综合考虑，采用 1.1 当量 KOH 作为本反应的添加剂。

表 3 碱用量对反应的影响

碱及用量(当量)	反应时间/min	产率/%
KOH 2.5	31	87
KOH 2.0	35	89
KOH 1.5	41	85
KOH 1.1	45	83
NaOH 1.1	33	67

2.4 溶剂用量对安息香催化氧化反应的影响

采用 KOH 用量为 1.1 当量,Co(Salen)作催化剂,研究不同甲醇用量对安息香催化氧化反应的影响,其结果见表 4。

由实验结果可得,随着甲醇用量减少,产率不断提高,当甲醇用量为 15ml 时,产率接近 87%。继续减少溶剂用量时,反应混合物过于黏稠,搅拌困难,因而确定甲醇用量为 15ml 时为最佳用量。

表 4 溶剂用量对反应的影响

溶剂用量/ml	反应时间/min	转化率/%	产率/%
15	33	100	87
23	45	100	83
30	50	100	84

2.5 催化剂种类对安息香催化氧化反应的影响

在优化条件(催化剂用量为 5%,反应温度为 30～32℃,KOH 为 1.1 当量,甲醇用量为 15ml)下,考察催化剂种类对反应的影响,其结果见表 5。

由表 5 可知,Co(Salen)的催化性能最佳,反应时间仅需 33min,产率达 87%。Cu(Salen)和 Zn(Salen)催化剂的活性相对较差;Zn(Salen)的催化性能最差,反应进行 300min 后仍有残留原料存在,且检测到大量副产物。在空白实验中,反应体系变得复杂,除了生成预期的苯偶酰产物,TLC 还检测到两个主要的副产物,经常规操作分离到这两个副产物的混合物,经 ^{1}H NMR 谱和 ^{13}C NMR 谱进行结构分析鉴定,初步推断两种副产物分别为苯甲酸甲酯和苯甲酸。空白实验的对照结果充分表明 Co(Salen)催化空气氧化苯偶姻为苯偶酰的效果显著。

表 5　催化剂种类对反应的影响

催化剂	反应时间/min	转化率/%	产率/%
Co(Salen)	33	100	87
Cu(Salen)	212	100	42
Zn(Salen)	>300	90	11
无	>300	100	/

2.6　催化剂的回收套用对安息香催化氧化反应的影响

在最优条件[Co(Salen) 5%、反应温度为 30～32℃、KOH 为 1.1 当量、甲醇用量为 15ml]下，充分反应，采用催化剂回收套用的方法，研究催化剂的使用次数对反应的影响，其结果见表 6。

从表 6 可看出，在最优条件下，产物的收率随着催化剂使用次数的增加有不同程度地降低，催化剂在第 3 次时使用时收率明显下降，主要原因有以下两点：①催化剂在回收套用的过程中有损失，使 Co(Salen)的催化性能降低；②回收的催化剂催化性能下降，导致反应时间延长，副产物增多。因此，同一批 Co(Salen)催化剂的适宜回收套用次数为 2 次。

表 6　催化剂的回收套用对反应的影响

次数	反应时间/min	转化率/%	产率/%
第 1 次	33	100	87
第 2 次	45	100	71
第 3 次	84	100	35

3　结　语

考察了三种 M(Salen)化合物在安息香空气氧化反应中的催化性能。通过对催化剂用量、反应溶剂、添加物碱的种类和用量、反应温度和反应时间的考察，最终发现，在敞口体系中，无需额外通入空气，以甲醇为溶剂，Co(Salen)为催化剂(用量为 5%)，KOH 为碱(1.1 当量)，室温反应 33min，即可以 87%的产率获得氧化产物苯偶酰，HPLC 检测其纯度大于 99%。催化剂的回收利用实验表明，第 2 次重复使用产率仍可达 71%。总之，该反应所用试剂价廉易得，条件温和，反应时间短，后处理简单，提供了一条高效的合成苯偶酰的路线，在一定程度上符合绿色化学要求。

参考文献

[1] (a)SINGH D P, KUMAR R, SINGH J. Synthesis and spectroscopic studies of biologically active compounds derived from oxalyldihydrazide and benzil, and their Cr(Ⅲ), Fe(Ⅲ) and Mn(Ⅲ) complexes [J]. European Journal of Medicinal Chemistry, 2009, 44: 1731 - 1736. (b) DU G, MIRAFZAL G A, WOO L K. Reductive coupling reactions of carbonyl compounds with a low-valent titanium (Ⅱ) porphyrin complex [J]. Organometallics, 2004, 23: 4230 - 4235.

[2] WOLFE S, INGOLD C F. Oxidation of organic compounds by zinc permanganate [J]. Journal of the American Chemical Society, 1983, 105: 7755 - 7757.

[3] JOO C, KANG S, KIM S M, et al. Oxidation of benzoins to benzils using sodium hydride [J]. Tetrahedron Letters, 2010, 51: 6006 - 6007.

[4] OKIMOTO M, TAKAHASHI Y, NAGATA Y, et al. Electrochemical oxidation of benzoins to benzils in the presence of a catalytic amount of KI in basic media [J]. Synthesis, 2005: 705 - 707.

[5] ZHANG Q, XU C M, CHEN J X, et al. Palladium-catalyzed arylation of arylglyoxals with arylboronic acids [J]. Applied Organometallic Chemistry, 2009, 23: 524 - 526.

[6] 刘志昌，刘凡，卢彦，等. 金属(Ni,Co,Zn)-Salen 配合物的合成及性质研究[J]. 乐山师范学院学报，2002，17(4)：30 - 33.

[7] 丁成，倪金平，唐荣，等. 安息香的绿色催化氧化研究[J]. 浙江工业大学学报，2009，37：542 - 544.

[8] RIBEIRO DA S, MARIA D M C, GONCALVES J M, et al. Manuel A V molecular thermochemical study of Ni(Ⅱ), Cu(Ⅱ) and Zn(Ⅱ) complexes with N,N'-bis(salicylaldehydo) ethylenediamine[J]. Journal of Molecular Catalysis A, 2004, 224: 207 - 212.

Salen配合物的合成及其催化氧化安息香的研究

朱格靓，郑婕妤，郑志青，徐佳敏，何亚兵*

（浙江师范大学　浙江　金华　321004）

摘　要　以Co(Salen)配合物为催化剂，以空气为氧化剂对催化氧化安息香合成苯偶酰的反应条件进行了优化。采用2.5%（摩尔分数，下同）的Co(Salen)用量，92.7%的KOH用量，以甲醇作溶剂，在45℃下反应45min，苯偶酰收率高达92.1%。在五种金属Salen配合物中，Co(Salen)配合物的催化活性最高。与相应金属盐的催化活性相比较，金属Salen配合物的催化活性得到了提高。而后对催化剂的回收套用做了研究。此外，放大反应也可达到良好的反应收率，为反应的实际应用奠定了基础。

关键词　安息香；苯偶酰；催化氧化；双水杨醛缩乙二胺；金属Salen配合物

苯偶酰即二苯基乙二酮，是重要的医药中间体及有机合成试剂，常用于制备杀虫剂及紫外线固化树脂的光敏剂，在医药、香料、日用化学品生产中有着广泛的应用[1]。由安息香氧化合成苯偶酰的方法中，常见的有以下几种：铬酸盐氧化法、硝酸氧化法、高锰酸盐氧化法。但是以上方法，有的反应耗时长，产率低；有的反应可控性差，严重环境污染。为了克服上述缺点，需要寻得一种更加绿色高效、可控性强的催化体系。近年来，金属Salen催化剂以其合成方法相对简单、合成试剂相对廉价、易修饰、选择性能高、易于回收等特点广泛应用于多种反应。我们以Co(Salen)配合物为催化剂、空气为清洁氧化剂用于安息香催化氧化合成苯偶酰，优化了反应条件。在此基础上又研究了四种金属Salen配合物的合成方法，比较了它们的催化活性，并与金属盐的催化活性进行了对照。最后对催化剂的回收套用和反应规模的放大对反应收率的影响进行了研究，为工业化运作提供经济节约、合理有效的合成思路。

1　实验部分

1.1　Salen配体的合成与表征

向100ml单口圆底烧瓶中加入9.0mmol水杨醛和60ml甲醇，在30℃下搅拌，然后滴

*　通讯作者：何亚兵，电子邮箱：heyabing@zjnu.cn

加 4.5mmol 乙二胺，加毕后继续搅拌 1h，静置，将析出的淡黄色固体滤出，用 5ml 60%的乙醇洗涤，50℃ 真空干燥 24h，得黄色片状 Salen 晶体。熔点：125～126℃（文献值：127～128℃[2]）。^{1}H NMR（400.1MHz，$CDCl_3$，δ，ppm）：13.204(s，2H)，8.335(s，2H)，7.274(m，2H)，7.207(dd，J=7.6Hz，1.2Hz，2H)，6.925(d，J=8.4Hz，2H)，6.847(dd，J=7.6Hz，1.2Hz，2H)，3.914(s，2H)。IR(KBr，ν，cm^{-1})：3444.6($\nu_{=Ar-OH}$)，2900.1($\nu_{=C-H}$)，1635.3($\nu_{=C=N}$)，1577.3(苯环骨架振动)，981.1($\delta_{=-C-H}$)，750.0(δ_{Ar-H})。

1.2 金属 Salen 配合物的合成与表征[2-3]

(1) M(Ⅱ)(Salen)(M=Co，Cu，Zn，Ni)配合物的合成

在 100ml 三口圆底烧瓶中加入 2.5mmol Salen 配体和 20ml 甲醇，置于 65℃油浴中，通氮气一段时间后，将 2.5mmol 金属盐溶解于 10ml 的甲醇溶液中，快速滴入三口烧瓶中，搅拌并回流 1h，冷却至室温，减压过滤，在 50℃ 下真空干燥 1h，得到相应的金属 Salen 配合物。M(Ⅱ)(Salen)的元素分析(%，括号内为计算值，下同)：Co(Salen)：C，59.19(59.09)；H，4.49(4.34)；N，8.59(8.61)。Cu(Salen)：C，58.77(58.26)；H，4.28(4.28)；N，8.61(8.49)。Zn(Salen)：C，57.21(57.94)；H，4.68(4.25)；N，8.03(8.45)。Ni(Salen)：C，59.11(59.13)；H，4.46(4.34)；N，8.25(8.62)。

(2) Mn(Ⅲ)(Salen)配合物的合成与表征[4]

在 100ml 三口烧瓶中加入 2.5mmol Salen 配体和 20ml 甲醇，置于 65℃油浴中，通氮气一段时间后，将 5.0mmol 金属盐 $MnAc_2 \cdot 4H_2O$ 溶解于 10ml 的甲醇溶液中，快速滴入三口烧瓶中，搅拌并回流 2h。改通空气，再加入配制好的含 0.010mol LiCl 的 15ml 甲醇溶液，65℃加热回流 2h 后，冷却至室温，减压过滤，在 50℃下真空干燥 1h，得到棕色粉末状晶体。Mn(Ⅲ)(Salen)的元素分析(%)：C，53.17(53.88)；H，4.11(3.96)；N，7.01(7.85)。

1.3 Salen 配合物催化氧化安息香及其优化

在配有回流冷凝管和空气导管的三口烧瓶中，加入 2.5mmol 安息香和 15ml 溶剂，溶解后加入氢氧化钾、催化剂，通入空气进行氧化，反应结束后，冷却到室温，调节反应液 pH=3～4，将其减压蒸馏(或旋蒸)至蒸干为止，加入 CH_2Cl_2 和水，分液，水相用 CH_2Cl_2 萃取一次，合并 CH_2Cl_2 有机相，有机相用饱和食盐水洗后，无水 $MgSO_4$ 干燥，滤去干燥剂，柱色谱分离，其中流动相为 20∶1(体积比，下同)的石油醚和乙酸乙酯，固定相是硅胶(100～200目)，收集所需第一个点(产物的 R_f=0.68，展开剂是 5∶1 的石油醚和乙酸乙酯)，旋蒸，干燥。熔点：95～96℃(文献值：95～96℃[5])。^{1}H NMR（$CDCl_3$，600.1MHz，δ，ppm)：8.007(dd，J=7.8Hz，1.2Hz，4H)，7.687(t，J=7.8Hz，2H)，7.547(t，J=7.8Hz，4H)。^{13}C NMR(150.9MHz，$CDCl_3$，δ，ppm)：194.603，134.920，133.010，129.936，129.049。IR(KBr，ν，cm^{-1})：3063.5，1659.1($\nu_{=C=O}$)，1578.3(苯环骨架振动)，1459.9，

1325.0，1210.6，875.6，794.6，718.0，680.9，642.3。

1.4 催化剂的回收套用

调节安息香催化氧化后的反应体系为pH＝3～4，旋蒸之后用CH_2Cl_2萃取，有机相用饱和食盐水水洗后，用无水$MgSO_4$干燥，滤去干燥剂，旋蒸得粗产物。粗产物用80％的乙醇水溶液重结晶，将结晶滤去，收集滤液，旋蒸，用甲醇溶解，倾入已加入2.5mmol安息香和92.7％氢氧化钾的三口烧瓶中，继续在同等条件下反应，重复上述操作，回收套用催化剂。依次计算套用产量。

2 结果与讨论

2.1 Co(Salen)催化氧化安息香及其优化

（1）碱用量的优化

从表1可以看出，反应收率随着KOH用量的增加而增加，其后趋于稳定[6]。当有92.7％ KOH时，在该条件下得到反应最优数据。加入添加剂KOH后，氢氧根离子会加速安息香底物中羟基质子的脱除，促进反应的进行。

表1 碱用量对反应的影响

碱用量/％	35.6	53.6	71.2	92.7	106.8	121.2
收率/％	30.4	56.7	68.3	77.4	77.2	76.8

上述实验条件：2.5mmol安息香，0.076mmol Co(Salen)，15ml DMF，45℃，60min

（2）催化剂用量的优化

从表2中可以看出，在Co(Salen)达到2.5％之前，反应收率随着催化剂用量的改变十分显著，但是Co(Salen)达到2.5％之后，催化剂用量对于收率的影响不大。综合考虑，采用2.5％ Co(Salen)作为下列优化条件的最佳选择。

表2 催化剂用量对反应的影响

催化剂用量/％	0.00	1.87	2.49	4.28	5.52
收率/％	14.4	49.6	69.5	72.1	70.0

上述实验条件：2.5mmol安息香，92.7％ KOH，15ml DMF，45℃，60min

（3）温度的优化

从表3可以看出，收率随温度变化的整体趋势是随之升高而增大的，但是在45～80℃温度段有一段反常的先降低后增加的现象。80℃是该条件下的最优反应温度：一方面，温度升高，加快反应速率；另一方面，温度升高，Salen配合物会被空气氧化，失去活性。

表 3 温度对反应的影响

温度/℃	20	30	45	60	80
收率/%	28.9	62.8	69.5	68.8	75.5

上述实验条件：2.5mmol 安息香，2.5% Co(Salen)，92.7% KOH，15ml DMF，60min

（4）反应时间的优化

从表 4 中可以看出，在 15～45min，收率随反应时间的延长而大幅度增加，接近线性函数；当 45min 达到最高值后，随着时间的延长，收率缓慢减少，可能是由于随着时间的延长，有副产物产生。

表 4 反应时间对反应的影响

反应时间/min	15	30	45	60	90
收率/%	24.4	53.5	76.8	75.5	73.9

上述实验条件：2.5mmol 安息香，2.5% Co(Salen)，92.7% KOH，15ml DMF，80℃

（5）溶剂种类的优化

从表 5 可以看出，KOH 固体在甲醇和乙醇中的溶解性优于其他几种溶剂，同时考虑到为了便于旋蒸，优先采取后六种溶剂，从后六种溶剂的反应收率比较，优先采用甲醇。

表 5 溶剂种类对反应的影响

溶剂	DMF	DMA	甲醇	乙醇	THF	二氧六环	甲苯	DCM
收率/%	76.1	75.4	78.4	70.4	68.5	37.9	54.7	69.2

上述实验条件：2.5mmol 安息香，2.5% Co(Salen)，92.7% KOH，15ml 溶剂，45min，45℃

（6）碱种类的优化

从表 6 可以看出，不同的碱的种类对收率的影响并不是很大，就 KOH 和 NaOH 而言，两者之间甚至没有影响，这与反应机理中羟基作用有关。LiOH 的收率相较前两者收率减少 10%左右，可能与 LiOH 碱性较弱有关。

表 6 碱种类对反应的影响

碱	KOH	NaOH	LiOH
收率/%	78.4	78.3	68.6

上述实验条件：2.5mmol 安息香，2.5% Co(Salen)，92.7% 添加剂，15ml 甲醇，45℃，45min

2.2 不同金属 Salen 配合物对反应收率的影响

催化剂种类的优化中可以看出（见表 7），Co(Salen)配合物的催化性能要远优于其他金属配合物。

表 7 催化剂种类对反应的影响

催化剂	Co(Salen)	Cu(Salen)	Zn(Salen)	Mn(Salen)	Ni(Salen)	无
收率/%	78.4	55.7	23.7	36.1	50.2	9.9

上述实验条件：2.5mmol 安息香，2.5% 催化剂，92.7% KOH，15ml 甲醇，45℃，45min

2.3 对照实验

对金属盐的探究旨在探索是否能够不合成配合物，从而节省合成配合物这一中间过程即达到安息香催化氧化的理想结果。从表 8 可知，大多数金属(Salen)配合物的催化性能优于其相应的金属盐，说明 Salen 配合物的合成是有必要的。$CoAc_2 \cdot 4H_2O$ 在合适的物质的量之比和反应时间下，催化氧化的效果也很好[7]。

表 8 金属盐催化安息香氧化

催化剂	$CoAc_2 \cdot 4H_2O$	$CuAc_2 \cdot H_2O$	$ZnAc_2 \cdot 2H_2O$	$MnAc_2 \cdot 4H_2O$	$NiCl_2 \cdot 6H_2O$
收率/%	61.4	64.5	18.8	12.3	45.4

上述实验条件：2.5mmol 安息香，2.5% 金属盐，92.7% KOH，15ml 甲醇，45℃，45min

2.4 催化剂的回收套用

随着催化剂的回收套用的次数增加，催化性能逐渐减弱，而且在回收套用 3 次之后大幅度减弱(见表 9)。

表 9 催化剂的回收套用

次数	第 1 次	第 2 次	第 3 次	第 4 次	第 5 次
收率/%	70.5	64.7	59.0	39.5	30.8

上述实验条件：2.5mmol 安息香，2.5% Co(Salen)，92.7% KOH，15ml 甲醇，45℃，45min

2.5 Co(Salen)催化安息香氧化实验放大

放大实验中可以看出(见表 10)，最佳条件的放大实验不但没有收率的损失，在收率增多的同时保证了纯度。这可能是由于比起小样实验，放大实验的中间过程的损失相对更小，而且由于量大更容易获得。但是投入实际生产，重结晶法更为简便经济。

表 10 Co(Salen)催化安息香氧化实验放大

方法	柱色谱分离		重结晶
安息香用量/mmol	2.5	10.0	25.0
甲醇用量/ml	15	60	100
收率/%	78.4	92.1	85.7
纯度/%	100	100	99.4

上述实验条件：2.5% Co(Salen)，92.7% KOH，45min，45℃

3 结 语

以 Salen 配体合成了五种金属 Salen 配合物。以安息香的氧化反应为模型反应，考察了它们的催化活性，在这五种金属 Salen 配合物中，Co(Salen)配合物具有最好的催化活性。相对于金属盐而言，金属 Salen 配合物的活性均得到提高。通过系统地研究反应溶剂、反应温度、反应时间、KOH 的用量、添加剂的种类、金属 Salen 配合物的用量等各种反应条件对催化氧化安息香的影响，得到催化氧化反应的最佳反应条件：以甲醇为溶剂，以空气为氧化剂，KOH 的用量为 92.7%，Co(Salen)催化剂的用量为 2.5%，在 45℃反应 45min，苯偶酰的收率高达 92.1%。Co(Salen)配合物回收套用 5 次仍然保持一定的活性，尽管反应收率有一定程度的下降。随着反应规模的放大，反应收率没有明显减小，为工业化生产奠定了基础。

参考文献

[1] 丁成，倪金平. 安息香的绿色催化氧化研究[J]. 浙江工业大学学报，2009，37(5)：542.

[2] 袁淑军，方海林. 双水杨醛缩乙二胺合铜[Cu(Salen)]/O_2 催化氧化安息[J] . 化学世界，2004，5：233.

[3] 刘志昌，刘凡. 金属(Ni、Co、Zn)-Salen 配合物的合成及性质研究[J]. 乐山师范学院学报，2002，17(4)：30.

[4] 马文婵，杨瑞云. 水溶性手性 Salen－Mn(Ⅲ)的合成及其催化烯烃环氧化反应性能[J]. 石油化工，2014，43(4)：394.

[5] 章思规. 精细有机化学品技术手册[M]. 北京：科学出版社，1991.

[6] 刘卫，奚祖威. 四齿配体铜(Ⅱ)络合物对苯甲醇氧化的催化作用[J]. 化学学报，1990，11(2)：152.

[7] 刘长辉. 苯偶酰的高效简便合成[J]. 湖南城市学院学报(自然科学版)，2008，17(2)：59.

M(Salen)配体效应对安息香催化氧化的影响

周璘，王天琦，白露，陈博诚，缪茂众*
（浙江理工大学　浙江　杭州　310018）

摘　要　M(Salen)配合物在催化领域有着广泛的应用，其配体结构直接影响底物与催化中心结合的轨迹和途径，从而改变催化活性。二胺是合成四齿席夫碱的重要部分，其骨架的柔性、刚性或平面都会对催化效果产生显著影响。实验利用乙二胺、邻苯二胺、(1*R*,2*R*)-环己二胺与水杨醛反应设计合成三种不同类型 Salen 配体：Salen、Salophen、手性 Salen，并与 Co(Ⅱ)、Zn(Ⅱ)、Ni(Ⅱ)金属离子配位构建M(Salen)配合物。通过以空气为氧源的安息香催化氧化反应对上述合成的M(Salen)催化性能进行考察，实验结果表明，不同骨架的 Salen 配体和不同种类的金属中心离子对 M(Salen)的催化性能都有明显的影响。其中，Co(Ⅱ)(Salen)对安息香催化氧化反应的催化性能最好，最终收率可以达到 86.1%。

关键词　席夫碱；安息香；苯偶酰；催化氧化

席夫碱可通过醛和胺脱水反应制备得到[1—8]。其中，Salen 作为一种特殊的四齿席夫碱，可以通过二胺和水杨醛反应制备[9—13]。越来越多的可设计、高化学活性的 Salen 被制备，尤其是手性结构的二胺和水杨醛被用于设计合成 Salen 化合物。如今许多金属 Salen 配合物作为催化剂。研究发现，在 Salen 配合物配位原子附近引入大位阻基团可有效提高催化效率，增加配合物的稳定性，并且抑制中心离子在催化反应中失活。进一步研究发现，大位阻取代基直接影响催化中心和底物结合的轨迹与途径。

苯偶酰作为重要化工原料在化工生产中有着广泛的应用。合成苯偶酰常见的方法有铬酸法、硝酸法、高锰酸钾法、硫酸铜法等[14—18]。这些方法存在高污染、高能耗、高成本等缺陷。使用合适的 M(Salen)配合物作为催化剂，以空气作为氧化剂，催化安息香氧化。这种方法可以减少污染，提高效率。因此，寻找温和高效的催化剂及合适的催化氧化条件显得尤其重要。

本文采用乙二胺、邻苯二胺、(1*R*,2*R*)-环己二胺构建不同类型的 Salen 配体，与三种不同类型的中心金属离子 Co(Ⅱ)、Zn(Ⅱ)、Ni(Ⅱ)构建金属 Salen 配合物，对安息香催化氧化进行研究。不同类型的 M(Salen)配合物对氧的结合、传递，以及与催化底物结合的途径、方

---

*　通讯作者：缪茂众，电子邮箱：mmzok@zstu.edu.cn

式有着较大的差别。因此，尝试通过调整 Salen 配体的结构及中心离子的类型，构建催化效果良好、催化性能显著的 M(Salen)催化剂对安息香进行催化氧化。

1 实验部分

1.1 主要试剂与仪器

试剂：安息香，乙二胺，水杨醛，邻苯二胺，(1*R*,2*R*)-环已二胺，三水合乙酸锌，四水合乙酸镍(Ⅱ)，四水合乙酸钴，1,4-二氧六环，氢氧化钾。

仪器：旋转蒸发仪(N-1000)，红外光谱仪(VERTEX 70)，气相色谱仪(CP-3800)，液相色谱仪(WATO-53958)，核磁共振波谱仪(FTNMR Digital)，X 射线衍射仪(D8discover)，熔点测定仪。

1.2 实验步骤

(1) Salen 配体的合成

在 250ml 单口烧瓶中加入 30ml 乙醇和 1.6ml(15mmol)水杨醛，在搅拌下滴加 5ml 乙醇和 0.5ml(7.5mmol)乙二胺混合溶液，反应液立即变黄，有黄色固体析出，反应 1h，抽滤，固体用冰乙醇洗涤 3 次，60℃烘干得亮黄色片状 Salen 固体，收率为 80%。

Salen

^{1}H NMR(400MHz, $CDCl_3$, δ, ppm)：13.21 (s, 2H, 2×OH), 8.35(s, 2H, HC=N), 7.26～7.31(t, J=4.0Hz, 2H, 芳香区), 7.21～7.23(d, J=8.0Hz, 2H, 芳香区), 6.93～6.95(d, J=8.0Hz, 2H, 芳香区), 6.83～6.87(t, J=8.0Hz, 2H, 芳香区), 3.93(s, 4H, 2×CH_2)。^{13}C NMR (100MHz, $CDCl_3$, δ, ppm)：166.5, 161.0, 132.4, 131.5, 118.7, 118.6, 116.9, 59.7。IR(KBr, ν, cm^{-1})：3431(ν_{Ar-OH}), 2910(ν_{Ar-H}), 1637($\nu_{-C=N}$), 1504(ν_{Ar}), 1452(δ_{-CH_2-}), 1265(δ_{-C-N-}), 753(δ_{Ar-H})。熔点：123.5～125.8℃。

通过类似方法合成邻苯二胺和环已二胺的 Salophen 和手性 Salen 配体。由于邻苯二胺溶解性较差，以及环已二胺易挥发，合成过程中采用向二胺乙醇溶液中滴加水杨醛的方法制备得到，收率分别为 84%、43%。

Salophen

^{1}H NMR (400MHz, $CDCl_3$, δ, ppm)：13.04(s, 2H, 2×OH), 8.62(s, 2H, HC=N), 7.21～7.38(m, J=4.0Hz, 芳香区), 7.03～7.05(d, J=8.0Hz, 2H, 芳香区), 6.90～6.93(t, J=4.0Hz, 2H, 芳香区)。^{13}C NMR (400MHz, $CDCl_3$, δ, ppm)：163.7, 161.3, 142.5, 133.3, 132.3, 127.7, 119.7, 119.2, 119.0, 117.5。IR(KBr, ν, cm^{-1})：3440(ν_{Ar-OH}), 3140(ν_{Ar-H}), 1610($\nu_{-C=N}$), 1406(ν_{Ar}), 770(δ_{Ar-H})。熔点：154.4～154.8℃。

手性 Salen

^{1}H NMR (400MHz, $CDCl_3$, δ, ppm)：13.32(s, 2H, 2×OH), 8.23(s, 2H, HC=N), 7.20～

7.23(t,J=7.6Hz,2H,芳香区),7.11～7.13(d,J=7.6Hz,2H,芳香区),6.87～6.89(d,J=8.4Hz,2H,芳香区),4.75～6.79(t,J=7.6Hz,2H,芳香区),3.26～3.28(t,J=4.8Hz,2H,CH—N),1.83～1.91(m,4H,2×CH_2),1.67～1.70(d,J=12.0Hz,2H,CH_2),1.41～1.46(t,J=8.0Hz,2H,CH_2)。^{13}C NMR(100MHz,$CDCl_3$,δ,ppm):164.6,160.8,132.0,131.4,118.7,118.5,116.6,72.5,33.0,24.0。IR(KBr,ν,cm^{-1}):3449(ν_{Ar-OH}),3140(ν_{Ar-H}),1619($\nu_{-C=N}$),1495(ν_{Ar}),1415(δ_{-CH_2-}),1259(δ_{-C-N-}),760(δ_{Ar-H})。

1.2.2 M(Salen)的合成

称取1.3400g(5mmol) Salen于250ml三口烧瓶中,氮气氛围中加入80ml乙醇,75℃加热完全溶解。将1.2454g $Co(OAc)_2 \cdot 4H_2O$溶于15ml水中,搅拌下逐渐滴加至三口烧瓶中,有紫色固体析出。反应1h,抽滤,将所得固体分别用冰水洗涤3遍,冰乙醇洗涤1遍。真空干燥得紫红色Co(Ⅱ)(Salen)晶体,收率为68.3%。可通过同样方法制备得到棕黄色粉末状Ni(Ⅱ)(Salen),收率为48.1%,以及白色粉末状Zn(Ⅱ)(Salen)配合物,收率为50.1%。

Salophen配体在乙醇中溶解性差,实验中改用少量DMSO溶解Salophen配体并滴加金属盐乙醇溶液,Co(Slp)、Ni(Slp)、Zn(Slp)收率分别为55.2%、82.4%、34.6%。手性Salen分离比较困难,可在制备配体反应液中直接加入金属盐水溶液制备得到M(Salen)配合物,合成的Co、Ni、Zn手性Salen配合物收率分别为45.1%、23.1%、53.4%。

采用挥发法得到手性Ni(Ⅱ)(Salen)单晶,如图1、表1所示。

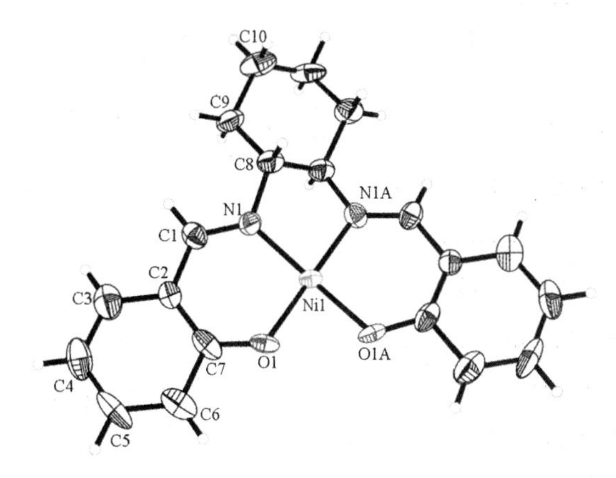

图1 手性Ni(Ⅱ)(Salen)分子结构图

表1 手性Ni(Ⅱ)(Salen)单晶衍射数据表

化合物	手性Ni(Ⅱ)(Salen)	化合物	手性Ni(Ⅱ)(Salen)
分子式	$C_{20}H_{22}N_2O_2Ni$	晶体尺寸/mm^3	0.456×0.101×0.090
相对分子质量	389.11	θ/(°)	1.87～26.00
T/K	293	最小与最大衍射指标范围	−18≤h≤18
X射线波长/Å	0.71073		−22≤k≤16
晶系	单斜		−8≤l≤8

续 表

化合物	手性 Ni(Ⅱ)(Salen)	化合物	手性 Ni(Ⅱ)(Salen)
空间群	C 2/c	吸收矫正方法	经验方法
a/Å	14.898	最大和最小透射	1.00000,0.79356
b/Å	18.030	精修方法	全矩阵最小二乘法
c/Å	7.1135	精修的衍射点	2870
α/(°)	90.00	精修的几何限制数	14
β/(°)	113.03	精修的参数数目	235
γ/(°)	90.00	拟合度	1.050
V/Å^3	1758.5	可观察衍射点	R_1=0.0655
Z	4		wR_2=0.1705
D_c/(g·cm^{-3})	1.470	全部衍射点	R_1=0.0776
μ/mm^{-1}	1.122		wR_2=0.1996
F(000)	816	绝对构型参数	0.00
收集到的衍射点	4772	差值傅里叶图中残余电子密度峰值和谷值/(eA^{-3})	1.204, −0.529
独立衍射点(等效的平均标准偏差)	2870(R_{int}=0.1024)		

(3) 安息香催化氧化反应条件筛选

分别称取 0.0210g (0.1mmol)、0.0420g (0.2mmol)和 0.0840g (0.4mmol)标准苯偶酰,加入 23μL (0.1mmol)十二烷和 40ml 乙酸乙酯,混合均匀,在相同气相色谱(GC)条件(进样口温度 160℃,柱温 80℃下 2min 再以 10℃·min^{-1}程序升温至 250℃,检测器 FID 温度 260℃,进样量 1μL)下分别计算安息香与十二烷峰面积比、安息香与十二烷物质的量之比绘制标准曲线。

称取相同质量安息香,以 Co(Ⅱ)(Salen)为催化剂,依次改变催化剂用量、溶剂种类、温度、碱种类、碱用量、催化剂种类,以空气作为氧源,75℃加热回流至安息香完全反应,体系中加入十二烷为内标,通过 GC 测定最终收率。

(4) M(Salen)催化剂回收套用

最优条件下,反应完成后将反应液旋干,用外浴温度 70℃、100ml 石油醚反复提取 4 次,旋干溶剂,得产物苯偶酰。再用外浴温度 75℃、100ml 二氯甲烷将反应瓶中固体提取 3 次,旋干溶剂,回收催化剂。重复上述实验,测定每次催化剂回收套用时产物的收率。

2 结果与讨论

2.1 Co(Ⅱ)(Salen)催化氧化安息香最优条件筛选

(1) 催化剂用量对安息香催化氧化反应的影响

表 2 所示的是不同催化剂用量条件下的实验结果。该反应在不加催化剂的条件下也能进行，但需要较长的反应时间和给出较低收率的安息香氧化产物(序号 1)。当催化剂用量为 2%(摩尔分数，下同)、5%、15%，反应所需要的时间极大缩短，而且当催化剂用量为 10%时，可以得到 62.4%的收率(序号 2～5)。

表 2 催化剂用量对反应的影响

$$\mathrm{C_6H_5{-}C(=O){-}CH(OH){-}C_6H_5} \xrightarrow[\text{空气, DMF, 75℃}]{\text{Co(Ⅱ)(Salen), KOH (0.7当量)}} \mathrm{C_6H_5{-}C(=O){-}C(=O){-}C_6H_5}$$

序号	催化剂用量/%	反应时间/h	收率/%*
1	0	5	48.8
2	2	0.5	25.1
3	5	1	52.0
4	10	0.5	62.4
5	15	0.3	57.3

* 以十二烷为内标的 GC 测定的收率

(2) 溶剂种类对安息香催化氧化反应的影响

从表 3 可见，安息香催化氧化能在不同极性的溶剂中进行。在中等极性溶剂 1,4 -二氧六环中得到的收率最高为 86.1%(序号 2)。而在非极性溶剂甲苯中反应速率较慢，收率较低(序号 5)，可能原因是 Co(Ⅱ)(Salen)催化剂不溶于甲苯。

表 3 溶剂种类对反应的影响

$$\mathrm{C_6H_5{-}C(=O){-}CH(OH){-}C_6H_5} \xrightarrow[\text{空气，溶剂，75℃}]{\text{Co(Ⅱ)(Salen) (10\%), KOH (0.7 当量)}} \mathrm{C_6H_5{-}C(=O){-}C(=O){-}C_6H_5}$$

序号	溶剂	反应时间/h	收率/%*
1	DMF	0.5	62.4
2	1,4 -二氧六环	0.5	86.1
3	乙腈	0.7	60.9
4	乙醇	0.5	60.0
5	甲苯	15	50.7**

* 以十二烷为内标的 GC 测定的收率

** 分离收率

(3) 温度对安息香催化氧化反应的影响

如表 4 所示，反应在 75℃时产率最高(序号 1～3)，随着温度上升或者下降产率都明显下降，推测原因可能是随着反应温度上升，副反应的反应速率也同时上升，造成产率下降。而反应温度较低无法达到催化剂最高活性温度，引起产率下降。

表 4　温度对反应的影响

$PhC(=O)CH(OH)Ph \xrightarrow[\text{空气,1,4-二氧六环}]{\text{Co(II)Salen (10\%), KOH (0.7 当量)}} PhC(=O)C(=O)Ph$

序号	温度/℃	反应时间/h	收率/%*
1	50	2	31.2
2	75	0.5	86.1
3	100	0.2	56.8

* 以十二烷为内标的 GC 测定的收率

(4) 碱种类对安息香催化氧化反应的影响

从表 5 可以看出，碱是影响催化反应的重要因素，反应体系的碱性(pH 值)大小直接影响了安息香氧化的速率，随着碱性的下降，催化反应的速率明显降低(序号 1～4)。另外，当碱中的阳离子为钾时，催化反应最终收率相对较好(序号 1,4)。因此，实验选择 KOH 为最佳添加剂，因为其反应速率快，产率相对较高。

表 5　碱种类对反应的影响

$PhC(=O)CH(OH)Ph \xrightarrow[\text{空气, 1,4-二氧六环,75℃}]{\text{Co(II)(Salen) (10\%), 碱(0.7 当量)}} PhC(=O)C(=O)Ph$

序号	碱	时间/h	收率/%*
1	KOH	0.5	86.1
2	NaOH	0.5	67.4
3	LiOH	6.5	68.7
4	K_2CO_3	17	82.4

* 以十二烷为内标的 GC 测定的收率

(5) 碱用量对安息香催化氧化反应的影响

表 6 显示的是对碱用量进行筛选的结果，发现在 0.7 当量时得到的催化产率最高，0.5 当量和 1.0 当量时催化产率降低(序号 1～3)。

表 6　碱用量对反应的影响

PhC(=O)CH(OH)Ph —[Co(II)Salen] (10%), KOH, 空气, 1,4-二氧六环,75℃→ PhC(=O)C(=O)Ph

序号	KOH(当量)	时间/h	收率/%*
1	0.5	1	75.0
2	0.7	0.5	86.1
3	1.0	0.7	69.0

* 以十二烷为内标的 GC 测定的收率

综上，实验中筛选出 Co(Ⅱ)(Salen)催化氧化安息香最优条件为：催化剂用量为 10%，碱为 KOH 且用量为 0.7 当量，溶剂为 1,4 -二氧六环，反应温度在 75℃。

2.2　M(Salen)配体效应对安息香催化氧化反应的影响

在得到的最优反应条件下，将上述合成的 9 种不同类型 M(Salen)配合物对安息香催化氧化性能进行研究，结果如表 7 所示。

表 7　M(Salen)配体效应对反应的影响

PhC(=O)CH(OH)Ph —M(Salen) (10%), KOH (0.7当量), 空气, 1,4-二氧六环,75℃→ PhC(=O)C(=O)Ph

序号	M(Salen)	反应时间/min	收率/%*
1	A	30	86.1
2	B	28h	0.9**
3	C	28h	51.9**
4	D	50	8.3
5	E	80	79.6
6	F	28h	56.0**
7	G	30	53.4
8	H	5h	69.3
9	I	28h	41.1**

A（Co^{2+}）　B（Ni^{2+}）　C（Zn^{2+}）　D（Co^{2+}）　E（Ni^{2+}）　F（Zn^{2+}）　G（Co^{2+}）　H（Ni^{2+}）　I（Zn^{2+}）

* 以十二烷为内标的 GC 测定的收率

** 分离收率(B、C、F、I 的底物回收率分别为 92.9%、19.9%、2.0%、16.6%)

实验中发现，采用乙二胺制备得到的柔性 Salen 配体(序号 1～3)，Co(Ⅱ)(Salen)(A)作为催化剂对安息香催化氧化效果最好。而改变配体为平面 Salophen 配体(序号 4～6)，Ni(Ⅱ)(Slp)(E)所表现出的催化活性最高，Co(Ⅱ)(Slp)(D)反应速率较快但是收率很低。

可能原因是平面骨架Salen有利于氧气的结合和传递，三种金属离子中，Co(Ⅱ)的化学活性最高，Zn(Ⅱ)最低，平面结构进一步加强Co(Ⅱ)(Slp)(D)的化学活性，导致催化活性过强，苯偶酰进一步被氧化，造成收率低。而柔性骨架化学活性较温和，与Co配位的Co(Ⅱ)(Salen)(A)可以达到好的催化效果。对于化学活性相对较弱的Ni(Ⅱ)，使用高化学活性的平面骨架构建的Ni(Ⅱ)(Slp)(E)则可以达到较好的催化效果。同样的，当使用刚性骨架手性Salen作为配体时得到的结果也可以根据上述结论推测(序号7～9)。

当中心离子为Zn(Ⅱ)时(序号3,6,9)，三种类型骨架的Zn(Salen)(C,F,I)都表现出较差的催化活性，原因可能有：Zn(Ⅱ)自身化学活性低，极大地限制了其配合物的化学活性，并且三种Zn(Salen)在反应体系中溶解性较差，同样也大大削弱了催化能力。

我们得出的结论是，针对不同类型的金属离子，选择合适配体才能构建化学性能良好的M(Salen)催化剂。在我们合成的三种配体中活性最高的是平面结构Salophen，活性最低的是柔性结构Salen。综上所述，在9种不同类型配合物中柔性结构Co(Ⅱ)(Salen)最优。

2.3 Co(Ⅱ)(Salen)催化剂的回收套用

从实验结果来看(见图2)，在前3次回收套用实验中，Co(Ⅱ)(Salen)催化剂回收套用效率良好。至第4次时，催化剂活性略有降低，反应时间增加，原料未能反应完全。因此，催化剂最佳回收套用次数为3次。

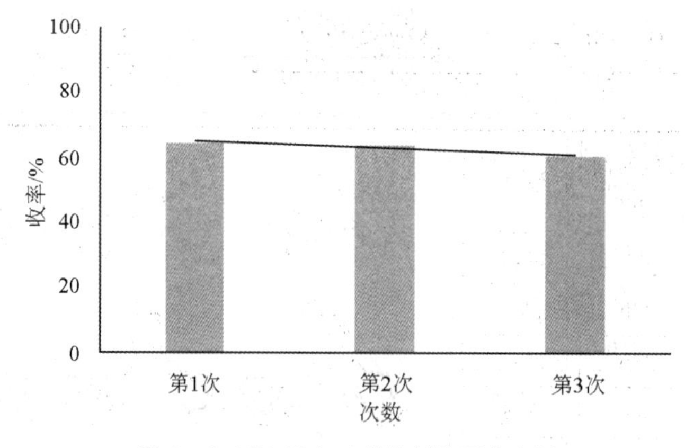

图2 Co(Ⅱ)(Salen)催化剂的回收套用

注：第4次回收套用为35min，未反应完，延长至2.5h仍未反应完。

3 结 语

M(Salen)是一种高效的催化剂，以空气为氧源对安息香进行催化氧化，符合当今绿色化学的观念。实验中合成得到了多种不同类型的M(Salen)配合物，并以空气为氧源对安息香催化氧化最优条件进行了筛选，并且对合成不同种类M(Salen)配合物催化性能进行探究，得到最优条件：以Co(Ⅱ)(Salen)为催化剂，催化剂用量为10%，溶剂为1,4-二氧六环，反应温度为75℃，添加剂为KOH，添加剂用量为70%。除此之外，我们还针对不用结构类型的金属配合物催化性能进行了研究。最后对 Co(Ⅱ)(Salen)催化剂进行回收套用实验，实验中我们可以看到良好的回收套用效果。因此，M(Salen)作为一种高效、廉价、可重复使用的催化剂，在安息香催化氧化中有广泛的应用前景。

参考文献

[1] LACROIX P G. Second-order optical nonlinearities in coordination chemistry: the case of bis(salicylal diminato) metal schiff base complexes [J]. European Journal of Inorganic Chemistry, 2001, 2001(2): 339 - 348.

[2] O'DONNELL M J. The enantioselective synthesis of α-amino acids by phase-transfer catalysis with achiral schiff base esters [J]. Accounts of Chemical Research, 2004, 37(8): 506 - 517.

[3] HADJOUDIS E, MAVRIDIS I M. Photochromism and thermochromism of schiff bases in the solid state: structural aspects [J]. Chemical Society Reviews, 2004, 33(9): 579 - 588.

[4] GUPTA K C, SUTAR A K. Catalytic activities of schiff base transition metal complexes [J]. Coordination Chemistry Reviews, 2008, 252(12 - 14): 1420 - 1450.

[5] FARIDBOD F, GANJALI M R, DINARVAND R, et al. Schiff's bases and crown ethers as supramolecular sensing materials in the construction of potentiometric membrane sensors [J]. Sensors, 2008, 8(3): 1645 - 1703.

[6] ANDRUH M. Compartmental Schiff-base ligands—a rich library of tectons in designing magnetic and luminescent materials [J]. Chemical Communications, 2011, 47(11): 3025 - 3042.

[7] LI C, LUO G F, WANG H Y, et al. Host - guest assembly of pH-responsive degradable microcapsules with controlled drug release behavior [J]. Journal of Physical Chemistry C, 2011, 115(36): 17651 - 17659.

[8] MOHANTA V, MADRAS G, PATIL S. Layer-by-layer assembled thin film of albumin nanoparticles for delivery of doxorubicin [J]. Journal of Physical Chemistry C, 2012, 116(9): 5333 - 5341.

[9] CANALI L, SHERRINGTON D C. Utilisation of homogeneous and supported chiral metal(salen) complexes in asymmetric catalysis [J]. Chemical Society Reviews, 1999, 28(2): 85 - 93.

[10] ATWOOD D A, HARVEY M J. Group 13 compounds incorporating salen ligands [J]. Chemical Reviews, 2001, 101(1): 37 - 52.

[11] COZZI P G. Metal-salen Schiff base complexes in catalysis: practical aspects [J]. Chemical Society Reviews, 2004, 33(7): 410 - 421.

[12] MIYASAKA H, SAITOH A, ABE S. Magnetic assemblies based on Mn(Ⅲ)

salen analogues [J]. Coordination Chemistry Reviews, 2007, 251(21－24): 2622－2664.

[13] KLEIJ A W. Nonsymmetrical salen ligands and their complexes: synthesis and applications [J]. European Journal of Inorganic Chemistry, 2009, 2009(2): 193－205.

[14] 蔡东亚，牛永生，张贵生，等. 氯铬酸甲铵/硅胶对苯偶姻的氧化研究[J]. 化学试剂，2000，22(4)：228－229.

[15] 高妍，张志强，周袭非，等. 间二氨基苯偶酰的合成[J]. 化学试剂，2005，27(10)：627－628.

[16] SMITH M B. Organic synthesis [M]. 2nd ed. Singapore: McGraw-Hill, 2002.

[17] 邢春勇，李记太，王焕新，等. 微波辐射下蒙脱土 K10 固载氯化铁氧化二芳基乙醇酮 [J]. 有机化学，2005，25(1)：113－115.

[18] 凌冈，华兵，宋晓涛，等. 空气氧化法制备二苯乙二酮 [J]. 辽宁化工，1999，28(4)：213－214.

Salen 配合物的合成及其催化性能研究

徐彬彬，张瑜，胡献丽，范伟斌，肖洪平，邵黎雄*
（温州大学　浙江　温州　325035）

摘　要　本研究中，我们通过简便的方法合成了 7 种金属 Salen 配合物。其中，[Co(Salen)]·CH_2Cl_2、[Mn_3(Salen)$_3$(μ_2－OAc)$_3$]$_n$、[$FeCl_2$(μ_2－Salen)$_2$]、[Cu_2(μ_2－Salen)$_2$]、Ni(Salen)的结构由 X 射线单晶衍射确定。另外，以空气氧化安息香反应为模板，考察了这些金属 Salen 配合物的催化性能。通过研究发现，以[Co_2(μ_2－Salen)$_2$]为催化剂，最佳条件下收率最高可达 98%。

关键词　席夫碱；金属 Salen 配合物；空气氧化安息香

苯偶酰及其衍生物是重要的有机合成中间体，应用广泛，特别是用于合成各种具有药物和生物活性的杂环化合物[1]，而且此类化合物在抗肿瘤方面也具有独特的生物活性[2]。过去几十年，已经有大量合成此类化合物的方法被报道。这其中，由安息香及其衍生物的氧化合成苯偶酰及其衍生物，是反应效率较高和最常用的方法之一[3]。金属 Salen 配合物由于具有制备容易、催化用量少、催化效率高、后处理方便等优点，广泛应用于催化氧化安息香[4]。本文中，我们合成了一系列金属 Salen 配合物并研究了它们在空气氧化安息香反应中的催化活性。

1　结果与讨论

1.1　金属 Salen 配合物的合成及表征

（1）金属 Salen 配合物的合成

首先，我们参照文献[5]报道的方法，合成了如下 7 种金属 Salen 配合物，收率为 41%～88%（见表 1）。

* 通讯作者：邵黎雄，电子邮箱：Shaolix@163.com

表1　M(Salen)配合物的合成

序号	配合物	收率/%
1	$[Co_2(\mu_2-Salen)_2]$	75
2	$[Mn_3(Salen)_3(\mu_2-OAc)_3]_n$	41
3	$[Fe_2Cl_2(\mu_2-Salen)_2]$	45
4	$[Cu_2(\mu_2-Salen)_2]$	80
5	Ni(Salen)	88
6	Pd(Salen)	56
7	Zn(Salen)	84

(2) 金属 Salen 配合物的表征

通过重结晶法、溶剂扩散法和挥发析晶法，我们成功得到5种金属Salen配合物的单晶，并用X射线单晶衍射确定了它们的确切结构，分别为$[Co(Salen)]\cdot CH_2Cl_2$、$[Mn_3(Salen)_3(\mu_2-OAc)_3]_n$、$[Fe_2Cl_2(\mu_2-Salen)_2]$、$[Cu_2(\mu_2-Salen)_2]$和Ni(Salen)，如图1～图5所示。

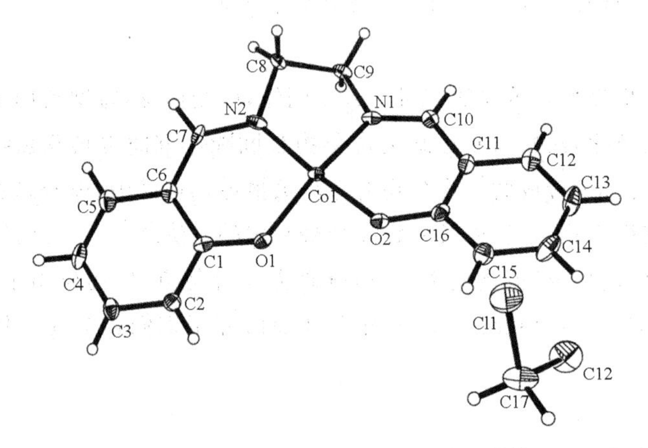

图1　$[Co(Salen)]\cdot CH_2Cl_2$ 的分子结构

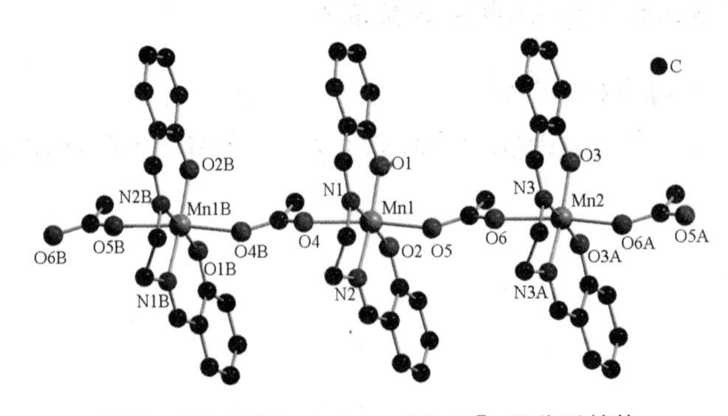

图2　$[Mn_3(Salen)_3(\mu_2-OAc)_3]_n$ 的分子结构

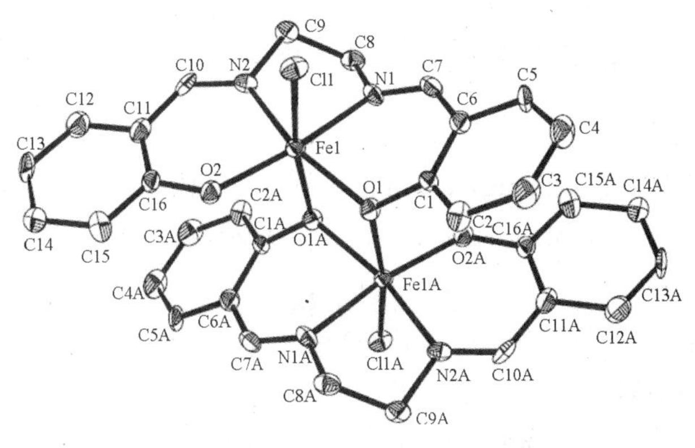

图 3 $[Fe_2Cl_2(\mu_2-Salen)_2]$的分子结构

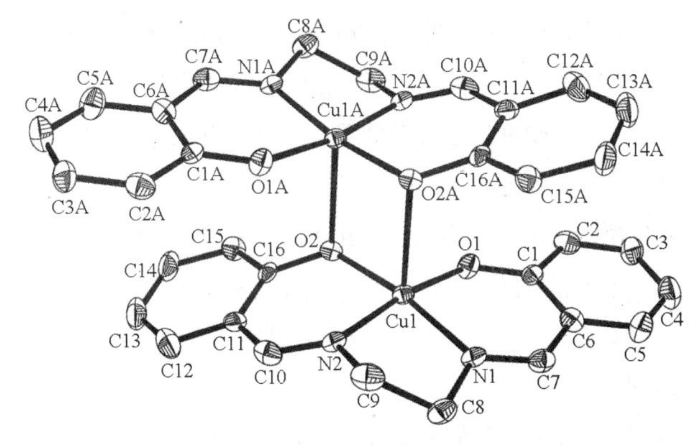

图 4 $[Cu_2(\mu_2-Salen)_2]$的分子结构

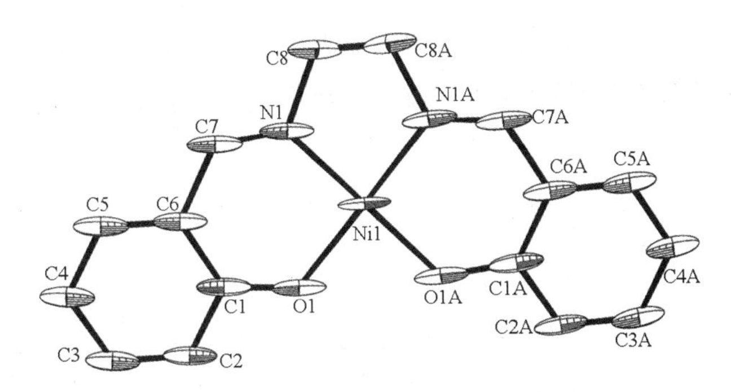

图 5 Ni(Salen)的分子结构

通过查找 CCDC 数据库和相关文献，可以发现[Co(Salen)]·CH_2Cl_2 和 $[Mn_3(Salen)_3(\mu_2-OAc)_3]_n$为新颖结构，还未见有文献报道。而$[Fe_2Cl_2(\mu_2-Salen)_2]$[6]，$[Cu_2(\mu_2-Salen)_2]$[7]和 Ni(Salen)[8]均与文献报道一致。

我们又用 X 射线粉末衍射(XRD)对上述 5 种配合物进行了测试，结果表明，$[Mn_3(Salen)_3(\mu_2-OAc)_3]_n$、$[Fe_2Cl_2(\mu_2-Salen)_2]$、$[Cu_2(\mu_2-Salen)_2]$和 Ni(Salen)的粉末数据和晶体数据模拟得到的粉末衍射图一致。而钴配合物得到的粉末数据和双核钴晶体数据模拟得到的粉末衍射图一致，所以我们确认得到钴的粉末样品为双核钴结构$[Co_2(\mu_2-Salen)_2]$[9]。

1.2 金属 Salen 配合物催化空气氧化安息香

(1) 反应条件优化

首先，我们以安息香(212.3mg，1.0mmol)为底物，[$Co_2(\mu_2-Salen)_2$] (19.5mg)为催化剂，KOH (39.3mg，0.7mmol)为碱，DMF (2.0ml)为溶剂，室温下反应，对反应时间进行了优化(见表 2，序号 1～4)。发现反应 45min 时收率最高(见表 2，序号 2)。

接着，我们考察了不同种类碱(0.7mmol)对反应的影响(见表 2，序号 5～12)。发现使用其他碱时，收率均不如 KOH (见表 2，序号 5～12)。

然后，我们研究了不同溶剂(2.0ml)对反应的影响(见表 2，序号 13～19)。发现当以 CH_3OH 为溶剂时，收率最高可达 97% (见表 2，序号 14)。

下一步，我们尝试了不同 KOH 用量(0.7mmol、0.5mmol、0.3mmol、0.1mmol 和 0)对反应的影响(见表 2，序号 20～23)。我们发现，当降低 KOH 用量至 0.3mmol(摩尔分数为 30%)时，收率依旧能达到 95%；但是当 KOH 用量降低到 0.1mmol(摩尔分数为 10%)时，收率大幅度下降到 36%；而没有加入 KOH 时，通过 TLC 跟踪发现安息香氧化反应基本不能进行。

在上述工作基础上，我们又尝试降低催化剂用量，研究其对反应的影响(见表 2，序号 24～26)。结果发现，催化剂能明显促进反应进行。例如，不加催化剂时，同样条件下仅能得到 33%收率的氧化产物(见表 2，序号 24)。而仅只需要加入 3.3mg 的催化剂，反应收率就能高达 91% (见表 2，序号 25)。

在完成上述所有条件优化后，我们对其他不同金属 Salen 配合物的催化性能也作了研究(见表 2，序号 27～33)。从表中可见，[Co(Salen)]·CH_2Cl_2、[$Mn_3(Salen)_3(\mu_2-OAc)_3$]$_n$ 和 [$Fe_2Cl_2(\mu_2-Salen)_2$]也具有良好的催化活性(见表 2，序号 27～29)。而其他金属 Salen 配合物在相同条件下的催化效果并不佳(见表 2，序号 30～33)。而且，我们还发现单核钴晶体样品的催化活性不如双核钴粉末样品(见表 2，序号 27、21)。

表 2 空气氧化安息香工艺的优化

HO O → (M(Salen), 添加剂 / 溶剂，常温) → O O

序号	M(Salen)及用量/mg	碱及用量/mmol	溶剂	时间/min	收率/%*
1	[$Co_2(\mu_2-Salen)_2$] 19.5	KOH 0.7	DMF	30	71
2	[$Co_2(\mu_2-Salen)_2$] 19.5	KOH 0.7	DMF	45	77
3	[$Co_2(\mu_2-Salen)_2$] 19.5	KOH 0.7	DMF	60	75
4	[$Co_2(\mu_2-Salen)_2$] 19.5	KOH 0.7	DMF	75	72
5	[$Co_2(\mu_2-Salen)_2$] 19.5	NaOH 0.7	DMF	45	65

续 表

序号	M(Salen)及用量/mg	碱及用量/mmol	溶剂	时间/min	收率/%*
6	[$Co_2(\mu_2$ - Salen$)_2$] 19.5	$NaHCO_3$ 0.7	DMF	45	6
7	[$Co_2(\mu_2$ - Salen$)_2$] 19.5	K_2CO_3 0.7	DMF	45	15
8	[$Co_2(\mu_2$ - Salen$)_2$] 19.5	*t*BuOLi 0.7	DMF	45	36
9	[$Co_2(\mu_2$ - Salen$)_2$] 19.5	*t*BuOK 0.7	DMF	45	73
10	[$Co_2(\mu_2$ - Salen$)_2$] 19.5	Na_2CO_3 0.7	DMF	45	19
11	[$Co_2(\mu_2$ - Salen$)_2$] 19.5	$KHCO_3$ 0.7	DMF	45	8
12	[$Co_2(\mu_2$ - Salen$)_2$] 19.5	Cs_2CO_3 0.7	DMF	45	54
13	[$Co_2(\mu_2$ - Salen$)_2$] 19.5	KOH 0.7	DMSO	45	71
14	[$Co_2(\mu_2$ - Salen$)_2$] 19.5	KOH 0.7	CH_3OH	45	97
15	[$Co_2(\mu_2$ - Salen$)_2$] 19.5	KOH 0.7	THF	45	81
16	[$Co_2(\mu_2$ - Salen$)_2$] 19.5	KOH 0.7	甲苯	45	49
17	[$Co_2(\mu_2$ - Salen$)_2$] 19.5	KOH 0.7	H_2O	45	—
18	[$Co_2(\mu_2$ - Salen$)_2$] 19.5	KOH 0.7	丙酮	45	—
19	[$Co_2(\mu_2$ - Salen$)_2$] 19.5	KOH 0.7	CH_3CH_2OH	45	83
20	[$Co_2(\mu_2$ - Salen$)_2$] 19.5	KOH 0.5	CH_3OH	45	98
21	[$Co_2(\mu_2$ - Salen$)_2$] 19.5	KOH 0.3	CH_3OH	45	95
22	[$Co_2(\mu_2$ - Salen$)_2$] 19.5	KOH 0.1	CH_3OH	45	36
23	[$Co_2(\mu_2$ - Salen$)_2$] 19.5	—	CH_3OH	45	—
24	—	KOH 0.3	CH_3OH	45	33
25	[$Co_2(\mu_2$ - Salen$)_2$] 3.3	KOH 0.3	CH_3OH	45	91
26	[$Co_2(\mu_2$ - Salen$)_2$] 9.8	KOH 0.3	CH_3OH	45	94
27	[Co(Salen)]·CH_2Cl_2 19.5	KOH 0.3	CH_3OH	45	80
28	[$Mn_3(Salen)_3(\mu_2$ - $OAc)_3]_n$ 19.5	KOH 0.3	CH_3OH	45	89
29	[$Fe_2Cl_2(\mu_2$ - Salen$)_2$] 19.5	KOH 0.3	CH_3OH	45	82
30	[$Cu_2(\mu_2$ - Salen$)_2$] 19.5	KOH 0.3	CH_3OH	45	52
31	Pd(Salen) 19.5	KOH 0.3	CH_3OH	45	48
32	Ni(Salen) 19.5	KOH 0.3	CH_3OH	45	16
33	Zn(Salen) 19.5	KOH 0.3	CH_3OH	45	—

* 分离收率

上述实验条件：安息香 212.3mg(1.0mmol)，M(Salen)0～19.5mg，碱 0～0.7mmol，溶剂2.0ml，常温

(2) [Co_2(μ_2 - Salen)$_2$]催化剂的回收套用

最后,我们以安息香(212.3mg, 1.0mmol)为底物,[Co_2(μ_2 - Salen)$_2$] (19.5mg)为催化剂,KOH (16.8mg, 0.3mmol)为添加剂,CH_3OH (2.0ml)作溶剂,室温反应45min,对催化剂进行了回收套用(见表3)。结果发现,[Co_2(μ_2 - Salen)$_2$]配合物的第1次催化和第2次催化效果都比较不错(见表3,序号1~2);但是2次回收后进行第3次反应时,相同反应时间内,收率只有69% (见表3,序号3);而当催化剂3次回收后进行第4次反应,相同反应时间内,收率下降至55% (见表3,序号4)。

表3 [Co_2(μ_2 - Salen)$_2$]的回收套用

次数	收率/%*
第1次	94
第2次	89
第3次	69
第4次	55

* 分离收率

上述实验条件:安息香212.3mg(1.0mmol),[Co_2(μ_2 - Salen)$_2$] 19.5mg, KOH 16.8mg(0.3mmol), CH_3OH 2.0ml,常温,反应45min

2 实验部分

2.1 实验通则

本文中所用的原料如水杨醛、乙二胺和安息香均为化学纯试剂。产物吸附用硅胶为100~200目,柱层析所用硅胶为300~400目。核磁共振由Bruker - 500MHz核磁共振仪测定,以$CDCl_3$和CD_3OD为溶剂;质谱由micrOTOF - Q Ⅱ型质谱检测仪测定。

2.2 Salen配体的合成

向500ml三口烧瓶中加入95%乙醇(180ml)和水杨醛(10.6ml, 0.12mol),加热至75℃,缓慢滴加入乙二胺(4.0ml, 0.06mol)。滴加完毕后继续75℃反应1h。蒸出大部分乙醇,自然冷却至室温,冰水浴冷却,抽滤,用乙醇洗涤,干燥后得亮黄色固体12.25g,收率为76%。熔点:127~128℃ (文献值:127~128℃[10])。^{1}H NMR (500MHz, $CDCl_3$, δ,ppm): 13.20(s, 2H), 8.36(s, 2H), 7.31~7.28(m, 2H), 7.23(dd, J=7.5, 1.5Hz, 2H), 6.94(d, J=8.5Hz, 2H), 6.86(td, J=7.5, 1.0Hz, 2H), 3.95(s, 4H)。^{13}C NMR (125MHz, $CDCl_3$, δ,ppm): 166.5, 161.0, 132.4, 131.5, 118.7, 117.0, 59.8。

2.3 金属Salen配合物的合成[5]

(1) [Co_2(μ_2 - Salen)$_2$]配合物的合成

将Salen配体0.6707g(2.5mmol)和95%乙醇15ml加入50ml三口烧瓶中,加热至

75℃。缓慢滴加入 10ml 含乙酸钴 0.6202g(2.5mmol)的水溶液。滴加完毕后继续 75℃反应 1h。自然冷却至室温,抽滤,依次用水和 95%乙醇洗涤,干燥后得到红棕色固体。将粉末样品用二氯甲烷重结晶,得到红色晶体。^1H NMR (500MHz, CD_3OD, δ, ppm): 8.10(s, 2H), 7.47 (d, J=7.5Hz, 2H), 7.35(d, J=7.5Hz, 2H), 7.31(t, J=7.5Hz, 2H), 6.59(t, J=7.5Hz, 2H), 4.10(s, 4H); ^{13}C NMR (125MHz, CD_3OD, δ, ppm): 168.8, 168.1, 135.7, 135.6, 124.0, 120.5, 115.8, 59.8。

(2) $[Mn_3(Salen)_3(\mu_2-OAc)_3]_n$ 配合物的合成

$[Mn_3(Salen)_3(\mu_2-OAc)_3]_n$ 配合物用上文(1)类似方法合成,为深褐色固体。将得到锰配合物的反应液装在试管中,放入乙醚桶内用扩散方法培养得到棕黑色晶体。$C_{16}H_{14}MnN_2O_2$ 的高分辨质谱(电喷雾电离)(括号内为计算值):321.0448(321.0430)。

(3) $[Fe_2Cl_2(\mu_2-Salen)_2]$配合物的合成

$[Fe_2Cl_2(\mu_2-Salen)_2]$配合物用上文(1)类似方法合成,为黑色固体。将 Salen 配体和氯化铁[1:1(物质的量之比,下同)]分别溶于甲醇和乙酸乙酯配制的溶液中[4:6(体积比,下同)],待各自完全溶解后混合液体至试管中。放入乙醚桶内,用扩散方法培养得到棕黑色晶体。$C_{16}H_{15}FeN_2O_2$ 的高分辨质谱(电喷雾电离)(括号内为计算值):323.0461(323.0477)。

(4) $[Cu_2(Salen)_2]$配合物的合成

$[Cu_2(Salen)_2]$配合物用上文(1)类似方法合成,为墨绿色固体。将 Salen 配体和乙酸铜(1:1)分别溶于甲醇和乙酸乙酯配制的溶液中(1:1),待各自完全溶解后混合液体至烧杯中。通过挥发析晶法得到墨绿色晶体。$C_{16}H_{15}CuN_2O_2$ 的高分辨质谱(电喷雾电离)(括号内为计算值):330.0433(330.0424)。

(5) Ni(Salen)配合物的合成

Ni(Salen)配合物用上文(1)类似方法合成,为橘红色固体。将 Salen 配体和乙酸镍(1:1)分别溶于甲醇和乙酸乙酯配制的溶液中(1:1),待各自完全溶解后混合液体至烧杯。通过挥发析晶法得到橘红色晶体。$C_{16}H_{15}NiN_2O_2$ 的高分辨质谱(电喷雾电离)(括号内为计算值):325.0471(325.0482)。

(6) [Pd(Salen)]配合物的合成[11]

[Pd(Salen)]配合物用上文(1)类似方法合成,为黄绿色固体。$C_{16}H_{15}PdN_2O_2$ 的高分辨质谱(电喷雾电离)(括号内为计算值):373.0166(373.0169)。

(7) Zn(Salen)配合物的合成[12]

Zn(Salen)配合物用上文(1)类似方法合成,为浅黄色固体。$C_{16}H_{15}ZnN_2O_2$ 的高分辨质谱(电喷雾电离)(括号内为计算值):331.0431(331.0420)。

2.4 金属 Salen 配合物催化空气氧化安息香

向反应管中依次加入安息香(212.3mg, 1.0mmol)、金属 Salen 配合物(19.5mg)、KOH (16.8mg, 0.3mmol)、CH_3OH (2.0ml),室温下搅拌反应 45min。快速柱层析分离得到黄色固体。熔点:95~97℃ (文献值:94~96℃[10])。^1H NMR (500MHz, $CDCl_3$, δ, ppm):

7.98(dd，$J=7.5$，1.0Hz，4H)，7.66(t，$J=7.5$Hz，2H)，7.52(t，$J=7.5$Hz，4H)。^{13}C NMR (125MHz，$CDCl_3$，δ，ppm)：194.5，134.8，133.1，129.9，129.0。

2.5 [$Co_2(\mu_2-Salen)_2$]的回收套用[5]

按上述氧化步骤操作，将得到的反应液加入乙酸乙酯(15ml)稀释，用饱和食盐水洗涤(15ml×2)。有机相用快速柱层析分离得到氧化产物；水相用 CH_2Cl_2 萃取(30ml×2)，有机相干燥后减压浓缩除去 CH_2Cl_2，得到固体催化剂。将回收后的固体催化剂按原先的氧化反应步骤进行安息香的氧化反应操作。

3 结 语

通过本项研究工作，我们合成了 7 种金属 Salen 配合物，并获得了其中 5 种配合物的晶体结构。同时，以空气氧化安息香为模板反应，我们考察了所有配合物的催化性能，发现[$Co_2(\mu_2-Salen)_2$]配合物的催化效率最高。并且，我们发现[$Co_2(\mu_2-Salen)_2$]配合物能回收套用。

参考文献

[1] (a) DENG X，MANI N S. An efficient route to 4-aryl-5-pyrimidinylimidazoles via sequential functionalization of 2,4-dichloropyrimidine [J]. Organic Letters，2006，8：269-272. (b) HERRERA A J，RONDON M，Suarez E. Stereocontrolled photocyclization of 1，2-diketones：application of a 1，3 - acetyl group transfer methodology to carbohydrates [J]. Journal of Organic Chemistry，2008，73：3384-3391. (c) BRAIBANTE M E F，BRAIBANTE H T S，ULIANA M P，et al. The use of benzil to obtain functionalized *N*-heterocycles [J]. Journal of the Brazilian Chemical Society，2008，19：909-913.

[2] (a) MOUSSET C，Giraud A，Provot O，et al. Synthesis and antitumor activity of benzils related to combretastatin A-4[J]. Bioorganic & Medicinal Chemistry Letters，2008，18：3266-3271. (b) GANAPATY S，SRILAKSHMI G V K，PANNAKAL S T，et al. Cytotoxic benzil and coumestan derivatives from tephrosia calophylla [J]. Phytochemistry，2009，70：95-99. (c) AL-KAHRAMAN Y M S A，YASINZAI M，SINGH G S. Evaluation of some classical hydrazones of ketones and 1,2-diketones as antileishmanial，antibacterial and antifungal agents [J]. Archives of Pharmacal Research，2012，35，1009-1013.

[3] (a)杨征，白佳，王小燕，等. 苯偶酰类化合物的合成及应用研究进展[J]. 化学试剂，2011，33：33-38. (b)赵梅，黄汝琪，李恩霞，等. 安息香氧化反应的研究进展[J]. 山东科学，2013，26：29-32. (c)田勇，于伟民，李猛，等. 苯偶酰的合成[J]. 化学与粘合，2000(4)，

184－186.

[4] (a) ALDALIM T A, HADI J S, ALI O N, et al. Oxidation of benzoin catalyzed by oxovanadium(Ⅳ) Schiff base complexes [J]. Chemistry Central Journal, 2013, 7: 3. (b) SAFARL J, ZARNEGAR Z, RAHIMI F. An efficient oxidation of benzoins to benzils by manganese(Ⅱ) Schiff base complexes using green oxidant [J]. Journal of Chemistry, 2013, ID: 765376. (c) LSLAM S M, PAUL S, ROY A S, et al. Catalytic activity of an iron(Ⅲ) Schiff base complex bound in a polymer resin [J]. Transition Metal Chemistry, 2013, 38: 675－682.

[5]丁成，倪金平，唐荣，等. 安息香的绿色催化氧化研究[J]. 浙江工业大学学报，2009，37：542－544.

[6]霍涌前，陈小利，张逢星，等. 双水杨醛缩乙二胺铁(Ⅱ)配合物的合成及其晶体结构[J]. 延安大学学报(自然科学版)，2010，29：62－64.

[7] NATHAN L C, OEHNE J E, GILMORE J M, et al. The X-ray structures of a series of copper(Ⅱ) complexes with tetradentate Schiff base ligands derived from salicylaldehyde and polymethylenediamines of varying chain length [J]. Polyhedron, 2003, 22: 887－894.

[8] JAMSHID K A, ASADI M, KIANFAR A H. Synthesis, characterization and thermal studies of dinuclear adducts of diorganotin(Ⅳ) dichlorides with nickel(Ⅱ) Schiff-base complexes in chloroform [J]. Journal of Coordination Chemistry, 2009, 62: 1187－1198.

[9] BROCKNER S, CALLIGARIS M, NARDIN G, et al. The crystal structure of the form of *N*, *N'*-ethylenebis (salicylaldehydeiminato) cobalt(Ⅱ) inactive towards oxygenation [J]. Acta Crystallor Graphica, 1969, B25: 1671－1674.

[10]袁淑军，方海林，吕春绪. 双水杨醛缩乙二胺合铜[Cu(Salen)]/O_2 催化氧化安息香[J]. 化学世界，2004：233－250.

[11] KUMARI N, PRAJAPATI R, MISHRA L. Reactivity of $M(en)Cl_2$ (M＝PdⅡ/PtⅡ, en＝1,2－diaminoethane) with *N*, *N'*－bis(salicylidene)－π－phenylenediamine: binding with hexafluorobenzene [J]. Polyhedron, 2008, 27: 241－248.

[12] REGLINSKI J, MORRIS S, STEVENSON D E. Polyhedron supporting conformational change at metal centres. Part 2: four and five coordinate geometry [J]. Polyhedron, 2002, 21: 2175－2182.

Salen配合物的合成及其催化氧化安息香性能研究

胡汉君*，韩倩倩，陈晓秦，王霜，罗利娟，沈梁钧
（宁波工程学院　浙江　宁波　315211）

摘　要　以水杨醛及乙二胺为原料制备得到席夫碱配体双水杨醛缩乙二胺(Salen)，并分别用乙酸钴、乙酸锌和乙酸镍与之配位得到配合物 Co(Salen)、Zn(Salen)和Ni(Salen)。以空气为氧源，研究了这三种催化剂对安息香的催化氧化性能。用正交法对Co(Salen)催化氧化安息香成苯偶酰的系统条件(催化剂用量、碱、溶剂、温度、时间等)进行了优化。结果显示，65℃条件下，含0.75g Co(Salen)和0.5g KOH在DMF溶剂中，25mmol安息香经空气氧化45min时苯偶酰产率可达80.9%。此外，还对Co(Salen)催化剂的回收套用进行了研究。研究发现，当后处理反应液pH值调节至5～6时可以达到较高的回收率。所有合成产物利用NMR、HRMS、EA、IR、UV-Vis等手段得到了表征。

关键词　双水杨醛缩乙二胺；配合物；安息香；催化氧化

Salen是一类以双水杨醛缩乙二胺为主要结构的螯合席夫碱。由于配离子的种类、配位的形式和固载物选择性多，母体结构修饰性强，可以制备各种性能优异的Salen衍生物。近年来，Salen配体在氧化反应、环氧化物不对称开环[1]、环氧化物动力学水解拆分[2]、DNA相互作用[3]、生命科学[4]、分子识别[5]等方面得到了广泛的研究和应用。Salen配体由于具有合成路线简单、催化高效和模拟生物酶等特点，被广泛应用于催化氧化反应研究[6-8]。

本研究以水杨醛及乙二胺为原料，选择水杨醛缩乙二胺(Salen)为母体，合成了一系列M(Salen)[M＝CO(Ⅱ)，Zn(Ⅱ)，Ni(Ⅱ)]金属配合物。采用正交实验方法，重点研究了Co(Salen)对安息香氧化的催化作用及其影响因素，并考察了其重复使用性能。

2 水杨醛 + $H_2NCH_2CH_2NH_2$ —乙醇→ Salen —M^{2+}→ M(Salen)　M=Co，Ni，Zn，…

* 通讯作者：胡汉君，电子邮箱：809407419@qq.com

1 实验部分

1.1 主要试剂与仪器

试剂：安息香，水杨醛，乙二胺，四水合乙酸钴，一水合乙酸铜(Ⅱ)，二水合乙酸锌，四水合乙酸镍，四水合乙酸锰，DMF，无水乙醇，氢氧化钾，无水碳酸钾，氢氧化钠，无水碳酸钠，活性炭，分子筛等。

仪器：红外光谱仪(Nicolet 6700)，紫外分光光度计(SHIMADZU 2401PC)，核磁共振仪(ASCEND 500)，1201 型高效液相色谱，熔点仪(JH30)，X 射线粉末衍射仪(D8AdvancX)，元素分析仪(Thermo EA－1112)，质谱仪(micrOTOF－Q Ⅱ)。

1.2 Salen 的合成[9]

向 100ml 三口烧瓶中加入水杨醛(6.0g，50mmol)、无水乙醇(40ml)，氮气氛围下滴加乙二胺/乙醇溶液(1.5g/10ml，25mmol)。滴加完毕后加热回流 1.2h。[TLC：二氯甲烷，R_f(Salen)＝0.39，R_f(水杨醛)＝0.8]。冰水浴冷却，过滤，无水乙醇重结晶，干燥，得到黄色片状晶体 5.5g，产率为 82.1%。熔点：125.3～126.8℃。UV－Vis (λ，nm)：403，319，254。HPLC(纯度)：98%。^{1}H NMR (500MHz，$CDCl_3$，δ，ppm)：13.22(s，2H，—OH)，8.50(s，2H，CH＝N)，7.32(m，2H，苯环－H)，7.25(dd，J_1＝1.5Hz，J_2＝7.5Hz，2H，苯环－H)，6.97(d，J＝8.0Hz，2H，苯环－H)，6.88(t，J＝8.0Hz，2H，苯环－H)，3.97(s，4H，CH_2)。^{13}C NMR (125MHz，$CDCl_3$，δ，ppm)：166.5，161.0，132.0，117.8，59.7。

1.3 催化剂的合成[10—11]

(1) Co(Salen)的合成

250ml 三口烧瓶中加入 Salen 5.36g(0.02mol)、无水乙醇 147ml，氮气保护，缓慢滴加 35ml(4.98g，0.02mol)乙酸钴水溶液，加热回流 1h。{TLC：乙酸乙酯，R_f[Co(Salen)]＝0.26，R_f(Salen)＝0.9}。冰水浴冷却，过滤，干燥，得到暗红色固体 5.1g，产率为 78.8%。熔点：＞300℃。UV－Vis (λ，nm)：388，256。HPLC(纯度)：100%。$C_{16}H_{14}CoN_2O_2$的高分辨质谱(括号内为计算值)：325.0396(325.0387，M^+)。

(2) Zn(Salen)的合成

向 100ml 三口烧瓶中加入 Salen2.68g(0.01mol)、甲醇 50ml、乙酸锌 2.18g(0.01mol)，氮气保护，加热回流 1h。{TLC：乙酸乙酯，R_f[Zn(Salen)]＝0.31，R_f(Salen)＝0.91}。冰水浴冷却，过滤，得到乳黄色固体。干燥得到产品 2.95g，产率为 89.05%。熔点：＞300℃。UV－Vis (λ，nm)：350，260，241。HPLC(纯度)：100%。^{1}H NMR (500MHz，DMSO－d6，δ，ppm)：8.44(s，2H，CH＝N)，7.14(m，4H，苯环－H)，6.62(d，J＝8.5Hz，2H，

苯环- H)，6.43(t，J=8.5Hz，2H，苯环- H)，3.72(s，4H，CH_2)。

(3) Ni(Salen)的合成

向100ml三口烧瓶中加入Salen(1.34g，5mmol)、无水乙醇(31ml)，氮气保护，慢慢滴加8.8ml乙酸镍的水溶液(1.24g，5mmol)。滴加完毕，加热回流1h。{TLC：乙酸乙酯，R_f[Ni(Salen)]=0.30，R_f(Salen)=0.89}。冷却，过滤，得到橙红色固体。干燥得到产品1.55g，产率为95.41%。熔点：>300℃。UV-Vis(λ，nm)：401，328，254，242。HPLC(纯度)：100%。^{1}H NMR(500MHz，DMSO-d6，δ，ppm)：7.9(s，2H，CH=N)，7.28(dd，J_1=1.5Hz，J_2=7.5Hz，2H，苯环- H)，7.18(m，2H，苯环- H)，6.71(t，J=8.5Hz，2H，苯环- H)，6.52(m，2H，苯环- H)，3.43(s，4H，CH_2)。

1.4 安息香氧化

在100ml三口烧瓶中加入安息香(5.3g，0.025mol)和N，N-二甲基甲酰胺(30ml)，搅拌溶解后加入M(Salen)催化剂(0.25～0.75g)和KOH(0.5～1.0g)，加热。[TLC：二氯甲烷∶石油醚=1∶1，R_f(苯偶酰)=0.15，R_f(安息香)=0.5]。反应结束，冷却至室温，调节pH至3～4，加入水75ml，即有固体析出。抽滤，水洗，得到黄色针状的粗产品。80%乙醇重结晶，得到黄色针状晶体。熔点：93.6～95.0℃。UV-Vis(λ，nm)：259。^{1}H NMR(500MHz，$CDCl_3$，δ，ppm)：7.98(m，4H，苯环- H)，7.66(t，J=7.5Hz，2H，苯环- H)，7.52(t，J=8.0Hz，4H，苯环- H)。^{13}C NMR(125MHz，$CDCl_3$，δ，ppm)：194.6，134.9，133.0，129.9，129.0。$C_{14}H_{10}O_2$的高分辨质谱(括号内为计算值)：233.0585(233.0578，MNa^+)。

1.5 催化剂的回收套用[6]

方案一：将氧化反应后的反应液pH调至3～4，滤液用CH_2Cl_2分次萃取，萃取液用水返洗两次，用无水硫酸镁干燥，蒸除二氯甲烷，残液为含Co(Salen)催化剂的DMF溶液，直接投入下一批苯偶姻进行催化氧化反应。

方案二：将氧化反应后的反应液pH调至5～6，其余操作同方案一。

2 结果与讨论

2.1 催化剂合成分析

催化剂采用分步合成法，在文献报道基础上进行了优化。在Salen的合成中，考虑到环保和产物的性质，采用乙醇作为溶剂。为减少生成不易分离的单缩合副产物，使水杨醛稍过量[9]，并适当延长反应时间以提高产率，用无水乙醇重结晶，简单、高效和环保。根据金属盐的溶解性，在钴、镍金属催化剂的制备中采取了逐滴合成法。锌盐在乙醇中的溶解性较差，采用了直接合成法。在合成金属催化剂的过程中为了防止反应物的氧化及减少副反应的发生，全程采取氮气保护。

在对安息香催化氧化的研究中，采用了绿色环保、廉价易得的空气作为氧源，为了提高空气利用效率，加快反应速率，在实验过程中使用增氧泵向反应体系中鼓入空气。

2.2 红外光谱

图 1 给出了 Salen 及其配合物的红外光谱图，从图中可以看到，Salen 位于 $3400cm^{-1}$ 处的—OH 的伸缩振动峰宽且弱，说明酚羟基上的氢原子与碳氮双键的氮原子之间形成了分子内氢键，使吸收频率向低波数大幅移动[$2869 \sim 3055cm^{-1}$($-CH_2-CH_2-$)，$1636cm^{-1}$($-C=N-$)]。比较 Co(Salen)、Ni(Salen)、Zn(Salen)三者的红外光谱图，发现三者在 $3600cm^{-1}$ 和 $3700cm^{-1}$ 处都有吸收峰，该峰对应为游离水的 O—H 伸缩振动，可能由于样品未完全干燥所致。另外，在 $3400cm^{-1}$ 附近仍存在一个较弱的吸收峰，是吸附水 O—H 的伸缩振动，认为是溴化钾吸水，以及产品干燥不彻底。与 Salen 相对比，金属配合物的红外光谱中出现了一些新的—M—N—、—M—O—吸收峰[12][$553cm^{-1}$(Co—N)，$476cm^{-1}$(Co—O)，$518cm^{-1}$(Ni—N)，$425cm^{-1}$(Ni—O)，$533cm^{-1}$(Zn—N)，$463cm^{-1}$(Zn—O)]，表明金属原子已与配体发生配位。

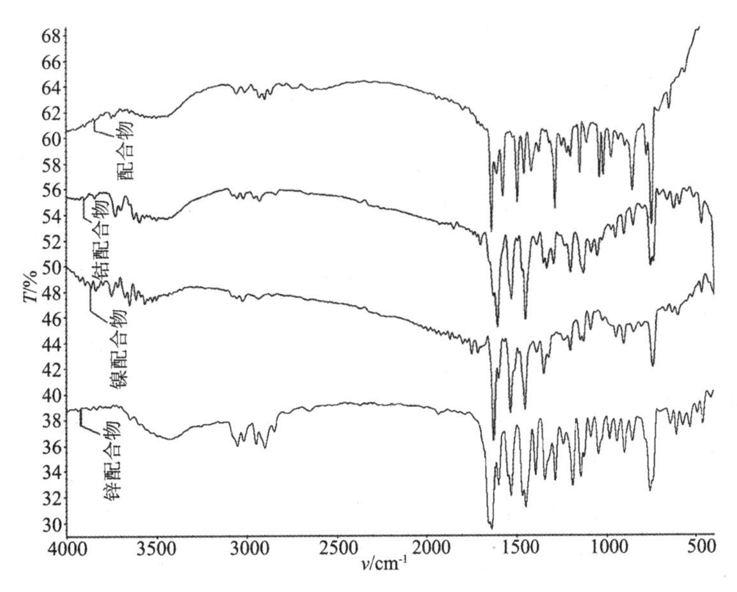

图 1 Salen 及其金属配合物 IR 谱图

2.3 金属配合物的 X 射线粉末衍射光谱

图 2 为 Co(Salen)、Zn(Salen)和 Ni(Salen)的 XRD 谱图。从图中可以看到，所得衍射峰均峰形尖锐，无宽峰，说明所得产物晶化程度较好。另外，把以上谱图与衍射标准谱图进行比对，发现所得产物主峰与标准谱图基本一致，且均无杂质峰，说明所得产物纯度较高。

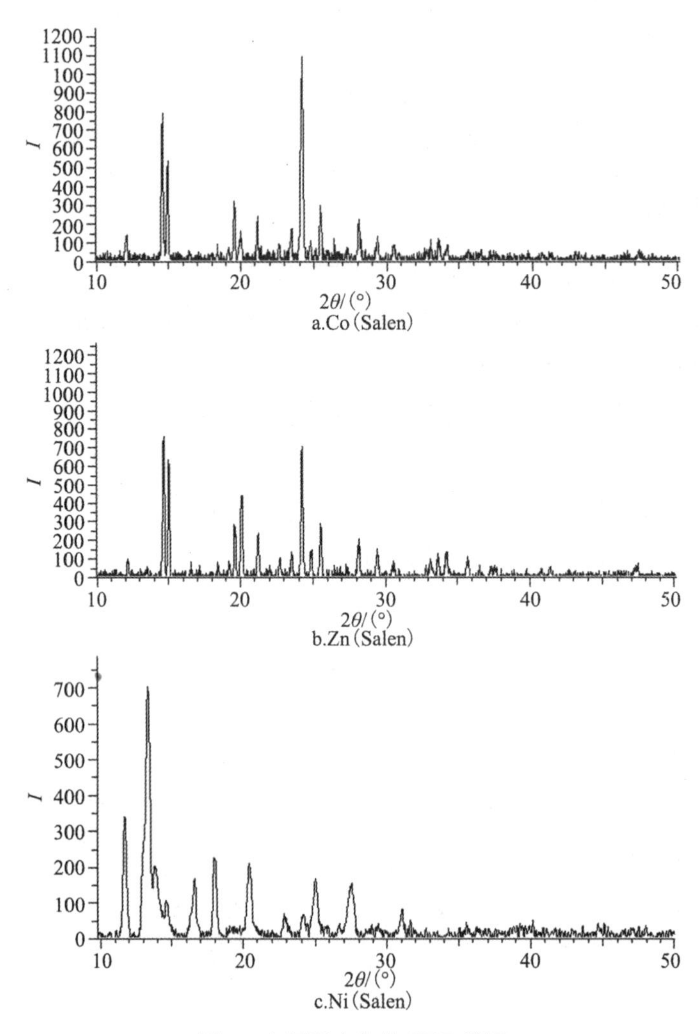

图 2　金属配合物的 XRD 谱图

2.4　氧化条件优化

为了优化反应条件，本课题组对五个实验因素（钴催化剂用量、KOH 用量、反应温度、反应时间、溶剂）进行了考察，以探究 Co(Salen) 对安息香催化氧化的影响。前四个因素采用四因素三水平的正交设计方法（见表 1），按上文 1.4 所示步骤进行实验，考察了温度、反应时间、催化剂用量及 KOH 用量这 4 个主要因素对安息香氧化反应的影响。反应条件与产率列于表 1。结果分析见表 2。

表 1　正交实验表

实验次数＼水平	反应时间/min	温度/℃	催化剂用量/g	KOH 用量/g	产率/%
1	30	65	0.25	0.50	63.73
2	30	80	0.50	1.00	30.37

续 表

实验次数 \ 水平	反应时间/min	温度/℃	催化剂用量/g	KOH 用量/g	产率/%
3	30	95	0.75	0.75	67.58
4	45	65	0.50	0.75	71.02
5	45	80	0.75	0.50	80.12
6	45	95	0.25	1.00	53.90
7	60	65	0.75	1.00	58.29
8	60	80	0.25	0.75	33.24
9	60	95	0.50	0.50	80.31

注：安息香投料 25mmol

由上表分析可得表 2。

表 2　正交实验分析表

$K_{A1}=53.9$	$K_{B1}=64.3$	$K_{C1}=50.3$	$K_{D1}=74.7$
$K_{A2}=68.3$	$K_{B2}=47.9$	$K_{C2}=60.6$	$K_{D2}=57.3$
$K_{A3}=57.3$	$K_{B3}=67.2$	$K_{C3}=68.7$	$K_{D3}=47.5$
$K_{A2}>K_{A3}>K_{A1}$	$K_{B3}>K_{B1}>K_{B2}$	$K_{C3}>K_{C2}>K_{C1}$	$K_{D1}>K_{D2}>K_{D3}$
$R_A=14.4$	$R_B=19.4$	$R_C=18.4$	$R_D=27.2$

通过表 2 中产率的 1～3 水平均和值(表格中的 K 值)可见，反应时间在 45min 时产率达到最高，若将反应时间延长到 60min，产品产率反而下降了，可能是长时间反应使副产物增加。反应优化温度为 95℃，但比较 K_{B3} 与 K_{B1} 发现，反应温度为 65℃与反应温度为 95℃所得的产品产率相差不大，综合节能环保的理念，最终选择 65℃为最佳反应温度。催化剂最佳用量为 0.75g，且随着催化剂用量的增加，产率越来越高。KOH 最佳用量为 0.5g，碱用得越多，产率越低。比较各个因素的极差 R，不难发现，该反应受碱的影响最大，反应温度次之。此外，从表 3 可得，DMF 作为溶剂收率率最高。综上，可得优化条件：以 DMF 为溶剂，0.75g Co(Salen)和 0.5g KOH，在 65℃下反应 45min。

表 3　溶剂种类对反应的影响

溶剂	DMF	无水乙醇	DMSO
产率/%	80.89	32.28	74.54

此外，采用类似 1.4 的合成方法，在上述优化条件下，以 Zn(Salen)和 Ni(Salen)为催化剂对安息香进行了催化氧化研究，结果列于表 4。由实验结果可知，在该条件下，Co(Salen)的安息香催化氧化性能相对于 Zn(Salen)和 Ni(Salen)较好，使用锌、镍催化剂时，反应温度

和反应时间都相对要求更高，说明 Ni(Salen)催化活性最好，与文献[6]所报道的结果相符。

表 4 催化剂种类对反应的影响

催化剂	Co(Salen)	Zn(Salen)	Ni(Salen)
产率/%	80.9	32.7	14.3
纯度/%	97	97	52

2.5 Co(Salen)的回收套用

对 Co(Salen)的催化氧化进行在回收套用，其结果如表 5 所示。从表中可以看到，当将反应液的 pH 值调至 3～4 时，第 1 次氧化产率非常高，但是后 2 次下降非常明显。然而当同样将 pH 值调至 5～6 时，虽然第 1 次产率不如前者，但是后 2 次明显高出很多，说明在 pH 值比较高的时候，催化剂稳定性更好，不容易失活，回收率较高，这与席夫碱在酸性条件下易水解的性质有关。此外，操作过程中催化剂的损失，使得其在回收套用中效率降低，产率下降。

表 5 pH 对催化剂回收套用的影响

pH	产率/%		
	第 1 次	第 2 次	第 3 次
3～4	80.9	23.3	6.7
5～6	76.5	35.6	29.0

3 结 语

本研究采用分步合成法合成了三种催化剂，配体及催化剂结构通过核磁共振、质谱、红外光谱等一系列表征确定其正确，其纯度利用液相色谱测得。经过正交实验和溶剂实验，发现当 25mmol 安息香被空气氧化时，以 DMF 为溶剂，在加入 0.75g Co(Salen)和 0.5g KOH 时，65℃下反应 45min 时可以达到最优效果，苯偶酰产率可达 80.9%。在此优化条件下对 Zn(Salen)和 Ni(Salen)也进行了同样的研究，发现三者中 Co(Salen)的催化效率最佳。Salen 配体催化氧化安息香条件简单，反应速率快，温度低。此外，还研究了Co(Salen)催化剂的回收套用，发现在反应后处理时，将反应液的 pH 值调至 5～6 时可以得到较佳的催化剂回收效率。

参考文献

[1] JIANG C J. Asymmetric ring opening of terminal epoxides via kinetic resolution catalyzed by chiral (Salen)Co mixture[J]. Kinetics and Catalysis, 2011, 52(5): 691 - 696.

[2] 沈凯圣，熊飞，胡娟，等. 手性(Salen)Co 催化的末端环氧化合物水解动力学拆分反应在手性药物合成中的应用[J]. 有机化学，2003，23(6)：542 - 545.

[3] 刘景宁. 指纹荧光显现试剂双水杨醛缩乙二胺合锌的合成[J]. 广州化工,2012,40(14):80-82.

[4] PENG B,ZHOU W H,YAN L,et al. DNA-binding and cleavage studies of chiral Mn(Ⅲ) Salen complexes [J]. Transition Metal Chemistry, 2009, 34: 231-237.

[5] SHIGEHISA A. Novel ion recognition systems based on cyclic and acyclic oligo (Salen)-type ligands[J]. Inclusion Phenomena and Macrocyclic Chemistry,2012,72(1-2): 25-54.

[6]丁成,倪金平,唐荣,等. 安息香的绿色催化氧化研究[J]. 浙江工业大学学报,2009,37(5):542-544.

[7] Hu J L,WU Q Y,Li K X. Highly active dimeric Mn(Salen) catalysts entrapped within nanocages of periodic mesoporous organosilica for epoxidation of alkenes [J]. Catalysis Communications, 2010, 12(3): 238-242.

[8] 张翔. 手性双功能吡咯烷 Salen 金属催化剂的设计合成[D]. 大连:大连理工大学,2008.

[9] 张英菊,王辉,张红兵,等. 双水杨醛类缩乙二胺席夫碱的合成及光谱性能[J]. 染料与染色,2005,42(5):38-41.

[10] 李翠勤,孟祥荣,张鹏,等. 水杨醛缩胺类双席夫碱过渡金属配合物的合成与表征[J]. 化学与生物工程,2011,28(7):55-57.

[11] 姚奇志. 乙二胺水杨醛 Schiff 碱镍配合物的合成[J]. 化学世界,1999,(6):300-303.

[12] RAMAKANTH P, PARVEZ A, JYOTSNA S M. Microwave assisted synthesis and characterization of *N*,*N*-bis(salicylaldehydo) ethylenediimine complexes of Mn(Ⅱ), Co(Ⅱ), Ni(Ⅱ), and Zn(Ⅱ)[J]. Journal of Coordination Chemistry, 2009, 62(24): 4009-4017.

金属 Salen 配合物的合成及其催化氧化性能研究

金慧红，周雅霜，顾佳倩，曾佳佳，葛海霞*，李敬芬
（湖州师范学院　浙江　湖州　313000）

摘　要　合成了 Salen 配体及 Co(Salen)、Cu(Salen)、Ni(Salen) 配合物，比较了三种金属催化剂对安息香的催化氧化性能，探索了 Co(Salen)催化剂对安息香的最佳催化条件和氧化产物苯偶酰纯化方法。实验结果表明，以无水乙醇为溶剂，在 60℃下，分别加入安息香量的 25%(摩尔分数，下同)的 KOH 和 2%的催化剂 Co(Salen)，反应 40min，并采用硅胶柱层析法纯化产物苯偶酰，收率可达 82%。

关键词　Salen 配体；金属 Salen 配合物；催化剂；苯偶酰

近些年，金属 Salen 配合物的应用越来越引起人们的关注。大量的研究工作发现，这类配合物具有某些独特的性质，如催化活性[1]、生物活性[2]及光学性质[3-4]等，并且此类物质制备简单，原料易得。

苯偶酰是重要的有机合成原料，可用于合成杀虫剂、药品、材料等，具有广泛的应用前景。而制备苯偶酰的常用方法是氧化安息香，以前常用的氧化剂，如硝酸、高锰酸钾等，不仅存在反应时间长、催化剂用量大等缺点，而且在反应过程中会产生污染物，后处理不易。采用金属 Salen 配合物作催化剂，缩短了反应时间，环境友好，符合绿色、经济的原则[5]。本研究从节约能源、绿色环保的角度出发，探索了双水杨醛缩乙二胺金属配合物 M(Salen)(M=Co,Cu,Ni)对安息香催化氧化的性能，并探索催化氧化的反应条件及氧化产物苯偶酰的纯化方法。另外，我们对催化剂的回收利用方法及 Salen 催化剂对安息香类似物的催化氧化性能也进行了初步探索。

1　实验部分

1.1　实验原理

(1) 金属 Salen 催化剂的制备

反应式如下：

---

*　通讯作者：葛海霞，电子邮箱：gehaixia@@zjhu.edu.cn

$H_2NCH_2CH_2NH_2$

M^{2+}

M=Co，Cu，Ni，…

（2）Salen 催化剂催化氧化安息香的路线

反应式如下：

M(Salen)

O_2

1.2　主要试剂与仪器

试剂：安息香，水杨醛，乙二胺，甲醇，乙醇，乙腈，二氯甲烷，石油醚，乙酸乙酯，DMF，$Co(CH_3COO)_2 \cdot 4H_2O$，$Ni(CH_3COO)_2 \cdot 4H_2O$，$Cu(CH_3COO)_2 \cdot H_2O$。

仪器：旋转蒸发仪，WRS-1B 数字熔点仪，质谱仪（1100LC-MSD-Trap-SL），粉末衍射仪（XD-6X 射线衍射仪），傅里叶变换红外光谱仪（Nicolet 5700），核磁共振氢谱仪（AV-300 或 400），紫外-可见分光光度计（8500），高效液相色谱仪（1200），色谱柱（ZORBAX SB-C18，5μm，250mm×4.6mm）。

1.3　实验步骤

（1）Salen 配体的制备[6]

在装有回流装置的三口烧瓶中加入水杨醛 62.63ml（0.6mol）和 500ml 无水甲醇搅拌混匀，将乙二胺 13.33ml（0.2mol）慢慢滴入反应液中，室温搅拌反应 1h。结束反应，抽滤，少量 95%乙醇洗涤，即得 Salen 配体粗产物。用无水乙醇重结晶，即得亮黄色片状晶体，收率为 84.2%。熔点：126.8～127.4℃。MS（m/z）：268.87（MH^+）。^1H NMR（300MHz，$CDCl_3$，δ，ppm）：13.16（s，2H，2OH），8.36（s，2H，2N=CH），7.26（m，4H，4Ar－H），6.93（d，2H，2Ar－H），6.85（t，2H，2Ar－H），3.94（s，4H，$2CH_2$）。IR（KBr，ν，cm^{-1}）：3448（ν_{OH}），1676（$\nu_{C=N}$），1610（$\nu_{C=C}$），1283（ν_{Ar-O}）。

（2）金属 Salen 配合物的制备[7]

将上述制备的 Salen 配体 1g（3.73mmol）投入三口烧瓶中，用 30ml 无水乙醇加热使之溶解。将 0.93g（3.73mmol）$Co(CH_3COO)_2 \cdot 4H_2O$ 的水溶液慢慢滴入反应瓶中，整个反应在氮气保护下进行，反应过程中有暗红色固体析出，回流 1.5h。冷却，抽滤，用 95%乙醇多次洗涤，干燥即得暗红色 Co（Salen）金属配合物，收率为 97.51%。熔点：＞300℃。

MS(m/z)：324.89(M^+)。IR(KBr,ν,cm^{-1})：1626,1592,1348,732,620。XRD 显示在 2θ 为7.02°、20.62°、25.28°等处出现强弱衍射峰,与标准谱图基本一致。

采用上述相同的方法,分别使用 $Cu(CH_3COO)_2 \cdot H_2O$、$Ni(CH_3COO)_2 \cdot 4H_2O$ 与 Salen 配体反应,制备了 Cu(Salen)和 Ni(Salen)配合物。

Cu(Salen)配合物：墨绿色,收率为 81.6%。熔点：>300℃。MS(m/z)：329.87(MH^+)。IR(KBr,ν,cm^{-1})：1649,1597,1384,733,617。XRD 显示在 2θ 为 6.76°、14.68°、20.22°、24.44°等处出现强弱衍射峰,与标准谱图基本一致。

Ni(Salen) 配合物：橙黄色,收率为 92.66%。熔点：>300℃。MS(m/z)：324.91(MH^+)。IR(KBr,ν,cm^{-1})：1624,1599,1349,734,619。XRD 显示在 2θ 为 7.02°、13.04°、17.94°、20.52°、24.86°等处出现强弱衍射峰,与标准谱图基本一致。

(3) 安息香的催化氧化[8-9]

在装有回流装置和空气导管的三口烧瓶中,加入 1g (4.7mmol)安息香,用 30ml 无水乙醇溶解,再加入 KOH 0.047g (1.175mmol)和 Co(Salen)催化剂 0.0305g (0.094mmol),通入空气,磁力搅拌下加热反应,全程每隔 20min 用 TLC 监控反应。反应结束,萃取,分液,有机层用无水硫酸镁干燥后过滤。经硅胶柱层析[石油醚：乙酸乙酯=100：1(体积比)]分离纯化,得淡黄色氧化产物苯偶酰,收率为 81.6%。熔点：94.2～95.1℃(文献值：95～96℃[10])。^1H NMR(300MHz,$CDCl_3$,δ,ppm)：7.98(d,4H,4Ar－H),7.66(t,2H,2Ar－H),7.51(t,4H,4Ar－H)。IR(KBr,ν,cm^{-1})：3062,1677,1592,1449,680。

用类似的方法,考察 Cu(Salen)和 Ni(Salen)催化剂对安息香的催化性能。

(4) Co(Salen)催化剂的回收套用

方法一：在硅胶柱层析洗脱氧化产物苯偶酰后,继续洗脱回收催化剂。

方法二：根据查阅文献[11]得到的方法,即用 DMF 作为反应溶剂,加入安息香、KOH、Co(Salen)催化剂,反应结束后,用稀盐酸将反应液 pH 调节至 3～4,加入 2.5 倍溶剂量的水,析出固体,抽滤,母液用二氯甲烷萃取,浓缩除去二氯甲烷,得到含 Co(Salen)催化剂的 DMF 溶液,补加适量的 DMF 溶液,再次加入安息香和 KOH,进行氧化反应。如此将催化剂重复循环利用。

(5) Co(Salen)催化剂对安息香类似物 4,4′-二甲基安息香的催化氧化

取自制的 4,4′-二甲基安息香 0.2g(0.83mmol)按实验步骤(3)类似条件反应,经硅胶柱层析分离得淡黄色产物 4,4′-二甲基苯偶酰,收率为 73.8%。熔点：107.9～108.6℃。^1H NMR(400MHz,$CDCl_3$,δ,ppm)：7.85(d,J=8.0Hz,4H,Ar－H),7.28(d,J=8.0Hz,4H,Ar－H),2.43(s,6H,2－CH_3)。

2 结果与讨论

2.1 溶剂种类对安息香催化氧化反应的影响

选用无水乙醇、乙腈、DMF、二氯甲烷作为溶剂，具体按实验步骤(3)进行，其结果见表1。

表1 溶剂种类对反应的影响

溶剂	DMF*	CH_2Cl_2	无水 C_2H_5OH	CH_3CN
收率/%	41.2	53.9	66.3	32.5

* 用重结晶法纯化，其他用柱层析法纯化

反应结果表明，以无水乙醇为反应溶剂时，产物收率最高；TLC 监控反应表明，在这四种溶剂中，以无水乙醇、DMF 反应速率最快，在 40min 内即反应完全，其他溶剂反应时间超过 3h。本实验选择以无水乙醇作为安息香催化氧化反应的溶剂。

2.2 KOH 用量对安息香催化氧化反应的影响

按安息香与 KOH 的物质的量之比为 1∶1、1∶0.75、1∶0.5、1∶0.25 及无 KOH 设置 5 个组，探索最佳的 KOH 用量。

由表2可知，KOH 用量为 1∶0.25 时的收率最高，不加 KOH 则完全不反应，其他量的收率都相当。故本实验选择 1∶0.25 的量来进行反应。

表2 KOH 用量对反应的影响

KOH 用量 [安息香∶KOH(物质的量之比)]	1∶1	1∶0.75	1∶0.5	1∶0.25	1∶0
收率/%	65.3	68.6	67.9	75.9	0

2.3 温度对安息香催化氧化反应的影响

按 30、40、60、80℃设置 4 个组探究最佳反应温度。

从表3可以看到，40、60 和 80℃条件下反应收率接近。但 TLC 监控反应发现，30 和 40℃的反应时间需 3h 以上才能反应完全，而在 60℃和 80℃下在 40min 内即可反应完全。综合考虑，本实验选择 60℃作为反应温度。

表3 温度对反应的影响

温度/℃	30	40	60	80
收率/%	51.5	75.4	78.9	79.7

2.4 催化剂用量对安息香催化氧化反应的影响

按安息香 0、1%、2%、4%、8%、10%的 Co(Salen)催化剂量设置 6 个组，探索最佳的催化剂用量。

结果表明(见表 4)，不加 Co(Salen)催化剂，该反应也能进行，但是反应不完全，收率只有37.8%；除 1%量的催化剂收率稍低，反应时间较长外，2%、4%、8%、10%量的催化剂收率接近，且都在 40min 即反应完全。考虑到节约能源，绿色环保，故选用 2%的催化剂用量来进行反应。

表 4 催化剂用量对反应的影响

Co(Salen)的用量	0	1%	2%	4%	8%	10%
收率/%	37.8	67.4	81.6	80.1	82.3	78.9

2.5 反应时间对安息香催化氧化反应的影响

根据每隔 20min 取样点板，观察 TLC 监控的反应状况，发现收率高的反应条件，在 40min 内即可反应完全。故最优的反应时间定为 40min。

2.6 氧化产物纯化方法对收率的影响

对最优反应条件得到的粗产物进行纯化，主要考察重结晶和柱层析两种方法。

从结果看(见表 5)，重结晶法收率较低，硅胶柱层析法收率更高；虽然在操作上重结晶更简单方便，但损失大；虽然步骤相对繁琐，但该氧化产物用石油醚：乙酸乙酯＝100：1 的洗脱剂很容易洗脱，而且纯度高。综合考虑，选择用柱层析法来纯化氧化产物更为合适。

表 5 氧化产物纯化方法对收率的影响

方法	溶剂/洗脱剂	收率/%
重结晶	80%乙醇	62.3
硅胶柱层析	石油醚：乙酸乙酯＝100：1	82.5

分别取安息香 10g，根据以上反应结果，选最优条件，即溶剂为无水乙醇，反应温度为 60℃，KOH 和催化剂 Co(Salen)的量分别为安息香的 25%和 2%，反应时间为 40min，重复 3 次实验。反应结束后，用硅胶柱层析进行分离纯化，结果如表 6 所示。

表 6 最优反应条件下的平均收率

实验次数	第 1 次	第 2 次	第 3 次	平均值
收率/%	82.4	82.9	83.1	82.8

2.7 三种金属Salen配合物的催化性能比较

在最优反应条件下，对三种不同金属Salen配合物的催化氧化安息香的性能进行比较。结果表明(见表7)，Co(Salen)催化剂的收率最高，而Cu(Salen)和Ni(Salen)的产率较低，特别是Ni(Salen)的收率与不加催化剂的氧化结果相当。

表7 不同配合物的催化性能

催化剂	Co(Salen)	Cu(Salen)	Ni(Salen)
收率/%	82.8	52.1	39.6

2.8 催化剂的回收套用

按方法一回收的催化剂，经粉末衍射测定，发现其谱图与标准谱图相比，没有出现任何相应的强弱衍射峰，猜测该方法可能不太适合回收催化剂，由于时间关系，没有继续探究。

按方法二进行催化剂的回收套用，结果见表8。

表8 催化剂回收套用对反应的影响

次数	第1次	第2次	第3次
收率/%	41.2	37.6	36.5

结果表明，回收的催化剂连续3次的催化氧化效果不理想，收率都较低，同不加催化剂的反应收率相当。由于时间关系，没有再继续深入研究。故对催化剂的回收循环利用有待进一步探究。

3 结 语

综上所述，在安息香催化氧化反应中，Co(Salen)催化剂的催化效果比Cu(Salen)和Ni(Salen)要好，以无水乙醇为溶剂，2%安息香用量的催化剂，25%安息香用量的KOH，60℃下反应40min，采用硅胶柱层析法纯化氧化产物，收率最高，可达82%。另外，Co(Salen)催化剂对苯环有推电子基的安息香类似物4,4′-二甲基安息香有较好的催化氧化性能，但由于安息香类似物的数量有限，并不能由此得出全面的结论，需进一步扩大对安息香类似物的研究。对于催化剂的回收问题，本次实验由于时间关系没有深入探索。但大量的文献[12—14]表明，这类金属配合物选择固定化的方式进行循环利用可能是更合适的方法。

参考文献

[1] 冯冲.席夫碱金属配合物的合成及其在催化领域的应用[J].化工中间体，2011，3：

27－29.

［2］李倩.希夫碱及其金属配合物的合成和生物活性的研究［D］.武汉：中南民族大学，2012.

［3］MIKAMI M，NAKAMURA S. First-principles study of salicylidene-anilinemolecular crystals：tautomerization reaction involvingintermolecular hydrogen bonds［J］. Physical Review B，2004，69：134205－134212.

［4］颜力楷，苏忠民，仇水清，等.水杨醛缩乙二胺双席夫碱及其 Ni（Ⅱ）配合物的电子结构和非线性光学性质的 INDO/CI 研究［J］.高等学校化学学报，2007，27（4）：711－715.

［5］刘艳红.金属 Schiff 类配合物的应用研究［J］.赤峰学院学报（自然科学版），2012，28（3）：4－5.

［6］李经纬，孙伟，徐利文，等.Mn（Ⅲ）－Saloph 室温高效催化氧化仲醇的反应研究［J］.化学学报，2004，62（6）：637－640.

［7］刘志昌，刘凡，卢彦，等.金属（Ni、Co、Zn）－Salen 配合物的合成及性质研究［J］.乐山师范学院学报，2002，17（4）：30－33.

［8］袁淑军，方海林，吕春绪.双水杨醛缩乙二胺合铜［Cu（Salen）］/O_2催化氧化安息香［J］.化学世界.2004，5：233－234.

［9］SAFARI J，ZARNEGAR Z，RAHIMI F. An efficient oxidation of benzoins to benzils by Manganese（Ⅱ）Schiff base complexes using green oxidant［J］. Journal of Chemistry，2013：1－7.

［10］章思规.精细有机化学品技术手册［M］.北京：科学出版社，1991.

［11］丁成，倪金平，唐荣，等.安息香的绿色催化氧化研究［J］.浙江工业大学学报，2009，37（5）：542－544.

［12］朱大建.Co（Salen）配合物及其固载化催化剂在氧化羰化反应中的催化性能研究［D］.武汉：华中科技大学，2009.

［13］王进，母佳利，陕绍云，等.手性负载型 Salen 催化剂的研究进展［J］.功能材料，2014，S1（45）：20－24.

［14］廖慧英.Salen-Mn 的固载化及其催化反式二苯乙烯环氧化反应的研究［D］.长沙：湖南师范大学，2005.

四配位及六配位 Co(Ⅱ)(Salen)配合物的合成及其催化氧化性能研究

黄瑞特,洪天杰,黄金鑫,钟家兴,边可君,陶菲菲,沈永淼*

(绍兴文理学院　浙江　绍兴　312000)

摘　要　通过改变配合物的合成条件制备得到了四配位和六配位的 Co(Ⅱ)(Salen)配合物,并用 X 射线单晶衍射仪表征这两种配合物。考察了两种配合物对以空气为氧源氧化安息香成苯偶酰反应的催化性能,确定以四配位 Co(Ⅱ)(Salen)为催化剂,在40℃下,20 倍质量比的无水乙醇、6%(摩尔分数,下同)催化剂、40%的 KOH 为添加剂时的反应条件为最佳条件,生成苯偶酰产率达 90%以上,催化剂可循环使用 4 次,且产率均在 85%以上。

关键词　席夫碱;四配位和六配位 Co(Ⅱ)(Salen)配合物;苯偶酰

由醇氧化为相应的羰基化合物是得到醛、酮的一条重要的合成路线。常规的氧化剂,如氯化铁、硝酸、铬酸盐等不仅用量大,氧化反应难以控制,而且会带来很大的环境问题。近年来,使用各类绿色的氧化剂,如氧气、过氧化氢、臭氧等,替代传统使用的化学计量氧化剂,已成为氧化反应研究的热点。但存在氧化性不强、氧化性能不稳定、反应条件复杂等缺陷。因此,开发绿色、温和、经济、高效的催化剂是实现氧化反应绿色化的关键。

Salen 配合物因其制备方法相对简单、结构易修饰、选择性好等优点,在催化醇的绿色氧化反应中得到了广泛的应用[1-8]。本文主要研究 Co(Ⅱ)(Salen)配合物催化剂的合成及其在均相体系中催化氧化安息香制备苯偶姻的反应,用单一变量实验法研究不同 Co(Ⅱ)(Salen)配合物对安息香的催化氧化性能。

1　实验部分

1.1　实验原理

(1) 席夫碱配体的合成

反应式如下:

*　通讯作者:沈永淼,电子邮箱:shenyongmiao@usx.edu.cn.

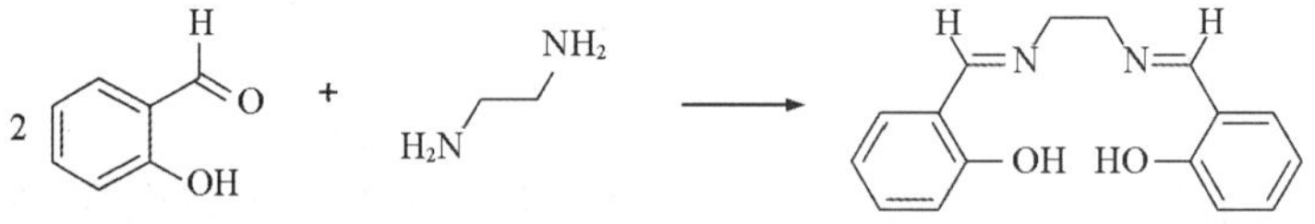

(2) 催化剂的合成

反应式如下：

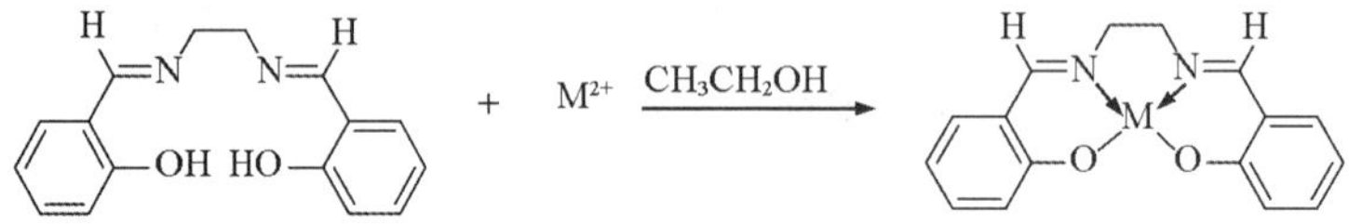

(3) 安息香催化氧化反应

反应式如下：

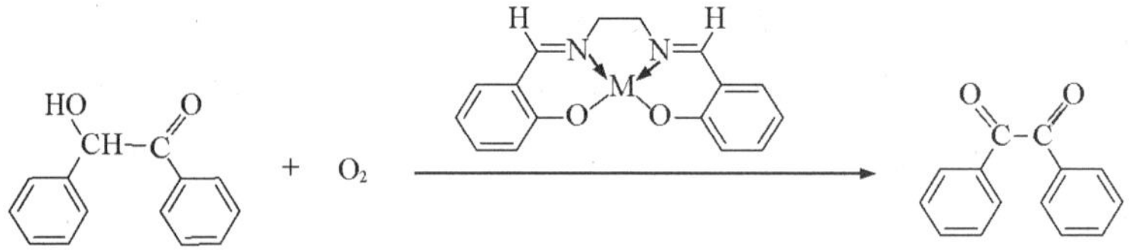

1.2 主要试剂与仪器

试剂：水杨醛，乙二胺，乙醇，乙酸钴，安息香，盐酸，正己烷，氯化钙。

仪器：紫外-可见光分光光度计(SHIMADZU)，傅里叶变换红外光谱仪(NEXUS)，高效液相色谱仪(1200)，高效液相色谱-质谱联用仪(LCQ FLEET)，数字显示显微熔点测定仪(X-4)，核磁共振波谱仪(AVANCE-Ⅲ)，X射线衍射仪(EMPYREAN)，元素分析仪(EA3000)。

1.3 实验步骤

(1) 席夫碱配体的合成

在装有温度计、回流冷凝管和搅拌磁子的50ml三口烧瓶内加入10mmol水杨醛与8ml无水乙醇的混合液，放在恒温电磁水浴锅上常温搅拌，缓慢滴加5mmol乙二胺，片刻后有黄色晶体析出，TLC跟踪记录。反应结束后冰水浴冷却，抽滤，用少量冰乙醇洗涤，烘干，无水乙醇重结晶。熔点：127.2～128.3℃。HPLC(纯度)：98.57%。IR(KBr，ν，cm^{-1})：1635，1577，1498，1418，1219，1042，1021，749，742。反应产物红外光谱、核磁共振谱图均与其标准谱图相同，说明反应结果是正确的，产率达90%以上。

(2) 催化剂的合成

①催化剂合成[9]

在装有温度计、回流冷凝管、通氩气导管及搅拌磁子的50ml三口烧瓶内加入2mmol的席夫碱配体及15ml无水乙醇，并在恒温电磁水浴锅上搅拌片刻，再往三口烧瓶内通入氩气，以赶尽反应装置中的空气，调节氩气气流，使气流速度稳定在每秒1～2个气泡。加热至回流状态，待黄色的双水杨醛缩乙二胺晶体完全溶解后，缓慢地往三口烧瓶内滴加含 2mmol 乙酸钴的 5ml 水溶液，继续反应，并用 TLC 跟踪反应进程。

反应结束后，冰水浴冷却，抽滤，得深紫红色粉末状固体，用水和 80%乙醇洗涤数次，烘干。Co(Ⅱ)(Salen)元素分析(%，括号内为计算值)：C，58.95(59.05)；H，4.48(4.35)；N，8.59(8.61)。IR(KBr，ν，cm^{-1})：1626，1149，751，733。反应产物红外光谱、质谱谱图均与其标准谱图相同，产率达 81%。

(3) 安息香的催化氧化反应[10—13]

①安息香催化氧化反应步骤

在装有回流冷凝管、温度计、空气泵导管和搅拌磁子的 100ml 三口烧瓶中，加入 5mmol 安息香、2%～10% Co(Ⅱ)(Salen)催化剂及无水乙醇，在 10～70℃恒温电磁水浴锅上搅拌片刻后加入 20%～200%添加剂，并通入空气进行氧化反应，TLC 法跟踪。

反应结束后冷却到室温，用稀盐酸调节 pH 至 7 左右，用旋转蒸发仪除去乙醇。再用 150ml 的正己烷数次溶解旋蒸后固体，抽滤分离产物的正己烷溶液和不溶物固体(催化剂和 KCl 的混合物)。用饱和食盐水萃取三次，分离水层。有机相用无水氯化钙粉末干燥，过滤，用旋转蒸发仪蒸发分离正己烷溶剂，即可得到黄色的苯偶酰粗产物。最后用 80%的乙醇重结晶，烘干。熔点：91.9～93.1℃。HPLC(纯度)：99.95%。IR (KBr，ν，cm^{-1})：1674，1660，1593，1578，1449，1210，875，718。

2 结果与讨论

2.1 催化剂的表征

通过 X 射线单晶衍射表征，发现无氩气保护的体系下合成的催化剂为四配位和六配位的 Co(Ⅱ)(Salen)的混合物，经过重结晶分离到了六配位的 Co(Ⅱ)(Salen)催化剂。而通氩气保护的体系下合成的催化剂为四配位 Co(Ⅱ)(Salen)。

(1) Co(Ⅱ)(Salen)四配位产物的 X 射线单晶衍射表征

分子式：$C_{32}H_{28}Co_2N_4O_4$；$M_r=650.44$；单斜晶系；空间群：C2/c；$a=26.3924$Å，$b=7.0717$Å，$c=14.3638$Å，$\alpha=90.00°$，$\beta=97.968°$，$\gamma=90.00°$，$V=2655.0$Å^3，$Z=4$，$D_c=1.627g \cdot cm^{-3}$，F(000)＝1336.0，$\mu=1.298mm^{-1}$，$2.98°\leqslant\theta\leqslant25.99°$；收集到的衍射点：10424，独立衍射点：2559($R_{int}=0.0455$)；精修的参数数目：567；$R_1[F2>2\sigma(F2)]=0.0275$，$wR_2(F2)=0.0644$。

(2) Co(Ⅱ)(Salen)六配位产物的 X 射线单晶衍射表征

分子式：$C_{48}H_{45}Co_2N_6O_6 \cdot 2H_2O$；$M_r=955.79$；三斜晶系；空间群：P－1；$a=12.3798$Å，$b=13.4620$Å，$c=14.5421$Å，$\alpha=105.704°$，$\beta=103.763°$，$\gamma=101.215°$，$V=2177.5$Å^3，$Z=2$，$D_c=1.458g \cdot cm^{-3}$，F(000)＝994，$\mu=0.825\ mm^{-1}$，$3.06°\leqslant\theta\leqslant25.30°$；收集到的衍射点：16105，独立衍射点：7657($R_{int}=0.0910$)；精修的参数数目：567；

$R_1[F2>2\sigma(F2)]=0.0605$，$wR_2(F2)=0.0951$。

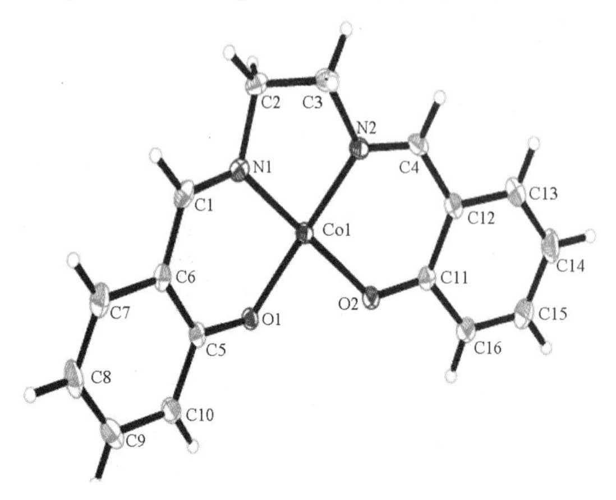

图 1　四配位 Co(Ⅱ)(Salen)的单晶结构图

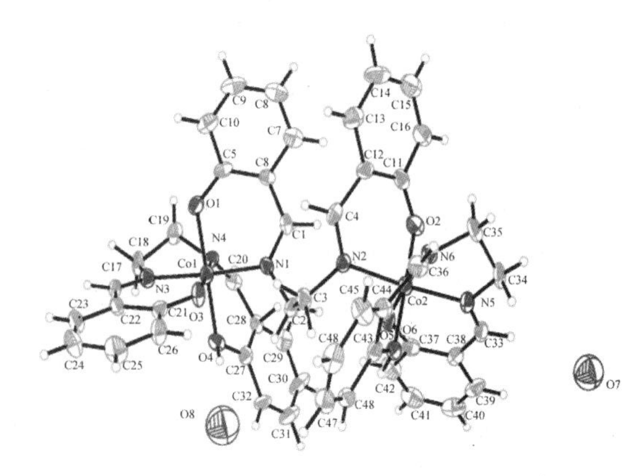

图 2　六配位 Co(Ⅱ)(Salen)的单晶结构图

2.2　Co(Ⅱ)(Salen)配合物的催化氧化安息香成苯偶酰的反应研究

采用单因素实验设计方法，考察了溶剂体积、催化剂用量、温度、添加剂种类、添加剂用量这 5 个主要因素对安息香催化氧化反应的影响。结果如图 3～图 6、表 1 所示。

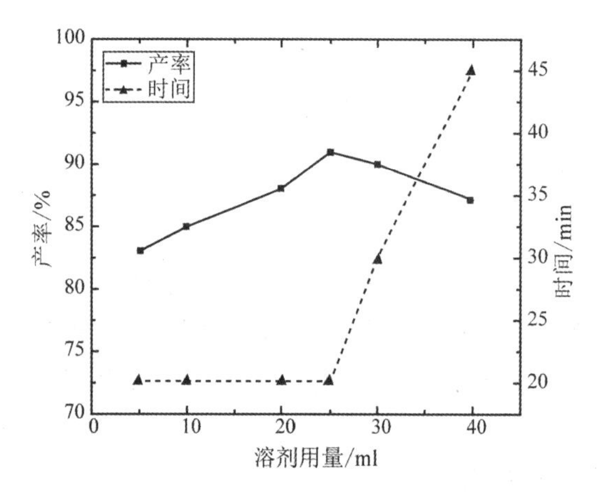

图 3　溶剂用量对反应的影响

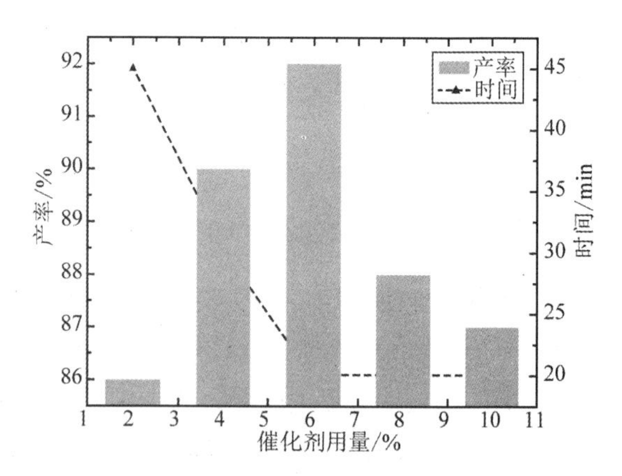

图 4　催化剂用量对反应的影响

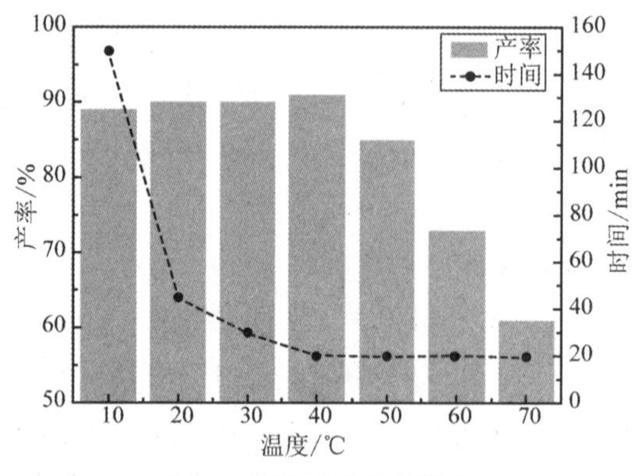

图 5　温度对反应的影响

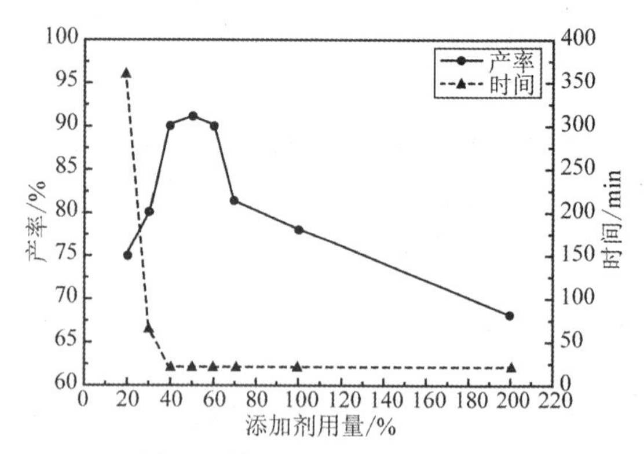

图 6　添加剂用量对反应的影响

表 1　添加剂种类对反应的影响

添加剂	TLC 跟踪情况	粗产物状态	产率/%
无添加剂	8h 后，原料点基本没有消失，副产物点很多	少量黄色粉末与白色粉末的混合物	未处理
三乙胺	8h 后，原料点大部分消失，反应无法完全，也有副产物点	黄色粉末	59
KAc	7h 后，原料点消失，有副产物点	黄色粉末	79
K_2CO_3	6h 后，原料点消失，有副产物点	黄色粉末	77
KOH	20min 后，原料点消失，未见副产物点	淡黄色粉末	91
NaOH	30min 后，原料点消失，有少量副产物点	黄色粉末	85

因此，在 40℃的温度下，将 5mmol 安息香、6%的 Co(Ⅱ)(Salen)催化剂(隔绝空气体系进行制备)、40%的 KOH 反应添加剂与 25ml 的无水乙醇混合进行反应，即为四配位 Co(Ⅱ)(Salen)催化剂作用下的安息香氧化的最佳条件，产率达 92%左右。

2.3　催化剂的回收套用

如图 7 所示，第 5 次的产率明显降低，我们认为可能的原因是回收催化剂时催化剂有了一定的损失，反应时催化剂的量未达到理论用量，从而导致产率偏低。催化剂套用 4 次是比较合理的，产率均维持在 85%以上。

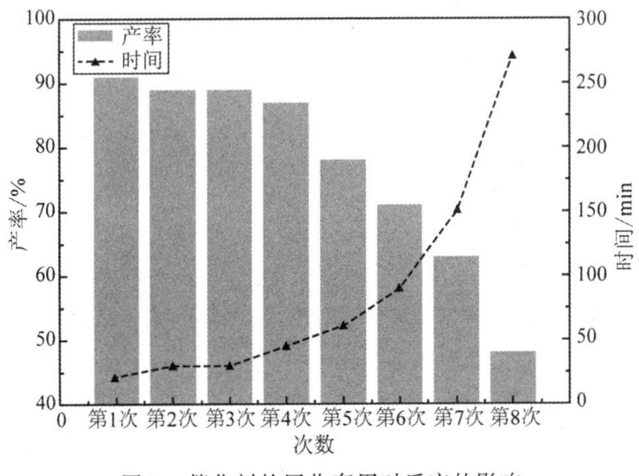

图 7　催化剂的回收套用对反应的影响

3　结　语

通过通氩气保护，合成得到了四配位及六配位的 Co(Ⅱ)(Salen)配合物，对所得的配合物用 X 射线单晶衍射仪进行了表征。并将这两种配合物用作安息香在空气中被催化氧化成苯偶酰反应的催化剂，反应结果表明，以四配位的 Co(Ⅱ)(Salen)配合物为催化剂最好，在优化条件下可以循环使用 4 次，且反应的产率均在 85%以上。

参考文献

[1] 田勇，于伟民，李猛，等. 苯偶酰的合成[J]. 化学与粘合，2000(4)：184－186.

[2] 丁成，倪金平，唐荣，等. 安息香的绿色催化氧化研究[J]. 浙江工业大学学报，2009，37(5)：542－544.

[3] 张贵生，石启增，陈密峰，等. 盐酸三甲胺三氧化铬/硅胶载体试剂的制备及其对苯偶姻体系的氧化[J]. 合成化学，1997，5(2)：218－220.

[4] 俞善信，刘海平. 三价铁化合物对安息香的氧化[J]. 山西大学学报，2000，23(4)：331－332.

[5] 袁淑军，方海林，吕春绪. 双水杨醛缩乙二胺合铜[Cu(Salen)]/O_2：催化氧化安息香[J]. 化学世界，2004，45(5)：233－234.

[6] 郝成君，赵晓军. 高分子担载苯丙氨酸希夫碱钴配合物催化氧化环己烯研究[J]. 平顶山工学院学报，2007，16(2)：14－17.

[7] 刘长辉，蒋颂. 苯偶酰类化合物的合成[J]. 化工时刊，2009，23(4)：25－27.

[8] 张贵生，石启增，陈密峰，等. 苯偶酰类化合物的合成研究[J]. 精细化工，1997，14(2)：45－46.

[9] PAGADALA R, PARVEZ A, MESHRAM J S. Microwave assisted synthesis and characterization of *N*, *N'* - bis(salicylaldehydo) ethylenediimine complexes of Mn(Ⅱ), Co(Ⅱ), Ni(Ⅱ), and Zn(Ⅱ)[J]. Journal of Coordination Chemistry, 2009, 62(24): 4009－4017.

[10] 王积涛，陈蓉，冯霄，等. 手性过渡金属(Mn, Co, Ni)-Salen 配合物催化 NaOCl 不对称环氧化苯乙烯的反应研究[J]. 有机化学，1998，18：228－234.

[11] 何乐芹，赵继全，张雅然，等. 手性低聚环状 Salen－Mn(Ⅲ)配合物的合成及其催化烯烃不对称环氧化反应的性能[J]. 催化学报，2006，27(8)：683－689.

[12] PALUCKI M, POSPISIL P J, ZHANG W, et al. Highly enantioselective, low－temperature epoxidation of styrene[J]. Journal of the American Chemical Society, 1994, 116(20): 9333－9334.

[13] 徐国津，唐玉海，魏赛丽，等. 负载型磺酸化席夫碱二-邻苯甲醛乙二胺(Salen)-Mn(Ⅲ)配合物催化不对称环氧化反应[J]. 无机化学学报，2009，25(8)：1359－1365.

Salen配合物的合成、表征及其催化氧化安息香性能研究

陈秋玲，邵颖颖，韩佳玲，邵林军*

（绍兴文理学院　浙江　绍兴　312000）

摘　要　利用乙二胺与双分子水杨醛反应合成Salen配体，再与过渡金属盐络合，制得M(Salen)配合物，采用元素分析、红外光谱、紫外光谱、X射线衍射、质谱等方法对催化剂结构进行表征；利用密度泛函理论(DFT)研究了M(Salen)催化剂与O_2分子的络合性能及最终对O_2分子的键长的影响。催化氧化安息香反应结果显示，四种M(Salen)配合物(M为Fe、Co、Ni、Cu)的催化活性顺序为Co(Salen)>Fe(Salen)>Ni(Salen)>Cu(Salen)，其中，Co(Salen)在最优条件下催化安息香氧化为苯偶酰的产率最高可达77%，且催化剂可重复使用3次且保持较高活性。催化氧化实验结果和DFT结果显示，O_2分子的活化及与M(Salen)络合能力的强弱是影响M(Salen)催化活性的重要因素，并可根据这两个因素对新的M(Salen)络合物的催化氧化活性进行预测评估。

关键词　M(Salen)配合物；安息香；催化氧化；DFT理论

Salen配合物及其衍生物在催化、识别分子、模拟抗体及生物酶等方面具有广泛的应用。Salen配合物因其结构简单、种类多样、合成简单方便、应用广泛等优点，受到越来越多的青睐[1-3]。

本文研究了Salen配合物催化安息香氧化反应的催化性能。利用水杨醛和乙二胺缩合成Salen配体，与过渡金属配位得到Salen配合物，用于催化氧化安息香[4-5]。实验结果发现，该配合物具有催化活性高、制备简单、能回收循环利用、后处理方便等特点。利用密度泛函理论(DFT)对M(Salen)与O_2分子的相互作用进行理论分析，将实验结果与理论计算相结合，探索影响M(Salen)络合物催化性能的关键因素，从理论上为M(Salen)型催化剂的筛选提供方法。

1　实验部分

1.1　主要试剂与仪器

水杨醛，乙二胺，无水乙醇，95%乙醇，二氯甲烷，DMF，安息香，石油醚，乙酸乙酯，氢氧

*　通讯作者：邵林军，电子邮相：shaolinjun@usx.edu.cn

化钾，乙酸钴，乙酸镍，乙酸铜，氯化铁。

仪器：元素分析仪（Uro vector EA3000），红外光谱仪（Nicolet 470），X－射线衍射仪（Empyrean），熔点仪（X－4）。

1.2 Salen 催化剂的制备

将 10.84g 水杨醛（0.089mol）和 80.0ml 无水乙醇于 250ml 三口烧瓶中，搅拌，80℃水浴加热。滴加 2.22g（0.037mol）乙二胺，溶液变成黄色，搅拌 1.5h 后，将含 9.30g（0.037mol）$Co(CH_3COO)_2 \cdot 4H_2O$ 的水溶液 50.0ml 缓慢滴入三口烧瓶中，此时溶液迅速变为血红色，随着钴离子的缓慢滴入，溶液中慢慢有暗红色固体析出，继续反应 60min，冷却，抽滤，得暗红色固体，用水洗涤 3 次，再用无水乙醇洗涤 2 次，烘箱 60℃干燥 12h 以上，得产品 Co(Salen)，产率为 73.18%。

采用与上述相同的方法，分别使用 $FeCl_3 \cdot 6H_2O$，$Ni(CH_3COO)_2 \cdot 4H_2O$ 和 $Cu(CH_3COO)_2 \cdot H_2O$ 与双水杨醛缩乙二胺配合，制取 Fe(Salen)、Ni(Salen)和 Cu(Salen)[2]。

1.3 安息香催化氧化反应

在配有磁力搅拌器、回流冷凝管、温度计、空气导管和抽气泵的三口烧瓶装置中，加入 2.16g（0.0125mol）安息香和 12.0ml DMF，溶解后加入 0.20g Co（Salen）催化剂、0.40g KOH，水浴 80℃，鼓入空气氧化。随着反应的进行，反应液由墨绿色逐渐变为红棕色，利用 TLC 跟踪反应进程。反应结束后，自然冷却至室温，用盐酸调节反应液 pH 至 3～4，加入 25.0ml 水，冷却后析出大量黄色针状晶体，抽滤，粗品用 80%的乙醇重结晶。熔点：95～96℃（文献值：95～96℃[3]）。

1.4 Salen 催化剂的回收套用

将安息香催化氧化反应后的滤液用二氯甲烷进行萃取，保留下层液体，旋蒸除去二氯甲烷，补加少量 DMF 后，投入与前一次反应相同量的安息香和 KOH，进行下一次的催化氧化反应，将催化剂进行回收套用。

1.5 密度泛函理论计算(DFT)

DFT 计算是在 Gaussian 03w 软件上进行的，采用 B3LYP 方法，SDD 基组进行计算。分子结构采用频率进行确认验证。

2 结果与讨论

2.1 催化剂的表征

采用元素分析对合成的 Salen 配体和四种 M(Salen)络合物进行了元素分析（见表 1）。

Salen和四种M(Salen)络合物的元素分析结果与理论值基本相符，说明所合成的配体及配合物与目标化合物的元素组成相同，纯度大于98%。

表1 Salen配体和M(Salen)的元素分析

化合物	颜色	实测值(理论值)/%		
		C	H	N
席夫碱	亮黄色	70.64(71.64)	5.11(5.97)	9.87(10.45)
Co(Salen)	暗红色	58.87(59.09)	3.85(4.31)	8.11(8.62)
Fe(Salen)	黑紫色	52.42(59.66)	3.24(4.35)	7.22(8.70)
Ni(Salen)	红棕色	58.22(59.13)	3.74(4.31)	8.09(8.62)
Cu(Salen)	墨绿色	57.27(58.26)	3.66(4.25)	7.85(8.50)

从红外光谱(见图1)上可以发现，Salen配体和过渡金属络合后，C＝N红外伸缩振动吸收峰发生了明显的红移，从而证明了过渡金属和Salen配体已经络合。

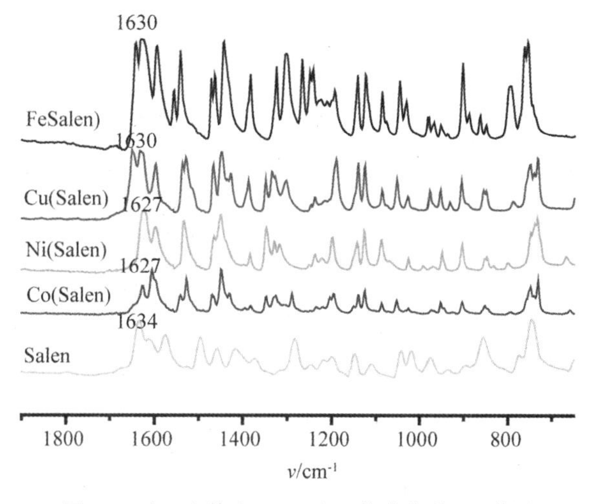

图1 Salen配体和M(Salen)络合物的IR谱图

除了元素分析和红外光谱，质谱和XRD结果也表明已经成功合成了Co(Salen)、Fe(Salen)、Ni(Salen)和Cu(Salen)。另外，还采用单晶XRD对Cu(Salen)进行了表征。

2.2 M(Salen)催化性能研究

以Co(Salen)络合物作为模型催化剂，对反应时间和温度进行了优化(见图2)，结果显示，最佳反应时间为60min，最优反应温度为80℃。

进一步比较了四种M(Salen)催化剂的催化活性。结果显示，Co(Salen)的催化活性最高，然后分别是Fe(Salen)、Ni(Salen)和Cu(Salen)，其中，Co(Salen)催化剂得到的反应产率达到77%。

Co(Salen)催化剂的回收套用结果如图4所示，可以发现，前3次的催化结果无论是产率还是纯度基本不变，但第4次后，产率和纯度都明显下降，不再具有实际价值。

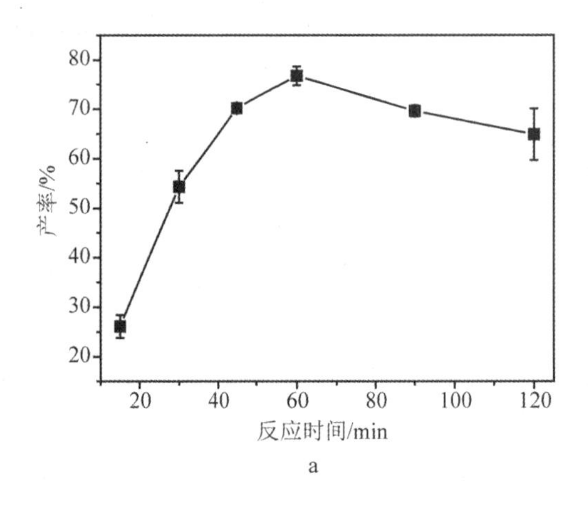

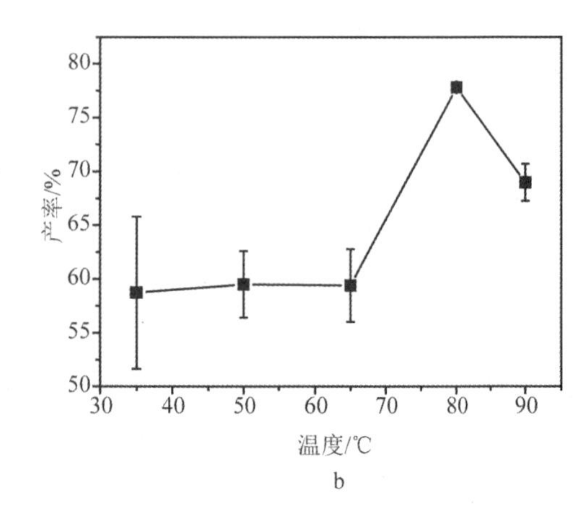

图 2　反应时间(a)和反应温度(b)优化[反应条件：0.20g Co(Salen)催化剂，2.16g 安息香，0.40g KOH，12.0ml DMF]

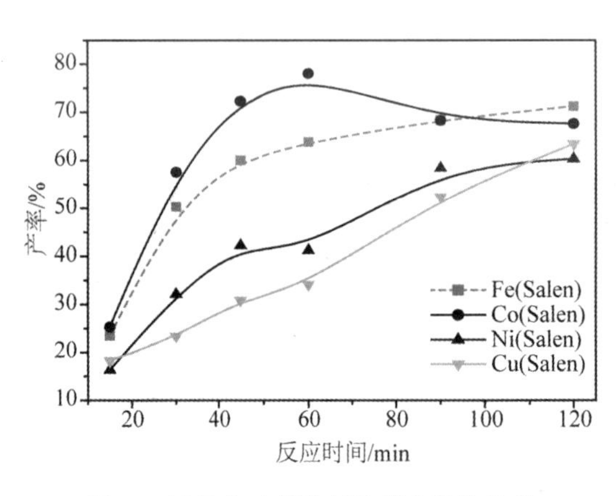

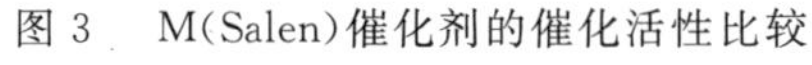
图 3　M(Salen)催化剂的催化活性比较

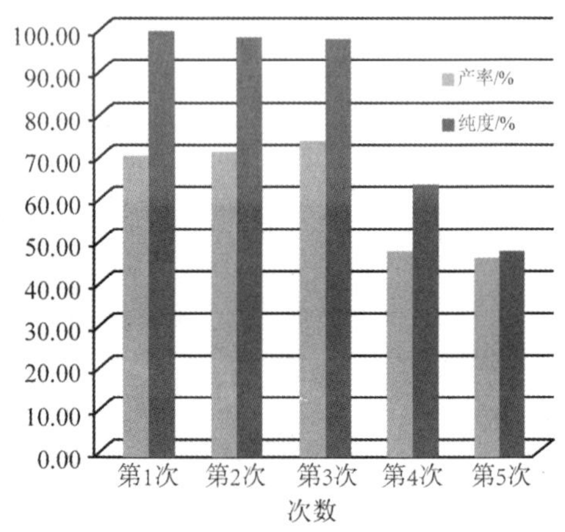

图 4　Co(Salen)催化剂的回收套用结果

3　DFT 计算

Gaussian 是一款功能强大的量子化学软件。由于 M(Salen)与 O_2 的结合能及 O_2 的活化是影响 M(Salen)催化活性的重要因素，根据获得的 Cu(Salen)络合物的单晶结构，对 M(Salen)与 O_2 分子的结合能和 O_2 分子的键长进行了计算，优化后的结果与单晶结果基本吻合；其中 M(Salen)与 O_2 分子的结合能和 O_2 分子的键长的计算结果如表 2 所示。

从表 2 可以发现，Co(Salen)、Fe(Salen)、Ni(Salen)和 Zn(Salen)可以有效地活化 O_2 分子，Ni(Salen)和 Zn(Salen)与 O_2 分子的结合能较弱；而 Cu(Salen)虽然与 O_2 分子的结合能较强，但是其活化 O_2 分子的能力较弱。结合实验结果与文献[2]数据，我们可以推出 O_2 分子的键长和 M(Salen)与 O_2 的结合能是影响 M(Salen)催化氧化活性的关键因素，因此我们可以根据这两个因素来预测和评估 M(Salen)络合物的催化活性[6]。

表 2　M(Salen)- O_2 的 O—O 键长和结合能

M(Salen)- O_2	O—O 键长/Å	$\Delta_f H$/(kJ·mol^{-1})	$\Delta_f G$/(kJ·mol^{-1})
O_2	1.270	—	—
Co(Salen)- O_2	1.304	−191.7	−144.4
Fe(Salen)- O_2	1.351	−233.7	−183.8
Ni(Salen)- O_2	1.328	−57.8	−15.8
Cu(Salen)- O_2	1.267	−170.7	−147.0
Zn(Salen)- O_2	1.304	−67.7	−25.4

* 软件：Gaussian 03；计算方法：B3LYP/SDD

4 结　语

本实验结果显示，Co(Salen)和 Fe(Salen)络合物具有较好的催化性能，并且 Co(Salen)络合物可以重复使用 3 次，保持活性不变。结合 DFT 计算发现，M(Salen)与 O_2 的相互作用是影响 M(Salen)催化剂的重要因素，可以采用 M(Salen)与 O_2 分子的相互作用及 O_2 分子的键长变化来对 M(Salen)的催化活性进行预测。本文为新型 M(Salen)催化剂的设计与制备、性能预测提供了一定的实验指导和理论基础。

参考文献

[1] 樊能廷，任建南，孙福生. 英汉精细化学品辞典[M]. 北京：北京理工大学出版社，1994：165.

[2] 丁成，倪金平，唐荣，等. 安息香的绿色催化氧化研究[J]. 浙江工业大学学报，2009，37(5)：542-544.

[3] 章思规. 精细有机化学品技术手册[M]. 北京：科学出版社，1991.

[4] 冯建华，葛秀涛，吴刚，等. 一种新型 Salen 衍生物铜(Ⅱ)配合物的合成与表征[J]. 应用化工，2010，39(6)：857-859.

[5] 郭蕊，李树晓，赵振波. Ni、Co、Mn(Salen)/MCM-41 的制备及其催化性能的研究[J]. 应用科技，2009，36(8)：4-7.

[6] 周学飞，邓日灵，王树荣，等. Co(Salen)配合物催化氧化二聚体木素模型物的反应机理[J]. 江苏大学学报，2011，32(1)：99-102.

Co(Salen)金属配合物的合成及其催化氧化性能研究

陈俊杰，阮一夫，童声觉，邵颖*

（绍兴文理学院　浙江　绍兴　312000）

摘　要　合成并表征了 Co(Ⅱ)(Salen)配合物，得到其单晶结构，同时探索Co(Ⅱ)(Salen)对安息香催化氧化的最佳反应条件及回收套用的方法，在优化条件下产率达 73%。催化剂的回收套用次数以 3 次为宜，第 3 次可以达到 66%的产率。

关键词　金属 Salen 配合物；催化氧化；安息香；苯偶酰

席夫碱是一种由醛和氨缩聚生成的碱类[1]。席夫碱由两个相同的醛分子和一个二胺分子缩聚而得，简称 Salen[1]。Salen 的中心位置有[O,N,N,O]四个原子，可以作为某些金属的配体，形成 M(Salen)，它与金属离子有很好的配位作用，而且能够灵活选择各种胺类及带有羰基的不同醛、酮进行反应。

苯偶酰是一种重要的有机中间体，在药品、香料、光敏剂等生产中有着广泛的应用[2-3]。安息香氧化是合成苯偶酰的一种重要方法，安息香催化氧化方法有很多种[4]，包括直接氧化法和间接氧化法[5]。但是传统的氧化方法大都存在不足，如催化反应时间长、催化剂用量大、催化剂回收困难、环境污染大、副产物多、提纯困难、成本高等一系列问题。用 Salen 配合物作催化剂把安息香氧化为苯偶酰能克服传统氧化方法带来的环境污染和高成本问题，是现代合成中的新方法、绿色化学的新途径[6]。丁成[7]等也从绿色化学的理念出发，研究了用双水杨醛缩乙二胺合金属配合物 M(Salen)（M=Co，Cu，Zn）作催化剂催化氧化安息香为苯偶酰。

研究中我们设计合成了 Co(Salen)配合物，以此作为催化剂，以空气为氧源，催化氧化安息香制备苯偶酰，并探究这一系列金属 Salen 配合物的结构特征及其催化效率的影响因素。

1　实验部分

1.1　主要试剂与仪器

试剂：水杨醛，乙二胺，氯化钴，乙醇，盐酸，氢氧化钾。

---

*　通讯作者：邵颖，电子邮箱：shaoying@usx.edu.cn

仪器：傅里叶变换核磁共振波谱仪(SCXmini CCD，400MHz)，傅里叶变换红外光谱仪，紫外-可见光分光光度计，液相色谱-质谱联用仪。

1.2 实验步骤

(1) Salen 的制备

反应式如下：

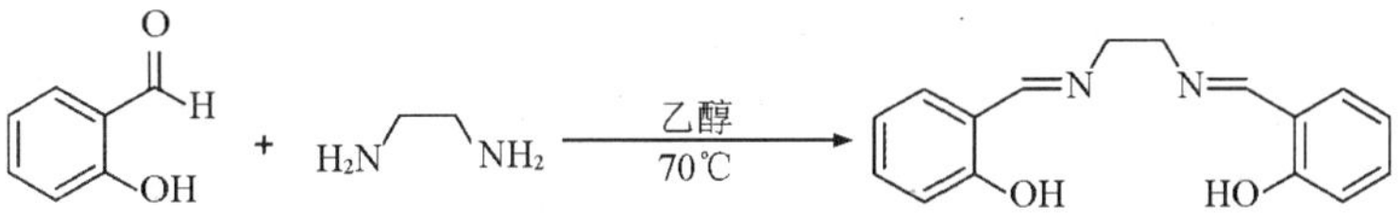

在 1L 的三口烧瓶中加入水杨醛(12.21g，100mmol)和 200ml 乙醇，维持水浴温度为 70℃，由恒压滴液漏斗加入乙二胺(3.05g，50mmol)的乙醇溶液，在搅拌情况下回流 1h，得亮黄色的双水杨醛缩乙二胺片状晶体。熔点：129.0～129.2℃。元素分析(%，括号中为计算值)：C，72.03(71.66)；H，5.47(5.97)；N，10.25(10.44)。^{1}H NMR(400MHz，$CHCl_3$，δ，ppm)：13.2(s，2H)，8.36(s，2H)，7.31(m，4H)，6.90(m，4H)，3.91(s，4H)。IR(KBr，ν，cm^{-1})：3283，2900，1635，1498，1284，750。

(2) Co(Salen)配合物的制备

反应式如下：

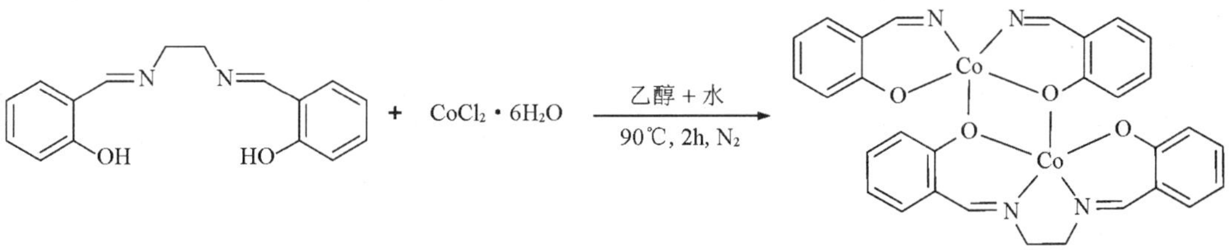

在 250ml 三口烧瓶中加入配体(20mmol)和 70ml 乙醇，油浴加热至 60℃，使所有配体溶解，然后将含金属盐(20mmol)的水或乙醇溶液加入恒压滴液漏斗中，在氮气保护下缓慢加入烧瓶中，回流 2h，过滤，得到粉末。最后将洗涤后的固体溶解在 DMSO 中，用封口胶密封瓶口，静置，瓶子底部会长出片状黑色晶体。

(3) Salen 配合物对安息香的催化氧化

反应式如下：

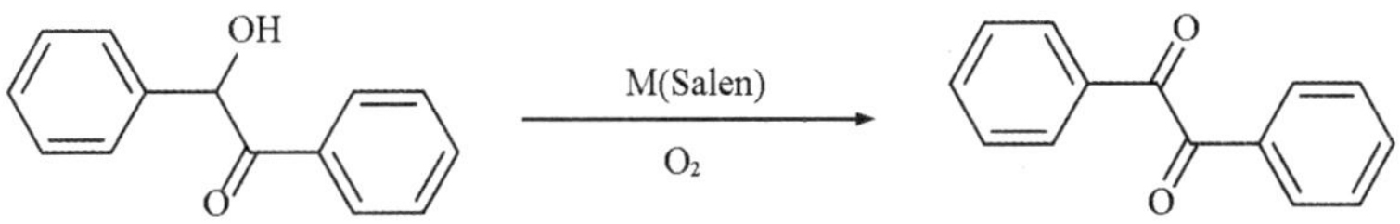

在装有球形冷凝管和空气导管的三口烧瓶中加入 2.16g(10mmol)安息香和 40ml 溶剂，70℃水浴条件下搅溶，加入 0.25g 催化剂、0.85g KOH，通入空气进行氧化，反应结束后冷却，反应液转移到 250ml 烧杯中，用 HCl 调节 pH 至 3～4，搅拌下加入 50～100ml 水，至不再有沉淀洗出，抽滤，用大量水，少量乙醇洗涤，得粗产品。

用 5～15ml 无水甲醇(或乙醇)重结晶,得淡黄色针状晶体苯偶酰 1.53g,产率为 73%。熔点:98.6～99.0℃。^{1}H NMR(400MHz,$CHCl_3$,δ,ppm):7.97(m,4H),7.69(m,2H),7.51(m,4H),6.90(m,4H)。^{13}C NMR(400MHz,$CHCl_3$,δ,ppm):194.5,134.8,133.0,129.9,129.0,77(4C)。IR(KBr,ν,cm^{-1}):3421,1683,755。晶体数据:六方晶系,空间群为 P3221,晶胞参数 a=8.4152Å,b=8.4152Å,c=13.702Å,结构可靠因子(GOF)为 1.021。

(4) 回收套用

将苯偶酰催化氧化后第一次抽滤水洗前的滤液取出,用 CH_2Cl_2 萃取,萃取液水洗后用无水硫酸镁干燥,用旋转蒸发仪回收萃取溶剂,得到固相的催化剂,以达到重复利用的目的。

2 结果与讨论

2.1 Salen 配合物的表征

主要通过 X 单晶衍射仪,并辅以 FT-IR、MS、元素分析、粉末 XRD 进行表征。图 1 为 Co(Ⅱ)(Salen)的晶体结构球棍图。表 1 及表 2 为其晶体学数据。

表 1 Co(Ⅱ)(Salen)配合物的晶体学数据

分子式	$C_{32}H_{28}Co_2N_4O_4$
相对分子质量	650.44
T/K	293
晶体尺寸/mm^3	0.2×0.2×0.1
晶系	单斜
空间群	C 2/c
a/Å	26.384
b/Å	7.0834
c/Å	14.355
α/(°)	90.00
β/(°)	98.09
γ/(°)	90.00
V/$Å^3$	2656.1
Z	4
D_c/(g·cm^{-3})	1.627
μ/mm^{-1}	1.297

续 表

分子式	$C_{32}H_{28}Co_2N_4O_4$
F(000)	1336
θ /(°)	3.06～27.47
收集到的衍射点	8820
独立衍射点数(等效点平均标准偏差)	3043(R_{int}=0.0435)
精修的参数数目	190
可观察衍射点	R_1=0.0544
	wR_2=0.1340
全部衍射点	R_1=0.0651
	wR_2=0.1408
GOF	1.070
差值傅里叶图中残余电子密度峰值和谷值/(eA^{-3})	0.865,－1.430

表 2　Co(Ⅱ)(Salen)配合物的主要键长(Å)和键角(°)

参数	键长/Å	参数	键角/(°)
Co1 - O1	1.8903	N1 - Co1 - O1	93.53
Co1 - O2	1.9322	N2 - Co1 - O1	170.97
Co1 - N1	1.888	O1 - Co1 - O2	88.19
Co1 - N2	1.886	N2 - Co1 - N1	85.19
C7 - O1	1.304	N1 - Co1 - O2	173.66
C1 - O2	1.326	C1 - O2 - Co1	111.34
C1 - C2	1.421	O2 - C1 - C2	123.9
C2 - C16	1.436	C1 - C2 - C16	122.3
C16 - N2	1.282	N2 - C16 - C2	124.3
C15 - N2	1.480	C16 - N2 - Co1	127.6
C14 - N1	1.475	C15 - N2 - Co1	112.21
C14 - C15	1.515	N2 - C15 - C14	105.7
C13 - N1	1.281	N1 - C14 - C15	107.6

对称参数：①$-x$, y, $-z+1/2$；②$x+1/2$, $y+1/2$, z；③$-x+1/2$, $y+1/2$, $-z+1/2$；④$-x$, $-y$, $-z$；⑤x, $-y$, $z-1/2$；⑥$-x+1/2$, $-y+1/2$, $-z$；⑦$x+1/2$, $-y+1/2$, $z-1/2$

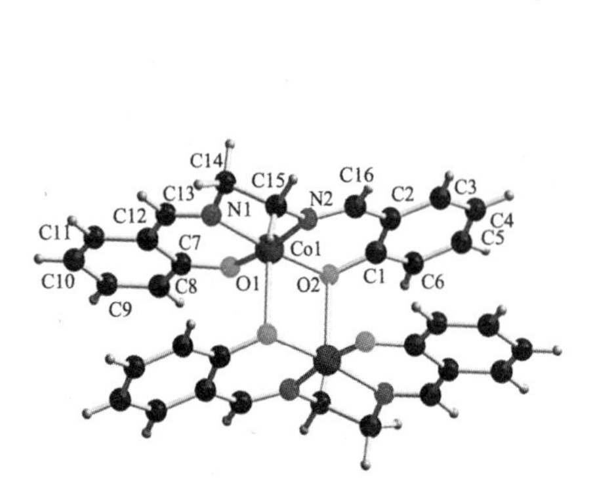

图 1　Co(Ⅱ)(Salen)晶体球棍图

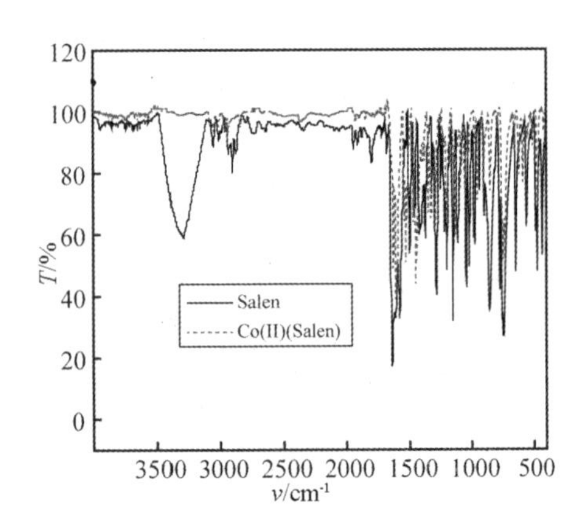

图 2　Co(Ⅱ)(Salen)与配体 IR 对照谱图

在红外表征中，Co(Ⅱ)(Salen)与配体相比，$3284cm^{-1}$的酚羟基的特征吸收峰消失，C=N 键由$1635cm^{-1}$偏移至$1606cm^{-1}$，苯环邻取代吸收峰由$750cm^{-1}$偏移至$732cm^{-1}$，如图 2 所示。

从质谱表征证实(见图 3、表 3)，Co(Salen)配合物的液相大部分仍能够保持双聚的结构，固液相的结构基本一致。

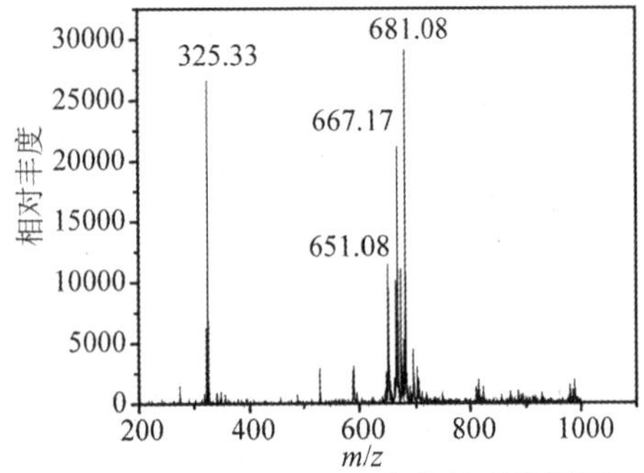

图 3　Co(Ⅱ)(Salen)配合物的质谱谱图

表 3　Co(Salen)配合物的质谱数据

分子式	相对分子质量	计算值
$C_{14}H_{14}O_2N_2Co$	325.33	324.9
$(C_{14}H_{14}O_2N_2Co)_2$	651.08	649.8
$(C_{14}H_{14}O_2N_2Co)_2 \cdot H_2O$	667.17	667.8
$(C_{14}H_{14}O_2N_2Co)_2 \cdot CH_3OH$	681.08	681.8

2.2　反应温度对催化氧化反应的影响

取 2.16g 安息香(40ml DMF 作溶剂)，用 0.20g Co(Ⅱ)(Salen)作催化剂和 0.80g KOH 作添加剂，在相同的反应时间 20min 下做一系列实验。

用 Co(Ⅱ)(Salen)作催化剂，从图 4 中可以看出，70℃为最佳反应温度，低温时反应不完全，温度过高会导致副反应增多，同样不利于反应进行。

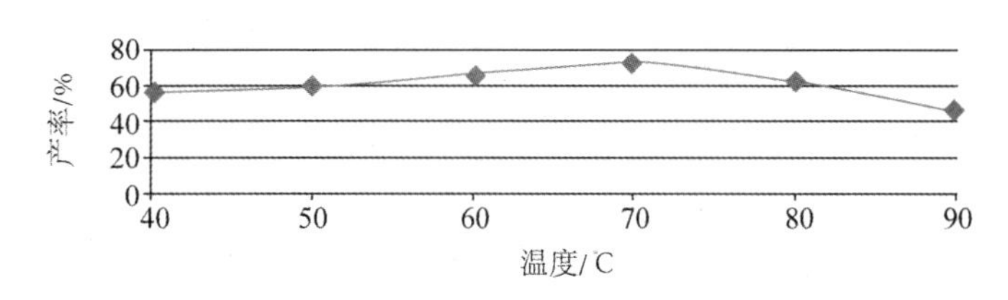

图 4 温度对反应的影响

注：下文中各反应均以 Co(Ⅱ)(Salen)作催化剂，通过改变单一变量的方法进行实验，逐步优化反应条件。

2.3 反应时间对催化氧化反应的影响

从图 5 中看出，20min 为最佳反应时间，产率随反应时间增长而减少。

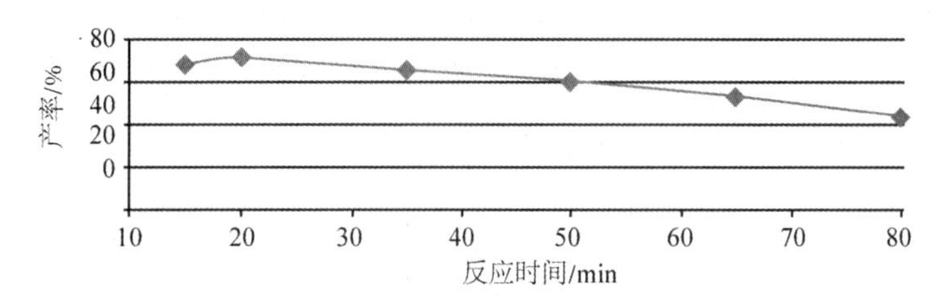

图 5 反应时间对反应的影响

从图 6 中可以得出 DMF 为最佳反应溶剂。

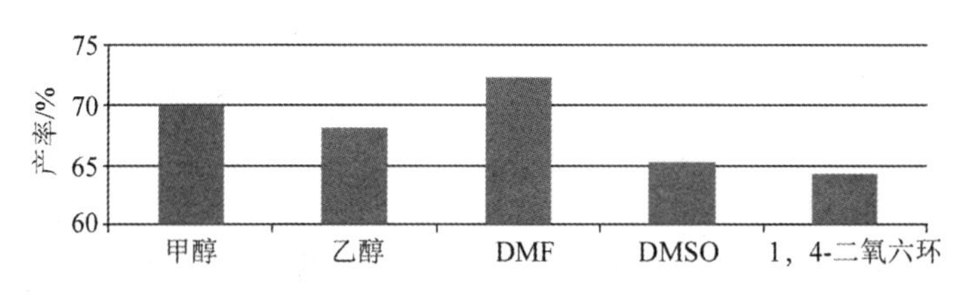

图 6 溶剂种类对反应的影响

2.5 KOH 用量对催化氧化反应的影响

从图 7 中可以看出，KOH 用量为 0.80g 时，反应进行程度最高。若使用量过大，反应结束后需用更多的稀盐酸中和，在体系中可以看到墨绿色的流体，而对产率的影响却不大。

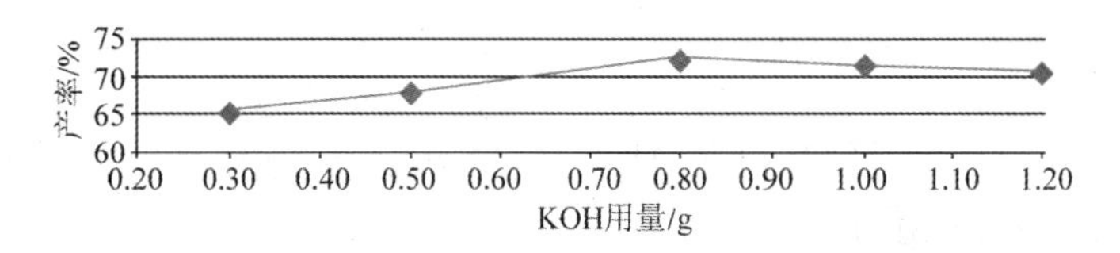

图 7 KOH 用量对反应的影响

2.6 催化剂用量对催化氧化反应的影响

从图8中可以看出，在低浓度下催化剂用量与产率成正比关系，用量大于0.25g后趋于稳定，甚至有所下降，因此，催化剂最佳用量为0.25g。

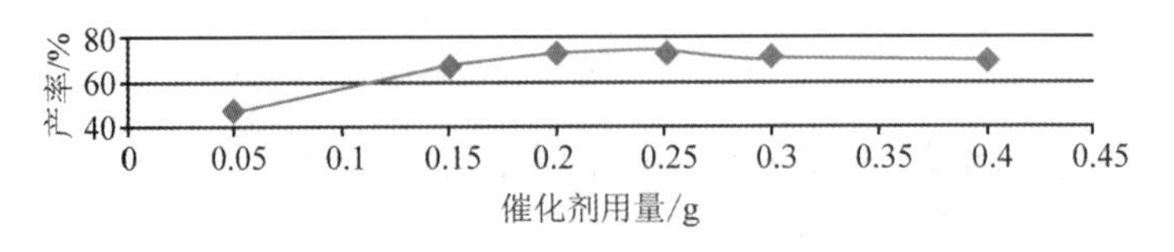

图8　催化剂用量对反应的影响

2.7 回收套用

在优化条件下，使用Co(Ⅱ)(Salen)考察回收套用次数对产率的影响。

从图9表中可以看出在第5次反应时，产率有明显下降，反应不完全，有大量的原料没有反应，产率明显下降。此类催化剂最好的套用次数为3次。

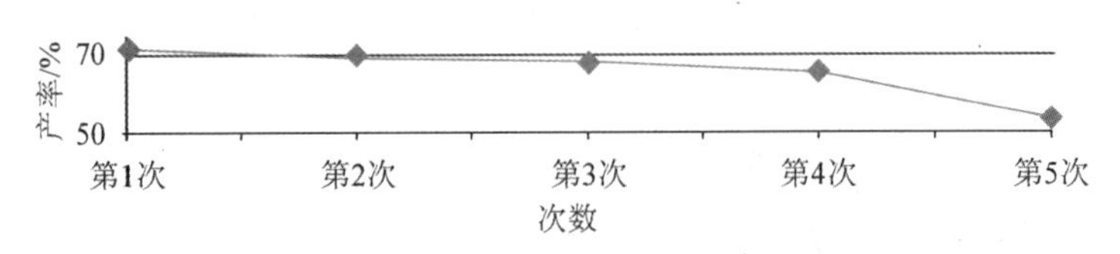

图9　回收套用次数与产率关系图

3 结　语

合成并表征了Salen、Co(Ⅱ)(Salen)配合物及苯偶酰，探索了Co(Ⅱ)(Salen)催化剂的最佳催化氧化条件，发现以DMF为溶剂、反应温度为70℃、反应时间为20min、添加剂KOH用量为0.80g、催化剂用量为0.25g，产率达73%。以DMF作溶剂，用CH_2Cl_2萃取反应液，水洗，干燥，旋蒸后重复使用，催化剂回收套用次数可达3次，第3次可以达到66%的产率。本次实验证明了金属Salen配合物对安息香的氧化有很好的催化效果。

参考文献

[1] ATWOOD D A, HARVEY M J. Compounds incorporating Salen ligands[J]. Chemical Reviews, 2001, 101: 37-52.

[2] DEMIR A S, HAMAMCI H, AYHAN P, et al. Fungi mediated conversion of benzil to benzoin and hydrobenzoin[J]. Tetrahedron Asymmetry, 2004, 15: 2579-2582.

[3] SACHDEV D, NAIK M A, DUBEY A, et al. Environmentally benign aerial

oxidation of benzoin over copper containing hydrotalcite[J]. Catalysis Communications, 2010, 11: 684－688.

[4] BUCK J S, JCNKINS S S. Catalytic reduction of alpha-diketones and their derivatives [J]. Journal of the American Chemical Society, 1929, 51: 2163－2167.

[5] 赵梅，黄汝琪，李恩霞. 安息香氧化反应的研究进展[J]. 山东科学,2013,26(5): 29－32.

[6] 沈未豪，钱俊梅，王亚军. 超声法辅助合成苯偶酰[J]. 山东化工，2014，43(7)：31－32.

[7] 丁成,倪金平,唐荣,等. 安息香的绿色催化氧化研究[J]. 浙江工业大学学报，2009,37(5)：542－544.

第四部分 <<<

化学化工学科组

实验教学中心建设情况

国家级实验教学示范中心（化学化工学科组）清单（截至2015年）

序号	中心名称	立项时间
1	南京大学化学实验教学中心	2005年
2	北京大学基础化学实验教学中心	2005年
3	厦门大学化学实验教学中心	2005年
4	南开大学化学实验教学中心	2005年
5	浙江大学化学实验教学中心	2005年
6	中山大学化学实验教学中心	2005年
7	大连理工大学化学实验教学中心	2005年
8	天津大学化学实验教学中心	2005年
9	武汉大学化学实验教学中心	2006年
10	吉林大学化学实验教学中心	2006年
11	中南大学化学实验教学中心	2006年
12	西北大学化学实验教学中心	2006年
13	湖南大学大学化学实验教学中心	2006年
14	郑州大学化学实验教学中心	2006年
15	兰州大学化学实验教学中心	2007年
16	北京师范大学化学实验教学中心	2007年
17	陕西师范大学化学实验教学中心	2007年
18	华东理工大学工科化学实验教学中心	2007年
19	南京理工大学化学化工实验教学中心	2007年
20	福州大学化学化工实验教学中心	2007年
21	云南大学化学化工实验教学中心	2007年
22	山西大学化学实验教学示范中心	2007年
23	河北大学化学实验中心	2007年

续 表

序号	中心名称	立项时间
24	吉首大学化学实验教学中心	2007 年
25	安徽师范大学化学实验教学中心	2007 年
26	山东师范大学化学实验教学中心	2007 年
27	复旦大学化学教学实验中心	2008 年
28	北京化工大学化学化工实验教学中心	2008 年
29	哈尔滨工业大学化学实验教学中心	2008 年
30	华中师范大学化学实验教学中心	2008 年
31	中国科学技术大学化学实验教学中心	2008 年
32	广州大学化学化工实验教学中心	2008 年
33	河北科技大学化工制药实验教学中心	2008 年
34	河南师范大学化学实验教学中心	2008 年
35	宁夏大学基础化学实验中心	2008 年
36	青岛科技大学化工过程实验教学中心	2008 年
37	西南石油大学化学化工实验教学中心	2008 年
38	北京化工大学高分子科学与工程教学实验中心	2012 年
39	中央民族大学化学实验教学中心	2012 年
40	大连理工大学化工综合实验教学中心	2012 年
41	兰州大学化学创新实验教学中心	2012 年
42	河北大学化学实验教学中心	2013 年
43	辽宁石油化工大学石油化工实验教学中心	2013 年
44	延边大学化学实验教学中心	2013 年
45	上海应用技术学院都市轻化工业实验教学中心	2013 年
46	常州大学现代化工实验教学中心	2013 年
47	福建师范大学化工综合实验教学中心	2013 年
48	湖北大学化学与生物学工程技术实验教学中心	2013 年
49	湖南师范大学化学化工实验教学中心	2013 年
50	海南师范大学化学实验教学中心	2013 年
51	陕西科技大学轻化工程实验教学中心	2013 年
52	新疆大学化学工程与技术实验教学中心	2013 年

续 表

序号	中心名称	立项时间
53	中北大学化工综合实验教学中心	2014年
54	辽宁石油化工大学石油化工过程控制实验教学中心	2014年
55	浙江工业大学化学化工实验教学中心	2014年
56	江西师范大学化学实验教学中心	2014年
57	武汉工程大学“大化工”工程化实践教学中心	2014年
58	广西师范大学化学实验教学中心	2014年

国家级虚拟仿真实验教学中心（化学化工学科组）清单（截至 2015 年）

序号	学校名称	中心名称	管理部门	立项时间
1	北京化工大学	化工过程虚拟仿真实验教学中心	教育部	2014 年
2	天津大学	化学化工虚拟仿真实验教学中心	教育部	2014 年
3	大连理工大学	化学虚拟仿真实验教学中心	教育部	2014 年
4	华东理工大学	石油和化工过程控制工程虚拟仿真实验教学中心	教育部	2014 年
5	浙江大学	化工类虚拟仿真实验教学中心	教育部	2014 年
6	陕西师范大学	化学虚拟仿真实验教学中心	教育部	2014 年
7	兰州大学	化学化工虚拟仿真实验教学中心	教育部	2014 年
8	北京石油化工学院	石化工程仿真教学与实践中心	北京市	2014 年
9	东北石油大学	石油与天然气工程虚拟仿真实验教学中心	黑龙江省	2014 年
10	常州大学	化工虚拟仿真综合实训中心	江苏省	2014 年
11	浙江工业大学	化学化工虚拟仿真实验教学中心	浙江省	2014 年
12	北京化工大学	化工安全与装备虚拟仿真实验教学中心	教育部	2015 年
13	北京师范大学	化学虚拟仿真实验教学中心	教育部	2015 年
14	辽宁石油化工大学	石油化工虚拟仿真实验教学中心	辽宁省	2015 年
15	华东理工大学	化学化工虚拟仿真实验教学中心	教育部	2015 年
16	南京理工大学	化学化工虚拟仿真实验教学中心	工业和信息化部	2015 年
17	中国科学技术大学	化学虚拟仿真实验教学中心	教育部	2015 年
18	中国石油大学（华东）	石油化工与装备虚拟仿真实验教学中心	教育部	2015 年
19	青岛科技大学	化工过程与装备虚拟仿真实验教学中心	山东省	2015 年
20	郑州大学	郑州大学化学虚拟仿真实验教学中心	河南省	2015 年

浙江大学化学实验教学中心简介

1　中心概况

浙江大学化学系于1985年对化学实验课程体系和管理体制进行改革，于1987年在全国高校中率先成立化学实验教学中心，实行了实验单独设课，建立了“基础—中级—综合”的实验教学课程体系，促进了全国高校化学实验教学的全面改革。1993年获得国家级优秀教学成果特等奖(联合)；2001年获得国家级教学成果一等奖(参与)；2005年获得国家级教学成果二等奖。2005年成为首批国家级实验教学示范中心；2013年配合化工系获批国家级虚拟仿真教学实验中心；2014年列入浙江省高等学校“十二五”实验教学示范中心重点建设单位。2007年，“综合化学实验”被评为国家精品课程，“基础化学实验”被评为浙江省精品课程。

中心位于浙江大学紫金港校区的周厚复化学实验大楼。该实验大楼于2002年建成，建筑面积为2.1万平方米，使用面积为1.1万平方米。中心设基础化学实验室、中级化学实验室、综合化学实验室、虚拟仿真实验室和大型仪器公共平台。中心现有专职人员37名，实行中心主任负责制，由实验课程负责人、实验室主任和核心教师等人员具体落实实验教学和实验室建设任务。

中心注重实验教学研究和承办大型竞赛。自2005年国家级示范中心建设以来，获批国家级、省级和校级实验教学研究项目80多项，出版实验教材16本，发表实验教学论文近100篇，申报国家新型实用(自制实验仪器)专利5项，获得国家级、省级和校级教学成果奖6项。2008年，承办了第六届全国大学生化学实验邀请赛；2010年，完成了第23届全国高中学生化学竞赛的实验竞赛工作；2014年，承办了第六届浙江省大学生化学学科竞赛、第十一届浙江省高校化学化工实验中心主任联席会。

中心注重培养本科生的综合实验技能和科研能力。近10年来，本科生获得全国大学生化学实验邀请赛一等奖4名、二等奖5名、三等奖6名和特别奖3名，浙江省高校基础化学实验技能竞赛一等奖11名、二等奖6名、三等奖4名，上海地区大学生化学竞赛一等奖2名、二等奖8名和三等奖4名。本科生参与发表的SCI论文达到370余篇，本科生参与申报的专利项目达10余项。

浙江大学化学实验教学中心将继续围绕“以人为本、整合培养、求是创新、追求卓越”的人才培养理念，依托化学(一级学科)国家重点学科、国家理科基础研究和教学人才培养基地、国家工科基础课程教学基地等平台，通过优质资源融合、教学科研协同和实验教学内容改革等，进一步构建和完善具有浙江大学优势和特色、利于创新人才培养的化学实验教学体系，为培养知识、能力、素质全面协调发展的高素质人才作出新的贡献。

2 课程体系

实验教学课程体系见图 1。

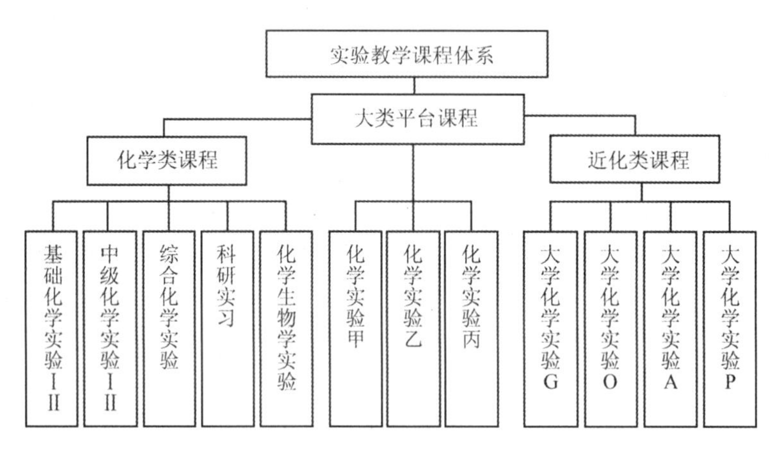

图 1 实验教学课程体系

为适应浙江大学大类招生、学分制和选课制的需要，中心逐步完善了“一体化、多层次”的化学实验教学体系，以有利于学生实践能力和创新意识的培养。每学年，中心面向全校 40 多个学科和专业、5000 余名学生，按大类、化学类和近化类三个课程平台开设 14 门实验课，年实验教学人时数达到 28 万课时。实验课全部采用小班教学，每班不超过 32 人(化学类不超过 16 人)。

2013 年以来，在本科生化学实验教学中大力推行“探究性实验项目”。在所有实验课程中，全面探索与实践具有不同层次的探究性实验项目，有效融通第一课堂和第二课堂，强化学生综合实验技能，提高学生自主创新意识和能力，取得了良好的教学效果。

3 实验室条件

自 2005 年国家级示范中心建设以来，中心投入大量资金用于实验教学设备，特别是大型仪器的建设。近 10 年来，新增 11 台(套)10 万元以上大中型现代教学仪器，如 ICP 发射光谱仪(每台 40 万元)、气相色谱质谱联用仪(每台 32 万元)、微型核磁波谱共振仪(每台 25 万元，2 台)、表面积与孔隙度分析仪(每台 25 万元，2 台)、高效液相色谱仪(每台 20 万元)、红外光谱仪(每台 15 万元，2 台)、原子吸收光谱仪(每台 14 万元)、荧光分光光度计(每台 11 万元)等。

4 示范辐射与服务社会

中心热情接待来自海内外高校的学者，与来访者进行座谈，互相交流教学经验和教学理念。近10年来先后接待了海内外100余所高校，如美国北卡大学、文莱大学、北京大学、南京大学、复旦大学、湖南大学、武汉大学、中山大学、厦门大学、华东理工大学等千余人的参观交流。

中心常年举办各种形式的“中小学生开放日”，开展丰富多彩的活动。中心是杭州师范大学附属中学的课外实践基地，每年承担该校中学生的化学实践任务。此外，中心为中国科协举办的“青少年高校科学营”的中学生们开设具有特色的化学实验项目。

浙江工业大学化学化工实验教学中心简介

浙江工业大学化学化工实验教学中心于2015年被批准为国家级实验教学示范中心。

浙江工业大学的化学化工实验教学伴随着化学化工学科的发展走过了60年的历程，历经几代化工人的努力，形成了优良的教学传统，积累了丰富的教学经验，取得了丰硕的教学成果。特别是20世纪90年代后，化学化工实验教学工作进入快速发展阶段。1999年，化学、化工实验室分别通过省教育厅基础课实验室“合格”评估。化学省级实验教学示范中心于2002年立项建设，2007年通过省级验收，成为浙江省第一批实验教学示范中心。化工省级实验教学示范中心于2010年立项建设，2012年通过省级验收。2012年，为了进一步整合教学资源，促进教学与科研有机融合，推动学校和社会协同育人，培养创新型工程科技人才，浙江工业大学化学工程与材料学院在化学省级实验教学示范中心和化工省级实验教学示范中心的基础上组建化学化工实验教学中心。2014年，浙江工业大学化学化工实验教学中心入选浙江省实验教学示范中心重点遴选项目。

浙江工业大学以区域特色鲜明的高水平研究型大学为发展目标，提出建设一流本科教育，培养富有创新精神、实践能力、社会责任感和国际视野的高素质人才。化学化工实验教学中心根据学校的办学目标和发展定位，以培养学生实践能力、创新能力和社会责任感为主线，遵循“多元融合、创新主导、寓教于研、协同育人”的建设理念，按照基础性、层次性、自主性、开放性等核心基本原则和综合性、系统性、创新性等高层次原则，对化学化工实验教学体系重新进行顶层设计，引入科研发展的课程内容和训练方式，实施多样化的教学方法，促进开放式实验教学，建设了具有地方院校学科优势和特色的创新性人才培养的实验教学平台，形成了有利于化学、化工创新性人才培养的“三阶段，四层次，一体化，递进式”的实验教学新体系。

化学化工实验教学中心目前主要服务于化学工程与工艺、应用化学、材料科学与工程、海洋技术、能源化学工程、环境科学、环境工程、生物工程、生物技术、食品科学与工程、食品质量与安全、制药工程、药物制剂和过程装备与控制工程等近20个本科专业的教学。其中，化学工程与工艺和应用化学是国家级特色专业和教育部专业综合改革试点专业，材料科学与工程是浙江省重点建设专业和浙江省优势专业。化学工程与工艺专业是教育部卓越工程师教育培养计划首批试点专业，并于2011年通过教育部全国工程教育专业认证，成为浙江省省属高校中首个通过认证的本科专业。

化学化工实验教学中心承担国家精品课程建设项目、国家双语示范课程建设项目、国家精品资源共享课程建设项目、浙江省新世纪教学改革项目等国家、省及学校的教学研究和实验室建设项目 60 多项。中心教师在《高等工程教育研究》《中国大学教学》《实验室研究与探索》《实验技术与管理》《计算机与应用化学》和《高等理科教育》等教育教学类核心刊物发表教学研究论文 60 余篇;出版实验教材 9 部,编写实验讲义 7 部。

近 5 年,化学化工实验教学中心获国家级教学成果奖二等奖 1 项(合报)、浙江省第七届高等教育教学成果奖二等奖 2 项、浙江省高校实验室工作研究成果奖一等奖 1 项、中国化工教育科学研究成果奖二等奖 1 项、中国化工教育科学研究论文奖二等奖 2 项。

浙江工业大学化学化工虚拟仿真实验教学中心简介

浙江工业大学化学化工虚拟仿真实验教学中心于2014年获批国家级虚拟仿真实验教学中心，是获教育部批准的首批100个国家级虚拟仿真实验教学中心之一。

浙江工业大学一直重视并持续强化学科专业与信息技术深度融合。虚拟仿真实验作为化学化工实验教学的重要组成部分和有力补充，已从多媒体教学资源和计算机辅助教学逐步发展到虚拟现实、多媒体、人机交互、数据库和网络技术等综合运用。化学化工虚拟仿真实验教学经历了三个发展阶段：

第一阶段，计算机辅助教学应用与网络课堂建设。浙江工业大学是最早在化学化工领域引入计算机辅助教学的高校之一。化学工程与材料学院早在20世纪80年代就组建了化工计算中心，并组织骨干教师开发了多媒体教学系统和智能化导师系统等计算机辅助教学软件，包括“化工原理实验”和“基础化学实验”在内的一批课程先后设立了网络课堂，在教学实践中取得良好的教学效果，获得国家级教育教学成果奖二等奖等12项奖励。

第二阶段，计算机模拟实习基地与数字化教学平台建设。2008年，在中央与地方共建高校特色优势学科实验室项目的支持下，化工计算中心升级为化工过程计算机模拟实习基地，硬件配置水平显著提高。2012年，在数字化校园建设的带动下，实验教学平台建设得以推进，部分实验教学资源实现校内共享。2008—2012年，多媒体计算机辅助教学资源更加丰富，自主开发的教学软件实现商业化，被多所兄弟高校选用；人机交互和等虚拟现实等技术被引入实验教学，在各类实验室建设项目累积2400万元经费的支持下，引进了东方仿真等公司开发的系列仿真实验教学软件。同时，包括工业化塔盘塔器设计软件、工业过程自动控制系统设计软件和化工安全事故应急处理仿真培训等一大批教师科研成果被引入和转化为教学资源。将虚拟仿真实验作为学生“实验预习”“高危实验操作练习”及“课程实验必要补充”的“基础化学实验”课程于2010年被评为国家精品课程，于2014年被评为国家精品资源共享课程。包括虚拟仿真实验在内的实验（实践）教学体系不断优化，实验（实践）教学平台不断完善，实验（实践）教学资源日益丰富，实验（实践）教学水平持续提升，对强化相关专业学生的创新能力和实践能力发挥了突出作用，先后获得12项各类教育教学成果奖。

第三阶段，虚拟仿真实验开发与校企仿真实验室建设。2012年，浙江工业大学化学工程与材料学院与巨化集团公司、浙江省化工研究院有限公司、浙江省天正设计工程有限公司、浙江工程设计有限公司和浙江龙盛集团股份有限公司等5家企业共建的校企合作基地被教育部等23个部委联合批准为国家级工程实践教育中心，与中国化工集团公司杭州水处理技术研究开发中心有限公司共建的校企合作基地被浙江省教育厅批准为浙江省大学生校外实践基地。此外，学院与中国石油化工股份有限公司镇海炼化分公司、浙江鼎龙化工有限公司、浙江新安化工集团股份有限公司和杭华油墨化学有限公司等十多家企业共建的校级校企合作人才培养基地也得到长足发展。若干源自生产一线的新工艺、新技术和企业研发的仿真软件被引入本科教学，在工程实践教育中心和校外实践教育基地中还新建了若干虚拟仿真实验(实训)教学资源，并部分实现了网络共享。2013 年，浙江工业大学化学工程与材料学院与北京东方仿真软件技术有限公司、上海曼恒数字技术有限公司达成合作协议，分别建成浙江工业大学—东方仿真、浙江工业大学—曼恒数字等校企联合虚拟仿真实验室。2013 年，浙江工业大学化学化工实验教学中心在化工过程计算机模拟实习基地、2 个校企联合虚拟仿真实验室、5 个国家级工程实践教育基地(部分)和 1 个浙江省大学生校外实践教育基地(部分)的基础上，组建化学化工虚拟仿真实验教学中心。

为适应浙江省经济社会的发展需要，满足化工和制药两大主导产业及新能源、新材料、海洋三大战略性新兴产业的人才需求，浙江工业大学化学化工虚拟仿真实验教学中心以培养富有社会责任感、创新精神和实践能力，知识、能力、素质协调发展的创新型化工类工程科技人才为目标，依托化学、化工两个省级实验教学示范中心和包括国家级工程实践教育中心、大学生校外实践教育基地、绿色化学合成技术国家重点实验室培育基地、工业催化国家重点学科(培育)、化学工程与技术学科省级重中之重一级学科在内的一大批优质教学科研实验平台，遵循"多元融合、创新主导、寓教于研、协同育人"的建设理念，按照《教育部关于全面提高高等教育质量的若干意见》(教高〔2012〕4 号)和《教育信息化十年发展规划(2011—2020 年)》的要求，强化学科专业与信息技术深度融合，有效整合教学资源，推进教学科研有机结合，促进产学研深度融合，力争建设成为区域特色鲜明、在地方高校中有引领示范作用的高水平的虚拟仿真实验教学中心。

化学化工虚拟实验教学中心统筹教学与科研、学校与企业的优质智力资源，建设了一支年龄结构、职称结构、学历结构、学缘结构、专业结构和工程实践经历均相对合理，专兼结合的高素质的虚拟仿真实验教学和管理队伍。中心教师教学理念先进，教学经验丰富，教学研究能力强，具有高度的社会责任感和突出的实践创新能力。中心聘有专职虚拟仿真实验教师 10 人、专职虚拟仿真实验技术人员 3 人、校内聘任兼职虚拟仿真实验教师 4 人、校内聘任兼职虚拟仿真实验技术人员 2 人、由国家级工程实践教育中心合作企业聘任兼职实验教师 2 人、由校企联合虚拟仿真实验室合作企业聘任研发工程师 6 人。

目前，化学化工虚拟仿真实验教学中心已建成的教学资源主要包括化学化工虚拟仿真实验、化工工艺虚拟仿真实训、化工厂虚拟仿真实训和化学化工安全虚拟仿真实训等四大模块，拥有课程试题库、多媒体课件素材库、仿真实验软件、仿真实训软件和课程设计软件等化学化工类虚拟仿真教学资源共 52 套，其中，11 套由中心教师自主开发，5 套由中心教师和企业合作开发。利用这些虚拟仿真实验教学资源，共开设近百个虚拟仿真实验项目，支撑 19 门课程教学和化学实验竞赛、化工设计竞赛、节能减排竞赛、"挑战杯"大学生课外科技学术作品竞赛、大学生创业计划竞赛等 10 类学生课外科技活动。化学化工虚拟仿真实验教学中心目前主要服务于化学工程与工艺、应用化学、材料科学与工程、海洋技术、能源化学工程、环境科学、环境工程、生物工程、生物技术、食品科学与工程、食品质量与安全、制药工程、药物制剂和过程装备与控制工程等近20个本科专业。其中,化学工程与工艺和应用化学是国家级特色专业和教育部专业综合改革试点专业,材料科学与工程是浙江省重点建设专业和浙江省优势专业。化学工程与工艺专业是教育部卓越工程师教育培养计划首批试点专业,并于2011年通过教育部全国工程教育专业认证,成为浙江省省属高校中首个通过认证的本科专业。

浙江工业大学化学实验教学中心简介

浙江工业大学化学实验教学中心由原无机化学实验室、有机化学实验室、物理化学实验室及分析化学实验室于1997年合并组建而成，并于1999年通过浙江省教育厅组织的基础课实验室合格评估，2006年2月通过浙江省教育厅组织的化学基础课实验教学示范中心建设验收，成为浙江省第一批省级实验教学示范中心。

2012年，学院为进一步整合教学资源，促进教学与科研有机融合，推动学校和社会协同育人，培养创新型工程科技人才，组建化学化工实验教学中心，成为浙江省“十二五”高校实验教学示范中心遴选建设单位。2013年，化学化工实验教学中心被批准为国家级虚拟仿真实验教学中心。2014年，化学化工实验教学中心被批准为国家级实验教学示范中心。

中心承担的“基础化学实验”课程于2010年被评为国家精品课程，2013年转型升级为国家精品资源共享课程，2014年在教育部“爱课程”网公开上线。目前，化学实验教学中心承担着全校化学工程学院、材料科学与工程学院、海洋学院、生物工程学院、环境工程学院、药学院、建工学院、健行学院以及绿色制药协同创新中心等学院（中心）20个全日制专业的化学实验教学任务，并对省内其他高等学校和社会服务开放。全学年全日制实验教学人时数达到19.9万课时。

为进一步推动大学化学实验教学的改革与发展，中心教师编辑了具有我校特色的《基础化学实验（Ⅰ、Ⅱ、Ⅲ）》、《综合化学实验》教材，以及有机化学实验多媒体教学课件。

中心教师积极开展实验教学的研究和改革。2005年以来，教师承担教育部、财政部、全国化工高教学会、省教育厅、学校等各类教改和实验室建设项目30多项，总经费达1300多万元。在《高等工程教育研究》《中国高教研究》《高等理科教育》《大学化学》《实验室研究与探索》《实验技术与管理》等核心类期刊上发表了相关的教学研究论文30多篇，先后获浙江省教学成果二等奖（3项）、浙江省高校实验室工作研究成果奖一等奖、浙江省高校教师自制多媒体教学课件二等奖以及浙江工业大学教学成果奖一等奖等多种教学奖励。

学生在浙江省高校基础化学实验技能大赛、浙江省大学生化学竞赛等课外活动中多次获得一等奖。2010年以来，学生在全国大学生化学实验邀请赛中已连续获得二等奖。

中心现有教学用房2834平方米、固定资产1920台（套），总价值为1216万元，其中10万元以上大型仪器设备470万元。中心的常规仪器设备全部按照一人一套的要求配置，物理化学实验仪器每个实验拥有16套，其配置量在全国高校中处于领先地位。中心拥有傅里叶变换红外光谱仪、高效液相色谱仪、紫外光谱仪、质谱仪、原子吸收光谱仪、X射线粉末衍射仪、原子发射光谱仪、差热-热重分析仪、全自动物理化学吸附仪、分子荧光光度计、全自动电位滴定仪等大中型仪器设备，完全满足学生综合实验检测分析的要求。

中心实行岗位聘任制，中心主任、常务副主任等关键岗位分别由学校聘任。中心现有实验教学和专职技术人员 39 人，其中高级职称 30 人，中级职称 8 人，具有博士学历 21 人，硕士学历 13 人。中心聘请化学化工行业背景的专家参与、辅助实验教学。中心人员结构合理，层次完整，实验教学与科研水平较高。

浙江工业大学化工实验教学中心简介

浙江工业大学化工实验教学中心从化学工程与工艺综合实验室发展而来，由化学工程与工艺专业实验室、化工仪表实验室、化工原理实验室和化工过程计算机模拟实习基地组成。

化工原理实验室是浙江工业大学最早的教学实验室之一，1991 年被国家教育委员会评为高等学校实验室工作先进集体，1999 年被浙江省教育委员会评为普通高校基础课教学实验室评估合格实验室。1993 年，“化工原理实验”课程被化工部课程指导委员会评为优秀课程。2010 年，获得了中央支持地方高校发展专项资金建设项目“化工原理教学实验中心”(163 万元)的支持。

化学工程与工艺专业实验室由化学工程实验室、有机化工实验室和精细化工实验室于 2001 年合并而成。2008 年，浙江省财政厅和浙江省教育厅分别投入 57 万元和 37 万元用于实验室改造，极大地改善了实验条件。2009 年被浙江省教育委员会评为普通高校教学实验室合格实验室。

化工过程计算机模拟实习基地于 2008 年在中央与地方共建高校特色优势学科实验室项目的支持下建成，拥有化工生产实习软件、ChemCAD 模拟软件、大型分析仪器模拟软件、化工基本过程单元仿真实习系统、化工原理仿真实验软件、三维配管软件等 10 余套软件，70 余台计算机及 4 套化工生产沙盘模型，为化学化工常用软件、文献检索、化工设计、课程设计、实验和实习等教学环节提供了强有力的支撑。

2009 年，化学工程与工艺专业实验室得到中央与地方共建高校特色优势学科实验室项目的支持，对实验教学体系和实验内容等进行了全面更新。

为了进一步加强实践教学，提高学生实践与创新能力，本着“集中建设、资源共享”的原则，于 2009 年 11 月将化学工程与工艺专业实验室、化工仪表实验室、化工原理实验室和化工过程计算机模拟实习基地进行有机整合，成立化工实验教学中心，负责全校的化工基础实验、化工专业实验、化工类生产仿真实习、化工设计等教学工作。

化工实验教学中心于 2010 年 5 月被省教育厅批准为浙江省实验教学示范中心建设点。2012 年，化工实验教学中心还获得浙江省提升地方高校办学水平专项资金用于建设“卓越化学工程师培养综合实践教学平台”。

化工实验教学中心承担的“化工原理实验”是浙江省精品课程“化工原理”的重要支持，“化工综合实验”是校级优秀课程，“化工类专业实习实训”是校精品开放课程，“工程科技导论——从化学到化学工业”是浙江省普通高中选修课网络课程。

化工实验教学中心每年承担实践教学 6.1 万课时，已成为我校化工类人才培养的主要实践平台，起到了良好的示范作用。

浙江师范大学化学实验教学中心简介

浙江师范大学化学实验教学中心成立于2002年，由无机化学、分析化学、有机化学、物理化学和应用化学等教学实验室整合组建而成，是首批校级示范中心建设项目之一，2004年入选浙江省省级实验教学示范中心建设项目，2007年通过验收成为省级实验教学示范中心。中心具有良好的教学科研平台，包括化学省重点专业、应用化学省新兴特色专业、化学省重中之重学科、应用化学省重点学科、先进催化材料教育部重点实验室、固体表面反应化学省重点实验室等，化学学科ESI排名处于全球前1%。

中心现有专职教师81人、企业兼职教师5人，62名专任教师中有正高职称29人、副高职称23人、实验技术人员18人，其中，高级职称6人。通过多年建设，建成了一支高水平实验教学队伍，包括国家“千人计划”入选者1人，教育部“新世纪优秀人才支持计划”入选者1人，省“千人计划”入选者3人，省特聘教授4人，省“新世纪151人才工程”第一、二层次入选者6人，省高校中青年学科带头人11人，省化学化工教指委委员1人，“省高校优秀教师”2人，“省级教坛新秀奖”获奖者1人，拥有教育部创新团队和省首批重点科技创新团队各1个。

中心以培养具有“专业知识、创新精神、实践能力”的应用复合型化学专业人才为目标，坚持“分层、开放、融合”的实验教学方法，秉承“学生为本、依托学科、强化实践、突出创新”的实验教学理念，逐步构建了“重基础—精专业—强实践—求创新”四层次、一体化、开放式的实验教学体系。承担了化学、应用化学、生物科学、生物技术、科学教育、环境科学等10个专业的实验教学，开设实验课程39门，年实验人时数达到15.8万课时。中心现有实验用房6875平方米、仪器设备5269台(套)，设备总值达9108.8万元，其中，40万元以上的大型仪器设备有33台(套)，拥有透射电子显微镜、X射线光电子能谱仪、600M核磁共振波谱仪等大型仪器设备，教学设施优良。

近三年，中心教师承担各类科研项目118项，科研总到款经费达2801.9万元，其中国家自然科学基金36项(含国家自然科学基金重点项目1项)、省部级科研项目33项、获授权发明专利56件、厅级及以上科研成果奖励12项、SCI论文300余篇。中心教师开设浙江省精品课程3门，出版教材12本，获教学成果奖3项，承办了第五届全国高等学校物理化学(含实验)课程骨干教师高级研修班等全国性教学会议。

杭州师范大学化学实验教学中心简介

杭州师范大学化学实验教学中心始建于1978年3月，经过实验室模式基础建设、实验教学中心模式整合建设、实验教学中心快速发展建设和实验教学示范中心建设的四个阶段，于2010年批准成为浙江省本科院校实验教学示范中心建设点，并于2014年12月通过浙江省教育厅专家组的验收。中心确立了"以学生为中心，以基本实验技能训练为基础，以综合实践能力和创新能力培养为核心"的实验教学理念，设计实践了"三模块—三层次——平台"的实验教学体系。中心现承担杭州师范大学5个学院、20多个专业、40多个班级的41门实验课程、312项实验项目，成为杭州师范大学的一个综合性化学实验教学基地和理工科人才培养基地。

中心拥有较强的教学和科研支撑平台。中心依托的化学学科在ESI排名连续3年进入全球大学和科研机构的前1%；化学专业是国家特色专业、省级优势专业；化学学科为浙江省一级学科重中之重学科，有机化学学科为省重中之重学科，应用化学和高分子化学与物理学科为杭州市重中之重学科；中心拥有化学一级学科硕士点、应用化学和课程与教学论(化学教育)两个二级学科硕士点。中心拥有有机硅化学与材料技术教育部重点实验室、国家新材料生产力促进中心杭州氟硅材料分中心、浙江省氟硅化学品科技创新服务平台、高分子材料杭州市重点实验室、生物催化与医药创新杭州市重点实验室和手性分子合成组装及应用杭州市重点实验室以及手性分子合成组装及应用教育部创新团队、精细化工过程强化科技浙江省创新团队等教学和科研平台。

中心教师开设1门(有机化学)浙江省精品课程、5门(无机化学、分析化学、有机化学双语课程、药物分析双语课程、高分子复合材料双语课程)杭州市精品课程、7门(波谱分析、高分子化学、高分子物理、化工原理、药物化学、有机化学双语课程、药物分析双语课程)校级精品课程、3门(化学与生活、化学与人类文明和高分子材料与生活)校级核心通识课程。

中心拥有一支学历学位、职称、年龄和学缘结构均较合理的师资队伍。现有人员50名，其中正高职称10名，博士35名。现有国务院特殊津贴获得者1名、长江学者1名、浙江省千人计划人选2名、教育部新世纪优秀人才2名、省高校钱江特聘教授3名、省高校中青年学科带头人1名、省"151工程"人才5名、市"131工程"人才8名、省教指委委员3名、省教学名师1名。中心教师近三年主持与实验相关的教学改革课题33项，其中省级3项，市级3项，校级27项；发表教改论文41篇；出版13本实验教材；获得校级教学成果一等奖和二等奖各2项。中心教师指导本科生以第一作者发表论文19篇；获得浙江省大学生新苗科技计划项目30项，校级学生科研立项147项；获得省级以上各种竞赛奖22次。

中心拥有仪器设备2370台套，设备总资产达6070余万元，实验用房达4200平方米，建有21个学生实验室以及大型仪器设备共享平台，建设了电子门禁系统和安保监控系统，实行全天候智能化管理，开放运行，为学生课外实践提供了便利条件。

经过多年的建设，中心已建设成为具有“微型、绿色、安全”特色的省级化学实验教学中心，其示范辐射作用在全省乃至全国范围内的逐渐显现。

浙江理工大学化学实验教学中心简介

浙江理工大学是一所以工为主、特色明显、优势突出、多学科协调发展的省属重点建设大学。学校具有悠久的办学历史，前身是蚕学馆，创办于1897年。中心前身是在1927年开办的制丝化学实验室，经过多年发展，于2001年成立了浙江理工大学化学实验教学中心。2002年建设了浙江省省级化学实验教学示范中心，2006年通过验收。中心先后获得了浙江省重中之重学科“化学工程与技术”、“应用化学与生态染整”，浙江省重点学科“高分子化学与物理”，以及浙江省财政厅实验室建设项目（基础实验室，分析化学实验室和中级化学实验室项目）的支持。在各类专项基金支持下，中心拥有核磁共振波谱仪、和频光谱测量系统、激光拉曼光谱仪、动态热机械分析仪、气质联用分析仪、动态光散射粒度仪、荧光光谱仪、成像椭圆偏振仪、同步差式扫描量热仪、高分辨飞行时间质谱联用仪、制备液相色谱仪、智能扫描探针系统、比表面积及孔径分布测试仪、薄层色谱仪、真空手套箱等。目前，中心面积达5660余平方米，固定资产超过3500万元。

中心现有教职工60人（含兼职），其中，高级职称49人，拥有博士学位的教职工44人。中心已建成一支年龄结构与学历层次合理、综合素质高、整体战斗力强的师资团队。近年来，中心教师承担科研项目106项，其中国家科技部(973)项目1项，国家科技部（重大项目）项目3项，国家卫生和计划生育委员会（重大项目）项目1项，国家自然科学基金委（重大培育）项目1项，主持国家自然科学基金委项目38项，省部级项目25项，厅局级项目14项，校企合作项目25项，累计经费近4000万元。中心教师在国内外著名学术刊物上发表论文200多篇，申请中国专利59项。中心教师获国家级教学成果一等奖、二等奖各1项，省级教学成果4项，纺织工业协会纺织高等教育教学成果奖一等奖1项、三等奖1项，校优秀教学成果二等奖等校级成果27项；承担国家级教改项目2项，省部级项目8项，校级项目32项；出版教材及专著10部，自编讲义14部。

近年来，中心学生在各类创新训练中取得了不错的成绩，获得全国“挑战杯”大学生课外科技作品竞赛二等奖1项、省特等奖1项、二等奖3项、三等奖1项，学生科研创新性实验项目（新苗计划等）立项17项。在多层次实验理念的指导下，学生的实验技能明显提高。在浙江省省级化学学科竞赛中取得优异成绩，获得浙江省化学竞赛一等奖4项、二等奖2项、三等奖2项、最佳表现奖和最佳组织奖各1项。此外，以本科生为主要作者发表学术论文38篇，其中SCI收录30篇。为拓展学生视野，中心还开展国际化教学，定期邀请国外教授为本科生进行短期授课。近年来，学生就业率达100%，得到社会广泛认可，多名学生赴国外继续深造或交流。

中心从提高示范与辐射作用、提高对浙江省经济和社会发展贡献度、提升创新型人才培养中的作用为出发点，围绕“绿色合成与清洁生产技术”“新材料技术”“分离与分析技术”三个专业方向，加强与企事业单位的合作。近年来，中心和传化集团、杭州水处理中心等企业、研究院所共同建设研发中心和实习基地，使学生可根据实践性教学环节教学计划有选择性地到相关企业实习、实训；此外，中心根据实习反馈情况及时修订和完善实验课程体系，使学生真正体会到学以致用。中心还为高教园区的企事业单位提供技术、样品测试服务等，也为小学生夏令营、暑期社会实践等提供良好的平台。

温州大学化学与材料实验教学中心简介

温州大学化学与材料实验教学中心的前身可追溯到1978年原温州师范学院化学系建立的基础化学实验室。中心于1999年通过浙江省教育厅“合格实验室”评估，2004年升格为首批校级“实验教学示范中心”，2010年入选浙江省高等学校实验教学示范中心建设项目，2013年通过验收，2014年被列入浙江省“十二五”实验教学示范中心重点建设项目。中心的发展始终依托于学校浙江省重中之重化学一级学科、浙江省材料学重点学科、教育部化学特色专业、教育部化工“卓越工程师培养计划”试点专业、浙江省应用化学重点专业。化学学科进入全球ESI排名前1%，雄厚的学科和专业基础为中心的发展提供重要支撑。中心目前已成为浙南地区专业领域最广、设备最齐全的化学与材料实验教学中心。

中心依托温州大学化学与材料工程学院，实行校、院两级管理。如图1所示，中心下设5个基础实验室、5个专业实验室、5个实训中心、1个科创中心、1个分析测试中心。中心现有实验教学和专职技术人员83人，其中，教授27人，副高级职称29人，其学历、年龄、职称结构合理，能够满足化学、材料及相近专业实验教学的要求。教师队伍中拥有国家杰出青年、省特级专家、省“千人计划”入选者、省优秀教师、省“151人才工程”入选者等各类人才65人次。

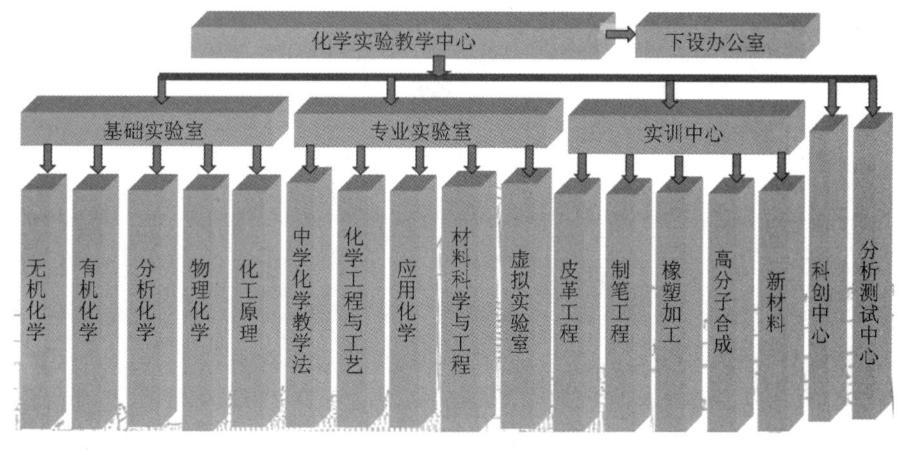

实验教学中心构成

中心实验室面积达18000平方米，其中基础化学与材料实验室面积为6350平方米，拥有各类实验室17个，教学设施先进，实验教学仪器设备达4409台，总值超过5900万元，其中，40万元以上的大型教学仪器65台(套)，100万元以上12台(套)。中心的常规仪器设备全部按照一人一套的要求配置。中心拥有透射电镜、扫描电子显微镜、傅里叶变换红外光谱仪、高效液相色谱仪、紫外光谱仪、质谱仪、原子吸收光谱仪、X 射线粉末衍射仪、原子发射光谱仪、差热-热重分析仪、分子荧光光度计等大中型仪器设备，完全满足学生实验的要求。

中心承担温州大学、温州医科大学等 3 所高校 8 个学院、12 个专业等不同层次的实验教学任务，开设实验（实训）课程 45 门。同时，每年还承担开放性实验、科技创新、学科竞赛、本科生毕业论文实验、研究生学位论文实验等实验任务，2014 年接纳学生 1680 余人，年人时数超过 21 万课时。中心面向社会开放，利用资源优势服务温州其他高校（如温州医科大学、温州职业技术学院等）和中学（如为温州中学、瑞安中学等提供化学竞赛指导），发挥了示范辐射作用。

中心教师积极开展实验教学的研究，取得了一系列标志性成果，参与获国家级高等教育教学成果奖一等奖，主持获浙江省高校教育教学成果奖二等奖等，开设浙江省精品课程 3 门，获得教学仪器专利 4 项，出版实验教材 5 部。

2010 年以来，学生参与国家级大学生创新创业训练计划项目 14 项、浙江省新苗人才计划等 61 项，发表 SCI 论文 72 篇，获得专利 24 项，获全国“挑战杯”大学生课外学术科技作品竞赛二等奖 3 项、“创青春”全国大学生创业计划大赛铜奖、浙江省大学生化学学科竞赛特等奖等奖项 230 项。

宁波工程学院化工实验中心简介

宁波工程学院化工实验中心的前身是创建于1984年的宁波高等专科学校的化工系实验室。2004年被浙江省教育厅批准成为省级教学示范中心。在学校的发展壮大过程中，中心通过多年的努力和一系列有效的整合，实现了从满足专科学生的实验要求逐步向满足本科学生的高层次的发展要求的转变。

中心坚持“教学示范基地、人才培育高地、地方服务场地和平安建设重地”的建设理念，努力构建高质量的实验实训环境。经多年的积累和发展，中心已建设成为一个综合性的实验中心。现中心实际使用面积达3300.45平方米（西校区），总固定资产达3420多万元，仪器设备总计2086件，其中10万元以上大型仪器设备34台（套），能够满足化学化工及相关学科的科研和教学需要。

中心下设置基础化学实验室、化学工程实验室（中央与地方财政共建实验室）、化工化学分析测试研究室、油气储运实验室、聚合工程技术实验室（宁波市重点实验室）和安全工程实验室（建设中），承担化学工程与工艺专业、石油气储运工程专业、应用化学专业、安全工程专业（2015年招生）的基础化学化工实验、专业实验、毕业论文实验等实验课程，以及相关师生的科技开发和社会服务项目。其中，基础化学实验室承担无机及分析化学实验、有机化学实验、物理化学实验、仪器分析实验，年授课学生约为840人；化学工程实验室承担化工原理实验、化工专业实验，年授课学生约为480人；化学化工分析测试研究室主要为老师的科研提供测试服务，同时为高年级学生开设仪器分析实验，年授课学生约为80人；油气储运实验室承担油品分析实验、油气储运工程实验、化工仿真技术实验，年授课学生约为240人。实验学生年人时数约达7.5万课时。

中心实施校、院级管理，主任负责制，统筹调配教育教学资源、教学设施。此外，中心设有实验与实践教学指导委员会、实验室建设指导委员会，以及负责实验室安全的平安校园领导小组和实验室安全领导小组等机构，确保中心科学、高效和安全的运行。

目前，中心有校内实验教师和技术人员59人，整个师资队伍呈现出“高学历、高职称、高层次、年轻化”的四个特点，其中，具有博士学位的有40人，高级职称教师30人，40岁以下中青年教师39人；中心拥有签约型院士1名、钱江学者1名、省级重点学科和专业带头人1名、甬江学者1名。同时，中心还积极聘请海内外知名学者和专家作为客座教授，以及化学工程、化工机械和化学等专业领域的企业工程师50多名。

中心以培养“3I”（Initiative：积极人生态度；Industrial：工程专业素养；Integrative：综合应用能力）的应用性开发工程师为目标，在实验和实践教学中努力建设“基础实验教学平台、工程基础训练平台、综合运用实践平台和素质拓展创新平台”四大平台，倡导教学内容的工程性、应用性和创新性，采用常规实验教学方法、项目团队化实验教学、过程化考核教学和教学方法等，培养和提高学生的实验实训能力，在使学生在具备化工知识和技能的同时，亦拥有良好的行业意识和精神，帮助学生更好更快融入社会和企业生产。

中心在实践教学中逐步形成了“卓越计划引领的科教融合”教学氛围。为学生创新创业提供了“科技创新、科研训练、科技服务和考研深造”四大平台，并取得了可喜的实践教学成果；同时，学生的实践创新活动又使教师在教学改革、科研创新等方面不断提升，形成了科教相处的良好互动局面。

近年来，中心每年有 300 多位学生参与各类科研科技活动，荣誉数量递增，级次提升。学生科研立项目 48 项，其中国家级项目 6 项，省级项目 26 项；发表第一作者论文 39 篇，其中 SCI 5 篇，核心 16 篇。学生在市、省、国家级等各类设计竞赛、学科竞赛中，均取得了优异的成绩。

“在科技融合、教学相长”的互动实践教学中，教师的教学能力、科技创新和社会服务能力不断提升。近 3 年中，中心教师获得各类教改项目 20 多项，发表教改论文 13 篇，开设浙江省精品课程 2 门，创建省级教学团队 1 个，获得国家自然科学基金等项目 60 多项、横向项目 70 多项，发表 SCI 论文 150 多篇，获授权专利 19 项，获浙江省科技进步奖二等奖等奖项 8 项。

丽水学院化学化工实验中心简介

丽水学院化学化工实验中心的前身为始建于1978年的丽水师范专科学校化学科的化学实验室。2000年，丽水师范专科学校设置基础化学实验室。基础化学实验室于2003年通过浙江省教育厅基础课教学实验室评估。2008年，丽水学院设置化学化工实验中心，化学化工实验中心是学校首批重点建设实验室。2013年10月，化学化工实验中心通过了省级化学化工实验教学示范中心验收。

中心有6836平方米的化学实验大楼，拥有核磁共振仪、气相-质谱联用仪、气相色谱仪、高效液相色谱仪、红外光谱仪、原子吸收光谱仪、紫外-可见分光光度计等一批精密实验仪器，以及供化工原理单元操作、化工专业综合实验、化工车间实训，等大型设备，实验仪器设备总值达1100多万元，其中，800元以上设备为1188台(套)，1万元以上设备为98台(套)，5万元以上设备为30台(套)，能够满足学生独立进行实验的要求，实验开出率几年来均基本达到100%。中心在满足本专业的基础实验教学以外，还承担了医学专业、生物制药专业、生态学专业、科学教育专业、光源与照明专业等无机化学、有机化学、分析化学、物理化学等基础课程实验教学。

中心共有教职工40人，其中，教授4人，副教授6人，高级实验师4人，硕士19人，博士14人(含在读4人)，专职实验技术人员9人。实验技术人员分工明确、职责到人，设备完好率、利用率高。近五年来，以实验室为依托，广泛开展实验教学、管理及科学研究，先后取得了一大批教学科研成果。化学化工系教师共获得各类科研课题50余项，其中，国家自然科学基金1项，浙江省自然科学基金3项，浙江省科技厅计划项目2项，浙江省教育厅科研计划项目6项，科研经费达300余万元；公开发表论文250余篇，其中被SCI、EI等收录100余篇。

实验室逐步向学生开放，鼓励高年级的学生进入实验室参与教师的科研活动。中心在“时间”和“空间”上逐步向全校学生开放，鼓励学生进入实验室参与教师的科研活动。学校以设立大学生科研基金、实验室开放项目等方式倡导学生积极参与科学研究。两年来，获浙江省新苗人才计划资助项目2项，校大学生科研基金、实验室开放项目30多项，参与学生有500多人。近三年，学生积极参加各类比赛，取得了优异的成绩。其中，2014年获浙江省“挑战杯”大学生课外学术科技大赛三等奖1个，浙江省化工设计竞赛一等奖1个、三等奖2个，全国化工设计竞赛一等奖、三等奖各1个，校首届学生科研大赛一等奖1个、二等奖1个；2015年获浙江省化工设计竞赛一等奖1个、三等奖2个，全国化工设计竞赛一等奖、二等奖、三等奖各1个，第七届浙江省大学生化学竞赛二等奖和三等奖各3个。几年来，学生公开发表论文 60 多篇。

中心在满足实验教学和教师科研的同时，利用资源优势积极参与地方经济建设和扩大对外服务。中心分别同浙江五洲实业有限公司、浙江耐和实业有限公司、丽水有邦化工有限公司、丽水南明化工有限公司、丽水绿氟科技有限公司签订了校企人才共同培养协议。中心已为企业培养、培训相关人员 300 余人，企业为中心培训学生 1000 余人次。“十二五”以来，中心先后与当地企业联合成立了丽水学院有邦化工研究所、丽水学院佳斯化工联合实验室、丽水学院寿尔福化工研发中心、丽水市绿谷药业分析检测室、丽水学院合成革创新平台。在新产品研发、样品分析检测、环境规划与监测等方面为企业提供服务，承担企业科研课题，参与企业技术攻关，共同承担科研项目。目前，中心在校企科研合作、资源共享上取得了一系列丰硕的成果，特别是在丽水传统支柱行业——合成革领域的研究效果显著。2013 年，中心联合其他企业与科研院所成功申报了浙江省创新服务省级平台。中心为深入贯动实施创新驱动发展战略，充分发挥高校人才技术资源优势，促进科技成果向现实生产力转化，加快浙江丽水市经济开发区发展，与浙江丽水市经济开发区管委会共建产学研联盟工作站，签订了 6 项合作协议。目前，中心近 10 位老师同经济开发区的合成革、精细化工、化工原材料行业的 20 家企业建立合作关系。

浙江大学宁波理工学院生物与化学实验教学中心简介

浙江大学宁波理工学院生物与化学实验教学中心由生物与制药工程学院各专业实验室和2009年1月成建制转入的基础化学实验室与分析测试中心合并组建而成。中心下设3个化学实验室、2个专业基础实验室、5个专业实验室、2个宁波市重点实验室、分析测试中心和4个校内实习实训基地。中心于2010年被评为浙江省级示范中心建设点,2013年10月通过省教育厅验收。

中心依托浙江省重点学科化学工程与技术、省重点专业生物工程、省新兴特色专业高分子材料与工程、宁波市重点学科药物化学和微生物与生化药学等,实行校建院管。

中心现有实验室面积达5577平方米,其中,校内实习实训基地近1000平方米。中心现有仪器设备4346台(套),价值达4688万元,其中,10万元以上大型仪器71台(套),实验仪器设备完好,使用效率高,满足教学需要。中心安全设施齐全,管理规范,环境优美,已经成为区域性实验教学示范中心。

中心现有专任教师40人,其中,实验专职教师15人,外聘专家和企业工程师4名,教授11人,博士21人。在学校"教育为学生提升价值"理念的指导下,中心提出"强基础、提技能、敢创新"的实验教学理念,以培养学生实践能力和创新能力为目标,融合和拓展优质实验教学资源,实现多专业共享。中心教学队伍结构合理,业务能力日益精湛,取得了丰硕成果。

中心重视科学化、规范化和信息网络化管理,较好地发挥了实验教学中心、研发中心和技术服务中心的作用。

浙江外国语学院理科实验中心(化学)简介

浙江外国语学院理科实验中心(化学),前身为化学基础实验室,始建于1985年,现有总面积800平方米,设有无机及分析化学、有机化学、物理化学、仪器分析、理化测试、环境化学、化工基础等分实验室。

在多次省财政省属高校实验室建设专项和学校配套的资助下,基础化学实验实训仪器和理化测试设备配置齐全,有傅里叶变换红外光谱仪、紫外-可见光分光光度计、原子吸收分光光度计、荧光分光光度计、原子荧光光度计、高效液相色谱仪、气相色谱仪、热分析仪、微量热仪等大型设备(见表1)。

表1 大型仪器一览表

序号	仪器名称	型号	数量	单价/元	购置年份
1	紫外-可见分光光度计	UV-260	1	104021	1988年
2	电化学分析仪	CHI 630A	1	39500	2000年
3	傅里叶变换红外光谱仪	FT-IR-460	1	159122	2001年
4	高效液相色谱仪	LC-1500	1	145508	2001年
5	荧光光谱仪	FP-6200	1	138701	2001年
6	紫外-可见分光光度计	UV-2550PC	1	75000	2004年
7	电化学石英晶体微天平	CHI 400	1	30522	2004年
8	超纯水仪	UPWS-10T	1	21600	2004年
9	气相色谱仪	GC-2010	1	190000	2004年
10	微机测定燃烧热系统	BH-1S	2	10910	2005年
11	气相色谱仪	SP-6800	2	25000	2006年
12	气相色谱仪	SP-6890	2	25000	2006年
13	自动数显旋光仪	WZZ-2S	1	12500	2006年
14	原子吸收分光光度计	TAS-986F	1	71000	2006年
15	综合热分析仪	Q600	1	371250	2006年
16	紫外-可见分光光度计	UV-1990P	4	25056	2006年
17	等温滴定微量量热仪	VP-ITC	1	825000	2006年

续 表

序号	仪器名称	型号	数量	单价/元	购置年份
18	电子分析天平	AB265－S	1	19000	2006 年
19	数字式阿贝折光仪	WAY－2S	1	10400	2006 年
20	高效液相色谱仪	LC－2130	4	77400	2007 年
21	原子荧光仪	AFS－8220	1	81600	2007 年
22	离子色谱仪	PIC－10	2	121500	2008 年
23	微库仑综合分析仪	WK－2E	2	55680	2008 年
24	自动电位滴定仪	ZDJ－5	4	22560	2008 年
25	微波样品消解系统	MDS－8	1	46080	2008 年
26	便携式防水型溶解氧测量仪	320D－01	4	10560	2008 年
27	CO 分析仪	4140－199.9m	4	16320	2008 年
28	SO_2 检测仪	4240－19.99m	4	17280	2008 年
29	甲醛分析仪	4160－19.99m	4	15360	2008 年
30	有机气体检测仪	PGM－7240	1	70080	2008 年
31	COD 快速测试仪	ET99731	2	33600	2008 年
32	便携式自动水质采样器	BC－9600	4	11904	2008 年
33	手持式氡检测仪	PRM－2100	1	32640	2008 年
34	超纯水器	Synergy UV	1	44570	2008 年
35	有机酸专用离子排斥柱	KC－811	1	12100	2008 年
36	目视显微熔点仪	Opti－Melt MP100	1	37647	2009 年
37	高精度微量注射泵	Pump 11Pico Plus	1	16000	2009 年
38	卡尔费休水分测定仪	AQ－200	1	40000	2009 年
39	倒置荧光显微镜	TI－S. SM2445	1	178000	2009 年
40	板式塔流体力学演示实验装置	BT100Y	2	14000	2009 年
41	非均相分离演示实验装置	FF100Y	2	12000	2009 年
42	流体力学综合实验装置	LB101B	4	28000	2009 年
43	填料吸收塔实验装置	TX200B	2	46000	2009 年
44	筛板精馏塔实验装置	BJ100B	2	50000	2009 年
45	流化床干燥实验装置	LG100B	2	20000	2009 年
46	流量计校核实验装置	LJ100B	2	13000	2009 年
47	水-蒸气给热系数测定实验装置	SQ－200B	2	24000	2009 年
48	液-液板式换热实验装置	BH－100B	2	23000	2009 年

续 表

序号	仪器名称	型号	数量	单价/元	购置年份
49	搅拌浆特性测定实验装置	JB100B	2	15000	2009 年
50	超滤微滤膜分离实验装置	CW100B	2	25000	2009 年
51	纳滤反渗透膜分离实验装置	NF100B	2	30000	2009 年
52	制冰机	TF - ZBJ - 40	1	11000	2009 年
53	比表面及孔径分析仪	JW - BK	1	97000	2009 年
54	汽车尾气分析仪	Gasboard - 5030	4	14000	2009 年
55	微量水分测定仪	ZKF - 1	4	15000	2009 年
56	微型催化反应装置	WFS - 3010	1	98000	2009 年
57	光催化反应装置	XPA - 2	1	30000	2009 年
58	光降解有机物装置		1	33000	2009 年
59	蒸发光散射检测器	Model 400ELSD	1	95000	2009 年
	合计		109		

目前，中心承担应用化学、科学教育两个本科专业的实验教学和化学系教师科研工作的需要。

第五部分 <<<

实验教学中心建设文件汇编

教育部　财政部关于“十二五”期间实施“高等学校本科教学质量与教学改革工程”的意见

教高〔2011〕6号

各省、自治区、直辖市教育厅(教委)、财政厅(局)，新疆生产建设兵团教育局、财务局，有关部门(单位)教育司(局)、财务司(局)，部属各高等学校：

为了贯彻落实胡锦涛总书记在庆祝清华大学建校100周年大会上的重要讲话精神和教育规划纲要，进一步深化本科教育教学改革，提高本科教育教学质量，大力提升人才培养水平，教育部、财政部决定在“十二五”期间继续实施“高等学校本科教学质量与教学改革工程”(以下简称“本科教学工程”)。现就实施“本科教学工程”提出如下意见：

一、实施“本科教学工程”的重要意义

(一)提高质量是高等教育发展的核心任务，是建设高等教育强国的基本要求，是实现建设人力资源强国和创新型国家战略目标的关键。胡锦涛总书记在庆祝清华大学建校100周年大会上的重要讲话中强调，不断提高质量，是高等教育的生命线，必须大力提升人才培养水平、大力增强科学研究能力、大力服务经济社会发展、大力推进文化传承创新。胡锦涛总书记的重要讲话为我国高等教育在新的历史起点上科学发展指明了方向。实施“本科教学工程”，就是要全面落实胡锦涛总书记的重要讲话精神和教育规划纲要的总体部署，进一步引导高等学校适应国家经济社会发展和人民群众接受良好教育的要求，深化教育教学改革，加大教学投入，全面提高高等教育质量。

(二)全面提高高等教育质量的核心是大力提升人才培养水平。高等教育的根本任务是培养人才。提升人才培养水平必须要注重整体推进，始终坚持育人为本，牢固确立人才培养在学校各项工作中的中心地位和本科教学在大学教育中的基础地位，紧密围绕优化结构布局、改革培养模式、创新体制机制、健全质量保障体系等全面深化教育教学改革，引导各级政府和高等学校把教育资源配置、学校工作着力点集中到强化教学环节、提高教育质量上来。提升人才培养水平必须坚持重点突破，要在影响人才培养质量的关键领域和薄弱环节上，发挥国家级项目在教学改革方向上的引导作用、在教学改革项目建设上的示范作用、在推进教学改革力度上的激励作用和在提高教学质量上的辐射作用，调动地方、高校和广大教师的积极性、主动性，通过重点突破带动整体推进。

(三)近年来，中央财政先后支持实施了“985工程”“211工程”“国家示范性高等职业院

校建设计划”以及支持地方高校发展专项资金等项目，促进了高等学校学科发展、改善了教学科研条件、提升了科研水平，有力地推进了高等教育改革发展。特别是“十一五”期间实施的“高等学校本科教学质量与教学改革工程”建设，紧紧抓住影响本科人才培养的关键，选择具有基础性、全局性、引导性的项目，有效推动了本科教育教学改革和人才培养质量提升，初步形成了国家级、省级、校级三级质量建设体系。实施“本科教学工程”，就是要在“十一五”期间“高等学校本科教学质量与教学改革工程”系统强化教学关键环节、引导教学改革方向、加大教学投入等成功经验的基础上，遵循高等教育教学规律和人才成长规律，进一步整合各项改革成果，加强项目集成与创新，把握重点与核心，提高项目建设对人才培养的综合效益。

（四）实施“本科教学工程”旨在针对高等教育人才培养还不完全适应经济社会发展需要的突出问题，特别是要在高校专业结构不尽合理、办学特色不够鲜明、教师队伍建设与培养培训薄弱、大学生实践能力和创新创业能力不强等关键领域和薄弱环节上，通过一段时间的改革建设，力争取得明显成效，更好地满足经济社会发展对应用型人才、复合型人才和拔尖创新人才的需要。

二、指导思想与建设目标

（一）指导思想

坚持以邓小平理论和“三个代表”重要思想为指导，深入贯彻落实科学发展观，全面贯彻党的教育方针，全面落实教育规划纲要，紧紧围绕人才培养这一根本任务，以全面实施素质教育为战略主题，以提高本科教学质量为核心，着力加强质量标准建设，着力优化专业结构，着力创新人才培养模式，着力提高学生实践创新能力，着力改革体制机制，大力提升人才培养水平，力争在解决影响和制约高等教育教学质量的关键领域和薄弱环节上取得新突破，充分发挥国家级项目在推进教学改革、加强教学建设、提高教学质量上的引领、示范、辐射作用，更好地满足国家经济社会发展对应用型人才、复合型人才和拔尖创新人才的需要。

（二）建设目标

通过实施“本科教学工程”，初步形成中国特色的人才培养质量评价标准；引导高校主动适应国家战略需求和地方经济社会发展需求，优化专业结构，加强内涵建设，改革人才培养模式，形成一批引领改革的示范性专业；建成一批服务国家战略性新兴产业和艰苦行业发展需要的专业点；配合“卓越计划”的实施，形成一批培养高素质人才的支撑专业点；建立与国际实质等效的工程、医学等专业认证体系。引导高校加强课程建设，形成一批满足终身学习需求，具有国际影响力的网络视频课程和一批可供高校师生和社会人员免费使用的优质教育教学资源。整合各类实验实践教学资源，建设开放共享的大学生实验实践教学平台；支持在校大学生开展创新创业训练，提高大学生解决实际问题的实践能力和创新创业能力。创新中青年教师培养培训新模式，形成有利于中青年教师学术发展与教学能力提升的新机制，实现中青年教师培养培训常态化、制度化。

三、建设内容

（一）质量标准建设

组织研究制定覆盖所有专业类的教学质量国家标准，推动省级教育行政部门、行业组织和高校联合制定相应的专业教学质量标准，形成我国高等教育教学质量标准体系。

（二）专业综合改革

支持高校开展专业建设综合改革试点，在人才培养模式、教师队伍、课程教材、教学方式、教学管理等影响本科专业发展的关键环节进行综合改革，强化内涵建设，为本校其他专业建设提供改革示范。支持战略性新兴产业相关专业建设，加强战略性新兴产业发展急需人才培养。支持涉及农林、地矿、石油、水利等艰苦行业和支持少数民族地区、边疆地区、革命老区高校等专业建设，引导这些专业加强教学条件建设和师资队伍建设，提升相关专业人才培养支持力度。支持“卓越工程师教育培养计划”“卓越医生教育培养计划”“卓越农林人才教育培养计划”“卓越法律人才教育培养计划”和“卓越文科人才教育培养计划”相关专业建设。在工程、医学等领域开展专业认证试点，建立与国际实质等效的工程、医学等专业认证体系。

（三）国家精品开放课程建设与共享

利用现代信息技术，发挥高校人才优势和知识文化传承创新作用，组织高校建设一批精品视频公开课程，广泛传播国内外文化科技发展趋势和最新成果，展示我国高校教师先进的教学理念、独特的教学方法、丰硕的教学成果。按照资源共享的技术标准，对已经建设的国家精品课程进行升级改造，更新完善课程内容，建设一批资源共享课。完善和优化课程共享系统，大幅度提高资源共享服务能力；继续建设职能完善、覆盖全国、服务高效的高校教师网络培训系统，积极开展教师网络培训。

（四）实践创新能力培养

整合各类实验实践教学资源，遴选建设一批成效显著、受益面大、影响面宽的实验教学示范中心，重在加强内涵建设、成果共享与示范引领。支持高等学校与科研院所、行业、企业、社会有关部门合作共建，形成一批高等学校共享共用的国家大学生校外实践教育基地。资助大学生开展创新创业训练。

（五）教师教学能力提升

引导高等学校建立适合本校特色的教师教学发展中心，积极开展教师培训、教学改革、研究交流、质量评估、咨询服务等各项工作，提高本校中青年教师教学能力，满足教师个性化专业化发展和人才培养特色的需要。重点建设一批高等学校教师教学发展示范中心，承担教师教学发展中心建设实践研究，组织区域内高等学校教师教学发展中心管理人员培训，开展有关基础课程、教材、教学方法、教学评价等教学改革热点与难点问题研究，开展全国高等学校基础课程教师教学能力培训。继续支持西部受援高校教师和管理干部到支援高校进修锻炼。

四、建设资金与组织管理

（一）“本科教学工程”项目建设经费由中央财政、地方财政和高校自筹经费共同支持。中央部门所属院校的“本科教学工程”建设项目和公共系统建设项目的经费由中央财政专项资金支持；地方所属院校的项目列入国家“本科教学工程”的，建设经费原则上主要由地方财政或高校自筹经费支持。

中央财政专项资金按照统一规划、单独核算、专款专用的原则，实行项目管理。财政部将会商教育部制订《“十二五”期间“高等学校本科教学质量和教学改革工程”专项资金管理办法》(另发)。地方教育、财政主管部门或高等学校应制订相应的专项资金管理办法。项目承担学校和单位根据相应专项资金管理办法，具体负责经费的使用和管理。

（二）鼓励各地方根据区域经济发展特点，在做好“本科教学工程”国家级项目的基础上，积极筹措资金设立省级“本科教学工程”项目，支持本地高等学校提高质量。鼓励各高等学校根据学校特色，积极筹措资金设立校级“本科教学工程”项目。

（三）教育部成立“本科教学工程”领导小组，决定“本科教学工程”的重大方针政策和总体规划。领导小组下设办公室，具体负责“本科教学工程”的日常工作。各地教育主管部门和项目承担学校应指定相关部门作为专门机构，统筹负责本地、本校“本科教学工程”项目的规划和实施。

（四）领导小组办公室根据“本科教学工程”建设目标和任务，制订、发布项目指南和规划方案。学校建设项目的立项主要考虑高校布局、办学特色和改革基础等因素，采取规划布点的方式，减少项目评审，充分体现加强省级教育统筹和高校自主规划的思路。公共系统建设项目主要采用委托的方式审核立项。坚持立项公平公正，规范评审程序，实现阳光评审。加强立项监督，实行全程公示。

（五）项目承担单位按照统一部署，根据“本科教学工程”的总体目标和任务，依据所承担项目的要求，在充分调查研究论证的基础上，确定项目建设实施方案，组织项目实施，并保证项目建设达到预期成效。

（六）成立“本科教学工程”专家组，负责项目审核立项、咨询检查、绩效评估。领导小组办公室根据专家组意见，对有关地区或单位的项目、资金数量进行调整。

（七）项目资金的管理和使用情况应接受教育部及财政、审计等部门的检查、审计。

（八）项目建设完成后，领导小组办公室组织专家会同相关部门分别组织验收。“十一五”期间的“高等学校本科教学质量与教学改革工程”项目，要继续按照立项方案进行建设。教育部将在适当时候，根据项目性质和特点，分别组织检查验收。

中华人民共和国教育部

中华人民共和国财政部

二○一一年七月一日

教育部等部门关于进一步加强高校实践育人工作的若干意见

教思政〔2012〕1号

各省、自治区、直辖市党委宣传部、党委教育工作部门、教育厅(教委)、财政厅、文化厅、团委,新疆生产建设兵团党委宣传部、教育局、财政局、文化局、团委,中央有关部门(单位)教育司(局),各军区、各军兵种、各总部、武警部队政治部,教育部直属各高等学校:

为全面落实《国家中长期教育改革和发展规划纲要(2010—2020年)》,深入贯彻胡锦涛总书记等中央领导同志一系列重要指示精神,现就进一步加强新形势下高校实践育人工作,提出如下意见:

一、充分认识高校实践育人工作的重要性

1. 进一步加强高校实践育人工作,是全面落实党的教育方针,把社会主义核心价值体系贯穿于国民教育全过程,深入实施素质教育,大力提高高等教育质量的必然要求。党和国家历来高度重视实践育人工作。坚持教育与生产劳动和社会实践相结合,是党的教育方针的重要内容。坚持理论学习、创新思维与社会实践相统一,坚持向实践学习、向人民群众学习,是大学生成长成才的必由之路。进一步加强高校实践育人工作,对于不断增强学生服务国家服务人民的社会责任感、勇于探索的创新精神、善于解决问题的实践能力,具有不可替代的重要作用;对于坚定学生在中国共产党领导下,走中国特色社会主义道路,为实现中华民族伟大复兴而奋斗,自觉成为中国特色社会主义合格建设者和可靠接班人,具有极其重要的意义;对于深化教育教学改革、提高人才培养质量,服务于加快转变经济发展方式、建设创新型国家和人力资源强国,具有重要而深远的意义。

2. 进入本世纪以来,高校实践育人工作得到进一步重视,内容不断丰富,形式不断拓展,取得了很大成绩,积累了宝贵经验,但是实践育人特别是实践教学依然是高校人才培养中的薄弱环节,与培养拔尖创新人才的要求还有差距。要切实改变重理论轻实践、重知识传授轻能力培养的观念,注重学思结合,注重知行统一,注重因材施教,以强化实践教学有关要求为重点,以创新实践育人方法途径为基础,以加强实践育人基地建设为依托,以加大实践育人经费投入为保障,积极调动整合社会各方面资源,形成实践育人合力,着力构建长效机制,努力推动高校实践育人工作取得新成效、开创新局面。

二、统筹推进实践育人各项工作

3. 加强实践育人工作总体规划。实践教学、军事训练、社会实践活动是实践育人的主要形式。各高校要坚持把社会主义核心价值体系融入实践育人工作全过程，把实践育人工作摆在人才培养的重要位置，纳入学校教学计划，系统设计实践育人教育教学体系，规定相应学时学分，合理增加实践课时，确保实践育人工作全面开展。要区分不同类型实践育人形式，制定具体工作规划，深入推动实践育人工作。

4. 强化实践教学环节。实践教学是学校教学工作的重要组成部分，是深化课堂教学的重要环节，是学生获取、掌握知识的重要途径。各高校要结合专业特点和人才培养要求，分类制订实践教学标准，增加实践教学比重，确保人文社会科学类本科专业不少于总学分(学时)的15%、理工农医类本科专业不少于25%、高职高专类专业不少于50%，师范类学生教育实践不少于一个学期，专业学位硕士研究生不少于半年。要全面落实本科专业类教学质量国家标准对实践教学的基本要求，加强实践教学管理，提高实验、实习、实践和毕业设计(论文)质量。支持高等职业学校学生参加企业技改、工艺创新等实践活动。组织编写一批优秀实验教材。思想政治理论课所有课程都要加强实践环节。

5. 深化实践教学方法改革。实践教学方法改革是推动实践教学改革和人才培养模式改革的关键。各高校要把加强实践教学方法改革作为专业建设的重要内容，重点推行基于问题、基于项目、基于案例的教学方法和学习方法，加强综合性实践科目设计和应用。要加强大学生创新创业教育，支持学生开展研究性学习、创新性实验、创业计划和创业模拟活动。

6. 认真组织军事训练。组织学生进行军事训练，是实现人才培养目标不可缺少的重要环节。各高校要把军事训练作为必修课，列入教学计划，军事技能训练时间为2～3周，实际训练时间不得少于14天。要通过开展军事训练，使学生掌握基本军事技能和军事理论，增强国防观念、国家安全意识，弘扬爱国主义、集体主义和革命英雄主义精神，培养艰苦奋斗、吃苦耐劳的作风。要积极争取解放军和武警部队对学生军事训练的大力支持，认真组织实施，增强军训实效。要突出抓好国防生军政训练，纳入教学课程体系，并为国防生日常教育训练提供必要的场地设施和条件，大力支持国防生参加部队实践活动。

7. 系统开展社会实践活动。社会调查、生产劳动、志愿服务、公益活动、科技发明和勤工助学等社会实践活动是实践育人的有效载体。各高校要把组织开展社会实践活动与组织课堂教学摆在同等重要的位置，与专业学习、就业创业等结合起来，制订学生参加社会实践活动的年度计划。每个本科生在学期间参加社会实践活动的时间累计应不少于4周，研究生、高职高专学生不少于2周，每个学生在学期间要至少参加一次社会调查，撰写一篇调查报告。要倡导和支持学生参加生产劳动、志愿服务和公益活动，鼓励学生在完成学业的同时参加勤工助学，支持学生开展科技发明活动。要抓住重大活动、重大事件、重要节庆日等契机和暑假、寒假时期，紧密围绕一个主题、集中一个时段，广泛开展特色鲜明的主题实践活动。

8. 着力加强实践育人队伍建设。所有高校教师都负有实践育人的重要责任。各高校要制定完善教师实践育人的规定和政策,加大教师培训力度,不断提高教师实践育人水平。要主动聘用具有丰富实践经验的专业人才。要鼓励教师增加实践经历,参与产业化科研项目,积极选派相关专业教师到社会各部门进行挂职锻炼。要配齐配强实验室人员,提升实验教学水平。要统筹安排教师指导和参加学生社会实践活动。积极组织思想政治理论课教师、辅导员和团干部参加社会实践、挂职锻炼、学习考察等活动。教师承担实践育人工作要计算工作量,并纳入年度考核内容。

9. 积极发挥学生主动性。学生是实践育人的对象,也是开展实践教学、军事训练、社会实践活动的主体。要充分发挥学生在实践育人中的主体作用,建立和完善合理的考核激励机制,加大表彰力度,激发学生参与实践的自觉性、积极性。要支持和引导班级、社团等学生组织自主开展社会实践活动,发挥学生在实践育人中的自我教育、自我管理、自我服务作用。

10. 加强实践育人基地建设。实践育人基地是开展实践育人工作的重要载体。要加强实验室、实习实训基地、实践教学共享平台建设,依托现有资源,重点建设一批国家级实验教学示范中心、国家大学生校外实践教育基地和高职实训基地。各高校要努力建设教学与科研紧密结合、学校与社会密切合作的实践教学基地,有条件的高校要强化现场教学环节。基地建设可采取校所合作、校企联合、学校引进等方式。要依托高新技术产业开发区、大学科技园或其他园区,设立学生科技创业实习基地。要积极联系爱国主义教育基地和国防教育基地、城市社区、农村乡镇、工矿企业、驻军部队、社会服务机构等,建立多种形式的社会实践活动基地,力争每个学校、每个院系、每个专业都有相对固定的基地。

三、切实加强对实践育人工作的组织领导

11. 形成工作合力。实践育人是一项系统工程,需要各地区各部门的大力支持,需要各高校的积极努力。推动地方各级政府整合社会各方面力量,大力支持高校实践育人工作。教育部门要加大对高校实践育人工作的指导和支持力度,进一步发挥好沟通联络作用,积极促进形成实践育人合作机制。财政部门要积极支持高校实践育人工作。宣传、文化等部门要为学生参观爱国主义教育基地、文化艺术场所提供优惠条件。部队要支持学校开展军事训练,积极加强军校合作。共青团要动员和组织学生参加社会实践活动。各高校要成立由主要领导牵头的实践育人工作领导小组,把实践育人工作纳入重要议事日程和年度工作计划,统筹安排,抓好落实;要加强与企事业单位的沟通协商,为学生参加实习实训和实践活动创造条件。企事业单位支付给学生的相关报酬,可依照税收法律法规的规定,在企业所得税前扣除。

12. 加大经费投入。落实实践育人经费,是加强高校实践育人工作的根本保障和基本前提。高校作为实践育人经费投入主体,要统筹安排好教学、科研等方面的经费,新增生均拨款和教学经费要加大对实践教学、军事训练、社会实践活动等实践育人工作的投入。要积极争取社会力量支持,多渠道增加实践育人经费投入。

13. 加强考核管理。教育部门要把实践育人工作作为对高校办学质量和水平评估考核的重要指标，纳入高校教育教学和党的建设及思想政治教育评估体系，及时表彰宣传实践育人先进集体和个人。各高校要制订实践育人成效考核评价办法，切实增强实践育人效果。要制定安全预案，大力加强对学生的安全教育和安全管理，确保实践育人工作安全有序。

14. 加强研究交流。各地各高校要定期召开实践育人经验交流会、座谈研讨会等，及时总结推广实践育人成果，研究深入推进实践育人工作的思路举措。要积极组织专家学者开展科学研究，不断探索实践育人规律，为加强高校实践育人工作提供理论支持和决策依据。各地哲学社会科学规划工作领导部门要把加强实践育人重大问题研究列入规划。

15. 强化舆论引导。要充分发挥报刊、广播、电视、互联网等新闻媒体的作用，广泛开展宣传活动，大力报道加强实践育人工作的重要性、必要性，广泛宣传实践育人工作取得的成效，积极推广加强实践育人工作的新思路、新做法、新经验，在全社会进一步形成支持鼓励大学生深入社会，在实践中成长成才的良好氛围。

各地各高校要根据上述意见，认真研究制定本地本校进一步加强实践育人工作的具体措施，抓好贯彻落实，并将贯彻情况及时报教育部。

中华人民共和国教育部　　中国共产党中央委员会宣传部
中华人民共和国财政部　　中华人民共和国文化部
中国人民解放军总参谋部　中国人民解放军总政治部
中国共产主义青年团中央委员会

二〇一二年一月十日

教育部关于全面提高高等教育质量的若干意见

教高〔2012〕4号

各省、自治区、直辖市教育厅(教委),新疆生产建设兵团教育局,有关部门(单位)教育司(局),部属各高等学校:

为深入贯彻落实胡锦涛总书记在庆祝清华大学建校100周年大会上的重要讲话精神和《国家中长期教育改革和发展规划纲要(2010—2020年)》,大力提升人才培养水平、增强科学研究能力、服务经济社会发展、推进文化传承创新,全面提高高等教育质量,现提出如下意见:

(一)坚持内涵式发展。牢固确立人才培养的中心地位,树立科学的高等教育发展观,坚持稳定规模、优化结构、强化特色、注重创新,走以质量提升为核心的内涵式发展道路。稳定规模,保持公办普通高校本科招生规模相对稳定,高等教育规模增量主要用于发展高等职业教育、继续教育、专业学位硕士研究生教育以及扩大民办教育和合作办学。优化结构,调整学科专业、类型、层次和区域布局结构,适应国家和区域经济社会发展需要,满足人民群众接受高等教育的多样化需求。强化特色,促进高校合理定位、各展所长,在不同层次不同领域办出特色、争创一流。注重创新,以体制机制改革为重点,鼓励地方和高校大胆探索试验,加快重要领域和关键环节改革步伐。按照内涵式发展要求,完善实施高校"十二五"改革和发展规划。

(二)促进高校办出特色。探索建立高校分类体系,制定分类管理办法,克服同质化倾向。根据办学历史、区位优势和资源条件等,确定特色鲜明的办学定位、发展规划、人才培养规格和学科专业设置。加快建设若干所世界一流大学和一批高水平大学,建设一批世界一流学科,继续实施"985工程""211工程"和优势学科创新平台、特色重点学科项目。加强师范、艺术、体育以及农林、水利、地矿、石油等行业高校建设,突出学科专业特色和行业特色。加强地方本科高校建设,以扶需、扶特为原则,发挥政策引导和资源配置作用,支持有特色高水平地方高校发展。加强高职学校建设,重点建设好高水平示范(骨干)高职学校。加强民办高校内涵建设,办好一批高水平民办高校。实施中西部高等教育振兴计划,推进东部高校对口支援西部高校计划。完善中央部属高校和重点建设高校战略布局。

(三)完善人才培养质量标准体系。全面实施素质教育,把促进人的全面发展和适应社会需要作为衡量人才培养水平的根本标准。建立健全符合国情的人才培养质量标准体系,落实文化知识学习和思想品德修养、创新思维和社会实践、全面发展和个性发展紧密结合的人才培养要求。会同相关部门、科研院所、行业企业,制订实施本科和高职高专专业类教学质量国家标准，制订一级学科博士、硕士学位和专业学位基本要求。鼓励行业部门依据国家标准制订相关专业人才培养评价标准。高校根据实际制订科学的人才培养方案。

（四）优化学科专业和人才培养结构。修订学科专业目录及设置管理办法，建立动态调整机制，优化学科专业结构。落实和扩大高校学科专业设置自主权，按照学科专业设置管理规定，除国家控制布点专业外，本科和高职高专专业自主设置，研究生二级学科自主设置，在有条件的学位授予单位试行自行增列博士、硕士一级学科学位授权点。开展本科和高职高专专业综合改革试点，支持优势特色专业、战略性新兴产业相关专业和农林、水利、地矿、石油等行业相关专业以及师范类专业建设。建立高校毕业生就业和重点产业人才供需年度报告制度，健全专业预警、退出机制。连续两年就业率较低的专业，除个别特殊专业外，应调减招生计划直至停招。加大应用型、复合型、技能型人才培养力度。大力发展专业学位研究生教育，逐步扩大专业学位硕士研究生招生规模，促进专业学位和学术学位协调发展。

（五）创新人才培养模式。实施基础学科拔尖学生培养试验计划，建设一批国家青年英才培养基地，探索拔尖创新人才培养模式。实施卓越工程师、卓越农林人才、卓越法律人才等教育培养计划，以提高实践能力为重点，探索与有关部门、科研院所、行业企业联合培养人才模式。推进医学教育综合改革，实施卓越医生教育培养计划，探索适应国家医疗体制改革需要的临床医学人才培养模式。实施卓越教师教育培养计划，探索中小学特别是农村中小学骨干教师培养模式。提升高职学校服务产业发展能力，探索高端技能型人才系统培养模式。鼓励因校制宜，探索科学基础、实践能力和人文素养融合发展的人才培养模式。改革教学管理，探索在教师指导下，学生自主选择专业、自主选择课程等自主学习模式。创新教育教学方法，倡导启发式、探究式、讨论式、参与式教学。促进科研与教学互动，及时把科研成果转化为教学内容，重点实验室、研究基地等向学生开放。支持本科生参与科研活动，早进课题、早进实验室、早进团队。改革考试方法，注重学习过程考查和学生能力评价。

（六）巩固本科教学基础地位。把本科教学作为高校最基础、最根本的工作，领导精力、师资力量、资源配置、经费安排和工作评价都要体现以教学为中心。高校每年召开本科教学工作会议，着力解决人才培养和教育教学中的重点难点问题。高校制订具体办法，把教授为本科生上课作为基本制度，将承担本科教学任务作为教授聘用的基本条件，让最优秀教师为本科一年级学生上课。鼓励高校开展专业核心课程教授负责制试点。倡导知名教授开设新生研讨课，激发学生专业兴趣和学习动力。完善国家、地方和高校教学名师评选表彰制度，重点表彰在教学一线做出突出贡献的优秀教师。定期开展教授为本科生授课情况的专项检查。完善国家、地方、高校三级“本科教学工程”体系，发挥建设项目在推进教学改革、加强教学建设、提高教学质量上的引领、示范、辐射作用。

（七）改革研究生培养机制。完善以科学研究和实践创新为主导的导师负责制。综合考虑导师的师德、学术和实践创新水平，健全导师遴选、考核等制度，给予导师特别是博士生导师在录取、资助等方面更多自主权。专业学位突出职业能力培养，与职业资格紧密衔接，建立健全培养、考核、评价和管理体系。学术学位研究生导师应通过科研任务，提高研究生的理论素养和实践能力。推动高校与科研院所联合培养，鼓励跨学科合作指导。专业学位研究生实行双导师制，支持在行业企业建立研究生工作站。开展专业学位硕士研究生培养综合改革试点。健全研究生考核、申诉、转学等机制，完善在课程教学、中期考核、开题报告、预答辩、学位评定等各环节的研究生分流、淘汰制度。

（八）强化实践育人环节。制定加强高校实践育人工作的办法。结合专业特点和人才培养要求，分类制订实践教学标准。增加实践教学比重，确保各类专业实践教学必要的学分（学时）。配齐配强实验室人员，提升实验教学水平。组织编写一批优秀实验教材。加强实验室、实习实训基地、实践教学共享平台建设，重点建设一批国家级实验教学示范中心、国家大学生校外实践教育基地、高职实训基地。加强实践教学管理，提高实验、实习实训、实践和毕业设计（论文）质量。支持高职学校学生参加企业技改、工艺创新等活动。把军事训练作为必修课，列入教学计划，认真组织实施。广泛开展社会调查、生产劳动、志愿服务、公益活动、科技发明、勤工助学和挂职锻炼等社会实践活动。新增生均拨款优先投入实践育人工作，新增教学经费优先用于实践教学。推动建立党政机关、城市社区、农村乡镇、企事业单位、社会服务机构等接收高校学生实践制度。

（九）加强创新创业教育和就业指导服务。把创新创业教育贯穿人才培养全过程。制订高校创新创业教育教学基本要求，开发创新创业类课程，纳入学分管理。大力开展创新创业师资培养培训，聘请企业家、专业技术人才和能工巧匠等担任兼职教师。支持学生开展创新创业训练，完善国家、地方、高校三级项目资助体系。依托高新技术产业开发区、工业园区和大学科技园等，重点建设一批高校学生科技创业实习基地。普遍建立地方和高校创新创业教育指导中心和孵化基地。加强就业指导服务，加快就业指导服务机构建设，完善职业发展和就业指导课程体系。建立健全高校毕业生就业信息服务平台，加强困难群体毕业生就业援助与帮扶。

（十）加强和改进思想政治教育。全面实施思想政治理论课课程方案，推动中国特色社会主义理论体系进教材、进课堂、进头脑。及时修订教材和教学大纲，充分反映马克思主义中国化最新成果。改进教学方法，把教材优势转化为教学优势，增强教学实效。制定思想政治理论课教师队伍建设规划，加大全员培训、骨干研修、攻读博士学位、国内外考察等工作力度。加强马克思主义理论学科建设，为思想政治理论课提供学科支撑。实施高校思想政治理论课建设标准，制定教学质量测评体系。加强形势与政策教育教学规范化、制度化建设。实施立德树人工程，提高大学生思想政治教育工作科学化水平。创新网络思想政治教育，建设一批主题教育网站、网络社区。推动高校普遍设立心理健康教育和咨询机构，开好心理健康教育课程。增强教师心理健康教育意识，关心学生心理健康。制定大学生思想政治教育工作测评体系。启动专项计划，建设一支高水平思想政治教育专家队伍，推进辅导员队伍专业化职业化。创新学生党支部设置方式，加强学生党员的教育、管理和服务，加强在学生中发展党员工作，加强组织员队伍建设。加强爱国、敬业、诚信、友善等道德规范教育，推动学雷锋活动机制化常态化。推进全员育人、全过程育人、全方位育人，引导学生自我教育、自我管理和自我服务。

（十一）健全教育质量评估制度。出台高校本科教学评估新方案，加强分类评估、分类指导，坚持管办评分离的原则，建立以高校自我评估为基础，以教学基本状态数据常态监测、院校评估、专业认证及评估、国际评估为主要内容，政府、学校、专门机构和社会多元评价相结合的教学评估制度。加强高校自我评估，健全校内质量保障体系，完善本科教学基本状态数据库，建立本科教学质量年度报告发布制度。实行分类评估，对2000年以来未参加过评估的新建本科高校实行合格评估，对参加过评估并获得通过的普通本科高校实行审核评估。开展专业认证及评估，在工程、医学等领域积极探索与国际实质等效的专业认证，鼓励有条件的高校开展学科专业的国际评估。对具有三届毕业生的高职学校开展人才培养工作评估。加强学位授权点建设和研究生培养质量监控，坚持自我评估和随机抽查相结合，每5年对博士、硕士学位授权点评估一次。加大博士学位论文抽检范围和力度，每年抽查比例不低于5%。建立健全教学合格评估与认证相结合的专业学位研究生教育质量保障制度。建设学位与研究生教育质量监控信息化平台。

（十二）推进协同创新。启动实施高等学校创新能力提升计划。按照国家急需、世界一流要求，坚持“需求导向、全面开放、深度融合、创新引领”原则，瞄准世界科技前沿，面向国家战略和区域发展重大需求，以体制机制改革为重点，以创新能力提升为突破口，通过政策和项目引导，大力推进协同创新。探索建立校校协同、校所协同、校企（行业）协同、校地（区域）协同、国际合作协同等开放、集成、高效的新模式，形成以任务为牵引的人事聘用管理制度、寓教于研的人才培养模式、以质量与贡献为依据的考评机制、以学科交叉融合为导向的资源配置方式等协同创新机制，产出一批重大标志性成果，培养一批拔尖创新人才，在国家创新体系建设中发挥重要作用。

（十三）提升高校科技创新能力。实施教育部、科技部联合行动计划。制定高校科技发展规划。依托重点学科，加快高校国家（重点）实验室、重大科技基础设施、国家工程技术（研究）中心以及教育部重点实验室、工程技术中心建设与发展。积极推进高校基础研究特区、国际联合研究中心、前沿技术联合实验室和产业技术研究院、都市发展研究院、新农村发展研究院等多种形式的改革试点，探索高校科学研究面向经济社会发展、与人才培养紧密结合、促进学科交叉融合的新模式。

（十四）繁荣发展高校哲学社会科学。实施新一轮高校哲学社会科学繁荣计划。积极参与马克思主义理论研究和建设工程，推进哲学社会科学教学科研骨干研修，做好重点教材编写和使用工作，形成全面反映马克思主义中国化最新成果的哲学社会科学学科体系和教材体系。推进高校人文社会科学重点研究基地建设，新建一批以国家重大需求为导向和新兴交叉领域的重点研究基地，构建创新平台体系。加强基础研究，强化应用对策研究，促进交叉研究，构建服务国家需要与鼓励自由探索相结合的项目体系。瞄准国家发展战略和重大国际问题，推进高校智库建设。重点建设一批社会科学专题数据库和优秀学术网站。实施高校哲学社会科学“走出去”计划，推进优秀成果和优秀人才走向世界，增强国际学术话语权和影响力。

（十五）改革高校科研管理机制。激发创新活力、提高创新质量，建立科学规范、开放合作、运行高效的现代科研管理机制。推进高校科研组织形式改革，提升高校科研管理水平，加强科研管理队伍建设，增强高校组织、参与重大项目的能力。创新高校科研人员聘用制度，建立稳定与流动相结合的科研团队。加大基本科研业务费专项资金投入力度，形成有重点的稳定支持和竞争性项目相结合的资源配置方式。改进高校科学研究评价办法，形成重在质量、崇尚创新、社会参与的评价方式，建立以科研成果创造性、实用性以及科研对人才培养贡献为导向的评价激励机制。

（十六）增强高校社会服务能力。主动服务经济发展方式转变和产业转型升级，加快高校科技成果转化和产业化，加强高校技术转移中心建设，形成比较完善的技术转移体系。支持高校参与技术创新体系建设，参与组建产学研战略联盟。开展产学研合作基地建设改革试点，引导高校和企业共建合作创新平台。瞄准经济社会发展重大理论和现实问题，加强与相关部门和地方政府合作，建设一批高水平咨询研究机构。支持高校与行业部门（协会）、龙头企业共建一批发展战略研究院，开展产业发展研究和咨询。组建一批国际问题研究中心，深入研究全球问题、热点区域问题、国别问题。

（十七）加快发展继续教育。推动建立继续教育国家制度，搭建终身学习“立交桥”。健全宽进严出的继续教育学习制度，改革和完善高等教育自学考试制度。推进高校继续教育综合改革，引导高校面向行业和区域举办高质量学历和非学历继续教育。实施本专科继续教育质量提升计划、高校继续教育资源开放计划。开展高校继续教育学习成果认证、积累和转换试点工作，鼓励社会成员通过多样化、个性化方式参与学习。深入开展和规范以同等学力申请学位工作。

（十八）推进文化传承创新。传承弘扬中华优秀传统文化，吸收借鉴世界优秀文明成果。加强对前人积累的文化成果研究，加大对文史哲等学科支持力度，实施基础研究中长期重大专项和学术文化工程，推出一批标志性成果，推动社会主义先进文化建设。发挥文化育人作用，把社会主义核心价值体系融入国民教育全过程，建设体现社会主义特点、时代特征和学校特色的大学文化。秉承办学传统，凝练办学理念，确定校训、校歌，形成优良校风、教风和学风，培育大学精神。组织实施高校校园文化创新项目。加强图书馆、校史馆、博物馆等场馆建设。面向社会开设高校名师大讲堂，开展高校理论名家社会行等活动。稳步推进孔子学院建设，促进国际汉语教育科学发展。推进海外中国学研究，鼓励高校合作建立海外中国学术研究中心。实施当代中国学术精品译丛、中华文化经典外文汇释汇校项目，建设一批国际知名的外文学术期刊、国际性研究数据库和外文学术网站。

（十九）改革考试招生制度。深入推进高考改革，成立国家教育考试指导委员会，研究制定考试改革方案，逐步形成分类考试、综合评价、多元录取的高校考试招生制度。改革考试内容和形式，推进分类考试，扩大高等职业教育分类入学考试试点和高等职业教育单独招生考试。改革考试评价方式，推进综合评价，探索形成高考与高校考核、高中学业水平考试和综合素质评价相结合的多样化评价体系。改革招生录取模式，推进多元录取，逐步扩大自主选拔录取改革试点范围，在坚持统一高考基础上，探索完善自主录取、推荐录取、定向录取、破格录取的方式，探索高等职业教育“知识＋技能”录取模式。改革高考管理制度，推进“阳光工程”，加快标准化考点建设，规范高校招生秩序、高考加分项目和艺术体育等特殊类型招生。实施支援中西部地区招生协作计划，扩大东部高校在中西部地区招生规模。推进硕士生招生制度改革，突出对考生创新能力、专业潜能和综合素质的考查。推进博士生招生选拔评价方式、评价标准和内容体系等改革，把科研创新能力作为博士生选拔的首要因素，完善直博生和硕博连读等长学制选拔培养制度。建立健全博士生分流淘汰与名额补偿机制。

（二十）完善研究生资助体系。加大研究生教育财政投入，对纳入招生计划的学术学位和专业学位研究生，按综合定额标准给予财政拨款。建立健全研究生教育收费与奖学助学制度。依托导师科学研究或技术创新经费，增加研究生的研究资助额度。改革奖学金评定、发放和管理办法，实行重在激励的奖学金制度。设立国家奖学金，奖励学业成绩优秀、科研成果显著、社会公益活动表现突出的研究生。设立研究生助学金，将研究生纳入国家助学体系。

（二十一）完善中国特色现代大学制度。落实和扩大高校办学自主权，明确高校办学责任，完善治理结构。发布高校章程制定办法，加强章程建设。配合有关部门制定并落实坚持和完善普通高校党委领导下的校长负责制实施办法，健全党政议事规则和决策程序，依法落实党委职责和校长职权。坚持院系党政联席会议制度。高校领导要把主要精力投入到学校管理工作中，把工作重点集中到提高教育质量上。加强学术组织建设，优化校院两级学术组织构架，制定学术委员会规则，发挥学术委员会在学科建设、学术评价、学术发展中的重要作用。推进教授治学，发挥教授在教学、学术研究和学校管理中的作用。建立校领导联系学术骨干和教授制度。加强教职工代表大会、学生代表大会建设，发挥群众团体的作用。总结推广高校理事会或董事会组建模式和经验，建立健全社会支持和监督学校发展的长效机制。

（二十二）推进试点学院改革。建立教育教学改革试验区，在部分高校设立试点学院，探索以创新人才培养体制为核心、以学院为基本实施单位的综合性改革。改革人才招录与选拔方式，实行自主招生、多元录取，选拔培养具有创新潜质、学科特长和学业优秀的学生。改革人才培养模式，实行导师制、小班教学，激发学生学习主动性、积极性和创造性，培养拔尖创新人才。改革教师遴选、考核与评价制度，实行聘用制，探索年薪制，激励教师把主要精力用于教书育人。完善学院内部治理结构，实行教授治学、民主管理，扩大学院教学、科研、管理自主权。

（二十三）建设优质教育资源共享体系。建立高校与相关部门、科研院所、行业企业的共建平台，促进合作办学、合作育人、合作发展。鼓励地方建立大学联盟，发挥部属高校优质资源辐射作用，实现区域内高校资源共享、优势互补。加强高校间开放合作，推进教师互聘、学生互换、课程互选、学分互认。加强信息化资源共享平台建设，实施国家精品开放课程项目，建设一批精品视频公开课程和精品资源共享课程，向高校和社会开放。推进高等职业教育共享型专业教学资源库建设，与行业企业联合建设专业教学资源库。

（二十四）加强省级政府统筹。加大省级统筹力度，根据国家标准，结合各地实际，合理确定各类高等教育办学定位、办学条件、教师编制、生均财政拨款基本标准，合理设置和调整高校及学科专业布局。省级政府依法审批设立实施专科学历教育的高校，审批省级政府管理本科高校学士学位授予单位，审核硕士学位授予单位的硕士学位授予点和硕士专业学位授予点。核准地方高校的章程。完善实施地方“十二五”高等教育改革和发展规划。加大对地方高校的政策倾斜力度，根据区域经济社会发展需要，重点支持一批有特色高水平地方高校。推进国家示范性高等职业院校建设计划，重点建设一批特色高职学校。

（二十五）提升国际交流与合作水平。支持中外高校间学生互换、学分互认、学位互授联授。继续实施公派研究生出国留学项目。探索建立高校学生海外志愿服务机制。推动高校制定本科生和研究生中具有海外学习经历学生比例的阶段性目标。全面实施留学中国计划，不断提高来华留学教育质量，进一步扩大外国留学生规模，使我国成为亚洲最大的留学目的地国。以实施海外名师项目和学科创新引智计划等为牵引，引进一批国际公认的高水平专家学者和团队。在部分高校开展聘请外籍人员担任“学术院系主任”“学术校长”试点。推动高校结合实际提出聘用外籍教师比例的增长性目标。做好高校领导和骨干教师海外培训工作。支持高职学校开展跨国技术培训。支持高校境外办学。支持高校办好若干所示范性中外合作办学机构，实施一批中外合作办学项目。

（二十六）加强师德师风建设。制定高校教师职业道德规范。加强职业理想和职业道德教育，大力宣传高校师德楷模的先进事迹，引导教师潜心教书育人。健全师德考评制度，将师德表现作为教师绩效考核、聘用和奖惩的首要内容，实行师德一票否决制。在教师培训特别是新教师岗前培训中，强化师德教育特别是学术道德、学术规范教育。制定加强高校学风建设的办法，完善高校科研学术规范，建立学术不端行为惩治查处机构。对学术不端行为者，一经查实，一律予以解聘，依法撤销教师资格。

（二十七）提高教师业务水平和教学能力。推动高校普遍建立教师教学发展中心，重点支持建设一批国家级教师教学发展示范中心，有计划地开展教师培训、教学咨询等，提升中青年教师专业水平和教学能力。完善教研室、教学团队、课程组等基层教学组织，坚持集体备课，深化教学重点难点问题研究。健全老中青教师传帮带机制，实行新开课、开新课试讲制度。完善助教制度，加强助教、助研、助管工作。探索科学评价教学能力的办法。鼓励高校聘用具有实践经验的专业技术人员担任专兼职教师，支持教师获得校外工作或研究经历。加大培养和引进领军人物、优秀团队的力度，积极参与“千人计划”，实施“长江学者奖励计划”和“创新团队发展计划”，加强高层次人才队伍建设。选择一批高校探索建立人才发展改革试验区。实施教师教育创新平台项目。建立教授、副教授学术休假制度。

（二十八）完善教师分类管理。严格实施高校教师资格制度，全面实行新进人员公开招聘制度。完善教师分类管理和分类评价办法，明确不同类型教师的岗位职责和任职条件，制定聘用、考核、晋升、奖惩办法。基础课教师重点考核教学任务、教学质量、教研成果和学术水平等情况。实验教学教师重点考核指导学生实验实习、教学设备研发、实验项目开发等情况。改革薪酬分配办法，实施绩效工资，分配政策向教学一线教师倾斜。鼓励高校探索以教学工作量和教学效果为导向的分配办法。加强教师管理，完善教师退出机制，规范教师兼职兼薪。加强高职学校专业教师双师素质和双师结构专业教学团队建设，鼓励和支持兼职教师申请教学系列专业技术职务。依法落实民办高校教师与公办高校教师平等法律地位。

（二十九）加强高校基础条件建设。建立全国高校发展和建设规划项目储备库及管理信息系统，严格执行先规划、后建设制度。通过多种方式整合校园资源，优化办学空间，提高办学效益。完善办学条件和事业发展监测、评价及信息公开制度。加快推进教育信息化进程，加强数字校园、数据中心、现代教学环境等信息化条件建设。完善高等学历教育招生资格和红、黄牌学校审核发布制度，确保高校办学条件不低于国家基本标准。积极争取地方政府支持，缓解青年教师住房困难。

（三十）加强高校经费保障。完善高校生均财政定额拨款制度，建立动态调整机制，依法保证生均财政定额拨款逐步增长。根据经济发展状况、培养成本和群众承受能力，合理确定和调整学费标准。完善财政捐赠配比政策，调动高校吸收社会捐赠的主动性、积极性。落实和完善国家对高校的各项税收优惠政策。推动高校建立科学、有效的预算管理机制，统筹财力，发挥资金的杠杆和导向作用。优化经费支出结构，加大教学投入。建立项目经费使用公开制度，增加高校经费使用透明度，控制和降低行政运行成本。建立健全自我约束与外部监督有机结合的财务监管体系，提高资金使用效益。

中华人民共和国教育部

二〇一二年三月十六日

教育信息化十年发展规划(2011—2020年)

教育部

2012年3月

序　言

人类社会进入二十一世纪,信息技术已渗透到经济发展和社会生活的各个方面,人们的生产方式、生活方式以及学习方式正在发生深刻的变化,全民教育、优质教育、个性化学习和终身学习已成为信息时代教育发展的重要特征。面对日趋激烈的国力竞争,世界各国普遍关注教育信息化在提高国民素质和增强国家创新能力方面的重要作用。《国家中长期教育改革和发展规划纲要(2010—2020年)》(以下简称《教育规划纲要》)明确指出:“信息技术对教育发展具有革命性影响,必须予以高度重视”。

我国教育改革和发展正面临着前所未有的机遇和挑战。以教育信息化带动教育现代化,破解制约我国教育发展的难题,促进教育的创新与变革,是加快从教育大国向教育强国迈进的重大战略抉择。教育信息化充分发挥现代信息技术优势,注重信息技术与教育的全面深度融合,在促进教育公平和实现优质教育资源广泛共享、提高教育质量和建设学习型社会、推动教育理念变革和培养具有国际竞争力的创新人才等方面具有独特的重要作用,是实现我国教育现代化宏伟目标不可或缺的动力与支撑。

我国教育信息化已经取得显著进展,但与人民群众的需求和世界发达国家水平相比还有明显差距。必须充分认识推进教育信息化的重要性和艰巨性,把教育信息化作为国家信息化的战略重点和优先领域全面部署、加快实施,调动全社会力量积极支持和参与,用十年左右的时间初步建成具有中国特色的教育信息化体系,使我国教育信息化整体上接近国际先进水平,推进教育事业的科学发展。

第一部分　总体战略

第一章　现状与挑战

上世纪九十年代以来,国家实施的一系列重大工程和政策措施,为我国教育信息化发展奠定了坚实基础。面向全国的教育信息基础设施体系初步形成,城市和经济发达地区各级各类学校已不同程度地建有校园网并以多种方式接入互联网，信息终端正逐步进入农村学校；数字教育资源不断丰富，信息化教学的应用不断拓展和深入；教育管理信息化初见成效；网络远程教育稳步发展，为构建终身学习体系发挥了重要作用。教育信息化对于促进教育公平、提高教育质量、创新教育模式的支撑和带动作用初步显现。

必须清醒地认识到，加快推进教育信息化还面临诸多的困难和挑战。对教育信息化重要作用的认识还有待深化和提高；加快推进教育信息化发展的政策环境和体制机制尚未形成；基础设施有待普及和提高；数字教育资源共建共享的有效机制尚未形成，优质教育资源尤其匮乏；教育管理信息化体系有待整合和集成；教育信息化对于教育变革的促进作用有待进一步发挥。推进教育信息化仍然是一项紧迫而艰巨的任务。

第二章　指导思想和工作方针

高举中国特色社会主义伟大旗帜，以邓小平理论和“三个代表”重要思想为指导，深入贯彻落实科学发展观，全面落实《教育规划纲要》对教育信息化建设的总体部署和发展任务。坚持育人为本，以教育理念创新为先导，以优质教育资源和信息化学习环境建设为基础，以学习方式和教育模式创新为核心，以体制机制和队伍建设为保障，在构建学习型社会和建设人力资源强国进程中充分发挥教育信息化支撑发展与引领创新的重要作用。

推进教育信息化应该坚持以下工作方针：

面向未来，育人为本。面向建设人力资源强国的目标要求，面向未来国力竞争和创新人才成长的需要，努力为每一名学生和学习者提供个性化学习、终身学习的信息化环境和服务。

应用驱动，共建共享。以人才培养、教育改革和发展需求为导向，开发应用优质数字教育资源，构建信息化学习和教学环境，建立政府引导、多方参与、共建共享的开放合作机制。

统筹规划，分类推进。根据各级各类教育的特点和不同地区经济社会发展水平，统筹做好教育信息化的整体规划和顶层设计，明确发展重点，坚持分类指导，鼓励形成特色。

深度融合，引领创新。探索现代信息技术与教育的全面深度融合，以信息化引领教育理念和教育模式的创新，充分发挥教育信息化在教育改革和发展中的支撑与引领作用。

第三章　发展目标

到2020年，全面完成《教育规划纲要》所提出的教育信息化目标任务，形成与国家教育现代化发展目标相适应的教育信息化体系，基本建成人人可享有优质教育资源的信息化学习环境，基本形成学习型社会的信息化支撑服务体系，基本实现所有地区和各级各类学校宽带网络的全面覆盖，教育管理信息化水平显著提高，信息技术与教育融合发展的水平显著提升。教育信息化整体上接近国际先进水平，对教育改革和发展的支撑与引领作用充分显现。

基本建成人人可享有优质教育资源的信息化学习环境。各级各类教育的数字资源日趋丰富并得到广泛共享，优质教育资源公共服务平台逐步建立，政府引导、多方参与、共建共享的资源建设机制不断完善，数字鸿沟显著缩小，人人可享有优质教育资源的信息化环境基本形成。

基本形成学习型社会的信息化支撑服务体系。充分发挥政府、学校和社会力量的作用，面向全社会不同群体的学习需求建设便捷灵活和个性化的学习环境，终身学习和学习型社会的信息化支撑服务体系基本形成。

基本实现宽带网络的全面覆盖。充分依托公共通信资源，地面网络与卫星网络有机结合，超前部署覆盖城乡各级各类学校和教育机构的教育信息网络，实现校校通宽带，人人可接入。

教育管理信息化水平显著提高。进一步整合和集成教育管理信息系统，建设覆盖全国所有地区和各级各类学校的教育管理信息体系，教育决策与社会服务水平显著提高，学校管理信息化应用广泛普及。

信息技术与教育融合发展的水平显著提升。充分发挥现代信息技术独特优势，信息化环境下学生自主学习能力明显增强，教学方式与教育模式创新不断深入，信息化对教育变革的促进作用充分显现。

第二部分　发展任务

为实现教育信息化发展目标，统筹规划、整体部署教育信息化发展任务。通过优质数字教育资源共建共享、信息技术与教育全面深度融合、促进教育教学和管理创新，助力破解教育改革和发展的难点问题，促进教育公平、提高教育质量、建设学习型社会；通过建设信息化公共支撑环境、增强队伍能力、创新体制机制，解决教育信息化发展的重点问题，实现教育信息化可持续发展。

第四章　缩小基础教育数字鸿沟，促进优质教育资源共享

基础教育信息化是提高国民信息素养的基石，是教育信息化的重中之重。以促进义务教育均衡发展为重点，以建设、应用和共享优质数字教育资源为手段，促进每一所学校享有优质数字教育资源，提高教育教学质量；帮助所有适龄儿童和青少年平等、有效、健康地使用信息技术，培养自主学习、终身学习能力。

缩小数字化差距。结合义务教育学校标准化建设，针对基础教育实际需求，提高所有学校在信息基础设施、教学资源、软件工具等方面的基本配置水平，全面提升应用能力。促进所有学校师生享用优质数字教育资源，开足开好国家课标规定课程，推进民族地区双语教育。重点支持农村地区、边远贫困地区、民族地区的学校信息化和公共服务体系建设。努力缩小地区之间、城乡之间和学校之间的数字化差距。

推进信息技术与教学融合。建设智能化教学环境，提供优质数字教育资源和软件工具，利用信息技术开展启发式、探究式、讨论式、参与式教学，鼓励发展性评价，探索建立以学习者为中心的教学新模式，倡导网络校际协作学习，提高信息化教学水平。逐步普及专家引领的网络教研，提高教师网络学习的针对性和有效性，促进教师专业化发展。

培养学生信息化环境下的学习能力。适应信息化和国际化的要求，继续普及和完善信息技术教育，开展多种方式的信息技术应用活动，创设绿色、安全、文明的应用环境。鼓励学生利用信息手段主动学习、自主学习、合作学习；培养学生利用信息技术学习的良好习惯，发展兴趣特长，提高学习质量；增强学生在网络环境下提出问题、分析问题和解决问题的能力。

专栏一：2020年基础教育信息化发展水平框架
1. 提升学校信息化建设基本配置与应用水平。根据各学校不同情况从以下主要维度确定发展基线和年度规划： □ 各种信息化设施和资源的可获得性； □ 学校教育信息化领导力、教师教育技术运用力、专业人员支持力； □ 师生、家长对信息化应用的满意度。 2. 学校教育教学方式变革取得突破。根据各学校不同情况从以下主要维度确定发展基线和年度规划： □ 教师信息化教学的习惯； □ 知识呈现方式、教学评价方式、组织差异化教学等方面的变化； □ 学生多样化、个性化学习方面的改变。 3. 信息化环境下的学生自主学习能力全面提升，主要维度包括： □ 使用信息技术学习的意愿； □ 运用信息技术发现、分析和解决问题的能力； □ 健康使用信息技术的自律性。

第五章　加快职业教育信息化建设，支撑高素质技能型人才培养

职业教育信息化是培养高素质劳动者和技能型人才的重要支撑，是教育信息化需要着重加强的薄弱环节。大力推进职业院校数字校园建设，全面提升教学、实训、科研、管理、服务方面的信息化应用水平。以信息化促进人才培养模式改革，改造传统教育教学，支撑高素质技能型人才培养，发挥信息技术在职业教育巩固规模、提高质量、办出特色、校企合作和服务社会中的支撑作用。

加快建设职业教育信息化发展环境。加强职业院校，尤其是农村职业学校数字校园建设，全面提升职业院校信息化水平。建设仿真实训基地等信息化教学设施，建设实习实训等关键业务领域的管理信息系统，建成支撑学生、教师和员工自主学习和科学管理的数字化环境。

有效提高职业教育实践教学水平。充分发挥信息技术优势，优化教育教学过程，提高实习实训、项目教学、案例分析、职业竞赛和技能鉴定的信息化水平。改革人才培养模式，以信息技术支撑产教结合、工学结合、校企合作、顶岗实习。创新教育内容，促进信息技术与专业课程的融合，着力提高教师运用现代信息技术的能力和学生的岗位信息技术职业能力。加强实践教学，创新仿真实训资源应用模式，提高使用效益。

有力支撑高素质技能型人才培养。以关键技术应用为突破口，适应职业教育的多样化需求，以信息技术促进教育与产业、学校与企业、专业与岗位、教材与技术的深度结合。开展人才需求、就业预警和专业调整等方面的信息分析，增强职业教育适应人才市场需要的针对

性与支撑产业发展的吻合度。大力发展远程职业教育培训，共享优质数字教育资源，支撑职业教育面向人人、面向社会。

专栏二：2020年职业教育信息化发展水平框架

1. 全面提升职业院校信息化水平，主要维度为：
   - □ 宽带网络接入、数字化技能教室、仿真实训室等数字化环境、场所覆盖面；
   - □ 职业教育数字资源数量与质量满意度及网络教学平台覆盖面；
   - □ 职业院校工学结合、校企合作等信息化支撑平台的应用情况。
2. 职业教育实践教学水平显著提升，主要维度为：
   - □ 虚拟实训软件数量和应用满意度及专业覆盖面；
   - □ 教师教育技术职业能力考核通过率；
   - □ 虚拟仿真实训教学软件、实训基地与国家重点产业和战略性新兴产业的对接情况。
3. 学生信息技术职业能力提高，主要维度为：
   - □ 学生岗位信息技术职业能力考核通过率和学生满意度；
   - □ 学生应用信息技术提高职业技能情况。
4. 职业教育社会服务能力明显增强，主要维度为：
   - □ 人才预测、就业预警和专业调整信息系统数据的准确度；
   - □ 远程教育资源面向社会开放情况。

第六章　推动信息技术与高等教育深度融合，创新人才培养模式

高等教育信息化是促进高等教育改革创新和提高质量的有效途径，是教育信息化发展的创新前沿。进一步加强基础设施和信息资源建设，重点推进信息技术与高等教育的深度融合，促进教育内容、教学手段和方法现代化，创新人才培养、科研组织和社会服务模式，推动文化传承创新，促进高等教育质量全面提高。

加强高校数字校园建设与应用。利用先进网络和信息技术，整合资源，构建先进、高效、实用的高等教育信息基础设施，开发整合各类优质教育教学资源，建立高等教育资源共建共享机制，推进高等教育精品课程、图书文献共享、教学实验平台等信息化建设。提升高校教师教育技术应用能力，推进信息技术在教学中的普遍应用。

促进人才培养模式创新。加快对课程和专业的数字化改造，创新信息化教学与学习方式，提升个性化互动教学水平，创新人才培养模式，提高人才培养质量。加速信息化环境下科学研究与拔尖创新人才培养的融合，推动最新科研成果转化为优质教育教学资源，创新拔尖学生培养模式。推动学科工具和平台的广泛应用，培养学生自主学习、自主管理、自主服务的意识与能力。创新对口支援西部地区高校工作模式，鼓励东西部高校共建共享优质教学和科研资源。

促进高校科研水平提升。建设知识开放共享环境，促进高校与科研院所、企业共享科技教育资源，推动高校知识创新。构建数字化科研协作支撑平台，推进研究实验基地、大型科学仪器设备、自然科技资源、科学数据、科学文献共享，支持跨学科、跨领域、跨地区的协同创新。不断提高教师、科研人员利用信息技术开展科研的能力，推动高校创新科研组织模式和机制，完善高等教育科技创新体系，引领信息时代科技创新。

增强高校社会服务与文化传承能力。积极利用信息化手段，推进产学研用结合，加快科研成果转化，提高高校服务经济社会发展的能力。依托信息技术，面向社会公众开展学科教育、科普教育和人文教育，提高公众科学素质和人文素质。构建高校网上虚拟社区，广泛进行思想与文化交流，创新、发展先进文化。开发国际汉语教学和文化宣传优质数字教育资源，支持中文教育国际化及跨文化教育交流，推动网络孔子学院建设，积极传播中华民族优秀文化。

专栏三：2020 年高等教育信息化发展水平框架
1. 绿色、安全、文明的数字校园基本建成，主要维度是： ☐ 校园网覆盖范围、带宽、安全及泛在信息平台的普及使用情况； ☐ 数字化教室等信息设备的配置与使用情况，及对教育改革和创新的支撑情况； ☐ 数字教育教学资源库及优秀数字文化资源的建设、共享与使用情况； ☐ 教学、科研、教师、学生、财务等管理信息系统的建设、数据共享与使用情况。 ☐ 人才培养模式创新普遍开展，主要维度是： 2. 信息技术与教学深度融合的教学模式、方法、内容创新应用情况； ☐ 信息化环境下教学业务组织与流程创新的情况； ☐ 在信息化条件下，学生自主学习、自主管理、自主服务的情况； ☐ 科研成果转化为数字教学资源及在教学中的应用情况。 3. 科研创新信息化支撑体系基本建成，主要维度是： ☐ 基于网络的协同科研开展情况及针对专业领域的科研网络社区建设与使用情况； ☐ 科研条件与资源的共享情况； ☐ 信息化促进产学研用结合情况。 4. 利用信息化手段服务社会和传承文化，主要维度是： ☐ 信息化支撑科研成果转化情况； ☐ 公共教学与科研资源对校外科普教育、人文教育、学科教育的辐射情况； ☐ 多语言、跨文化的教育资源与学习平台应用情况及在国际文化交流领域的辐射情况。

第七章　构建继续教育公共服务平台，完善终身教育体系

继续教育信息化是建设终身学习体系的重要支撑。构建继续教育公共服务平台，推进开放大学建设，面向全社会提供服务，为学习者提供方便、灵活、个性化的信息化学习环境，促进终身学习体系和学习型社会建设。

推进继续教育数字资源建设与共享。建立继续教育数字资源建设规范和网络教育课程认证体系。探索国家继续教育优质数字资源公共服务平台的建设模式和运营机制，鼓励建设各类继续教育优质数字资源库。充分利用包括有线电视网在内的公共通信网络，积极推动教育资源进家庭。推动建立优质数字教育资源的共建共享机制，为全社会各类学习者提供优质数字教育资源。

加快信息化终身学习公共服务体系建设。持续发展高等学校网络教育，采用信息化手段完善成人函授教育和高等教育自学考试，探索中国特色高水平开放教育模式。根据现代远程教育发展和学习型社会建设的需要，探索开放大学信息化支撑平台建设模式，加强继续教育机构的信息化建设，建立遍及城乡的一站式、多功能开放学习中心，促进终身学习公共

服务体系建设。

加强继续教育公共信息管理与服务平台建设。完善继续教育“学分银行”制度，探索相关信息系统与支撑平台建设与运行模式，建设支持终身学习的继续教育考试与评价、质量监管体系，形成继续教育公共信息管理与服务平台，为广大学习者提供个性化学习服务，为办学、管理及相关机构开展继续教育提供服务。

专栏四：2020 年继续教育信息化发展水平框架

1. 继续教育优质数字资源全面普及，主要维度是：
 - □ 学习者可选优质数字教育资源覆盖情况；
 - □ 课程资源通过评估与认证的情况；
 - □ 家庭可访问数字教育资源的数量及利用率。
2. 继续教育开放灵活的公共服务体系基本建成，主要维度是：
 - □ 继续教育学习中心的功能及覆盖率；
 - □ 继续教育学习中心的支持服务满意度；
 - □ 为国家开放教育提供信息化支撑情况。
3. 继续教育信息管理与服务平台普遍应用，主要维度是：
 - □ 继续教育管理系统应用与数据互联情况；
 - □ 办学机构的信息化水平；
 - □ 学习者数字化学习成果认定、学分累计与转换情况。

第八章　整合信息资源，提高教育管理现代化水平

教育管理信息化是推动政府转变教育管理职能、提高管理效率和建设现代学校制度的有力手段。大力推进教育管理信息化，支撑教育管理改革，促进教育决策科学化、公共服务系统化、学校管理规范化。

提升教育服务与监管能力。建立教育管理信息标准体系，制订教育管理信息标准，规范数据采集与管理流程，建立以各级各类学校和师生为对象的国家教育管理基础数据库。整合各级各类教育管理信息资源，建立事务处理、业务监管、动态监测、评估评价、决策分析等教育管理信息系统，大力推动教育电子政务，提高教育管理效率，优化教育管理与服务流程，支撑教育管理改革与创新。

提高教育管理公共服务质量与水平。利用信息技术创新教育管理公共服务模式，建立国家教育管理公共服务平台和配套服务机制，扩大和延伸招生、资助等信息服务，为社会公众提供及时丰富的公共教育信息。建立覆盖全体学生的电子档案系统，做好学生成长记录与综合素质评价，并根据需要为社会管理和公共服务提供支持。完善国家教育考试评价综合信息化平台，支持考试招生制度改革。

加快学校管理信息化进程。建立电子校务平台，加强教学质量监控，推动学校管理规范化与校务公开，支持学校服务与管理流程优化与再造，提升管理效率与决策水平，提高办学效益，支撑现代学校制度建设。利用信息化手段提升学校服务师生的能力和水平。

专栏五：2020年教育管理信息化发展水平框架
1. 各级教育行政部门普遍实现教育管理信息化，主要维度是： □ 教育管理基础数据库建设与应用情况及对教育质量常态监控支持情况； □ 管理信息标准化和数据互通情况； □ 信息化对教育管理改革与创新的支撑程度； □ 师生、社会公众对教育信息服务的满意度。 2. 各级各类学校信息化管理与服务广泛应用，主要维度是： □ 学校管理信息系统建设与应用情况； □ 信息化对学校管理决策的支持情况； □ 师生对学校管理与服务信息化的满意度。

第九章　建设信息化公共支撑环境，提升公共服务能力和水平

信息化公共支撑环境包括教育信息网络、国家教育云服务平台、优质数字教育资源与共建共享环境、教育信息化标准体系、教育信息化公共安全保障体系等，是全国教育机构和相关人员开展各级各类教育信息化应用的公共支撑。建设信息化公共支撑环境，为青少年学生提供健康的信息化学习环境，支撑以学习者为中心的学习模式，为培养创新型人才提供高性能信息化教学科研环境，为构建学习型社会奠定重要基础。

完善教育信息网络基础设施。加快中国教育和科研计算机网(CERNET)、中国教育卫星宽带传输网(CEBSat)升级换代，不断提升技术和服务水平。充分利用现有公共通信传输资源，实现全国所有学校和教育机构宽带接入。根据国家互联网发展战略要求率先实现向下一代互联网的过渡。探索国家公益性网络的可持续发展机制。

建立国家教育云服务模式。充分整合现有资源，采用云计算技术，形成资源配置与服务的集约化发展途径，构建稳定可靠、低成本的国家教育云服务模式。面向全国各级各类学校和教育机构，提供公共存储、计算、共享带宽、安全认证及各种支撑工具等通用基础服务，支撑优质资源全国共享和教育管理信息化。

建立优质数字教育资源和共建共享环境。遵循相关标准规范，建立国家、地方、教育机构、师生、企业和其他社会力量共建共享优质数字教育资源的环境，提供优质数字教育资源信息服务；建设并不断更新满足各级各类教育需求的优质数字资源，开发深度融入学科教学的课件素材、制作工具，完善各种资源库，建设优质网络课程和实验系统、虚拟实验室等，促进智能化的网络资源与人力资源结合。坚持政府引导，鼓励多方参与投入建设，发挥多方优势，逐步形成政府购买公益服务与市场提供个性化服务相结合的资源共建共享机制，减少低水平重复开发，实现最大范围的开放共享；提高数字教育资源对教育教学模式改革创新的支持能力和水平，支持偏远地区、少数民族地区、经济欠发达地区和薄弱学校享用优质的教育资源服务。

完善教育信息化标准体系。加强教育信息化标准化工作和队伍建设。制定相关政策措施，形成标准测试、认证、培训、宣传和应用推广保障机制。加快标准制订步伐，完善教育信息化国家标准和行业标准体系，提高标准的采标率，促进资源共建共享和软硬件系统互联

互通。

建立教育信息化公共安全保障环境。加强基础设施设备和信息系统的安全防范措施，不断提高对恶意攻击、非法入侵等的预防和应急响应能力，保证基础设施设备和信息系统稳定可靠运行。采取有效的内容安全防护措施，防止有害信息传播。探索建立安全绿色信息化环境的保障体系和管理机制。

第十章　加强队伍建设，增强信息化应用与服务能力

队伍建设是发展教育信息化的基本保障。造就业务精湛、结构合理的教育信息化师资队伍、专业队伍、管理队伍，为教育信息化提供人才支持。

提高教师应用信息技术水平。建立和完善各级各类教师教育技术能力标准，继续以中小学和职业院校教师为重点实施培训、考核和认证一体化的教师教育技术能力建设，将教育技术能力评价结果纳入教师资格认证体系。加快全国教师教育网络联盟公共服务平台的建设，积极开展教师职前、职后相衔接的远程教育与培训。到2020年，各级各类学校教师基本达到教育技术能力规定标准。采取多种方法和手段帮助教师有效应用信息技术，更新教学观念，改进教学方法，提高教学质量。

建设专业化技术支撑队伍。明确教育信息化专业人员岗位职责，制定相应的评聘办法，逐步提高专业技术人员待遇。持续开展各级各类教育信息化专业人员能力培训。到2020年，实现教育信息化专业人员信息化能力全部达标，持证上岗。

提升教育信息化领导力。建立教育行政部门、专业机构和学校管理者的定期培训制度，开展管理人员教育技术能力培训和教育信息化领导力培训，提升信息化规划能力、管理能力和执行能力，逐步建立工作规范和评价标准，将管理者的信息化领导力列入考核内容。到2020年，各级各类管理人员达到教育技术能力相应标准。

优化信息化人才培养体系。加大对教育信息化相关学科的支持力度，优化本科生和研究生培养计划和课程体系。建立教育信息化实训基地，提高实践能力，鼓励高校信息化相关学科毕业生到基层单位和学校从事教育信息化工作。

第十一章　创新体制机制，实现教育信息化可持续发展

科学、规范的体制机制是实现教育信息化可持续发展的根本保障。通过体制改革确立教育信息化工作的重要地位，通过机制创新调动社会各方面力量参与教育信息化建设的积极性，多方协同推进教育信息化，促进教育信息化建设与应用的持续健康发展。

创新优质数字教育资源共建共享机制。按照政府引导、多方参与、共建共享的原则，制订数字教育资源建设与共享的基本标准，建立数字教育资源评价与审查制度；政府资助引领性资源的开发和应用推广，购买基础性优质数字教育资源提供公益性服务；支持校际间网络课程互选及资源共建共享活动；鼓励企业和其他社会力量投入数字教育资源建设、提供个性化服务；创建用户按需购买产品和服务的机制，形成人人参与建设、不断推陈出新的优质数字教育资源共建共享局面。

建立教育信息化技术创新和战略研究机制。将教育信息化技术及装备研发与应用纳入国家科技创新体系，建成一批国家级、省部级教育信息化技术创新、产品中试及推广基地，推动技术创新和成果转化、应用；设立教育信息化科研专项，深入研究解决我国教育信息化发展领域的重大问题和核心共性技术。建立一批教育信息化战略研究机构，为教育信息化发展战略制定、政策制定和建设实施提供咨询与参考。

建立教育信息化产业发展机制。积极吸引企业参与教育信息化建设，引导产学研用结合，推动企业技术创新，促进形成一批支持教育信息化健康发展、具有市场竞争力的骨干企业；营造开放灵活的合作环境，推动校企之间、区域之间、企业之间广泛合作。

推动教育信息化国际交流与合作。加强国际交流，参与教育信息化相关国际组织活动，参与国际标准制订，学习借鉴国外先进理念，学习引进国外优质数字教育资源和先进技术，缩小与国际先进水平的差距；利用信息化手段加强各级各类教育机构和学校在人才培养、科学研究等方面的国际合作。

改革教育信息化管理体制，建立健全教育信息化管理与服务体系。在各级教育行政部门和各级各类学校明确信息化发展任务与管理职责，改革调整现行管理体制，完善技术支持服务体系，建立与教育信息化发展需要相适应的统筹有力、权责明确的教育信息化管理体制和高效实用的运行机制。

第三部分　行动计划

为实现国家教育信息化规划目标，完成发展任务，着重解决国家教育信息化全局性、基础性、领域共性重大问题，实施“中国数字教育 2020”行动计划，在优质资源共享、学校信息化、教育管理信息化、可持续发展能力与信息化基础能力等五个方面，实施一批重点项目，取得实质性重要进展。2012—2015 年，初步解决教育信息化发展中的重大问题，基本形成与国家教育现代化发展目标相适应的教育信息化体系；2016—2020 年，根据行动计划建设进展、教育改革发展实际需求和教育信息化自身发展状况，确定各行动的建设重点与阶段目标。

第十二章　优质数字教育资源建设与共享行动

实施优质数字教育资源建设与共享是推进教育信息化的基础工程和关键环节。到 2015 年，基本建成以网络资源为核心的教育资源与公共服务体系，为学习者可享有优质数字教育资源提供方便快捷服务。

建设国家数字教育资源公共服务平台。建设教育云资源平台，汇聚百家企事业单位、万名师生开发的优秀资源。建设千个网上优质教育资源应用交流和教研社区，生成特色鲜明、内容丰富、风格多样的优质资源。提供公平竞争、规范交易的系统环境，帮助所有师生和社会公众方便选择并获取优质资源和服务，实现优质资源共享和持续发展。

建设各级各类优质数字教育资源。针对学前教育、义务教育、高中教育、职业教育、高等教育、继续教育、民族教育和特殊教育的不同需求，建设20000门优质网络课程及其资源，遴选和开发500个学科工具、应用平台和1500套虚拟仿真实训实验系统。整合师生需要的生成性资源，建成与各学科门类相配套、动态更新的数字教育资源体系。建设规范汉字和普通话及方言识别系统，集成各民族语言文字标准字库和语音库。

建立数字教育资源共建共享机制。制订数字教育资源技术与使用基本标准，制订资源审查与评价指标体系，建立使用者网上评价和专家审查相结合的资源评价机制；采用引导性投入，支持资源的开发和应用推广；制定政府购买优质数字教育资源与服务的相关政策，支持使用者按需购买资源与服务，鼓励企业和其他社会力量开发数字教育资源、提供资源服务。建立起政府引导、多方参与的资源共建共享机制。

第十三章　学校信息化能力建设与提升行动

学校信息化能力建设是国家教育信息化的主阵地。加强各级各类学校信息基础设施与能力建设，创建教育信息化环境是国家教育信息化工作的重要任务。重点支持中西部地区、边远地区、贫困地区的学校信息基础设施建设。大力推进教育信息化应用创新与改革试点，探索教育理念与模式创新，推动教育与信息技术的深度融合，探索教育信息化可持续发展机制。

中小学校和中等职业学校标准化建设。制订中小学校和中等职业学校数字校园建设基本标准。采用政府推动、示范引领、重点支持、分步实施的方式，推动中小学校、幼儿园、中等职业学校实现基础设施、教学资源、软件工具、应用能力等信息化建设与应用水平全面提升。利用网络技术，实现丰富的教学资源和智力资源的共享与传播，使每所学校实现教育教学、教育管理和服务信息化，促进教育公平，提高教育质量和效益。

高校数字校园建设。大力推进普通高校数字校园建设，普及建设高速校园网络及各种数字化教学装备，建设职业教育虚拟仿真实训基地。建设完善的信息发布、网络教学、知识共享、管理服务和校园文化生活服务等数字化平台，推进系统整合与数据共享。持续推进并优化高校精品开放课程建设，促进科研成果转化为优质数字教育资源，实现科研与教学的互动和对接，积极开展基于项目的学习，推动教学内容和教学方法改革，促进人才培养模式创新。构建高校科研协作与知识共享环境，推动高校科研组织模式和方法创新。

教育信息化创新与改革试点。以促进教育公平为重点，提高教育质量为核心，选择不同经济社会和教育发展水平的区域、不同类型和层次的学校，开展教育信息化建设与应用试点，建设一批教育信息化创新与改革试点校及一批教育信息化创新与改革试验区，探索信息化对教育改革和发展产生革命性影响的新思路、新方法与新机制。鼓励企业和社会力量参与试点工作。

第十四章　国家教育管理信息系统建设行动

建设国家教育管理信息系统是支撑教育管理现代化的基础工程。为各级教育行政部门和各级各类学校提供教育管理基础数据和管理决策平台，为公众提供公共教育信息和教育管理公共服务平台。

建立国家级教育管理基础数据库和信息系统。建设国家教育基础数据库和国家级教育管理信息系统，实现对教育质量、招生考试、学生流动、资源配置和毕业生就业等状况的有效监管，提供教育考试评价服务。建设网络信息安全与运行维护保障体系。

推动地方政府建立教育管理基础数据库和信息系统。开展省级教育管理基础数据库和管理信息系统建设，建设网络信息安全与运行维护保障体系，并实现与国家级系统的有机衔接。推动省级教育行政部门建设云教育管理服务平台，基于云服务模式，为本地区相关教育机构和各级各类学校提供管理信息系统等业务应用服务。

推动学校管理信息系统建设与应用。制订学校管理信息化标准与要求，通过分类指导、示范引领推动各级各类学校管理信息化建设。推动基础教育和中等职业教育学校基于云服务的信息化管理，建立高校管理信息系统开源软件库，带动学校管理信息化水平的整体提升。推动电子学籍建设，完善学生综合素质评价。

实现系统整合与数据共享。建立教育管理信息标准与编码规范，建立数据采集、交换共享、管理与应用的技术平台与工作机制，建立教育管理信息安全保障体系，衔接各级各类教育管理信息系统与基础数据库，实现系统互联与数据互通，建设纵向贯通、横向关联的教育管理信息化体系。

第十五章　教育信息化可持续发展能力建设行动

推进可持续发展能力建设是教育信息化科学发展的关键举措。提升教育技术能力，推广应用教育信息化标准，建立教育信息化技术支持和战略研究体系，培养教育信息化后备人才，促进教育信息化的快速、可持续发展。

实施教育技术能力培训。制订和完善教师教育技术能力标准，开发面向各级各类教师的教育技术培训系列教材和在线课程，实行学科教师、管理人员和技术人员的教育技术培训。制订信息化环境下的学生学习能力标准，开发信息化环境下的学生学习能力培养相关课程。建设教育技术能力在线培训平台和网上学习指导交流社区。到 2015 年，建立 12 个国家级培训基地，健全 32 个省级培训基地，形成以基地为中心，辐射全国范围的教育技术能力培训体系；中小学教师和技术人员基本完成初级培训，30％的中小学教师完成中级培训，50％的管理人员完成初级培训。

推广应用教育信息化标准。完善和发展教育信息化技术类和管理类标准、信息化环境设备配置规范、教育信息化发展水平的评估类指标等系列标准规范。建设教育信息化标准测试与认证机构，加大标准推广应用力度。到 2015 年，形成初步完备的教育信息化标准规范体系，设立标准咨询培训、测试认证和推广应用服务机构。

建立教育信息化技术支持和战略研究体系。建设若干教育信息化技术与装备研究和成果转化基地。开展新技术教育应用的试验研究，开发拥有自主知识产权的教育信息化关键技术与装备。探索信息技术与教育教学深度融合的规律，深入研究信息化环境下的教学模式。通过信息化试验区与试点校的集成创新，提供系统解决方案，促进信息技术、装备与教育的融合。建设教育信息化战略研究机构，跟踪、分析国内外教育信息化发展现状与趋势，评估教育信息化进展，提出发展战略与政策建议，为教育信息化决策提供咨询与参考。到2015年，形成完整的教育信息化研究支持体系。

增强教育信息化后备人才培养能力。开发能有效支持师范生教育技术实践能力培养的信息技术和教育技术公共课。建设一批学科优势明显、课程体系完善、与实践领域对接的教育信息化专门人才培养基地。遴选和培养一批能引领教育信息化发展的研究与实践人才。到2015年，建成30个左右的国家级教育信息化人才培养基地。

第十六章　教育信息化基础能力建设行动

教育宽带网络和教育云基础平台等教育信息化支撑环境的全面覆盖，是实现教育信息化的重要公共基础。采用统一规范、分级管理方式，推进具有先进、安全、绿色特征的公益性信息化基础设施建设，建立公益性信息化基础设施的可持续发展机制。

超前部署教育信息网络。实施中国教育和科研计算机网(CERNET)升级换代。支持IPv6协议，与IPv6互联网和现有IPv4互联网实现互联互通。到2015年，宽带网络覆盖各级各类学校，中小学接入带宽达到100Mbps以上，边远地区农村中小学接入带宽达到2Mbps以上；高校的接入带宽达到1Gbps以上。

国家教育卫星宽带传输网络建设。实施中国教育卫星宽带传输网络(CEBSat)升级换代，建立适应卫星双向应用的基础支撑服务平台。择机发射双向宽带教育卫星，提供20Gbps以上带宽，提供交互学习和培训区域点播、广播服务，同时为偏远地区教育机构提供接入国家教育宽带网络的传输服务。

国家教育云基础平台建设。充分整合和利用各级各类教育机构的信息基础设施，建设覆盖全国、分布合理、开放开源的基础云环境，支撑形成云基础平台、云资源平台和云教育管理服务平台的层级架构。到2015年，初步建成国家教育云基础平台，支持教育云资源平台和管理服务平台的有效部署与应用，可同时为IPv4和IPv6用户提供教育基础云服务。

开放大学信息化支撑平台建设。建成跨网络、跨平台、跨终端的开放大学信息化支撑平台，通过多种渠道建成覆盖全民学习需求的学习资源。实现与各级各类学校和教育机构互联互通，支持开放大学开展社会化服务，构建以开放大学为主体，各级各类学校和教育机构共同参与的终身教育网络。

第四部分　保障措施

第十七章　加强组织领导

加强教育信息化工作的组织领导。推动各级教育行政部门建立健全教育信息化管理职能部门。在各级各类学校设立信息化主管，在高校和具备一定规模的其他各类学校设立信息化管理与服务机构。全面加强教育信息化工作的统筹协调，明确职责，理顺关系。完善技术支持机构，推进相关机构的分工与整合。

明确推进教育信息化工作的责任。国务院教育行政部门负责统筹规划、部署、指导全国教育信息化工作；各有关部门积极支持，密切协作，共同推动。各级政府是教育信息化工作的责任主体。教育信息化以省级政府为主统筹推进。地方各级教育行政部门和各级各类学校是教育信息化的实施主体。

第十八章　完善政策法规

制定和落实教育信息化优先发展政策。推动各级教育行政部门和各级各类学校制定教育信息化优先发展的配套政策措施。协调制定和落实各级各类学校、师生和相关教育机构在网络接入等方面的资费优惠政策。

完善教育信息化相关法规。加快推进教育信息化法制建设。将教育信息化列为政府教育督导内容，将教育技术能力纳入教师资格认证与考核体系，完善教育信息化相关部门的技术人员的编制管理与职称（职务）评聘办法。

支持教育信息化产业发展。协调制定扶持教育信息化产业发展政策，鼓励企业参与教育信息化建设。以税收优惠等调控手段，培育教育信息化产业体系。形成良性竞争的教育信息化产业发展环境。

第十九章　做好技术服务

加强教育信息化标准规范制定和应用推广。结合教育信息化需求，开展教育信息化标准化基础科研，加快标准制修订步伐，强化标准的宣贯，推动标准化实施，确保数字教育资源、软硬件资源、教育管理信息资源等各方面内容的标准化和规范化。

建立和完善教育信息化创新支撑体系。整合设立教育信息化研究基地，以多种方式设立教育信息化技术与装备研发、推广项目，支撑适应中国国情的教育信息化技术自主创新、经济可行的特色装备研发与推广。

完善信息安全保障。制定和实施网络与信息安全建设管理规范，建立全方位安全保障体系，确保教育管理、教学和服务等信息系统安全。加强网络有害行为防范能力和不良信息监管力度，防止暴力色情等有害信息对校园文化的侵害。

完善教育信息化运行维护与技术支持服务体系。推进各级教育机构的信息化运行维护和技术服务机构建设，建立各级教育行政部门和各级各类学校的信息技术专业服务队伍。

第二十章　落实经费投入

建立经费投入保障机制。推动各级政府充分整合现有经费渠道，优化经费支出结构，制定教育信息化建设和运行维护保障经费标准等政策措施，在教育投入中加大对教育信息化的倾斜，保障教育信息化发展需求，特别要加强对农村、偏远地区教育信息化的经费支持。

鼓励多方投入。明确政府在教育信息化经费投入中的主体作用。鼓励企业和社会力量投资、参与教育信息化建设与服务，形成多渠道筹集教育信息化经费的投入保障机制。

加强项目与资金管理。统筹安排教育信息化经费使用，根据各地教育信息化发展阶段特征，及时调整经费支出重点，合理分配在硬件、软件、资源、应用、运行维护、培训等各环节的经费使用比例。加强项目管理和经费监管，规范项目建设。实施教育信息化经费投入绩效评估，提高经费使用效率效益。

实　施

本规划是落实《教育规划纲要》的专项规划，涉及面广、时间跨度大、任务重、要求高，必须周密部署、精心组织、认真实施，确保各项任务落到实处。

强化组织领导。本规划由国务院教育行政部门负责协调组织和督导实施，地方各级教育行政部门应以本规划为基础，制订本地区教育信息化工程建设计划和工作实施方案。

明确任务分工。国务院教育行政部门和地方各级教育行政部门、教育机构、科研机构和业内企业应明确各自角色分工，从政策实施、技术研发、成果推广、应用示范等各方面协同推进。

施行目标考核。按照本规划定义的教育信息化十年发展目标和阶段建设指标施行考核，健全工作督导机制，分阶段落实本规划确定的各项发展任务和建设目标。

推广试点示范。坚持以点带面、分类指导，充分发挥试点、示范引领作用，逐步推动信息技术在教育领域的深入应用，为实现本规划制定的发展目标奠定基础。

建立支持环境。利用多种渠道，广泛宣传教育信息化作为国家战略加以实施的重要性和紧迫性，广泛宣传本规划的重要意义和具体内容，形成全社会关心、支持教育信息化建设的良好环境，为本规划的落实创造支持条件。

教育部办公厅关于开展2015年国家级实验教学示范中心建设工作的通知

教高厅函〔2015〕31号

各省、自治区、直辖市教育厅(教委),新疆生产建设兵团教育局,中国人民解放军总参谋部军训部:

为贯彻落实《教育部关于全面提高高等教育质量的若干意见》(教高〔2012〕4号)精神,我部决定2015年继续开展国家级实验教学示范中心建设工作。现将有关事项通知如下:

一、建设目标

以促进大学生的全面发展和适应社会需要为宗旨,以培养创新精神和实践能力为核心,通过建设布局相对合理的国家级、省级和校级实验教学示范中心体系,推动高等学校实验教学改革和实验教学中心建设与发展,实现高等教育人才培养水平的不断提升。

二、建设内容

实验教学示范中心应在教学、队伍、资源、管理和信息化等方面发挥示范和引领作用。国家级实验教学示范中心应具有:

(一)先进的实验教学理念

充分发挥实践教学在增强学生的社会责任感、激发学生的创新精神、培养学生的实践能力等方面的重要作用,形成重视实践教学、实践教学与理论教学协同培养高素质专门人才和拔尖创新人才的良好氛围。

(二)先进的实验教学体系

遵循实验教学规律和人才成长规律,建立以能力培养为主线,目标清晰、载体明确、评价科学的实验教学质量标准。建立以实验教学中心为依托,与有关部门、科研院所、行业企业联合培养人才的新模式。重视基本规范的养成,重视基础能力的培养,重视与科学前沿、工程实际和社会应用实践的密切联系。

(三)先进的实验教学方式方法

创新和使用多样化的教学方法、现代化的教学手段,积极开发综合性、设计性、创新性实验项目。重点实行以学生为本的基于问题、项目、案例的互动式、研讨式教学方式和自主、合作、探究的学习方式。注重基础与前沿、经典与现代相结合,虚拟仿真与真实体验相结合,基本规范养成、基础能力训练与创新能力培养相结合,促进学生多样化成才。

(四)先进的实验教学队伍建设模式

重视实验教学队伍建设,制定相应政策,采取有效措施,鼓励高水平教师投入实验教学工作。建设实验教学与理论教学队伍互通,教学、科研、技术兼容,核心骨干相对稳定,年龄、职称、知识、能力、素质结构合理的实验教学团队。重视实验教学中心主任的选拔和使用,加大人员培养培训力度,拓宽与有关部门、科研院所、行业企业人员交流的途径。形成由学术带头人或高水平教授负责,热爱实验教学,教育理念先进,教学科研能力强,信息技术水平高,实践经验丰富,勇于创新的实验教学队伍。

(五)先进的仪器设备配置和安全环境

实验仪器设备配置符合教学要求,体现专业特色,适应科技、工程和社会应用实践的变化与发展,满足人才培养需求。实验教学资源及仪器设备使用效益高,运行维护保障充分。环境、安全、环保符合国家规范,经常性组织安全教育和培训。创造性开展体现学科专业实验教学特点和学校特色的实验教学文化建设。

(六)先进的实验教学中心建设和管理模式

坚持科学规划、资源整合、开放共享、高效管理原则,对实验教学中心建设进行科学规划,对实验教学资源和相关教育资源进行整合,建设面向多学科、多专业的实验教学中心。理顺实验教学中心管理体制,实行中心主任负责制。建设有利于学生自主实验、个性化学习的实验环境,建立健全评价与保障机制,完善并落实实验教学质量保障体系。创新对外交流与合作模式,利用科研院所、行业企业人才和技术优势,建设校内外互惠互利、可持续发展的实践育人条件。

(七)先进的实验教学信息化水平

推进信息技术与实验教学深度融合,加强信息技术在实验教学过程中的广泛应用。建设普通实验教学、研究性实验教学和虚拟仿真实验教学等信息化实验教学资源,建立统一的实验教学中心信息管理平台,推动课程管理、师生交流、教学评价的信息化,实现实验内容、空间、时间、人员、仪器设备等的高效利用和开放共享。持续提高实验教学队伍应用信息技术的能力。

(八) 突出的建设成果与示范作用

实验教学中心特色鲜明，实验教学效果显著，建设成果丰富，受益面广，学生实验兴趣浓厚，自主学习能力增强，实践创新能力明显提高，发挥了良好的示范作用。

三、申报与遴选

2015 年计划遴选产生 100 个左右的国家级实验教学示范中心。按照"简政放权、管评分离"的原则，委托中国高等教育学会负责申报材料受理、资格审查和遴选等工作。

(一) 申报范围与程序

本次申报单位是普通本科高等学校和军队高等学校，申报对象是省级实验教学示范中心或军队同层次实验教学中心。

普通本科高等学校向所在地省级教育行政部门提出申请，军队高等学校向军队院校教育主管部门提出申请。每所学校申报项目不超过 1 个。由省、自治区、直辖市教育厅(教委)、新疆生产建设兵团教育局和中国人民解放军总参谋部军训部根据申报名额(见附件 1)推荐。

(二) 申报材料

申报国家级实验教学示范中心应提交以下材料：

1.《国家级实验教学示范中心申请书》(见附件 2)。

2. 实验教学中心情况视频材料。包括实验教学中心实验仪器设备与环境的全貌，典型实验项目内容等。

3. 关于实验教学中心建设的支撑材料。包括相关政策、保障措施、规章制度和建设成果等。

(三) 申报方式与时间

1. 2015 年 6 月 30 日以前，省级教育行政部门和军队院校教育主管部门将联系人信息(见附件 3)发送至中国高等教育学会秘书处邮箱：xueshubu@moe.edu.cn。

2. 9 月 7 日至 9 日，将推荐的实验教学中心 1～3 项申报材料上传到"高等学校实验教学示范中心网站"(http://syzx.cers.edu.cn)。申请书内容须在"高等学校实验教学示范中心网站"中填写，同时上传 PDF 格式申请书，容量不超过 10M。视频材料要求 MP4 格式，尺寸为 1280×720，容量不超过 200M，播放时间长度不超过 10 分钟。支撑材料要求 PDF 格式，容量不超过 50M。

3. 9 月 18 日之前，将推荐的实验教学中心申请书纸质材料(一份)和推荐情况汇总表(见附件 4)函寄(送)至中国高等教育学会秘书处，高晓杰收，地址：北京市海淀区文慧园北路10号中国高等教育学会401室，邮政编码100082。逾期不再受理。

(四) 遴选工作

支持中央部委所属院校重点建设专业实验教学中心，计划遴选30个左右。地方所属高等学校和军队高等学校建设范围不作限定，计划遴选70个左右。

遴选结果将在教育部网站进行公示。公示结束后，由我部授予“国家级实验教学示范中心”称号。

四、其他要求

省级教育行政部门和军队院校教育主管部门应参照2012年中央财政对国家级实验教学示范中心建设投入标准，提供经费支持和政策支持。学校应保证实验教学示范中心的正常运转经费和教学改革经费。

各有关部门和高等学校要高度重视国家级实验教学示范中心建设工作，根据本通知要求和学校实际情况，科学规划，精心组织，加大投入，持续建设，高质量完成建设工作。

五、联系方式

(一) 中国高等教育学会秘书处，联系人：高晓杰，电话：010－59893290，电子信箱：xueshubu@moe.edu.cn；网络申报技术支持，联系人：郝永胜，电话：010－62751071，电子信箱：haoysh@pku.edu.cn。

(二) 教育部高等教育司实验室处，联系人：李强，电话：010－66097854，电子信箱：sysc@moe.edu.cn。

教育部办公厅

2015年6月17日

教育部办公厅关于开展2015年国家级虚拟仿真实验教学中心建设工作的通知

教高厅函〔2015〕24号

各省、自治区、直辖市教育厅（教委），新疆生产建设兵团教育局，中国人民解放军总参谋部军训部：

为贯彻落实《教育部关于全面提高高等教育质量的若干意见》（教高〔2012〕4号）精神，根据《教育信息化十年发展规划（2011—2020年）》，我部决定2015年继续开展国家级虚拟仿真实验教学中心建设工作。现将有关事项通知如下：

一、工作指导思想

虚拟仿真实验教学是高等教育信息化建设和实验教学示范中心建设的重要内容，是学科专业与信息技术深度融合的产物。虚拟仿真实验教学中心建设工作坚持“科学规划、共享资源、突出重点、提高效益、持续发展”的指导思想，以提高高等学校学生创新精神和实践能力为宗旨，以共享优质实验教学资源为核心，以建设信息化实验教学资源为重点，持续推进高等学校实验教学信息化建设和实验教学改革与发展。

二、建设任务和内容

虚拟仿真实验教学依托虚拟现实、多媒体、人机交互、数据库和网络通讯等技术，构建高度仿真的虚拟实验环境和实验对象，学生在虚拟环境中开展实验，达到教学大纲所要求的教学目的。

虚拟仿真实验教学中心建设应充分体现虚实结合、相互补充、能实不虚的原则，实现真实实验不具备或难以完成的教学功能。在涉及高危或极端的环境，不可及或不可逆的操作，高成本、高消耗、大型或综合训练等情况时，提供可靠、安全和经济的实验项目。

虚拟仿真实验教学中心重点开展资源、平台、队伍和制度等方面的建设，形成持续服务实验教学，保证优质实验教学资源开放共享的有机整体。

（一）虚拟仿真实验教学资源

充分体现学校学科专业优势，积极利用企业的开发实力和支持服务能力，系统整合学校信息化实验教学资源，创造性地建设与应用软件共享虚拟实验、仪器共享虚拟实验和远程控制虚拟实验等优质教学资源，推动信息化条件下自主学习、探究学习、协作学习等实验教学方法改革，提高教学能力，丰富教学内容，拓展实践领域，降低成本和风险，开展绿色实验教学。支持鼓励自主创新和拥有自有知识产权。

（二）虚拟仿真实验教学管理和共享平台

按照服务与资源相结合的原则，建设学校统一的具有开放性、扩展性、兼容性、前瞻性的虚拟仿真实验教学管理和共享平台，高效管理实验教学资源，全面提供搜索导航服务，及时发布资源应用信息，切实扩大资源影响力度，实现校内外、本地区及更大范围内的实验教学资源共享，满足多学科专业、多学校和多地区开展虚拟仿真实验教学的需要。探索高等学校、科研院所、行业企业共建共管共享的新模式，构建可持续发展的虚拟仿真实验教学服务支撑体系。

（三）虚拟仿真实验教学队伍

建设教学、科研、技术、管理人员相结合，核心骨干人员相对稳定，年龄、职称、知识、能力结构合理的虚拟仿真实验教学团队，形成教育理念先进，教学科研水平高，信息技术应用能力强，实践经验丰富，团结协作、勇于创新的虚拟仿真实验教学队伍。

（四）虚拟仿真实验教学中心管理体系

以虚拟仿真实验教学资源的充分使用和更大范围开放共享为目标，系统制定并有效实施保障虚拟仿真实验教学的教师工作绩效考核、经费使用管理、实验教学中心维护与可持续发展等政策措施，建立有利于激励学生学习和提高学生创新能力的教学效果考核、评价和反馈机制。

三、申报与遴选

2015年计划遴选产生100个左右国家级虚拟仿真实验教学中心。按照“简政放权、管评分离”的原则，委托中国高等教育学会负责申报材料受理、资格审查和遴选等工作。

（一）申报范围与程序

本次申报单位是普通本科高等学校和军队高等学校，申报对象是国家级或省级实验教学示范中心。

高等学校应在统筹考虑专业优势和学科布局的基础上申报。每所学校申报项目不超过1个。普通本科高等学校向所在地省级教育行政部门提出申请，军队高等学校向军队院校教育主管部门提出申请。由各省（市、区）教育厅（教委）、新疆生产建设兵团教育局和中国人民解放军总参谋部军训部根据申报名额（见附件1）推荐。

（二）申报材料

申报国家级虚拟仿真实验教学中心应提交以下材料：

1.《国家级虚拟仿真实验教学中心申请书》(见附件2)。

2. 虚拟仿真实验教学中心视频材料。包括实验教学中心实验设备与环境的全貌,典型虚拟仿真实验项目内容等。

3. 关于虚拟仿真实验教学中心建设的支撑材料。包括相关政策、规章制度、保障措施和建设成果等。

(三) 申报方式与时间

1. 2015年6月12日之前,省级教育行政部门和军队院校教育主管部门将联系人信息(见附件3)发送至中国高等教育学会秘书处邮箱 xueshubu@moe.edu.cn。

2. 9月10日至12日,将推荐的虚拟仿真实验教学中心1—3项申报材料上传到"高等学校实验教学示范中心网站"(http://syzx.cers.edu.cn)。申请书内容须在"高等学校实验教学示范中心网站"(http://syzx.cers.edu.cn)中填写,同时上传PDF格式申请书,容量不超过10M。视频材料要求MP4格式,尺寸为1280×720,容量不超过200M,播放时间长度不超过10分钟。支撑材料要求PDF格式,容量不超过50M。

3. 9月18日之前,将推荐的虚拟仿真实验教学中心申请书纸质材料(一份)、国家级虚拟仿真实验教学中心推荐情况汇总表(见附件4)函寄(送)至中国高等教育学会秘书处,高晓杰收,地址:北京市海淀区文慧园北路10号中国高等教育学会401室,邮政编码100082。逾期不再受理。

(四) 遴选工作

国家级虚拟仿真实验教学中心遴选着重考察资源的必要性、适用性、创新性以及开放共享的水平和能力(遴选要求见附件5)。在保证质量的前提下,兼顾学科专业、学校和地区的覆盖面。遴选结果将在教育部网站进行公示。公示结束后,由我部授予"国家级虚拟仿真实验教学中心"称号。

我部将通过国家教育资源公共服务平台和高等学校实验教学示范中心网站展示国家级虚拟仿真实验教学中心资源,并适时对资源开放共享情况进行检查。

各有关部门和高等学校要高度重视虚拟仿真实验教学中心建设工作,根据本通知要求和学校实际情况,科学规划,精心组织,加大投入,持续建设,高质量完成建设工作。

四、联系方式

(一) 中国高等教育学会秘书处,联系人:高晓杰,电话:010-59893290,电子信箱:xueshubu@moe.edu.cn;网络申报技术支持,联系人:郝永胜,电话:010-62751071,电子信箱:haoysh@pku.edu.cn。

(二) 教育部高等教育司实验室处,联系人:王振中,电话:010-66097854,电子信箱:sysc@moe.edu.cn。

国家级虚拟仿真实验教学中心遴选要求

<table>
<tr><th colspan="2">遴选要求</th><th>主要内容</th></tr>
<tr><td colspan="2">特色与创新</td><td>虚拟仿真实验教学中心建设特色与创新。</td></tr>
<tr><td rowspan="4">虚拟仿真实验教学资源</td><td>1 虚拟仿真实验教学资源建设</td><td>a）教学资源的必要性、适用性、创新性，实验项目的丰富程度；
b）真实实验无法开展或高危险的实验教学资源；或大型、综合的虚拟实训资源；或模拟真实实验教学中成本高、资源（包括能源和实验原材料）消耗大、污染严重的实验教学资源；其他虚拟仿真实验教学资源；
c）可配置、连接、调节和使用虚拟实验仪器设备进行实验；
d）教学资源开放共享的可行性。</td></tr>
<tr><td>2 科研成果转化为实验教学内容</td><td>a）科研设备用于虚拟仿真实验教学；
b）科研成果拓展虚拟仿真实验教学范围、丰富虚拟仿真实验教学内容；
c）科研成果开阔学生视野、拓展知识结构、提升综合能力。</td></tr>
<tr><td>3 校企合作</td><td>a）校企共建共管的合作模式和成果；
b）虚拟仿真实验教学可持续发展思路和办法的可操作性。</td></tr>
<tr><td>4 资源共享</td><td>a）目前虚拟仿真实验教学资源的开放共享状况；
b）进一步实现开放共享的计划与安排。</td></tr>
<tr><td rowspan="2">实验教学队伍</td><td>1 教师水平与实验教学水平</td><td>a）中心负责人与骨干教师的学术水平高；
b）教学能力强，实验教学经验丰富，教学特色鲜明。</td></tr>
<tr><td>2 队伍结构与素质</td><td>a）学科专业教师与信息技术研发人员配置合理；
b）青年教师的培养计划科学合理，并取得实际效果；
c）有虚拟仿真实验教学中心建设、技术支持和运行维护的专职队伍；
d）有企业背景的人员参与教学中心建设。</td></tr>
</table>

续 表

遴选要求		主要内容
特色与创新		虚拟仿真实验教学中心建设特色与创新。
管理与共享平台	1 校园网络及教学信息化平台水平	a）有大型存储设备，能够保障网络应用； b）校园门户网站对校内外公布虚拟仿真实验教学信息，提供虚拟仿真实验教学平台链接等相关服务； c）具有信息发布、数据收集分析、互动交流、成绩评定、成果展示等功能。
	2 网络管理与安全	a）有用户身份管理、认证和计费管理系统，提供用户认证和权限等级识别； b）具有网络防病毒、信息过滤和入侵检测功能，实现网络的安全运行、管理和维护。
条件保障	1 基础条件与管理规范	a）虚拟仿真实验教学中心基础条件符合教学要求； b）有教学中心专职队伍的管理规范； c）有教学效果考核、评价和反馈机制； d）有设备运行、维护、更新和管理的相关规范。
	2 资金保障	学校有持续稳定的虚拟仿真实验教学建设和管理经费。

浙江省教育厅关于“十二五”期间全面提高本科高校教育教学质量的实施意见

浙教高教〔2011〕170号

各本科高校、独立学院：

为深入贯彻《国家中长期教育改革和发展规划纲要（2010—2020年）》和《浙江省中长期教育改革和发展规划纲要（2010—2020年）》精神，进一步落实《浙江省教育事业发展“十二五”规划》《浙江省高等教育“十二五”发展规划》和《教育部财政部关于“十二五”期间实施“高等学校本科教学质量与教学改革工程”的意见》，现就“十二五”期间全面提高我省本科高校教育教学质量，提出如下意见：

一、切实把提高质量作为本科高校改革和发展的核心任务

质量是高等教育的生命。高校要进一步研究学校的人才培养目标定位；主要领导要高度关注和重视解决教育教学中面临的问题和困难；学校的资源配置要优先考虑教育教学的需求；学校的政策与制度安排要起到调动、激励教师教学积极性的作用。

“十二五”期间要紧紧围绕提高质量这一主线，遵循教育规律和人才成长规律，紧紧围绕人才培养这一根本任务，以提高教学质量为核心，完善人才培养的体制机制，着力优化专业结构，创新人才培养模式，提高学生创新创业能力，不断提升本科院校人才培养水平，更好地满足经济社会发展对各类人才的需求。

坚持育人为本，改革创新，继续实施高等教育本科教学质量与教学改革工程，重点培育和建设一批引领改革的优势专业和新兴特色专业，并以学科和专业为依托，建设一批形式多样、特色鲜明的人才培养模式创新示范点，形成一批示范性强、受益面广的实验实践教学平台和实训基地，支持一批大学生创新创业训练项目，建设一批高等学校教师教学发展示范中心，开发一批具有一定影响力、可供高校师生和社会共享的本科高校优质教育教学资源，全面提高我省本科高校教育教学质量和育人水平。

二、重点建设一批优势专业和新兴特色专业

（一）根据我省产业集群发展需要，立足于学科支撑强、办学质量高、社会声誉好、特色鲜明的专业，在“十一五”重点专业建设基础上，大力培育和建设150个优势专业和300个省

级新兴特色专业，并力争使其中一批专业达到国内一流水平。

（二）在专业建设上重点支持与生物产业、新能源产业、高端装备制造业、节能环保产业、海洋新兴产业、新能源汽车、物联网产业、新材料产业、文化创意产业以及核电关联产业等我省战略性新兴产业相关的急需紧缺专业建设。

（三）坚持学科、专业建设与课程建设、教材建设、教师队伍建设以及教学条件建设的有机结合，以学科、专业为平台，加强精品课程、重点教材、教学名师和教学团队建设，实现教育资源的集中优化配置。

三、着力建设一支适应提高本科教学质量的高素质教师队伍

（一）加强高水平师资队伍建设。“十二五”期间，要继续增加教师总量，优化师资队伍结构，提升师资队伍水平。要打造150支省级优秀教学创新团队，并重点从教学创新团队中培养和评选150名教学名师、250名教坛新秀。充分发挥专业带头人和骨干教师的作用。博士、硕士学位授予权高校（含立项建设单位）到2015年的生师比达到14：1以下，其他本科高校在15：1以下。

（二）坚持教授为本科生上课制度。教授每学年至少主讲一门本科课程，连续两年不为本科生上课的，不再聘任教授职务。定期开展教授为本科生授课情况的专项检查。完善教学激励机制和教师考核评价制度，积极引导教师将主要精力投身于教学和人才培养。

（三）加强和改进教师培训，创新教师培训模式，建立和完善新教师上岗培训制度，全面推行助教制度。在开展校本培训的同时，积极开展校际联合培训培养。建立教学名师巡讲制度，积极开展教师网络培训。推动教师跨校交流访学。

（四）鼓励和支持学校建立适合本校特色的教师教学发展中心。全省重点建设15个左右本科高校教师教学发展示范中心，发挥示范作用，推动基础课程、教材、教学方法、教学评价等教学改革热点与难点问题的研究，依托示范中心开展本科高校基础课程教师教学能力培训。

四、不断提升大学生创新创业能力和综合素质

（一）加强校外实践基地和实验教学示范中心建设。支持高等学校与科研院所、行业协会、企业等社会各方面合作，建设50个共享共用的省级大学生校外实践教育基地，促进大学生在科学研究中学习、在社会实践中学习。继续建设已有省级实验教学示范中心，并从中遴选100个成效显著、受益面大、影响面广的实验教学示范中心进行重点建设。

（二）增强对大学生创新创业能力培养。重点组织实施大学生数学建模、电子设计、多媒体作品设计、结构设计、机械设计、程序设计、工业设计、电子商务、财会信息化、外语演讲、师范生教学技能、医学、生命科学、广告设计等大类学科竞赛。继续与相关组织和部门合作开展新苗人才计划，资助大学生多形式参与科技创新活动。

（三）提升大学生综合素质。全面推进素质教育，加强社会主义核心价值体系教育，着力营造育人为本、德育为先、能力为重、全面发展的校园文化氛围。拓展通识课程，促进文理交融，提高学生的思想道德素质、文化素质、业务素质、身体心理素质，增强学生解决实际问题的能力，开阔学生的国际视野，培养学生的公民意识和社会责任感。

五、深化本科教学改革，扩大对内对外开放

（一）调整和优化专业设置，建立健全专业预警、退出机制。引导高校以学校发展目标和办学特色、办学基础为依据，根据我省经济社会发展、产业转型升级、文化传承创新的需求，以教育部新颁布的专业目录为指导，全面规划专业建设，合理设置和调整专业。做好专业存量调整，科学设置新增专业，控制专业总量，形成专业动态调整机制。支持高校开展专业建设综合改革，积极推进专业认证工作。

（二）探索多样化人才培养新模式

——全面建立选修课制度、学分制、弹性学制，在教师指导下，切实增加学生学习自主选择权，给学生更多的选择学习和个性发展机会。

—重点建设 50 个综合性人才培养模式改革示范点，启动实施 800 项省级教学改革研究项目和 2000 个课堂教学改革项目，积极推广启发式、探究式、讨论式、参与式教学和小班化教学。

——支持高校实施“卓越工程师教育培养计划”“卓越医生教育培养计划”“卓越农林人才教育培养计划”“卓越法律人才教育培养计划”和“卓越文科人才教育培养计划”等，大力推进计算机类、法学类、经济管理类、外语类、艺术类等人才培养模式改革，以提高实践能力为重点，不断探索与科研院所、行业、企业联合培养人才的新模式。

（三）完善教学评价办法。强化分类指导，在统筹兼顾原有分类的同时，从我省高校发展实际出发，以 2000 年 1 月 1 日为界，将本科院校按新本科与老本科进行分类，实行新老本科分类考核和分类支持的政策。完善高校教学绩效考核与财政拨款挂钩的办法。建立健全以学校自我评估为基础，政府、学校、专门评估机构和社会多元评价相结合应的教学评估制度。全面建立高校毕业就业及职业发展跟踪制度。

（四）提高教育教学资源开放共享水平

——利用现代信息技术，按照资源共享的技术标准，对已经建设的精品课程进行升级改造。在原有省级及以上精品课程中遴选建设 1300 门资源共享课，重点建设 100 门精品视频公开课程。

——以高教园区为重点，进一步推广师资互聘、课程互选、学分互认工作。推进长三角地区高等教育资源共享工作，开展下沙高教园区、上海松江大学城和南京仙林大学城高校之间的学分互认试点。

——以扩大共享使用为重点，推进高校数字图书馆(ZADL)“二期”建设。加快图书情报信息服务体系和技术支撑环境建设，在 ZADL 项目“一期”建设基础上，强基扩容，将共建单

位从80家扩大到全省所有高校，数据库集团采购范围增长到35个数据库以上，扩大馆际之间文献传递和互借服务。

（五）努力推进教育教学的国际合作交流

——加强教师对外交流，鼓励教师出国进修、访问，支持教师参加国内著名高校组织的各类高水平学术研讨班和国际学术会议，加强与国外同类高水平高校的校际交流与合作。

——扩大多形式的学生双向交流。鼓励我省高校与国外同类高水平高校建立长期的全面合作关系，扩大双向交流生、交换生规模。进一步拓展学生交流渠道，丰富学生交流形式，为学生提供更多的国际交流机会。

——加强与国外高水平高校的合作，加强专业和课程建设，提升人才培养的国际化水平。实施国际化专业和课程建设计划，建设20个有影响力的国际化品牌专业和60个用外语授课的特色课程群。

二〇一一年十二月十日